WebGL 编程指南

[美] Kouichi Matsuda　Rodger Lea　著
谢光磊　译

WebGL Programming Guide:
Interactive 3D Graphics Programming with WebGL

電子工業出版社
Publishing House of Electronics Industry
北京•BEIJING

内 容 简 介

WebGL 是一项在网页上渲染三维图形的技术，也是 HTML5 草案的一部分。

本书的主要篇幅讲解了 WebGL 原生 API 和三维图形学的基础知识，包括渲染管线、着色器、矩阵变换、着色器编程语言（GLSL ES）等等，也讲解了使用 WebGL 渲染三维场景的一般技巧，如光照、阴影、雾化等等。本书提供了丰富的示例程序供读者钻研，也提供了极具价值的附录供读者参考。

本书适合有一定前端开发基础，希望学习 WebGL，但对三维图形学缺乏了解的程序员们阅读。

图书在版编目（CIP）数据

WebGL 编程指南 /（美）松田浩一（Matsuda,K.），（美）李（Lea,R.）著；谢光磊译. —北京：电子工业出版社，2014.6

书名原文：WebGL programming guide: interactive 3D graphics programming with WebGL

ISBN 978-7-121-22942-8

Ⅰ. ①W… Ⅱ. ①松… ②李… ③谢… Ⅲ. ①网页制作工具－程序设计－指南 Ⅳ. ①TP393.092-62

中国版本图书馆 CIP 数据核字(2014)第 072162 号

策划编辑：张春雨
责任编辑：徐津平
封面设计：李 玲
印 刷：北京捷迅佳彩印刷有限公司
装 订：北京捷迅佳彩印刷有限公司
出版发行：电子工业出版社
北京市海淀区万寿路 173 信箱 邮编 100036
开 本：787×980 1/16 印张：31.25 字数：640 千字
版 次：2014 年 6 月第 1 版
印 次：2023 年 12 月第 21 次印刷
定 价：98.00 元

凡所购买电子工业出版社图书有缺损问题，请向购买书店调换。若书店售缺，请与本社发行部联系，联系及邮购电话：（010）88254888，88258888。

质量投诉请发邮件至 zlts@phei.com.cn，盗版侵权举报请发邮件至 dbqq@phei.com.cn。

本书咨询联系方式：010-51260888-819 faq@phei.com.cn。

赞誉之辞

“WebGL 提供了用以在浏览器中创建‘具有桌面应用体验’的应用的最终特性，而《WebGL 编程指南》将教会你如何创建这些应用。这本书涵盖了使用 WebGL 的方方面面——JavaScript、OpenGL ES，以及基础的图形学技术——如果你想上手 WebGL，这本书里有你需要的一切。Web 应用是未来的趋势，这本书将让你走在潮流的前端！”

——Dave Shreiner

《OpenGL 编程指南》(第 8 版)的作者，

Addison Wesley 出版社 OpenGL 系列丛书编辑

“HTML5 使 Web 成为了高度可用的应用平台，使精致优美的 Web 应用能够运行在多种不同的系统中。WebGL 是 HTML5 的一个重要组成部分，它允许 Web 开发者充分利用硬件的性能渲染三维图形。WebGL 被设计出来的目的就是为了安全地运行在任何支持 Web 的系统中，这项技术将在三维 Web 内容和应用、用户界面等领域引发新一轮的技术革命。这本书将帮助 Web 开发者完全理解 WebGL 技术的功能，并牢牢抓住这项技术带来的机遇。”

——Neil Trevett

NVIDIA 移动部门副总裁，Khronos 小组主席

“通过优美的三维渲染和清晰的讲解，这本书将 WebGL 这样一个复杂晦涩的问题变得亲切有趣。不可否认的是，WebGL 确实非常复杂，但这本书已经足够畅达，初学者应该毫不犹豫地利用它开始学习。”

——Evan Burchard

Web Game Developer's Cookbook (Addison Wesley) 的作者

“本书的两位作者都具有深厚的 OpenGL 背景，并将此背景恰到好处地用在了 WebGL 上，写出了这本优秀的，即适合新手也适合老鸟的教材。”

——Daniel Heahn

波士顿儿童医院的软件工程师

"《WebGL 编程指南》以一种即直接又通俗易懂的方式，讲解了如何不依赖笨重的函数库或插件来构建三维应用。对希望了解最前沿的三维 Web 开发领域的工程师来说，这是一本不可多得的好书。"

——Brandon Jones
Google 的软件工程师

"这是一部出自杰出科学家之手的伟大作品。Kouichi Matsuda 清晰简洁地向初学者指明了理解 WebGL 所需经历的道路。这是一个复杂的话题，使得每一个刚开始使用这项新技术的人都能够理解。这本书包括了很多三维的基本概念，以帮助读者理解后面的知识。对任何一个 web 开发者来说，这本书都值得收藏。"

——Chris Marrin
WebGL Spec 编辑

"学习《WebGL 编程指南》是从 WebGL 菜鸟到 WebGL 专家的绝佳途径。WebGL 虽然概念上很简单，但真正使用它需要大量 3D 数学知识，《WebGL 编程指南》系统地帮你总结了这些知识，你只需要好好理解它们并运用到实际开发中去。即使你最后还是选择使用 WebGL 3D 库，《WebGL 编程指南》里学到的知识也会帮助你理解那些库究竟在做些什么，并允许你将它们进行改造，以适应你的应用的特殊要求。真见鬼，你最终还是坚持使用 OpenGL 和 / 或 DirectX 编写桌面程序？即使这样，《WebGL 编程指南》也是一本不错的入门书，因为市面上大多关于 3D 的书籍，与目前的 3D 技术相比都已经过时了。总之，《WebGL 编程指南》将帮助你完整理解关于现代 3D 图形学的基础知识。"

——Gregg Tavares
Google 的软件工程师，Chrome 浏览器 WebGL 系统的实现者

推荐序

2011 年的夏天，当我开始尝试翻译 LearningWebGL.com 网站教程的时候，WebGL 在中国的天空可以说是刚蒙蒙亮。那时我们已经看到太多的国外的 Demo 了，我们更想学习如何亲手制作出这些 Demo。当我开始下手时，才发现自己不知不觉跳进了一个大坑。正如我之前反复强调过的，WebGL 原生 API 是一种非常低等级的接口，就好像一个只有“+”按钮的计算器，如果你想做 2 × 3 的运算，只能重复两次加法运算才能得以实现。数学和图形学的门槛浇灭了对 WebGL 充满憧憬的前端程序员的激情，而 JavaScript 语言本身的孱弱又让图形程序员不屑一顾。因此从零开始学习 WebGL 实在是一件让人头痛的事情，每天都有一种明天就要开学但是暑假作业还没做完的感觉。

在 Three.js、Oak3D、PhiloGL 等一批图形库的“引诱”下，很多人放弃了基础知识，直接开始操控这些成熟的 WebGL 3D 引擎。其中有的人成功了，但是据我了解大部分的人都在初期的风光得意之后，又重新陷入了泥潭，于是不得不再次回到学习 WebGL 原生 API 的道路上；而那些一直坚持学习 WebGL 原生 API 的人，在经历了一开始的艰苦岁月，战胜了面对他人突飞猛进而自己仍在画三角形的挫败感之后，现在已经成为了 HiWebGL 社区中的中流砥柱。因此在看到这本书后，我十分愿意并有些许兴奋地向广大 WebGL 学习者推荐本书，你可以在流畅的文字描述、大量详实的图例图解中，游刃有余地在 WebGL 原生 API 中斩荆披棘，不断前进。这种感觉不再是焦躁不安，而是让我想起了上大学时的青葱岁月，也希望你能在阅读中获得不一样的新的学习体验。

——郝稼力

最大的 HTML5&WebGL 中文社区创始人，

国内第一个 WebGL 商用网站 Lao3D.com 创始人

译者序

JavaScript 的野心越来越大了。在过去的十年中，这项技术逐渐把报纸一般的网页变成了能与客户端程序相媲美的 Web 应用。在接管了用户界面、网络通信、多媒体、甚至数据存储这些原本由桌面程序负责的功能后，JavaScript 终于把触手伸向了最为复杂的领域之一——三维图形渲染。WebGL 因此而诞生。

学习 WebGL，仅有 JavaScript 功底是不够的，因为 WebGL 的 API 非常低级，如果不对图形学中的诸多概念比较了解，是没办法熟练操作这些 API，并知道“你究竟在做些什么”。互联网上大部分 WebGL 教程都忽视了这一点，所以我最初在学习 WebGL 时异常艰辛，经常发生“效果出来了，但不知为什么”的情形。

这本书的好处，就是它系统详细地讲述了着色器、渲染管线、模型变换、投影矩阵这些三维图形学的基本概念，对于没有图形学基础的前端大众实在是太适合了。这本书不厌其烦地讲述了几乎每一个 API 函数（甚至每一个参数）的作用，手把手地教你如何编写着色器，涉及了无数与 WebGL 相关的细节。这本书相当基础，它不会让你在很短的时间里就能渲染出精美绝伦的场景（往往借助某些库）。事实上，直到本书篇幅过半，它才会真正地考虑“三维”这件事。但是请相信我，仔细研究书中前半部分的基础知识，会使你受益匪浅。但这本书也并不简单，最后一章“高级技术”会让你大开眼界。你会从原理上理解，如何使模型在地面上投下阴影，如何绘制半透明的物体，如何在场景中制造雾化效果，如何将渲染的结果作为纹理使用等等。也许你已经知道如何做，但这本书却告诉了你，为什么要这样做。

总之，如果你是一个缺乏图形编程经验的 Web 开发者，这是一本深入浅出，不可多得的案头好书。风雨欲来，如果现在还不开始进行技术储备，更待何时呢?

最后，我要感谢电子工业出版社的任晓露编辑，是她让我在第一时间读到了如此精彩的作品。水平所限，纰漏在所难免，如果要提交本书的勘误，或者对本书有任何想法或建议，可以在本书的主页上留言（http://xieguanglei.com/post/about-webgl-programming-guide.html）。

谢光磊

2014 年 4 月

前言

WebGL 是一项用以在浏览器中绘制、显示三维计算机图形（“三维图形”），并与之交互的技术。曾经只有高端的计算机或专门的游戏终端才能渲染三维图形，因为这需要大量复杂的编程才能实现，然而随着个人计算机，以及——更重要的——浏览器的性能的提高，使用网页技术渲染三维图形也已经成为可能。本书全面讲授了 WebGL 技术，带领读者一步一个脚印地编写 WebGL 程序。和 OpenGL 与 Direct3D 不同，WebGL 程序存在于网页中，可以在浏览器里直接执行，而不必安装任何特殊的插件或库。因此，你只需要最普通的计算机环境，就可以开始进行开发或运行示例程序；而且，一切都是基于网页的，你可以方便地将 WebGL 程序作为网页发布出去。此外，由于 WebGL 是基于网页的，所以该技术的愿景之一，就是同一个程序能够通过浏览器运行在多种设备上，比如智能手机、平板电脑、游戏终端等。这份远大的野心，意味着 WebGL 技术期望对开发者社区产生深远的影响，并在不久的将来成为图形开发的最佳选择之一。

本书的读者群

在写本书时，我希望本书的读者群主要由两类人构成：希望在网页中加入三维图形的 Web 开发者，以及希望将三维图形搬上网页环境的三维图形开发者。如果你是前一类读者，即 Web 开发者，你可能对标准的 Web 技术，如 HTML 和 JavaScript，已经很熟悉了，你希望知道如何向网页或 Web 程序中插入三维图形，那么 WebGL 将会向你提供简单且强大的解决方案，你可以使用三维图形来增强 Web 程序的用户界面（UI），或者开发更复杂的三维程序，比如运行在浏览器中的三维网页游戏。

如果你是第二类目标读者群中的一员，你可能已经具有使用主流三维应用程序接口（API），如 Direct3D 或 OpenGL 进行开发的经验，你希望知道如何在网页环境中应用这些知识。我想你一定对开发出能够在现代浏览器中运行的复杂三维程序更感兴趣。

然而，这本书也适用于更加广泛的读者群。因为本书假定读者不具有任何关于二维或三维图形编程的背景，所以几乎是手把手地向读者传授 WebGL 的特性。因此，我想以下读者可能也会对本书感兴趣：

- 所有希望了解网页技术与图形技术交集的程序员；
- 学习二维或三维图形学的学生，因为 WebGL 只需要一个浏览器即可上手，无须安装一整套开发环境。

- 探索最前沿技术，试图在安卓手机、iPhone 等移动设备的最新版浏览器中有所作为的 Web 开发者。

本书涵盖的内容

本书涵盖了 WebGL 1.0 API 包含的几乎所有的 JavaScript 方法，你可以学到 WebGL、HTML、JavaScript 是如何联系的，如何建立和运行 WebGL 程序，如何使用 JavaScript 控制复杂的三维“着色器”程序。本书详细讲述了如何编写顶点着色器和片元着色器，如何实现该机的渲染技术，如逐顶点光照、阴影、基本的交互操作（如选中三维物体）等。本书的每一章将开发若干个可用的，具有一定功能的 WebGL 示例程序，并通过这些示例程序介绍 WebGL 的关键特性。在读完本书之后，你就能够编写出能够充分利用浏览器的编程能力和图形硬件的 WebGL 程序。

本书的结构

本书一步一步地介绍了 WebGL API 以及相关的 Web API，以帮助你建立起关于 WebGL 的知识结构。

第 1 章——WebGL 概述

这一章简要介绍了 WebGL，讨论了 WebGL 的历史起源，概括了它的一些关键特性和优点。这一章还介绍了 WebGL 与 HTML5 以及 JavaScript 的关系，介绍了我们可以使用哪些浏览器开始探索 WebGL。

第 2 章——WebGL 入门

这一章通过建立几个示例程序，依次介绍了 `<canvas>` 元素和 WebGL 的核心函数。每个示例都是用 JavaScript 编写的，并使用 WebGL 在网页上绘制一个简单的形状。示例程序突出了以下几点：(1)WebGL 如何使用 `<canvas>` 元素并在其上绘图；(2)HTML 文件和用 JavaScript 编写的 WebGL 代码文件的连接；(3) 简单的 WebGL 绘图函数；(4) 着色器程序在 WebGL 中的地位。

第 3 章——绘制和变换三角形

这一章在之前的基础上，探索了如何绘制较为复杂的图形，如何操作三维空间中的这些图形。这一章主要包括：(1) 三角形的关键作用，以及 WebGL 对绘制三角形的支持；(2) 使用多个三角形绘制出其他图形；(3) 使用方程对三角形进行基本的变换，如平移、旋转和缩放等；(4) 矩阵可以简化变换的运算。

第 4 章——高级变换和动画基础

这一章将更加深入地探索变换的原理，并开始将变换用于动画中。你将：(1) 了解一个矩阵变换库，该库将矩阵变换的数学运算细节隐藏了起来；(2) 使用矩阵库将多次变换组合起来；(3) 在矩阵库的帮助下，探索如何实现简单的动画。这些技术是构建复杂 WebGL 程序的基石，在后面几章的示例程序中都会用到。

第 5 章——颜色和纹理

这一章在之前几章的基础上，进一步深入研究了以下三个问题：(1) 除了顶点坐标数据，我们还可以将颜色信息等其他数据传入顶点着色器；(2) 顶点着色器和片元着色器之间的光栅化过程，将图形转化为了片元；(3) 如何将图像（或纹理）贴到图形或模型的表面。这一章是有关 WebGL 核心功能的最后一章。

第 6 章——OpenGL ES 着色器语言（GLSL ES）

这一章不涉及 WebGL 示例程序，而是详细介绍了 OpenGL ES 着色器语言（GLSL ES）的核心特性，包括：(1) 数据、变量、变量类型；(2) 矢量、矩阵、结构体、数组和取样器；(3) 运算符、流程控制和函数；(4)attribute 变量、uniform 变量和 varying 变量；(5) 精度限定字；(6) 预处理过程和编程准则。在这一章的最后，你将对 GLSL ES 有很好的理解，并学会使用该语言来编写各种着色器。

第 7 章——进入三维世界

这一章将带领读者首次进入三维世界，探索如何将以前学到的一切从二维空间搬到三维空间中。具体地，你将探索：(1) 如何在三维空间中表示观察者；(2) 如何控制可视的三维空间体积；(3) 裁剪；(4) 物体的前后关系；(5) 绘制一个三维物体——立方体。所有这些问题都会对三维场景的渲染和最终呈现给用户的样子产生重大的影响。为了构建三维场景，深入理解并掌握它们是必须的。

第 8 章——光照

这一章主要研究如何实现光照，研究了不同类型的光源及其对三维场景产生的效果。

如果想要使三维场景逼真，光照是必需的，因为光照会增强场景的深度感。

本章讨论了以下几个关键点：(1) 着色、阴影和不同类型的光源产生的光，包括点光源光、平行光和环境光；(2) 三维场景中两种主要的反射光类型：漫反射和环境反射；(3) 着色的细节，以及如何实现光照效果时场景更像是三维的。

第 9 章——层次模型

这一章是关于如何使用 WebGL 的核心特性的最后一章。在这一章结束时，你将掌握 WebGL 的所有基础知识，并完全能够创建逼真和可交互的三维场景了。这一章的重点是层次模型。层次模型能够使复杂模型，如游戏角色、机器人，甚至是真人模型产生动作，而不仅仅是生硬的立方体。

第 10 章——高级技术

这一章在整本书的基础上，介绍了若干有用的高级技术，提供了一些关键的工具，帮助你构建出可交互的、令人惊叹的三维图形。每一项技术都通过一个完整的示例来展示，你可以在自己的 WebGL 程序中重用其中的代码。

附录 A——WebGL 无须交换缓冲区

这篇附录解释了为什么 WebGL 无须像 OpenGL 那样交换缓冲区。

附录 B——GLSL ES 1.0 内置函数

这篇附录提供了一份包含所有 OpenGL ES 着色器语言内置函数的参考列表。

附录 C——投影矩阵

这篇附录提供了 `Matrix4.setOrtho()` 函数和 `Matrix4.setPerspective()` 函数生成的投影矩阵。

附录 D——WebGL/OpenGL：左手还是右手坐标系？

这篇附录介绍了 WebGL 和 OpenGL 的内在坐标系统，并从技术上解释了为什么我们说 WebGL 和 OpenGL 对采取左手坐标系或右手坐标系是中立的。

附录 E——逆转值矩阵

这篇附录解释了模型矩阵的逆转值矩阵为什么可以用来变换法向量。

附录 F——从文件中加载着色器

这篇附录解释了如何从文件中加载着色器程序。

附录 G——世界坐标系和本地坐标系

这篇附录介绍了两种不同的坐标系统，以及如何在三维图形中使用它们。

附录 H——关于 WebGL 的浏览器设置

这篇附录介绍了浏览器的高级设置方法，以确保 WebGL 程序能够正确运行，以及程序不能正确运行时的应对方法。

支持 WebGL 的浏览器

在撰写本书之时，WebGL 被 Chrome、Firefox、Safari、Opera 浏览器支持。遗憾的是，有一些浏览器如 IE9（Microsoft Internet Explorer）并不支持 WebGL。在本书中，我们使用 Google 发布的 Chrome 浏览器。Chrome 不仅支持 WebGL，还支持一些有用的特性，如调试 WebGL 的控制台函数。我们已经在以下环境中检查过本书的所有示例程序，都能够正确运行。在任何支持 WebGL 的浏览器中，这些程序也应当能够正确运行。

表 P.1 PC 环境

浏览器	Chrome(25.0.1364.152 m)
操作系统	Windows7 & 8
显卡	NVIDIA Quadro FX 380，NVDIA GT X 580，NVDIA GeForce GTS 450，Mobile Intel 4 Series Express Chipset Family，AMD Radeon HD 6970

参考这个页面：www.khronos.org/webgl/wiki/BlacklistsAndWhitelists，以获取最新的、关于可能导致问题的硬件列表。

为了不受阻碍地开始学习本书，你应该去下载 Chrome（或者你中意的其他浏览器），然后进入本书的帮助网站 https://sites.google.com/site/webglbook/。

在第 3 章，点击示例程序文件 `HelloTriangle.html`，如果你看到如图 P.1 所示的红色三角形，就说明 WebGL 正常工作了。

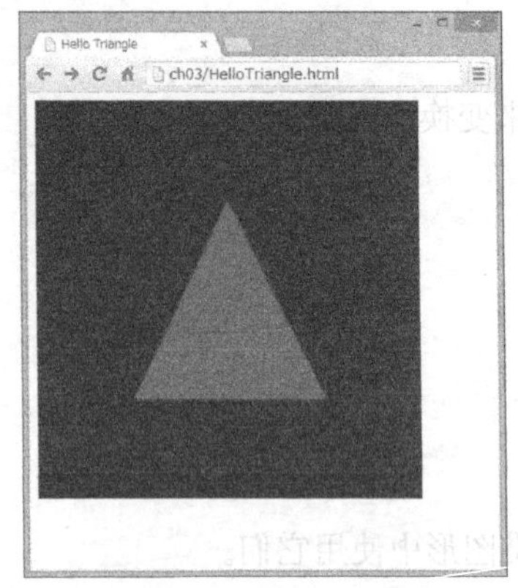

图 P.1 加载 HelloTriangle 显示红色三角形

如果你没有看到红色三角形，那么请参考附录 H，改变你的浏览器设置以加载 WebGL 程序。

示例程序和相关链接

本书所有的示例程序都可以在帮助站点上找到。出版社的官方站点位于 www.informit.com/title/9780321902924，而作者的站点则位于 https://sites.google.com/site/webglbook。

后一个站点包含了本书所有示例程序的链接，你可以点击链接并直接运行每个程序。

如果你想修改示例程序，可以从上述任意一个站点下载包含所有本书所有示例程序的压缩文件到你自己的磁盘上。你会发现每个程序都包含一个 HTML 文件和一个相应的 JavaScript 文件，二者在同一个文件夹下。比如，示例程序 `HelloTriangle`，就包含 `HelloTriangle.html` 和 `HelloTriangle.js`。双击 `HelloTriangle.html` 就可以运行该程序。

排版约定

本书遵循以下排版约定：

- **粗体 Bold**——术语或重要词汇首次出现。
- 斜体 *Italic*——函数参数名、或引用名、程序名或文件名。
- `Monospace` 字体——示例代码、方法、函数、变量、命令行选项、JavaScript 对象名称、HTML 标签名称。

致谢

在撰写本书（包括最初的日文版和后来的英文版）的过程中，我们有幸接受了很多才华横溢的同仁的帮助。

Takafumi Kanda 为本书提供了大量的代码示例和程序，如果没有他，这本书不可能完成。Yasuko Kikuchi、Chie Onuma 和 Yuichi Nishizawa 为本书的早期版本提供了很多有价值的反馈，尤其是 Kikuchi 女士的一条极富远见建议，使我们完全重写了好几节内容，大大充实了本书。Hiroyuki Tanaka 和 Kazsuhira Oonishi(iLinx) 为示例程序提供了帮助，Teruhisa Kamachi 和 Tetsuo Yoshitani 为本书关于 HTML5 和 JavaScript 的章节提供了帮助。WebGL 工作小组，尤其是 Ken Russell(Google)，Chris Marin(Apple) 和 Dan Ginsburg(AMD) 回答了很多技术问题。我们的工作也有幸受到 Khronos 小组的主席 Neil Trevett 的认可，同时也感谢帮助我们联系上 Trevett 先生和 WebGL 工作小组的 Hitoshi Kasai（MIACIS 的社长）。此外，还需要感谢 Xavier Michel 和 Makoto Sato(上智大学)，他们为本书从日语翻译为英语提供了巨大的帮助。而 Jeff Gilbert、Rick Rafey 和 Daniel Haehn 则仔细地审阅了本书的英文版，并给出了极好的建议和反馈。最后，我们还从个人角度感谢 Laura Lewin 和 Olivia Basegio(培生) 为顺利出版本书所作的组织工作。

我们对培生集团出版的“红宝书” (OpenGL Programming Guide) 和“金宝书” (OpenGL ES 2.0 Programming Guide) 的所有作者致敬，如果没有那两本书，这本书也无从谈起。我们希望这本书的出版，如果可能的话，能够略表寸心。

关于作者

Kouichi Matsuda 博士是多媒体产品用户界面和用户体验设计方面的专家。他先后供职于日本电气 (NEC)、索尼 (Sony) 研发中心、索尼 (Sony) 计算机科学实验室，曾经做过产品研发，也做过科学研究，最终回到产品研发的岗位。目前，他是用户体验和人机交互领域的首席研究员，负责多款消费类电子产品的设计。他曾经设计了社交三维虚拟世界“PAW”，也曾经参与过 VRML97(ISO/IEC 14772-1:1997) 标准的开发工作，在 VRML 和 X3D(WebGL 的前身) 社区中仍然非常活跃。他撰写过 15 本计算机技术的书籍，并翻译过 25 本相关书籍。他专长于用户体验、用户界面、人机交互、自然语言处理和面向娱乐的网络设备，以及接口代理系统等领域。他不仅对技术领域的新鲜事物充满热情，还热衷于温泉、夏季的海滩、红酒和漫画（为此他已经沉迷于绘制插画一段时间了）。他在东京大学工程系获得了博士学位，你可以通过 WebGL.prog.guide@gmail.com 联系他。

Rodger Lea 博士是卑诗大学媒体与图像跨学科中心的兼职教授，对多媒体和分布式计算等领域很感兴趣。他和他带领的研究小组在学术和工业领域耕耘超过 20 年，参与制定了 VRML97 标准，开发了多媒体操作系统、可交互数字电视原型，并领导了家用多媒体网络标准的制定工作。他发表了 60 多篇学术论文，著有 3 本技术书籍，并拥有 12 项专利。目前，他的研究集中在探索发展中的互联网，但他仍然对有关多媒体和图形学的一切抱有热情。

关于译者

谢光磊，毕业于南京大学，目前为中科院在读硕士，即将成为淘宝 UED 的一名前端工程师。因一次偶然的机会接触 WebGL 而对其萌生兴趣，并愿意持久深入地研究这项技术。个人站点为 www.xieguanglei.com。

目录

第 1 章 WebGL 概述 1

WebGL 的优势 3

使用文本编辑器开发三维应用 3

轻松发布三维图形程序 4

充分利用浏览器的功能 5

学习和使用 WebGL 很简单 5

WebGL 的起源 5

WebGL 程序的结构 6

总结 7

第 2 章 WebGL 入门 9

Canvas 是什么? 10

使用 <canvas> 标签 11

DrawRectangle.js 13

最短的 WebGL 程序：清空绘图区 16

HTML 文件（HelloCanvas.html） 16

JavaScript 程序（HelloCanvas.js） 17

用示例程序做实验 22

绘制一个点（版本 1） 22

HelloPoint1.html 24

HelloPoint1.js 24

着色器是什么? 25

使用着色器的 WebGL 程序的结构 27

初始化着色器........29
顶点着色器........31
片元着色器........33
绘制操作........34
WebGL 坐标系统........35
用示例程序做实验........37
绘制一个点（版本 2）........38
使用 attribute 变量........38
示例程序（HelloPoint2.js）........39
获取 attribute 变量的存储位置........41
向 attribute 变量赋值........42
gl.vertexAttrib3f() 的同族函数........44
用示例程序做实验........45
通过鼠标点击绘点........46
示例程序（ClickedPoints.js）........47
注册事件响应函数........48
响应鼠标点击事件........50
用示例程序做实验........53
改变点的颜色........55
示例程序（ColoredPoints.js）........56
uniform 变量........58
获取 uniform 变量的存储地址........59
向 uniform 变量赋值........60
gl.uniform4f() 的同族函数........61
总结........62

第 3 章 绘制和变换三角形 **63**

绘制多个点 64

示例程序（MultiPoint.js）........ 66

使用缓冲区对象 69

创建缓冲区对象（gl.createBuffer()）........ 70

绑定缓冲区（gl.bindBuffer()）........ 71

向缓冲区对象中写入数据（gl.bufferData()）........ 72

类型化数组 74

将缓冲区对象分配给 attribute 变量（gl.vertexAttribPointer()）........ 75

开启 attribute 变量（gl.enableVertexAttribArray()）........ 77

gl.drawArrays() 的第 2 个和第 3 个参数 78

用示例程序做实验 79

Hello Triangle 80

示例程序（HelloTriangle.js）........ 80

基本图形 82

用示例程序做实验 83

Hello Rectangle（HelloQuad）........ 84

用示例程序做实验 85

移动、旋转和缩放 86

平移 87

示例程序（TranslatedTriangle.js）........ 88

旋转 91

示例程序（RotatedTriangle.js）........ 93

变换矩阵：旋转 97

变换矩阵：平移 100

4×4 的旋转矩阵......101
示例程序（RotatedTriangle_Matrix.js）......102
平移：相同的策略......105
变换矩阵：缩放......106
总结......108
第 4 章　高级变换与动画基础......109
平移，然后旋转......109
矩阵变换库：cuon-matrix.js......110
示例程序（RotatedTriangle_Matrix4.js）......111
复合变换......113
示例程序（RotatedTranslatedTriangle.js）......115
用示例程序做实验......117
动画......118
动画基础......119
示例程序（RotatingTriangle.js）......119
反复调用绘制函数（tick()）......123
按照指定的旋转角度绘制三角形（draw()）......123
请求再次被调用（requestAnimationFrame()）......125
更新旋转角（animate()）......126
用示例程序做实验......128
总结......130
第 5 章　颜色与纹理......131
将非坐标数据传入顶点着色器......131
示例程序（MultiAttributeSize.js）......133

创建多个缓冲区对象......134
gl.vertexAttribPointer() 的步进和偏移参数......135
示例程序（MultiAttributeSize_Interleaved.js）......136
修改颜色（varying 变量）......140
示例程序（MultiAttributeColor.js）......141
用示例程序做实验......144
彩色三角形（ColoredTriangle.js）......145
几何形状的装配和光栅化......145
调用片元着色器......149
用示例程序做实验......149
varying 变量的作用和内插过程......151
在矩形表面贴上图像......153
纹理坐标......156
将纹理图像粘贴到几何图形上......156
示例程序（TexturedQuad.js）......157
设置纹理坐标（initVertexBuffers()）......160
配置和加载纹理（initTextures()）......160
为 WebGL 配置纹理（loadTexture()）......164
图像 Y 轴反转......164
激活纹理单元（gl.activeTexture()）......165
绑定纹理对象（gl.bindTexture()）......166
配置纹理对象的参数（gl.texParameteri()）......168
将纹理图像分配给纹理对象（gl.texImage2D()）......171
将纹理单元传递给片元着色器（gl.uniform1i()）......173
从顶点着色器向片元着色器传输纹理坐标......174

在片元着色器中获取纹理像素颜色（texture2D()）......174
用示例程序做试验......175
使用多幅纹理......177
示例程序（MultiTexture.js）......178
总结......183
第 6 章　OpenGL ES 着色器语言（GLSL ES）......185
回顾：基本着色器代码......186
GLSL ES 概述......186
你好，着色器！......187
基础......187
执行次序......187
注释......187
数据值类型（数值和布尔值）......188
变量......188
GLSL ES 是强类型语言......189
基本类型......189
赋值和类型转换......190
运算符......191
矢量和矩阵......192
赋值和构造......193
访问元素......195
运算符......197
结构体......200
赋值和构造......200

访问成员 200
运算符 201
数组 201
取样器（纹理） 202
运算符优先级 203
程序流程控制：分支和循环 203
if 语句和 if-else 语句 203
for 语句 204
continue、break 和 discard 语句 205
函数 205
规范声明 207
参数限定词 207
内置函数 208
全局变量和局部变量 209
存储限定字 209
const 变量 209
Attribute 变量 210
uniform 变量 211
varying 变量 211
精度限定字 211
预处理指令 213
总结 215
第 7 章　进入三维世界 217
立方体由三角形构成 217

视点和视线......218
视点、观察目标点和上方向......219
示例程序（LookAtTriangles.js）......221
LookAtTriangles.js 与 RotatedTriangle_Matrix4.js......224
从指定视点观察旋转后的三角形......225
示例程序（LookAtRotatedTriangles.js）......227
用示例程序做实验......228
利用键盘改变视点......230
示例程序（LookAtTrianglesWithKeys.js）......230
独缺一角......232
可视范围（正射类型）......233
可视空间......234
定义盒状可视空间......235
示例程序（OrthoView.html）......236
示例程序（OrthoView.js）......237
JavaScript 修改 HTML 元素......239
顶点着色器的执行流程......239
修改 near 和 far 值......241
补上缺掉的角（LookAtTrianglesWithKeys_ViewVolume.js）......243
用示例程序做实验......245
可视空间（透视投影）......246
定义透视投影可视空间......247
示例程序（perspectiveview.js）......249
投影矩阵的作用......251
共冶一炉（模型矩阵、视图矩阵和投影矩阵）......252

示例程序（PerspectiveView_mvp.js）........254
用示例程序做实验........257
正确处理对象的前后关系........258
隐藏面消除........260
示例程序（DepthBuffer.js）........262
深度冲突........263
立方体........266
通过顶点索引绘制物体........268
示例程序（HelloCube.js）........268
向缓冲区中写入顶点的坐标、颜色与索引........271
为立方体的每个表面指定颜色........274
示例程序（ColoredCube.js）........275
用示例程序做实验........277
总结........279
第 8 章　光照........281
光照原理........281
光源类型........283
反射类型........284
平行光下的漫反射........286
根据光线和表面的方向计算入射角........287
法线：表面的朝向........288
示例程序（LightedCube.js）........291
环境光下的漫反射........296
示例程序（LightedCube_ambient.js）........298
运动物体的光照效果........299

魔法矩阵：逆转置矩阵......301
示例程序（LightedTranslatedRotatedCube.js）......302
点光源光......304
示例程序（PointLightedCube.js）......305
更逼真：逐片元光照......308
示例程序（PointLightedCube_perFragment.js）......309
总结......310
第 9 章 层次模型......311
多个简单模型组成的复杂模型......311
层次结构模型......313
单关节模型......314
示例程序（JointMode.js）......315
绘制层次模型（draw()）......319
多节点模型......321
示例程序（MultiJointModel.js）......323
绘制部件（drawBox()）......326
绘制部件（drawSegments()）......327
着色器和着色器程序对象：initShaders() 函数的作用......332
创建着色器对象（gl.createShader()）......333
指定着色器对象的代码（gl.shaderSource()）......334
编译着色器（gl.compileShader()）......334
创建程序对象（gl.createProgram()）......336
为程序对象分配着色器对象（gl.attachShader()）......337
连接程序对象（gl.linkProgram()）......337
告知 WebGL 系统所使用的程序对象（gl.useProgram()）......339

initShaders() 函数的内部流程 339
总结 342
第 10 章 高级技术 343
用鼠标控制物体旋转 343
如何实现物体旋转 344
示例程序（RotateObject.js）...... 344
选中物体 347
如何实现选中物体 347
示例程序（PickObject.js）...... 348
选中一个表面 351
示例程序（PickFace.js）...... 352
HUD（平视显示器）...... 355
如何实现 HUD 355
示例程序（HUD.html）...... 356
示例程序（HUD.js）...... 357
在网页上方显示三维物体 359
雾化（大气效果）...... 359
如何实现雾化 360
示例程序（Fog.js）...... 361
使用 w 分量（Fog_w.js）...... 363
绘制圆形的点 364
如何实现圆形的点 364
示例程序（RoundedPoint.js）...... 366
α 混合 367

如何实现α混合......367
示例程序（LookAtBlendedTriangles.js）......369
混合函数......369
半透明的三维物体（BlendedCube.js）......371
透明与不透明物体共存......372
切换着色器......373
如何实现切换着色器......374
示例程序（ProgramObject.js）......375
渲染到纹理......379
帧缓冲区对象和渲染缓冲区对象......380
如何实现渲染到纹理......381
示例程序（FramebufferObject.js）......382
创建帧缓冲区对象（gl.createFramebuffer()）......385
创建纹理对象并设置其尺寸和参数......385
创建渲染缓冲区对象（gl.createRenderbuffer()）......386
绑定渲染缓冲区并设置其尺寸（gl.bindRenderbuffer(), gl.renderbufferStorage()）......386
将纹理对象关联到帧缓冲区对象（gl.bindFramebuffer(), gl.framebufferTexture2D()）......388
将渲染缓冲区对象关联到帧缓冲区对象（gl.framebufferRenderbuffer()）...389
检查帧缓冲区的配置（gl.checkFramebufferStatus()）......390
在帧缓冲区进行绘图......390
绘制阴影......392
如何实现阴影......392
示例程序（Shadow.js）......393

提高精度......399
示例程序（Shadow_highp.js）......400
加载三维模型......401
OBJ 文件格式......404
MTL 文件格式......405
示例程序（OBJViewer.js）......406
自定义类型对象......409
示例程序（OBJViewer.js 解析数据部分）......411
响应上下文丢失......418
如何响应上下文丢失......419
示例程序（RotatingTriangle_contextLost.js）......420
总结......422
附录 A WebGL 中无须交换缓冲区......423
附录 B GLSL ES 1.0 内置函数......427
角度和三角函数......428
指数函数......429
通用函数......430
几何函数......433
矩阵函数......434
矢量函数......435
纹理查询函数......436
附录 C 投影矩阵......437
正射投影矩阵......437

透视投影矩阵......437

附录 D　WebGL/OpenGL：左手还是右手坐标系？......439

示例程序 (CoordinateSystem.js)......440

隐藏面消除和裁剪坐标系统......443

裁剪坐标系和可视空间......444

什么是对的?......446

总结......448

附录 E　逆转置矩阵......449

附录 F　从文件中加载着色器......453

附录 G　世界坐标系和本地坐标系......457

本地坐标系......458

世界坐标系......459

变换与坐标系......461

附录 H　WebGL 的浏览器设置......463

第1章

WebGL概述

WebGL，是一项用来在网页上绘制和渲染复杂三维图形（3D 图形），并允许用户与之进行交互的技术。传统意义上来说，只有高配置的计算机或专用的游戏机才能渲染三维图形。而现在，随着个人计算机和浏览器的性能越来越强，使用便捷通用的 Web 技术创建渲染三维图形已经成为可能。WebGL 技术结合了 HTML5 和 JavaScript，允许开发者在网页（Web 页面）上创建和渲染三维图形。这项技术将在开发下一代易用直观用户界面和生产互联网内容上发挥重要作用，图 1.1 中展示了几个例子。可以预见，在接下来的若干年中，WebGL 技术将在传统的个人计算机、消费电子产品（如智能手机、平板电脑等）等多种电子设备上有所应用。

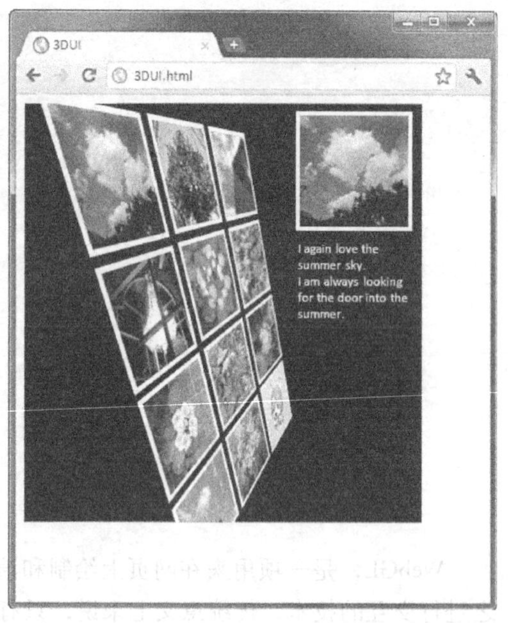

图 1.1 浏览器中复杂的三维图形 ©2011 Hiromasa Horie（左）, 2012 Kouichi Matsuda（右）

HTML5 作为最新的 HTML 标准，扩展了传统 HTML 的特性，如二维图形、网络传输、本地数据存储等。HTML5 时代的到来使浏览器正在迅速地从简单的展示工具转变为复杂的应用平台，人们希望网页不仅仅由二维图形组成。WebGL 被设计出来的目的，就是在网页上创建三维的应用和用户体验。

从传统意义上来说，为了显示三维图形，开发者需要使用 C 或 C++ 语言，辅以专门的计算机图形库，如 OpenGL 或 Direct3D，来开发一个独立的应用程序。现在有了 WebGL，我们只需要向已经熟悉的（如果你是一名 Web 前端开发者）HTML 和 JavaScript 中添加一些额外的三维图形学的代码，就可以在网页上显示三维图形了。

WebGL 是内嵌在浏览器中的，你不必安装插件和库就可以直接使用它。而且，因为它是基于浏览器（而不是基于操作系统）的，你可以在多种平台上运行 WebGL 程序，如高配置的个人计算机，或消费类电子产品（如平板电脑和智能手机）。

这一章将简要介绍 WebGL，归纳它的关键特性和优势，并介绍它的起源。这一章还将解释 WebGL 和 HTML5、JavaScript 之间的关系，以及简单说明 WebGL 程序的结构。

WebGL的优势

这些年，随着HTML的发展，网页变得越来越复杂。最初，HTML仅仅是静态的内容，后来引入了JavaScript等脚本语言，HTML开始能提供一些动态的内容，并具有一定的交互性。现在出现了更强大的HTML5，它可以使用canvas标签在网页上绘制二维图形，以呈现更丰富的内容，如跳舞的卡通小人、根据输入实时更新的地图等等。

WebGL则走得更远，它允许JavaScript在网页上显示和操作三维图形。有了WebGL的帮助，开发三维的客户界面、运行三维的网页游戏、对互联网上的海量数据进行三维可视化都成为了可能。虽然WebGL强大到令人惊叹，但使用这项技术进行开发却异常简单：

- 你只需一个文本编辑器和一个浏览器，就可以开始编写三维图形程序了。
- 你可以使用通用的Web技术发布三维图形程序，展示给你的朋友和其他开发者。
- 你可以充分利用浏览器的功能。
- 互联网上有大量现成的资料，它们可以帮助你学习WebGL，编写三维程序。

使用文本编辑器开发三维应用

开发WebGL应用的一个方便之处在于，你不用去搭建开发环境。如前文所述，WebGL是内嵌在浏览器中的，你不需要常规的开发工具，如编译器、连接器，就能编写WebGL程序。最低要求是，你只需要一个支持WebGL的浏览器来运行本书中的示例程序。如果你想修改示例程序或编写你自己的程序，仅仅还需要一个通用的文本编辑器（比如Notepad或TextEdit）。图1.2展示了Chrome浏览器中运行的WebGL程序，和在Notepad中打开的HTML文件。包含WebGL代码的JavaScript文件（`RotateObject.js`）会通过HTML文件载入，你也需要用文本编辑器来修改和编写JavaScript代码。

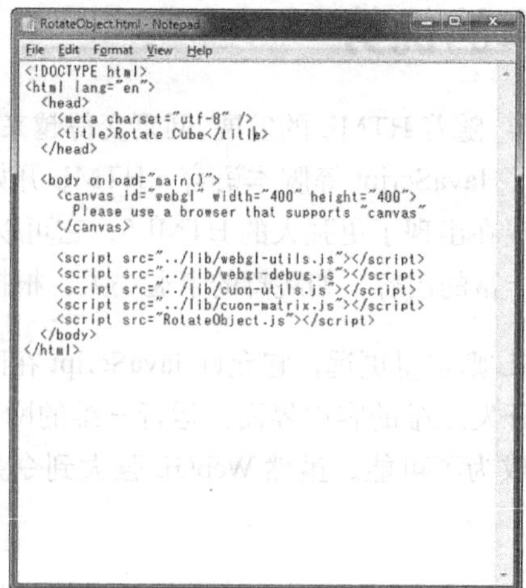

Browser (Chrome) Notepad

图 1.2 开发 WebGL 程序用到的工具

轻松发布三维图形程序

传统的三维图形程序通常使用 C 或 C++ 等语言开发，并为特定的平台被编译成二进制的可执行文件。这意味着程序不能跨平台运行，比如说，Mac 版本的程序无法在 Windows 或 Linux 上运行。而且，为了运行三维图形程序，用户通常不仅需要安装程序本身，还需要安装程序所依赖的库，这无疑提高了分享成果的门槛。

相比之下，WebGL 程序由 HTML 和 JavaScript 文件组成，你只需将它们放在 Web 服务器上，或者通过电子邮件发送 HTML 和 JavaScript 文件（就像发送普通的网页一样），就能方便地分享你的程序。图 1.3 展示了 Google 发布的一些示例 WebGL 程序，地址是 http://code.google.com/p/webglsamples/。

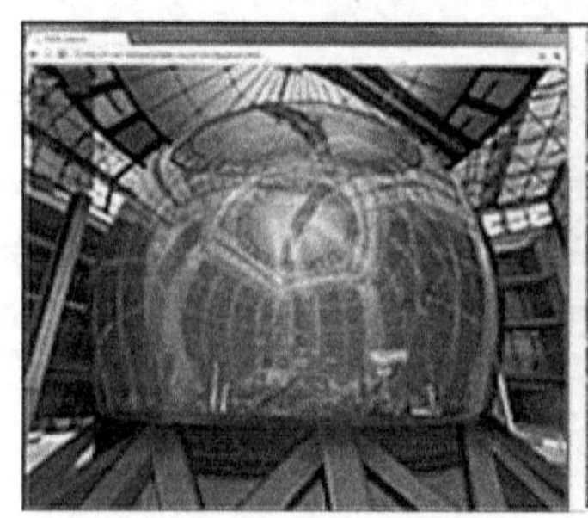

图 1.3 Google 发布的 WebGL 示例应用（已获 Google 的 Gregg Tavares 许可）

充分利用浏览器的功能

WebGL 程序实际上是网页的一部分，你可以充分利用浏览器的功能，比如放置按钮、弹出对话框、绘制文本、播放声音和视频，与服务器通信等等。WebGL 程序允许你自由地使用这些功能，而在传统的三维图形应用程序中则需要你额外编写这些代码。

学习和使用 WebGL 很简单

WebGL 的技术规范继承自免费和开源的 OpenGL 标准，而后者在计算机图形学、电子游戏、计算机辅助设计等领域已被广泛使用多年。在某种意义上，WebGL 就是“Web 版的 OpenGL”。而 OpenGL 在过去的 20 年中被用于各种平台，你可以找到数不尽的参考书籍、材料和示例程序来帮助你加深对 WebGL 的理解。

WebGL的起源

在个人计算机上使用最广泛的两种三维图形渲染技术是 Direct3D 和 OpenGL。Direct3D 是微软 DirectX 技术的一部分，是一套由微软控制的编程接口（API），主要用在 Windows 平台；而 OpenGL 由于其开放和免费的特性，在多种平台上都有广泛地使用：它可以在 Macintosh 或 Linux 系统的计算机、智能手机、平板电脑、家用游戏机（如 PlayStation 和 Nintendo）等各种电子设备上使用。Windows 对 OpenGL 也提供了良好的支持，开发者也可以用它来代替 Direct3D。

OpenGL 最初由 SGI（Silicon Graphics Inc）开发，并在 1992 年发布为开源标准。多年以来，OpenGL 发展了数个版本，并对三维图形开发、软件产品开发，甚至电影制作产生了深远的影响。写这本书时，OpenGL 桌面版的最新版本为 4.3。虽然 WebGL 根植于 OpenGL，但它实际上是从 OpenGL 的一个特殊版本 OpenGL ES 中派生出来的，后者专用于嵌入式计算机、智能手机、家用游戏机等设备。OpenGL ES 于 2003 ~ 2004 年被首次提出，并在 2007 年（ES 2.0）和 2012 年（ES 3.0）进行了两次升级，WebGL 是基于 OpenGL ES 2.0 的。这几年，采用 OpenGL ES 技术的电子设备的数量大幅增长，如智能手机（iPhone 和安卓）、平板电脑、游戏机等。OpenGL ES 成功被这些设备采用的部分原因是，它在添加新特性的同时从 OpenGL 中移除了许多陈旧无用的旧特性，这使它在保持轻量级的同时，仍具有足够的能力来渲染出精美的三维图形。

图 1.4 显示了 OpenGL、OpenGL ES 1.1/2.0/3.0 和 WebGL 的关系。由于 OpenGL 本身已经从 1.5 发展到了 2.0，再到 4.3，所以 OpenGL ES 被标准化为特定版本 OpenGL（OpenGL 1.5 和 OpenGL 2.0）的子集。

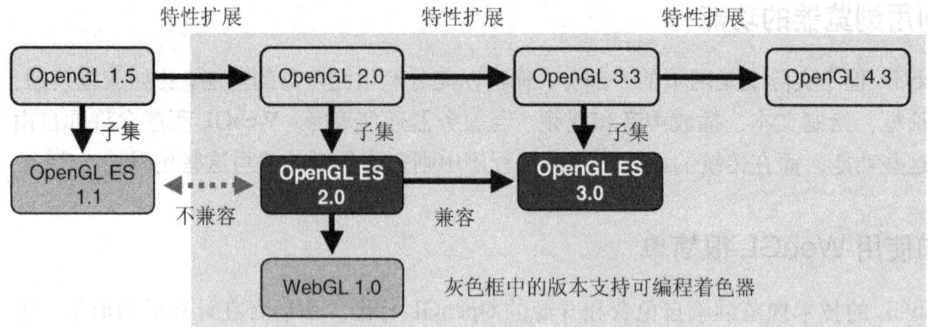

图 1.4 OpenGL、OpenGL ES 1.1//2.0/3.0 和 WebGL 之间的关系

如图 1.4 所示，从 2.0 版本开始，OpenGL 支持了一项非常重要的特性，即**可编程着色器方法** (programmable shader functions)。该特性被 OpenGL ES 2.0 继承，并成为了 WebGL 1.0 标准的核心部分。

着色器方法，或称**着色器**，使用一种类似于 C 的编程语言实现了精美的视觉效果。本书将一步步阐述着色器，帮助你快速掌握 WebGL。编写着色器的语言又称为**着色器语言** (shading language)，OpenGL ES 2.0 基于 **OpenGL 着色器语言** (GLSL)，因此后者又被称为 **OpenGL ES 着色器语言** (GLSL ES)。WebGL 基于 OpenGL ES 2.0，也使用 GLSL ES 编写着色器。

OpenGL 规范的更新和标准化由 Khronos 组织（一个非盈利的行业协会，专注于制定、发布、推广多种开放标准）负责。2009 年，Khronos 建立了 WebGL 工作小组，开始基于 OpenGL ES 着手建立 WebGL 规范，并于 2011 年发布了 WebGL 规范的第 1 个版本。本书主要基于第 1 版的 WebGL 规范编写，后续更新目前都是以草案的形式发布，如有需要，也可参考 [1]。

WebGL程序的结构

在 HTML 中，动态网页包括 HTML 和 JavaScript 两种语言。引入 WebGL 后，还需要加入着色器语言 GLSL ES，也就是说，WebGL 页面包含了三种语言：HTML5（超文本标记语言）、JavaScript，和 GLSL ES。图 1.5 显示了传统的动态网页（左侧）和使用 WebGL 的网页（右侧）的软件结构。

1 WebGL 1.0 规范：www.khronos.org/registry/webgl/specs/1.0/；草案：www.khronos.org/registry/webgl/specs/latest/。

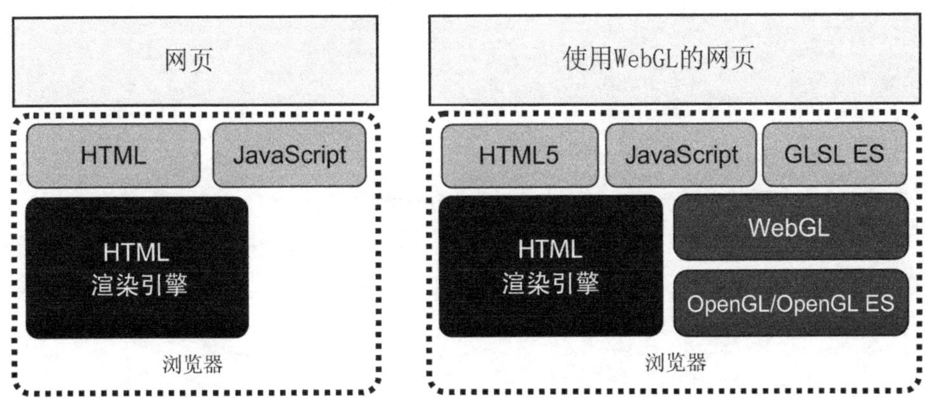

图 1.5 传统的动态网页（左侧）和 WebGL 网页（右侧）的软件结构

然而，因为通常 GLSL ES 是（以字符串的形式）在 JavaScript 中编写的，实际上 WebGL 程序也只需用到 HTML 文件和 JavaScript 文件。所以，虽然 WebGL 网页更加复杂了，但它仍然保持着与传统的动态网页相同的结构：只用到 HTML 文件和 JavaScript 文件。

总结

这一章简要介绍了 WebGL 技术的若干关键特性和 WebGL 程序（网页）的结构。总之，这一章最重要的内容是，WebGL 程序使用三种语言开发：HTML、JavaScript 和 GLSL ES——然而，由于着色器代码 GLSL ES 内嵌在 JavaScript 中，所以 WebGL 网页的文件结构和传统网页一样。下一章将通过一些简单的 WebGL 示例，一步一步把你带进 WebGL 的大门。

第2章

WebGL入门

正如第 1 章“WebGL 概述”中所说，WebGL 程序在屏幕上同时使用 HTML 和 JavaScript 来创建和显示三维图形。WebGL 采用 HTML5 中新引入的 <canvas> 元素(标签)，它定义了网页上的绘图区域。如果没有 WebGL，JavaScript 只能在 <canvas> 上绘制二维图形，有了 WebGL，就可以在上面绘制三维图形了。

在这一章中，我们将通过创建若干个示例程序，一步步介绍 <canvas> 元素以及一些核心的 WebGL 函数。每一个示例都采用 JavaScript 编写，用 WebGL 在网页上显示一个简单的图形，并与之交互。所以，这些 JavaScript 程序又被称为 **WebGL 程序** (WebGL Application)。

示例程序的代码将加粗强调一些关键的部分，包括：

- WebGL 如何获取 <canvas> 元素，如何在其上绘图。
- HTML 文件如何引入 WebGL JavaScript 文件。
- 简单的 WebGL 绘图函数。
- WebGL 中的着色器程序。

在本章结束时，你将了解如何编写和运行最基本的 WebGL 程序，如何绘制简单的二维图形。有了这些知识，你就可以进一步学习第 3 章“绘制三角形”、第 4 章“变换和基本动画”和第 5 章“颜色与纹理”。

Canvas是什么？

在 HTML5 出现之前，如果你想在网页上显示图像，只能使用 HTML 提供的原生方案 `<img>` 标签。用这个标签显示图像虽然简单，但只能显示静态的图片，不能进行实时绘制和渲染。因此，后来出现了一些第三方解决方案，如 Flash Player 等。

HTML5 的出现改变了一切，它引入了 `<canvas>` 标签，允许 JavaScript 动态地绘制图形。

艺术家们将画布（canvas 译为“画布”）作为绘画的地方，类似地，`<canvas>` 标签定义了网页上的绘图区域。有了 `<canvas>`，你就可以使用 JavaScript（而不是画笔和颜料）绘制任何你想画的东西。`<canvas>` 提供一些简单的绘图函数，用来绘制点、线、矩形、圆等等。图 2.1 展示了一个基于 `<canvas>` 的绘图板程序。

图 2.1 使用 `<canvas>` 标签的绘图板程序示例（http://caimansys.com/painter/）

这个绘图板程序运行在网页上，你可以在上面绘制线段、矩形、圆，甚至可以改变它们的颜色。

目前你还没有能力创建如此复杂的应用程序，我们就来通过一个简单的示例程序 `DrawingRectangle` 了解一下由 `<canvas>` 提供的核心函数，该函数在页面上绘制了一个实心的蓝色矩形。图 2.2 显示了 `DrawRectangle` 函数在浏览器上的效果。

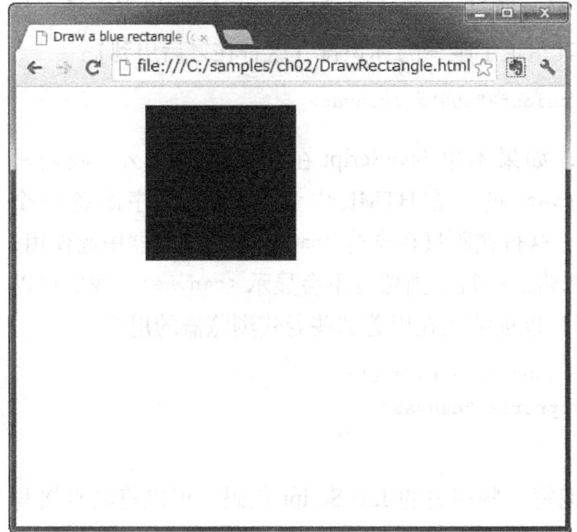

图 2.2　DrawRectangle

使用 <canvas> 标签

让我们来看一下 HTML 是如何使用 `<canvas>` 标签，以及 `DrawRectangle` 函数是如何工作的。例 2.1 显示了 `DrawingRectangle.html`。请注意，本书中所有的 HTML 文件都是采用 HTML5 编写的。

例 2.1　DrawingRectangle.html

```
<!DOCTYPE html>
<html lang="en">
  <head>
    <meta charset="utf-8" />
    <title>Draw a blue rectangle (canvas version)</title>
  </head>

  <body onload="main()">
   <canvas id="example" width="400" height="400">
   Please use a browser that supports "canvas"
   </canvas>
   <script src="DrawRectangle.js"></script>
  </body>
</html>
```

我们定义了 <canvas> 标签（第 9 行），通过 width 属性和 height 属性规定它是一片 400 × 400 像素的区域，并用 id 属性为其指定了唯一的标识符（这将在之后用到）：

```
<canvas id="example" width="400" height="400"></canvas>
```

默认情况下，<canvas> 是透明的，如果不用 JavaScript 在上面画些什么（我们马上就要这样做了），你是看不到 <canvas> 的。在 HTML 中为 WebGL 程序准备一个 <canvas> 就是这么简单，需要注意的是，这行代码只在支持 <canvas> 的浏览器中起作用，不支持 <canvas> 的老式浏览器会直接忽略这一行，当然也不会显示 <canvas>。我们可以像下面这样在标签中加入一条错误信息，以提醒还在用着那些老式浏览器的用户。

```
 9   <canvas id="example" width="400" height="400">
10   Please use a browser that supports "canvas"
11   </canvas>
```

为了在 <canvas> 中绘图，还需要编写一些相关的 JavaScript 代码。可以将其直接写在 HTML 文件中，也可以写成单独的 JavaScript 文件。为使代码更加易读，在我们的例子中采用第二种方式。但是不论采取哪种方式，你都需要告诉浏览器 JavaScript 代码从何处开始执行。我们为 <body> 元素指定 onload 属性，告诉浏览器 <body> 元素加载完成后（也就是页面加载完成后）执行 main() 函数，并作为 JavaScript 程序的入口（第 8 行）。

```
 8   <body onload="main()">
```

然后让浏览器去加载 JavaScript 文件 DrawRectangle.js，main() 函数就定义在其中。

```
12   <script src="DrawRectangle.js"></script>
```

为了避免混淆，本书中的所有示例程序的 HTML 文件，和加载到其中的 JavaScript 文件都使用相同的名称（如图 2.3 所示）。

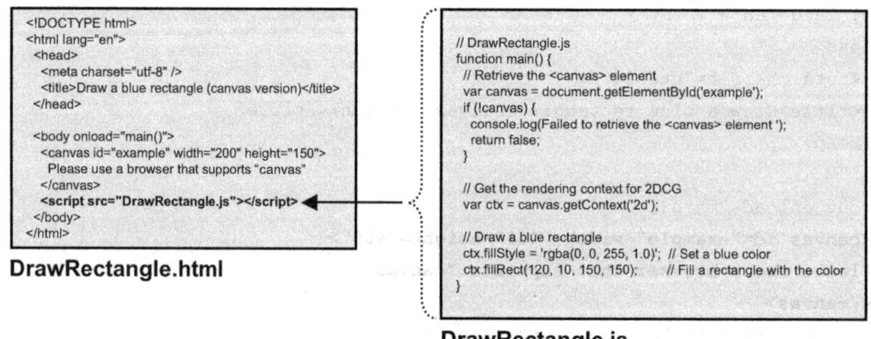

图 2.3 DrawRectangle.html 和 DrawRectangle.js

DrawRectangle.js

DrawRectangle.js 是例 2.2 中在 <canvas> 元素上绘制蓝色矩形的程序，它只有 16 行代码。为了在 <canvas> 上绘制二维图形（2D 图形），需经过以下三个步骤：

1. 获取 <canvas> 元素；

2. 向该元素请求二维图形的“绘图上下文”[1]；

3. 在绘图上下文上调用相应的绘图函数，以绘制二维图形。

不管是绘制二维还是三维的图形，这三个步骤是一样的。本例绘制的是简单的二维矩形，如果要使用 WebGL 绘制三维图形，那么第二步就是获取绘制三维图形的绘图上下文；在更抽象的层面上，两者是一样的。

例 2.2 DrawRectangle.js

```
1  // DrawRectangle.js
2  function main() {
3   // 获取<canvas>元素                                              <- (1)
4    var canvas = document.getElementById('example');
5    if (!canvas) {
6      console.log('Failed to retrieve the <canvas> element');
7      return;
8    }
9
10  // 获取绘制二维图形的绘图上下文                                     <- (2)
11   var ctx = canvas.getContext('2d');
12
13   // 绘制蓝色矩形                                                   <- (3)
14   ctx.fillStyle = 'rgba(0, 0, 255, 1.0)'; // 设置填充颜色为蓝色
15   ctx.fillRect(120, 10, 150, 150); // 使用填充颜色填充矩形
16 }
```

依次来看看这几步。

获取 <canvas> 元素

为了在 <canvas> 上进行绘制，首先得在 HTML 文件中通过 JavaScript 程序获取 <canvas> 元素。可以使用 document.getElementById 函数来获取（第 4 行）。这个方法只有一个参数，就是 HTML 文件中 <canvas> 标签的 id 属性，即字符串 'example'，它被

1 译者注：context，或译“绘图环境”。

定义在 DrawRectangle.html 的第 9 行（例 2.1）。

如果函数的返回值不是 null，就说明你成功获取了该元素；如果函数返回了 null，就说明获取失败了。你可以用一个简单的 if 判断来进行检查（第 5 行），如果获取失败了，就调用 console.log() 在浏览器控制台上显示参数字符串（第 6 行）。

注：在 Chrome 浏览器中，你可以通过工具——JavaScript 控制台或快捷键 Ctrl+Shift+J 来显示控制台（如图 2.4 所示）；在 Firefox 浏览器中，你可以通过工，Web 开发者工具——Web 控制台或快捷键 Ctrl+Shift+K 来这样做。

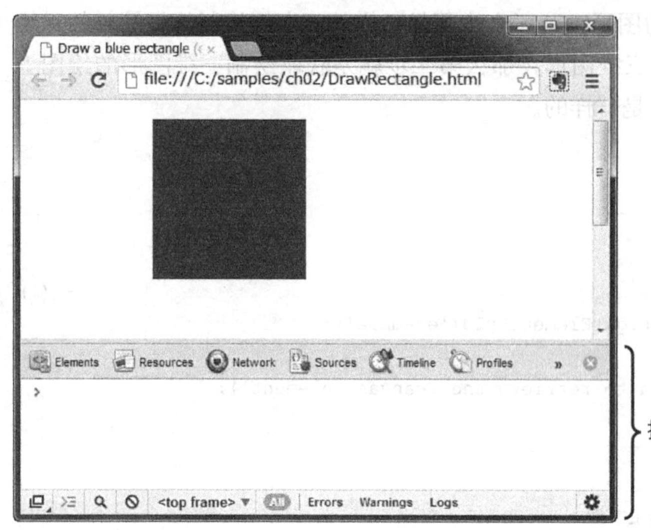

图 2.4 Chrome 的控制台

通过元素来获取二维图形的绘图上下文

由于 <canvas> 元素可以灵活地同时支持二维图形和三维图形，它不直接提供绘图方法，而是提供一种叫**上下文** (context) 的机制来进行绘图。我们首先获取这个上下文（第 11 行）：

```
11    var ctx = canvas.getContext('2d');
```

canvas.getContex() 方法的参数指定了上下文的类型（二维或三维）。在本例中，如果你想要绘制二维图形，就必须指定为 2d（注意区分大小写）。

这一行的执行结果，就是绘图上下文被存储到了 ctx 变量中待使用。注意，为了简洁，本例省略了错误检查，在你自己的项目中，你应该总是进行错误检查。

使用上下文支持的方法来绘制二维图形

有了绘图上下文，我们来看一看绘制蓝色矩形的代码。它分为两步：首先，在绘图时设置要使用的颜色（第 14 行）；然后，用这个颜色绘制矩形（第 15 行）。

```
13  // 绘制蓝色矩形                                                    <-(3)
14  ctx.fillStyle = 'rgba(0, 0, 255, 1.0)'; // 设置填充颜色为蓝色
15  ctx.fillRect(120, 10, 150, 150); // 用这个颜色填充矩形
```

设置颜色的字符串 `rgba(0, 0, 255, 1.0)` 中的 `rgba` 指定了 `r`（红色）、`g`（绿色）、`b`（蓝色）、`a`（α：透明度）的值，前三者在 0（最小值）到 255（最大值）之间，而 α 在 0.0（透明）到 1.0（不透明）之间。计算机系统通常使用红、绿、蓝这三原色组合来表示颜色，这种颜色表示方式被称为 **RGB 格式**，当 α（透明度）加进来之后，就成为 **RGBA 格式**。

然后我们使用 `fillStyle` 属性指定的填充颜色绘制（或者说填充）了矩形（第 15 行）。在讨论第 15 行的细节之前，来看一下 `<canvas>` 元素的坐标系统（如图 2.5 所示）。

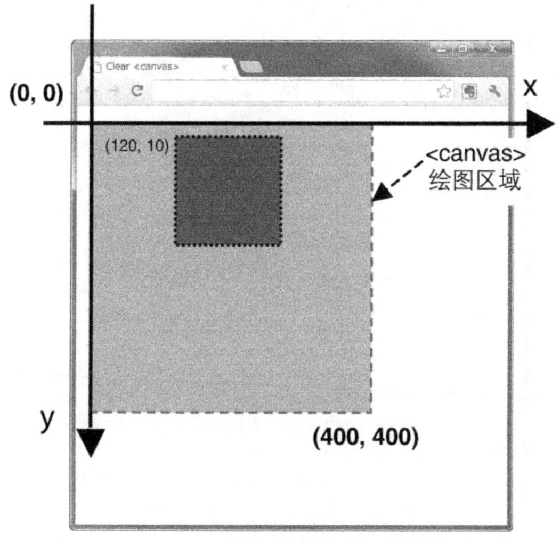

图 2.5 `<canvas>` 的坐标系统

如图所示，`<canvas>` 的坐标系统横轴为 x 轴（正方向朝右），纵轴为 y 轴（正方向朝下）。注意，原点落在左上方，y 轴正方向朝下。用长虚线标出的区域就是 HTML 文档中的 `<canvas>` 元素（例 2.1），我们指定其为 400×400 像素宽。用点虚线标出的区域就是示例程序绘制的矩形。

当我们使用 `ctx.fillRect()` 绘制矩形的时候，前两个参数指定了待绘制矩形的左上顶点在 `<canvas>` 中的坐标，后两个参数指定了矩形的宽度和高度（以像素为单位）。

```
ctx.fillRect(120, 10, 150, 150); // 使用填充颜色填充矩形
```

用浏览器运行 DrawRectangle.html 后，可见如图 2.2 所示的矩形。

这一节介绍了如何在 <canvas> 元素中绘制二维图形。WebGL 将在 <canvas> 元素中绘制三维图形，下面就让我们进入 WebGL 的世界。

最短的WebGL程序：清空绘图区

我们这就开始编写世界上最短的 WebGL 程序，HelloCanvas，这个程序的功能就是，使用背景色清空了 <canvas> 标签的绘图区。图 2.6 显示了程序的效果，即清空（用黑色填充）了 <canvas> 定义的矩形区域。

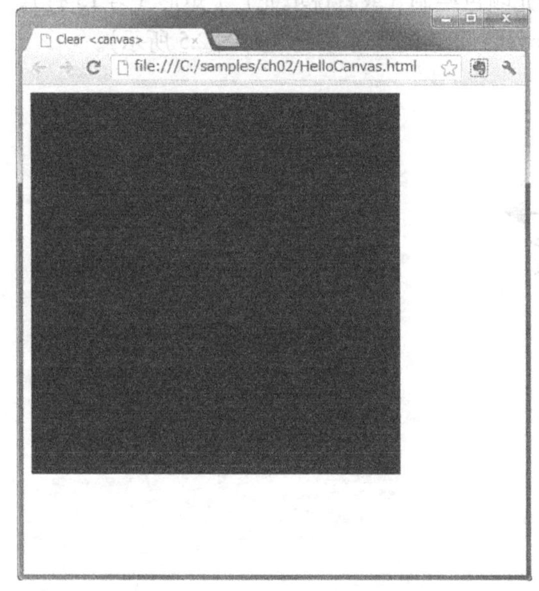

图 2.6 HelloCanvas

HTML 文件（HelloCanvas.html）

看一下 HelloCanvas.html，如图 2.7 所示。文件的结构很简单：首先使用 <canvas> 元素定义绘图区域(第 9 行)，然后再引入 HelloCanvas.js 文件(第 16 行，即 WebGL 程序)。

我们还引入了一些其他的 JavaScript 文件（第 13 到 15 行），它们提供了一些在 WebGL 编程中有用的函数。后面会详细解释，现在就把他们看做库好了。

```
1 <!DOCTYPE html>
2 <html lang="en">
3 <head>
4   <meta charset="utf-8" />
5   <title>Clear canvas</title>
6 </head>
7
8 <body onload="main()">
9   <canvas id="webgl" width="400" height="400">
10   Please use the browser supporting "canvas"
11   </canvas>
12
13   <script src="../lib/webgl-utils.js"></script>
14   <script src="../lib/webgl-debug.js"></script>
15   <script src="../lib/cuon-utils.js"></script>
16   <script src="HelloCanvas.js"></script>
17 </body>
18 </html>
```

WebGL将使用的<canvas>绘制图形

引入一些专为WebGL准备的、事先定义好的函数库

JavaScript文件，在<canvas>中绘制图形

图 2.7 HelloCanvas.html

现在，我们建立了 <canvas>（第 9 行），引入了 HelloCanvas 程序的 JavaScript 文件（第 16 行），在这个文件中，我们开始真正使用 WebGL 来绘制三维图形。下面来看一下 HelloCanvas.js 中的 WebGL 程序代码。

JavaScript 程序（HelloCanvas.js）

HelloCanvas.js 如例 2.3 所示，共有 18 行，包含一些注释和错误检测，它遵循着绘制二维图形时的三个步骤：获取 <canvas> 元素、获取绘图上下文、开始绘图。

例 2.3 HelloCanvas.js

```
// HelloCanvas.js
function main() {
  // 获取<canvas>元素
  var canvas = document.getElementById('webgl');

  // 获取WebGL绘图上下文
  var gl = getWebGLContext(canvas);
  if (!gl) {
    console.log('Failed to get the rendering context for WebGL');
    return;
  }
```

```
  // 指定清空<canvas>的颜色
  gl.clearColor(0.0, 0.0, 0.0, 1.0);

  // 清空<canvas>
  gl.clear(gl.COLOR_BUFFER_BIT);
}
```

和上一个示例程序一样，本例也只有一个 main() 函数，将这个函数绑定在 HelloCanvas.html 中 <body> 元素的 onload 属性上（第 8 行），如图 2.7 所示。

图 2.8 显示了示例程序中 main() 函数的执行流，包含了以下四个步骤，我们将分别讨论。

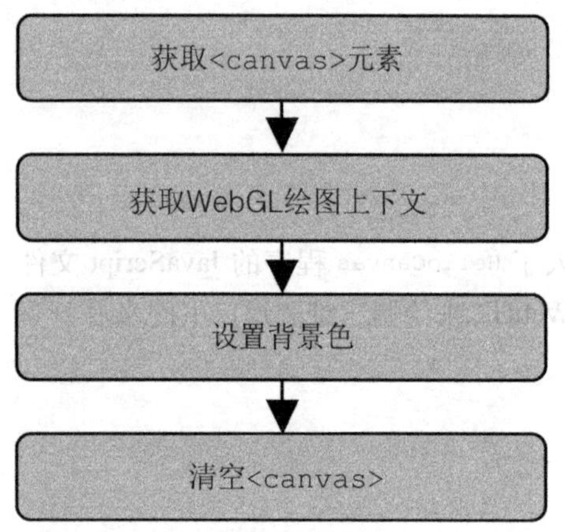

图 2.8 main() 函数的执行流

获取 <canvas> 元素

首先，main() 函数从 HTML 文件中获取了 <canvas> 元素——与在 DrawRectangle.js 中一样，我们使用了 document.getElementById() 函数，但是传入参数变为了 webgl，这是图 2.7 中第 9 行的 <canvas> 元素的 id。

```
9    <canvas id="webgl" width="400" height="400">
```

函数的返回值存储在 canvas 变量中。

为 WebGL 获取绘图上下文

接下来，程序使用变量 canvas 来获取 WebGL 绘图上下文。通常来说，我们应该使用 canvas.getContex() 函数来获取绘图上下文（就像在前一个示例程序中那样）。但是，在获取 WebGL 绘图上下文时，canvas.getContex() 函数接收的参数，在不同浏览器中会不同[2]，所以我们写了一个函数 getWebGLContex() 来隐藏不同浏览器之间的差异。

```
7        var gl = getWebGLContext(canvas);
```

这个函数就是前面提到过的对 WebGL 编程有用的辅助函数之一，它被定义在专为本书编写的 cuon-utils.js 文件中。我们在 HelloCanvas.html 中，用 <script> 标签的 src 属性将该文件引入进来（第 15 行），然后就可以使用其中的函数了。下面是函数 getWebGLContext() 的规范。

getWebGLContext(element, [, debug])

获取 WebGL 绘图上下文，如果开启了 debug 属性，遇到错误时将在控制台显示错误消息。

参数	element	指定 <canvas> 元素
	debug（可选）	默认为 false，如果设置为 true，JavaScript 中发生的错误将被显示在控制台上。注意，在调试结束后关闭它，否则会影响性能
返回值	non-null	WebGL 绘图上下文
	null	WebGL 不可用

可见，获取 <canvas> 元素，并从该元素上获取绘图上下文的过程与 DrawRectangle.js 中的很类似，后者的上下文是用来绘制二维图形的。

相似地，getWebGLContext() 函数返回了 WebGL 绘图上下文，我们就用这个绘图上下文在 <canvas> 上绘图，这与绘制矩形的方式很像。但是，现在这个绘图环境可以绘制三维（而不是二维）图形了，也就是说我们可以开始使用 WebGL 函数了。我们将上下文存储在名为 gl 的变量中（第 7 行），你也可以将其命名成其他名称。本书中我们将其命名为 gl，因为 WebGL 是基于 OpenGL ES 的，这样命名能够使 WebGL 中的函数名与 OpenGL ES 中的函数名对应起来。比如，第 14 行的 gl.clearColor() 函数就对应着 OpenGL ES 2.0 或 OpenGL 中的 glClearColor() 函数。

```
14    gl.clearColor(0.0, 0.0, 0.0, 1.0);
```

本书中在调用所有 WebGL 相关方法时，都假定绘图上下文存储在名为 gl 的变量中。

有了 WebGL 绘图上下文之后，就用它来设置背景色，然后用背景色清空 <canvas> 绘图区域。

2　虽然大部分浏览器都接收字符串“expeimental-webgl”，但并非所有浏览器都这样。而且，过一段时间，参数将变成 webgl，所以我们选择将这些细节隐藏起来。

设置 <canvas> 的背景色

在前几节的 DrawingRectangle.js 中，我们在绘制矩形之前就指定了绘图颜色。在 WebGL 中，与之相似，清空绘图区之前你也得指定背景颜色。第 14 行使用 gl.clearColor() 以 RGBA 格式设置背景色。

gl.clearColor(red, green, blue, alpha)

指定绘图区域的背景色：

参数	red	指定红色值（从 0.0 到 1.0）
	green	指定绿色值（从 0.0 到 1.0）
	blue	指定蓝色值（从 0.0 到 1.0）
	alpha	指定透明度值（从 0.0 到 1.0）
	如果任何值小于 0.0 或者大于 1.0，那么就会分别截断为 0.0 或 1.0	
返回值	无	
错误[3]	无	

示例程序执行了 gl.clearColor(0.0, 0.0, 0.0, 1.0)，背景色被指定为黑色。下面是一些其他颜色的例子：

```
(1.0, 0.0, 0.0, 1.0) 红色
(0.0, 1.0, 0.0, 1.0) 绿色
(0.0, 0.0, 1.0, 1.0) 蓝色
(1.0, 1.0, 0.0, 1.0) 黄色
(1.0, 0.0, 1.0, 1.0) 紫色
(0.0, 1.0, 1.0, 1.0) 青色
(1.0, 1.0, 1.0, 1.0) 白色
```

你可能会注意到，前一节二维图形程序 DrawRectangle 中，颜色分量值在 0 到 255 之间。但是，由于 WebGL 是继承自 OpenGL 的，所以它遵循传统的 OpenGL 颜色分量的取值范围，即从 0.0 到 1.0。RGB 的值越高，颜色就越亮；类似地，第 4 分量 α 的值越高，颜色就越不透明。

一旦指定了背景色之后，背景色就会驻存在 **WebGL 系统** (WebGL System) 中，在下一次调用 gl.clearColor() 方法前不会改变。换句话说，如果将来什么时候你还想用同一个颜色再清空一次绘图区，没必要再指定一次背景色。

3 在这本书中，所有 WebGL 相关方法都有“错误”项。这表示，函数发生了错误，错误不能由函数返回值表示。在默认情况下，这些错误都不会显示出来，但可以通过指定 getWebGLContex() 方法中第 2 个参数为 true 来使其显示在 JavaScript 控制台上。

清空 <canvas>

最后，你可以调用 gl.clear() 函数，用之前指定的背景色清空（即用背景色填充，擦除已经绘制的内容）绘图区域。

```
17   gl.clear(gl.COLOR_BUFFER_BIT);
```

注意，函数的参数是 gl.COLOR_BUFFER_BIT，而不是（你可能认为会是）表示绘图区域的 <canvas>。这是因为 WebGL 中的 gl.clear() 方法实际上继承自 OpenGL，它基于多基本缓冲区模型，这可比二维绘图上下文复杂得多。清空绘图区域，实际上是在清空颜色缓冲区 (color buffer)，传递参数 gl.COLOR_BUFFER_BIT 就是在告诉 WebGL 清空颜色缓冲区。除了颜色缓冲区，WebGL 还会使用其他种类的缓冲区，比如深度缓冲区和模板缓冲区。颜色缓冲区具体将在本章稍后部分介绍，而深度缓冲区将出现在第 7 章“进入三维世界”中。由于模板缓冲区很少被使用，因为它本书将不会涉及。

清空颜色缓冲区将导致 WebGL 清空页面上的 <canvas> 区域。

gl.clear(buffer)		
将指定缓冲区设定为预定的值。如果清空的是颜色缓冲区，那么将使用 gl.clearColor() 指定的值（作为预定值）。		
参数	buffer	指定待清空的缓冲区，位操作符 OR(|) 可用来指定多个缓冲区
	gl.COLOR_BUFFER_BIT	指定颜色缓存
	gl.DEPTH_BUFFER_BIT	指定深度缓冲区
	gl.STENCIL_BUFFER_BIT	指定模板缓冲区
返回值	无	
错误	INVALID_VALUE	缓冲区不是以上三种类型

如果没有指定背景色（也就是说，你没有调用 gl.clearColor()），那么使用的默认值如下所示（表 2.1）。

表 2.1 清空缓冲区的默认颜色及其相关函数

缓冲区名称	默认值	相关函数
颜色缓存区	(0.0, 0.0, 0.0, 0.0)	gl.clearColor(red, green, blue, alpha)
深度缓冲区	1.0	gl.clearDepth(depth)
模板缓冲区	0	gl.clearStencil(s)

现在你应该已经通读并理解了这个简单的 WebGL 示例程序。你应该把 HelloCanvas 加载到浏览器中，看看绘图区域是不是变成了一片黑色。提醒一下，你可以在本书的同步站点上找到所有示例程序。如果想利用这些示例程序做些实验，你需要将这些示例从站点下载到本地磁盘中，然后把磁盘中的 HelloCanvas.html 加载到浏览器里。

用示例程序做实验

为了帮助你熟悉指定背景色的方式，我们来用示例程序做个实验：试试用其他背景色进行清空操作。使用你最喜欢的文本编辑器，按照下面的样子，重写 HelloCanvas.js 的第 14 行，然后保存修改到原始文件。

```
14    gl.clearColor(0.0, 0.0, 1.0, 1.0);
```

重新将 HelloCanvas.html 载入到浏览器中，HelloCanvas.js 也会被重新载如，之后当 main() 函数执行时，绘图区域的背景变为了蓝色。你也可以尝试使用一些其他颜色再看看效果，比如，gl.clearColor(0.5, 0.5, 0.5, 1) 会把绘图区域变为灰色。

绘制一个点（版本1）

在之前的章节，我们学习了如何建立一个 WebGL 程序，如何使用一些简单的 WebGL 相关函数。这一节，我们将进一步在一个示例程序中绘制一个最简单的图形：一个点。这个程序将会绘制一个位于原点 (0.0, 0.0, 0.0) 处的 10 个像素大的红色的点。因为 WebGL 处理的是三维图形，所以我们有必要为这个点指定三维坐标。坐标系统将在稍后介绍，目前可以简单地认为，原点 (0.0, 0.0, 0.0) 处的点就出现在 <canvas> 的中心位置。

示例程序 HelloPoint1 的运行效果如图 2.9 所示，黑色背景的 <canvas> 中心有一个小红点(矩形)[4]。实际上，你将用矩形而不是圆来绘制一个点，因为绘制矩形比绘制圆更快。(第 10 章“高级技术”将介绍如何画一个圆点)。

4 第 2 章的示例程序非常简单，这样读者就能够专注于理解着色器的功能。特别地，这些程序没有使用 WebGL 通常使用的“缓冲区对象”（见第 3 章）。这种简化虽然有用，但是却会导致程序在一些浏览器（尤其是 Firefox）中失效而无法正确显示——这些浏览器预期 WebGL 程序就是使用缓冲区对象的。在后面的章节，以及实际的应用开发中不会出现该问题，因为你也会使用缓冲区对象。但是在这一章，如果你的浏览器不能正确显示，可以先换一个浏览器。你可以到下一章再切换回来。

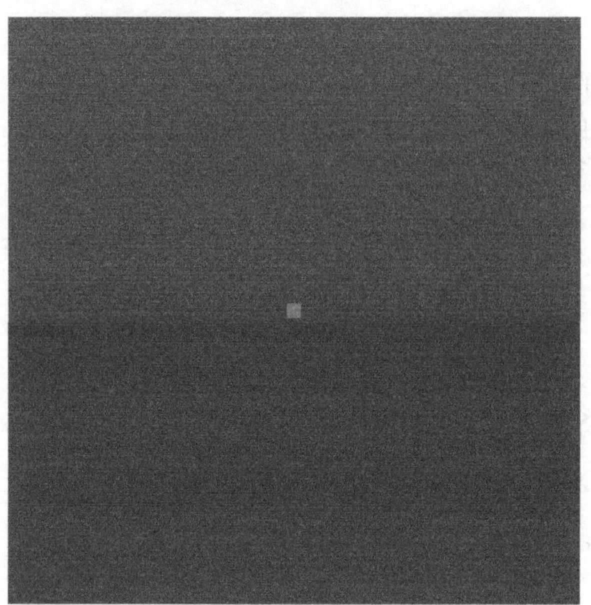

图 2.9 HelloPoint1

就像在前一节中我们以 RGB 的形式指定了 WebGL 的背景色，此处也需要以同样的方式指定待绘制点的颜色。红色的 R 值为 1.0，G 值为 0.0，B 值为 0.0，A 值为 1.0。你应该还记得，在前一章的 DrawRectangle.js 中，我们先指定了绘图颜色，然后绘制了一个矩形，如下所示：

```
ctx.fillStyle='rgba(0, 0, 255, 1.0)';
ctx.fillRect(120, 10, 150, 150);
```

你可能会认为，WebGL 也差不多，比如：

```
gl.drawColor(1.0, 0.0, 0.0, 1.0);
gl.drawPoint(0, 0, 0, 10); // 点的位置和大小
```

不幸的是，事情没这么简单。WebGL 依赖于一种新的称为**着色器** (shader) 的绘图机制。着色器提供了灵活且强大的绘制二维或三维图形的方法，所有 WebGL 程序必须使用它。着色器不仅强大，而且更复杂，仅仅通过一条简单的绘图命令是不能操作它的。

着色器是 WebGL 的一项重要的核心机制，它会贯穿全书。我们将一步一个脚印地去仔细研究和理解它。

HelloPoint1.html

例 2.4 显示了 HelloPoint1.html 的代码，其结构与 HeIlocCanvas.html（如图 2.7 所示）类似。除了标题和 JavaScript 文件名有所变化（第 5 行和第 16 行），其他都一样。从现在开始，除非 HTML 文件发生变化，我们就跳过它，直接讨论 JavaScript 代码。

例 2.4 HelloPoint1.html

```
1  <!DOCTYPE html>
2  <html lang="en">
3    <head>
4      <meta charset="utf-8" />
5      <title>Draw a point (1)</title>
6    </head>
7
8    <body onload="main()">
9      <canvas id="webgl" width="400" height="400">
10     Please use the browser supporting "canvas".
11      </canvas>
12
13     <script src="../libs/webgl-utils.js"></script>
14     <script src="../libs/webgl-debug.js"></script>
15     <script src="../libs/cuon-utils.js"></script>
16     <script src="HelloPoint1.js"></script>
17   </body>
18 </html>
```

HelloPoint1.js

例 2.5 显示了 HelloPoint.js 的代码。根据注释，你知道 JavaScript 文件中有两个“着色器程序”（第 2 行到第 13 行）。请快速浏览一下着色器程序，然后看下一节中的具体阐述。

例 2.5 HelloPoint1.js

```
1 // HelloPoint1.js
2 // 顶点着色器程序
3 var VSHADER_SOURCE =
4   'void main() {\n' +
5   ' gl_Position = vec4(0.0, 0.0, 0.0, 1.0);\n' + // 设置坐标
6   ' gl_PointSize = 10.0;\n' + // 设置尺寸
7   '}\n';
8
9 // 片元着色器程序
10 var FSHADER_SOURCE =
```

```
11   'void main() {\n' +
12   ' gl_FragColor = vec4(1.0, 0.0, 0.0, 1.0);\n' + // 设置颜色
13   '}\n';
14
15 function main() {
16   // 获取<canvas>元素
17   var canvas = document.getElementById('webgl');
18
19   // 获取WebGL绘图上下文
20   var gl = getWebGLContext(canvas);
21   if (!gl) {
22     console.log('Failed to get the rendering context for WebGL');
23     return;
24   }
25
26   // 初始化着色器
27   if (!initShaders(gl, VSHADER_SOURCE, FSHADER_SOURCE)) {
28     console.log('Failed to initialize shaders.');
29     return;
30   }
31
32   // 设置<canvas>的背景色
33   gl.clearColor(0.0, 0.0, 0.0, 1.0);
34
35   // 清空<canvas>
36   gl.clear(gl.COLOR_BUFFER_BIT);
37
38   // 绘制一个点
39   gl.drawArrays(gl.POINTS, 0, 1);
40 }
```

着色器是什么？

`HelloPoint1.js` 是本书中使用着色器的第一个 WebGL 程序，我们之前说过，要使用 WebGL 进行绘图就必须使用着色器。在代码中，着色器程序是以字符串的形式“嵌入”在 JavaScript 文件中的，在程序真正开始运行前它就已经设置好了。这么说可能有些复杂，我们一步一步来解释。

WebGL 需要两种着色器，见第 2 行和第 9 行。

- **顶点着色器** (Vertex shader)：顶点着色器是用来描述顶点特性（如位置、颜色等）的程序。**顶点** (vertex) 是指二维或三维空间中的一个点，比如二维或三维图形的端点或交点。

- **片元着色器** (Fragment shader)：进行逐片元处理过程如光照（见第 8 章“光照”）的程序。**片元** (fragment) 是一个 WebGL 术语，你可以将其理解为像素（图像的单元）。

在本书中后续部分我们将仔细地研究着色器。简单地说，在三维场景中，仅仅用线条和颜色把图形画出来是远远不够的。你必须考虑，比如，光线照上去之后，或者观察者的视角发生变化，对场景会有些什么影响。着色器可以高度灵活地完成这些工作，提供各种渲染效果。这也就是当今计算机制作出的三维场景如此逼真和令人震撼的原因。

JavaScript 读取了着色器的相关信息，然后存在 WebGL 系统中以供调用。图 2.10 显示了程序的执行流程：从执行 JavaScript，到在 WebGL 系统中使用着色器在浏览器上绘制图形。

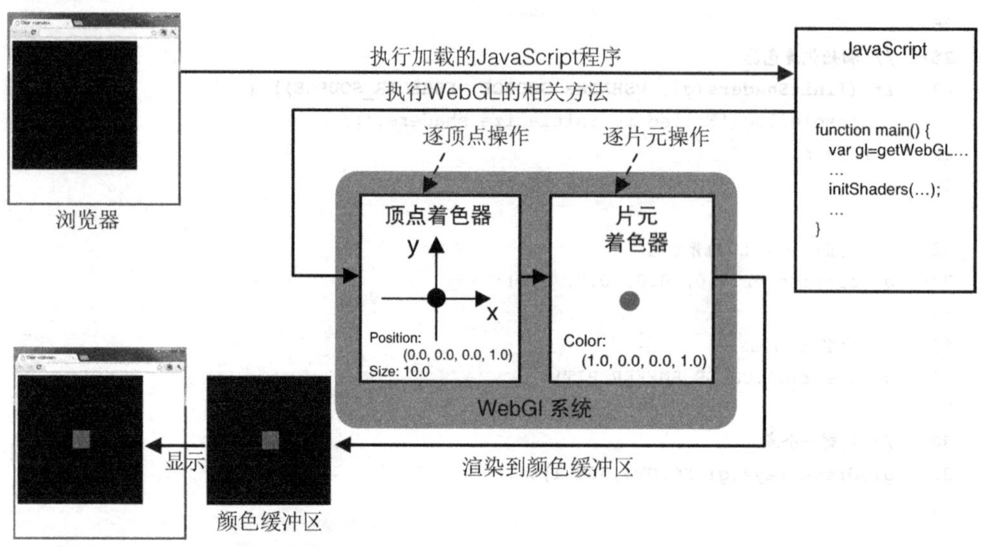

图 2.10 从执行 JavaScript 程序到在浏览器中显示结果的过程

图的左侧是两个浏览器窗口。它们是同一个窗口，上面一个是执行 JavaScript 程序之前的窗口，下面一个是执行之后的。程序执行的流程大概是：首先运行 JavaScript 程序，调用了 WebGL 的相关方法，然后顶点着色器和片元着色器就会执行，在颜色缓冲区内进行绘制，这时就清空了绘图区（图 2.8 中的 `HelloCanvas` 示例中的第 2 步到第 4 步）；最后，颜色缓冲区中的内容会自动在浏览器的 `<canvas>` 上显示出来。

在阅读本书的时候，你可能会经常看到这幅图。所以我们使用一个简化的版本来节省空间，如图 2.11 所示。注意，程序流程是从左到右的，最右边是颜色缓冲区而不是浏览器，因为颜色缓冲区的内容会自动显示在浏览器中。

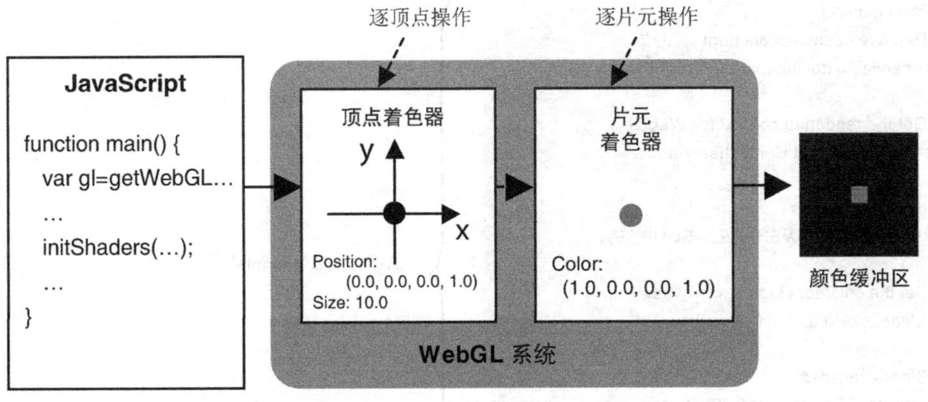

图 2.11 图 2.9 的简化版

示例程序的任务是，在屏幕上绘制一个 10 像素大小的点，它用到两个着色器：

- 顶点着色器指定了点的位置和尺寸。本例中，点的位置是 (0.0, 0.0, 0.0)，尺寸是 10.0 像素。
- 片元着色器指定了点的颜色。本例中，点的颜色是红色 (1.0, 0.0, 0.0, 1.0)。

使用着色器的 WebGL 程序的结构

结合已学的知识，我们再来看一下 `HelloPoint.js`（例 2.5）：程序有 40 行，比 `HelloCanvas.js` 稍微长一些。如图 2.12 所示，代码包含三个部分。JavaScript 中的 `main()` 函数从第 15 行开始，着色器程序部分位于第 2 行到第 13 行。

```
1 // HelloPint1.js
2 // Vertex shader program
3 var VSHADER_SOURCE =
4  'void main() {\n' +
5  '  gl_Position = vec4(0.0, 0.0, 0.0, 1.0);\n' +
6  '  gl_PointSize = 10.0;\n' +
7  '}\n';
8
9 // Fragment shader program
10 var FSHADER_SOURCE =
11  'void main() {\n' +
12  '  gl_FragColor = vec4(1.0, 0.0, 0.0, 1.0);\n' +
13  '}\n';
14
```

顶点着色器程序（GLSL ES语言）

片元着色器程序（GLSL ES语言）

```
15 function main() {
16   // Retrieve <canvas> element
17   var canvas = document.getElementById('webgl');
18
19   // Get the rendering context for WebGL
20   var gl = getWebGLContext(canvas);
                        ...
26   // Initialize shaders
27   if (!initShaders(gl, VSHADER_SOURCE, ...
                        ...
32   // Set the color for clearing <canvas>
33   gl.clearColor(0.0, 0.0, 0.0, 1.0);
                        ...
35   // Clear <canvas>
36   gl.clear(gl.COLOR_BUFFER_BIT);
37
38   // Draw a point
39   gl.drawArrays(gl.POINTS, 0, 1);
40 }
```

主程序（JavaScript语言）

图 2.12 嵌入了着色器程序的 WebGL 程序的基本结构

顶点着色器程序位于第 4 行到第 7 行，片元着色器位于第 11 行到第 13 行。实际上，它们是以 JavaScript 字符串形式编写的着色器语言程序，这样主程序就可以将他们传给 WebGL 系统。

```
// 顶点着色器程序
void main() {
  gl_Position = vec4(0.0, 0.0, 0.0, 1.0);
  gl_PointSize = 10.0;
}
// 片元着色器程序
void main() {
  gl_FragColor = vec4(1.0, 0.0, 0.0, 1.0);
}
```

在第 1 章说过，着色器使用类似于 C 的 **OpenGL ES 着色器语言** (GLSL ES) 来编写。GLSL ES 终于登上了舞台！在第 6 章“OpenGL ES 着色器语言（GLSL ES）”中，我们将会详细讨论它。而在早期的示例中，着色器的代码很简单，稍微熟悉一点 C 或 JavaScript 语言的人都能理解。

因为着色器程序代码必须预先处理成单个字符串的形式，所以我们用 + 号将多行字符串连成一个长字符串。每一行以 `\n` 结束，这是由于当着色器内部出错时，就能获取出错的行号，这对于检查源代码中的错误很有帮助。但是，`\n` 并不是必须的，你自己编写着色器时，也可以不用它。

着色器程序代码作为字符串被存储在变量 VSSHADER_SOURCE 和 FSHADER_SOURCE 中（第 3 行和第 10 行）。

```
2 // 顶点着色器程序
3 var VSHADER_SOURCE =
4   'void main() {\n' +
5   '  gl_Position = vec4(0.0, 0.0, 0.0, 1.0);\n' + // 设置坐标
6   '  gl_PointSize = 10.0;\n' + // 设置尺寸
7   '}\n';
8
9 // 片元着色器程序
10 var FSHADER_SOURCE =
11   'void main() {\n' +
12   '  gl_FragColor = vec4(1.0, 0.0, 0.0, 1.0);\n' + // 设置颜色
13   '}\n';
```

如果你对如何从文件中加载着色器程序感兴趣，可以参见附录 F“从文件中加载着色器程序”。

初始化着色器

在研究着色器的内部细节之前，让我们看一下 main() 函数（第 15 行）的执行流程，如图 2.13 所示。大部分 WebGL 程序都遵循这样的流程，它会贯穿全书。

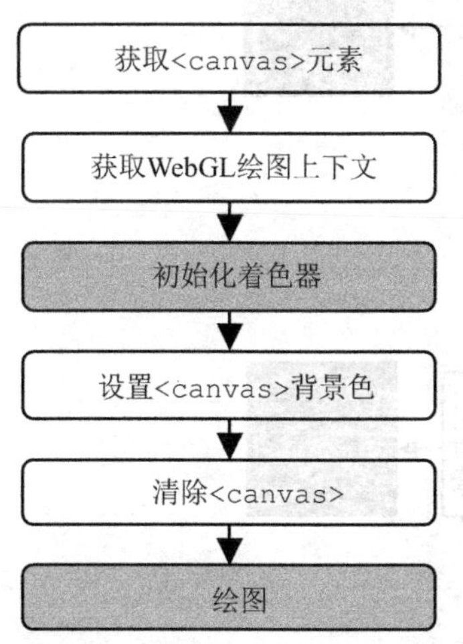

图 2.13 WebGL 程序的执行流程

与图 2.8 相比，除了相似之外，这里新增了第 3 步（“初始化着色器”）和第 6 步（“绘制”）。

第 3 步，“初始化着色器”，我们调用辅助函数 `initShaders()` 对字符串形式的着色器（第 3 行到第 10 行）进行了初始化。该函数被定义在 `cuon.util.js` 中的，是专为本书编写的。

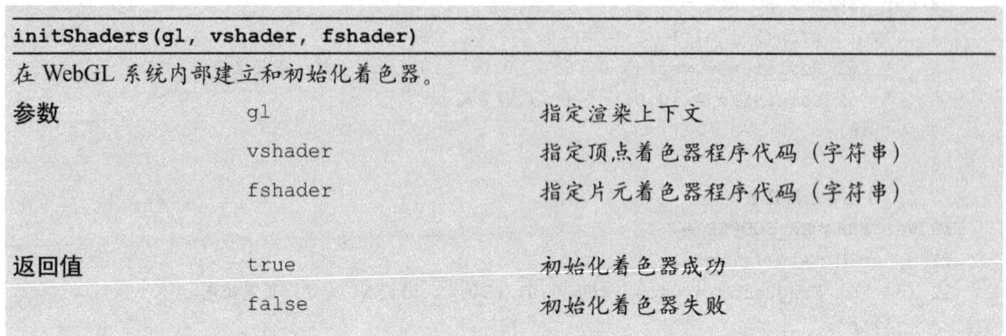

initShaders(gl, vshader, fshader)

在 WebGL 系统内部建立和初始化着色器。

参数	gl	指定渲染上下文
	vshader	指定顶点着色器程序代码（字符串）
	fshader	指定片元着色器程序代码（字符串）
返回值	true	初始化着色器成功
	false	初始化着色器失败

图 2.14 显示了辅助函数 `initShaders()` 的执行效果。我们将会在第 9 章研究这个函数的内部细节，现在，你只需要知道它在 WebGL 系统中初始化了着色器，供我们接下来使用即可。

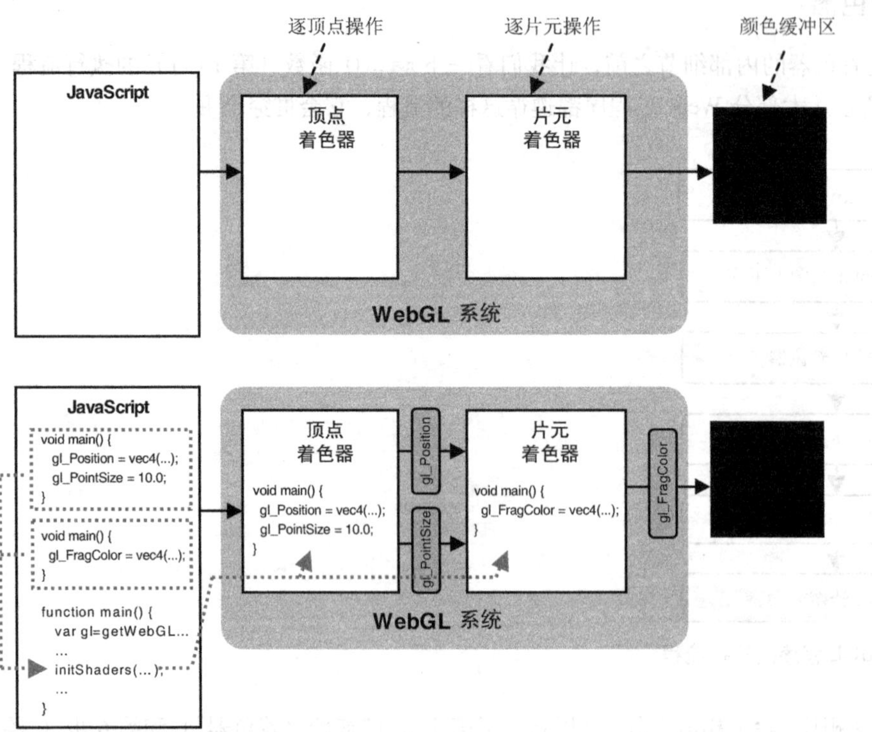

图 2.14 initShaders() 的行为

如图 2.14 中的上方图所示，WebGL 系统由两部分组成，即顶点着色器和片元着色器。实际上，这张图已经被简化过了（为了不显得太复杂），第 10 章会仔细讨论 WebGL 系统中的细节。在初始化着色器之前，顶点着色器和片元着色器都是空白的，我们需要将字符串形式的着色器代码从 JavaScript 传给 WebGL 系统，并建立着色器，这就是 `initShaders()` 所做的事情。注意，着色器运行在 WebGL 系统中，而不是 JavaScript 程序中。

图 2.14 下方图显示了 `initShaders()` 执行后的情形，着色器程序以字符串的形式传给 `initShaders()`，然后在 WebGL 系统中，着色器就建立好了并随时可以使用。如图所示，顶点着色器先执行，它对 `gl_Position` 变量和 `gl_PointSize` 变量进行赋值，并将它们传入片元着色器，然后片元着色器再执行。实际上，片元着色器接收到的是经过光栅化处理后的片元值，我们将在第 5 章中详细解释。目前，你可以简单地认为这两个变量从顶点着色器中被传入了片元着色器。

目前最重要的是，你必须知道，**WebGL 程序包括运行在浏览器中的 JavaScript 和运行在 WebGL 系统的着色器程序这两个部分。**

现在，我们已经完整解释了图 2.13 中的第 2 步“初始化着色器”。下面这就来看看着色器如何画出一个简单的点。如前所述，你需要三项信息来画出这个点：位置、尺寸和颜色。指定这三项信息的方式如下所示：

- 顶点着色器将指定点的位置和尺寸，在这个示例程序中，点的位置是 (0.0, 0.0, 0.0) 而点的尺寸是 10.0。
- 片元着色器将指定点的颜色。在示例程序中，点的颜色是红色 (1.0, 0.0, 0.0, 1.0)。

顶点着色器

现在来看看 `HelloPoint1.js`（例 2.5）中的顶点着色器，它设置了点的位置和颜色：

```
2  // 顶点着色器程序
3  var VSHADER_SOURCE =
4    'void main() {\n' +
5    '  gl_Position = vec4(0.0, 0.0, 0.0, 1.0);\n' +
6    '  gl_PointSize = 10.0;\n' +
7    '}\n';
```

顶点着色器程序本身从第 4 行开始，和 C 语言程序一样，必须包含一个 `main()` 函数。`main()` 前面的关键字 `void` 表示这个函数不会有返回值。还有，你不能为 `main()` 指定参数。

就像 JavaScript 一样，着色器程序使用 = 操作符为变量赋值。首先将点的位置赋值给 gl_Position 变量（第 5 行），然后将点的尺寸赋值给 gl_PointSize（第 6 行），这两个变量是内置在顶点着色器中的，而且有着特殊的含义：gl_Position 表示顶点的位置（这里，就是要绘制的点的位置），gl_PointSize 表示点的尺寸，如表 2.2 所示。

表 2.2 顶点着色器的内置变量

类型和变量名	描述
vec4 gl_Position	表示顶点位置
float gl_PointSize	表示点的尺寸（像素数）

注意，gl_Position 变量必须被赋值，否则着色器就无法正常工作。相反，gl_PointSize 并不是必须的，如果你不赋值，着色器就会为其取默认值 1.0。

如果你熟悉 JavaScript，你也许会对表 2.2 中的“类型”感到惊讶。和 JavaScript 不同，GLSL ES 是一种强类型的编程语言，也就是说，开发者需要明确指出某个变量是某种“类型”的，C 和 Java 就是这样的语言。通过为变量指定类型，系统就能够轻易理解变量中存储的是何种数据，进而优化处理这些数据。表 2.3 总结了这一节出现在 GLSL ES 代码中的几种类型。

表 2.3 GLSE 中的数据类型

类型	描述
float	表示浮点数
vec4	表示由四个浮点数组成的矢量 | float | float | float | float |

注意，如果向某类型的变量赋一个不同类型的值，就会出错。例如，gl_PointSize 是浮点型的变量，你就必须向其赋浮点型的值。所以，如果你将第 6 行

```
gl_PointSize = 10.0;
```

改为了

```
gl_PointSize = 10;
```

就会导致错误，因为在 GLSL ES 中，10 是一个整型数，而 10.0 才是浮点数。

另一个内置变量 gl_Position 表示点的位置，其类型为 vec4；vec4 是由 3 个浮点数

组成的矢量[5]。但是，我们这里只有三个浮点数 (0.0, 0.0, 0.0)，即 X，Y 和 Z 坐标值，需要用某种方法将其转化为 vec4 类型的变量。好在着色器提供了内置函数 vec4() 帮助你创建 vec4 类型的变量，如你所需！

vec4 vec4(v0, v1, v2, v3)

根据 v0，v1，v2，v3 值创建 vec4 对象

参数	v0, v1, v2, v3	指定 4 个浮点型分量
返回值	由 v0, v1, v2, v3 组成的 vec4 对象	

例中第 5 行调用了 vec4()：

```
gl_Position = vec4(0.0, 0.0, 0.0, 1.0);
```

注意，赋给 gl_Position 的矢量中，我们添加了 1.0 作为第 4 个分量。由 4 个分量组成的矢量被称为**齐次坐标**（参阅下方表格中的文字），因为它能够提高处理三维数据的效率，所以在三维图形系统中被大量使用。虽然齐次坐标是四维的，但是如果其最后一个分量是 1.0，那么这个齐次坐标就可以表示“前三个分量为坐标值”的那个点。所以，当你需要用齐次坐标表示顶点坐标的时候，只要将最后一个分量赋为 1.0 就可以了。

齐次坐标

齐次坐标使用如下的符号描述：(x, y, z, w)。齐次坐标 (x, y, z, w) 等价于三维坐标 (x/w, y/w, z/w)。所以如果齐次坐标的第 4 个分量是 1，你就可以将它当做三维坐标来使用。w 的值必须是大于等于 0 的。如果 w 趋近于 0，那么它所表示的点将趋近无穷远，所以在齐次坐标系中可以有无穷的概念。齐次坐标的存在，使得用矩阵乘法（下一章介绍）来描述顶点变换成为可能，三维图形系统在计算过程中，通常使用齐次坐标来表示顶点的三维坐标。

片元着色器

顶点着色器控制点的位置和大小，片元着色器控制点的颜色。如前所述，**片元**就是显示在屏幕上的一个像素（严格意义上来说，片元包括这个像素的位置、颜色和其他信息）。

片元着色器的作用是处理片元，使其显示在屏幕上。再看一次 HelloPoint.js 中的片元着色器（例 2.5），可见，就像顶点着色器一样，它也从 main() 函数开始执行：

```
// 片元着色器程序
var FSHADER_SOURCE =
  'void main() {\n' +
  '  gl_FragColor = vec4(1.0, 0.0, 0.0, 1.0);\n' +
  '}\n';
```

5 矢量 (vector) 也可译作向量，本书中除了在一些特殊的语境下（比如“法向量”），统一称为“矢量”。——译者注

片元着色器将点的颜色赋值给 gl_FragColor 变量（第 12 行），该变量是片元着色器唯一的内置变量，它控制着像素在屏幕上的最终颜色，如表 2.4 所示。

表 2.4 片元着色器的内置变量

类型和变量名	描述
vec4 gl_FragColor	指定片元颜色（RGBA 格式）

对这个内置变量赋值后，相应的像素就会以这个颜色值显示。和顶点着色器中的顶点位置一样，颜色值也是 vec4 类型的，包括四个浮点型分量，分别代表 RGBA 值。本例我们赋的颜色值为 (1.0, 0.0, 0.0, 1.0)，所以点是红色的。

绘制操作

建立了着色器之后，我们就需要进行绘制操作，在这个例子中，就是画一个点。和在 HelloCanvas.js 中一样，首先需要清空绘制区域。然后，我们使用 gl.drawArrays() 来进行绘制（第 39 行）：

```
39 gl.drawArrays(gl.POINTS, 0, 1);
```

gl.drawArrays() 是一个强大的函数，它可以用来绘制各种图形，该函数的规范如下表所示。

gl.drawArrays(mode, first, count)		
执行顶点着色器，按照 *mode* 参数指定的方式绘制图形。		
参数	mode	指定绘制的方式，可接收以下常量符号：gl.POINTS, gl.LINES, gl.LINE_STRIP, gl.LINE_LOOP, gl.TRIANGLES, gl.TRIANGLE_STRIP, gl.TRIANGLE_FAN
	first	指定从哪个顶点开始绘制（整型数）
	count	指定绘制需要用到多少个顶点（整型数）
返回值	无	
错误	INVALID_ENUM	传入的 *mode* 参数不是前述参数之一
	INVALID_VALUE	参数 *first* 或 *count* 是负数

示例程序调用该函数时，因为我们绘制的是单独的点，所以设置第 1 个参数为 gl.POINTS；设置第 2 个参数为 0，表示从第 1 个顶点（虽然只有 1 个顶点）开始画起的；第 3 个参数 count 为 1，表示在这个简单的程序中仅绘制了 1 个点。

现在当程序调用 gl.drawArrays() 时，顶点着色器将被执行 *count* 次，每次处理一个顶点。在这个示例程序中，着色器只执行一次（*count* 被设置为 1），我们只绘制一个点。在着色器执行的时候，将调用并逐行执行内部的 `main()` 函数，将值 (0.0, 0.0, 0.0, 1.0) 赋给 `gl_Position`（第 5 行），将值 10.0 赋给 `gl_PointSize`（第 6 行）。

一旦顶点着色器执行完后，片元着色器就会开始执行，调用 `main()` 函数，将颜色值（红色）赋给 `gl_FragColor`（第 12 行）。最后，一个红色的 10 个像素大的点就被绘制在了 (0.0, 0.0, 0.0, 1.0) 处，也就是绘制区域的中心位置（图 2.15）。

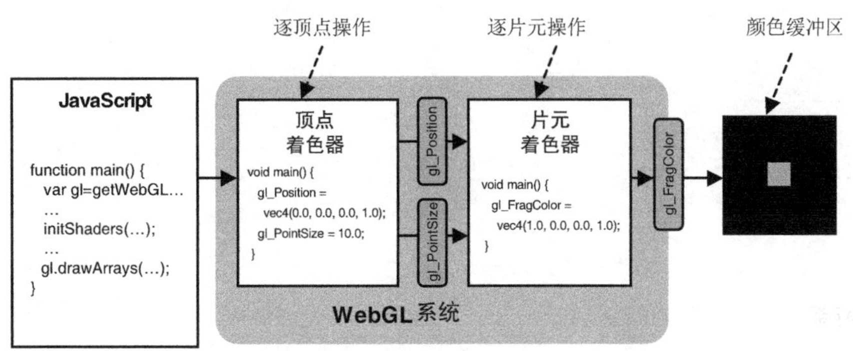

图 2.15 着色器的行为

现在，你应该对顶点着色器和片元着色器的工作方式有了大致的了解。接下来，你将在此基础上，通过一系列示例程序来进一步学习 WebGL 和着色器。但是在此之前，我们先来快速了解一下 WebGL 的坐标系统，以及这套坐标系统是如何描述图形位置的。

WebGL 坐标系统

由于 WebGL 处理的是三维图形，所以它使用三维坐标系统（笛卡尔坐标系），具有 X 轴、Y 轴和 Z 轴。三维坐标系统很容易理解，因为我们的世界也是三维的：具有宽度、高度和长度。在任何坐标系统中，轴的方向都非常重要。通常，在 WebGL 中，当你面向计算机屏幕时，X 轴是水平的（正方向为右），Y 轴是垂直的（正方向为下），而 Z 轴垂直于屏幕（正方向为外），如图 2.16 左所示。观察者的眼睛位于原点 (0.0, 0.0, 0.0) 处，视线则是沿着 Z 轴的负方向，从你指向屏幕（图 2.16 右）。这套坐标系又被称为**右手坐标系** (right-handed coordinate system)，因为可以用右手来表示，如图 2.17 所示。默认情况下 WebGL 使用右手坐标系，右手坐标系也会贯穿本书始终。然而，事实远远比这复杂。实际上，WebGL 本身既不是右手坐标系，又不是左手坐标系的。附录 D“WebGL/OpenGL：左手坐标系还是右手坐标系？”详细地阐述了这一点。现在，你认为 WebGL 是右手坐标系的也完全没有关系。

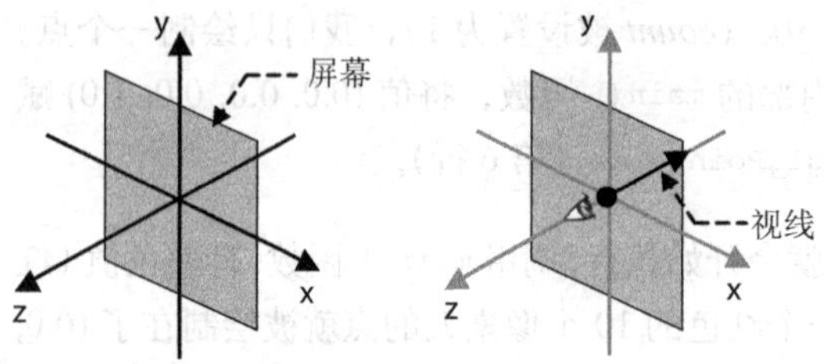

图 2.16 WebGL 坐标系统

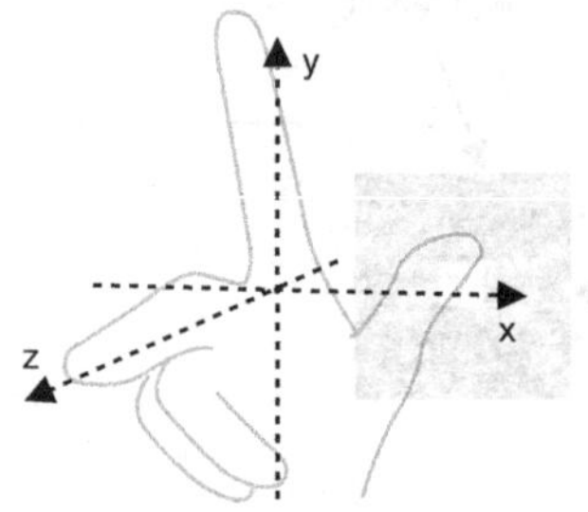

图 2.17 右手坐标系

如图所示，WebGL 的坐标系和 <canvas> 绘图区的坐标系不同，需要将前者映射到后者。默认情况下，如图 2.18 所示，WebGL 坐标与 <canvas> 坐标的对应关系如下。

- <canvas> 的中心点：(0.0, 0.0, 0.0)
- <canvas> 的上边缘和下边缘：(−1.0, 0.0, 0.0) 和 (1.0, 0.0, 0.0)
- <canvas> 的左边缘和右边缘：(0.0, −1.0, 0.0) 和 (0.0, 1.0, 0.0)

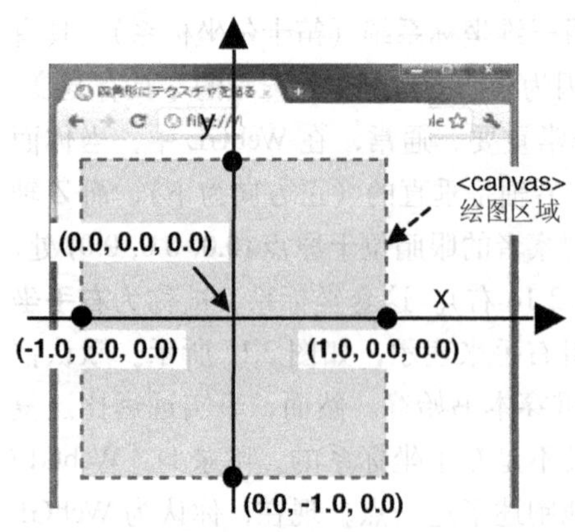

图 2.18 <canvas> 绘图区和 WebGL 坐标系统

如前文所讨论的，右手坐标系是 WebGL 默认的坐标系统，使用其他坐标系也是可能的，具体将在附录中讨论，但是现在就使用默认为右手坐标系好了。此外，为了帮助你将注意力集中在 WebGL 的核心功能上，示例程序将仅使用 x 和 y 坐标，而不使用 z 坐标或深度坐标。在第 7 章之前，Z 轴的坐标值都被设为 0.0。

用示例程序做实验

首先，你可以修改第 5 行来改变点的位置。比如，我们将 x 坐标从 0.0 改变为 0.5。

```
5   ' gl_Position = vec4(0.5, 0.0, 0.0, 1.0);\n' +
```

保存修改后的 `HelloPoint1.js`，在浏览器中刷新页面，浏览器将重载示例程序，你将看到红点移到了 `<canvas>` 区域的右侧（图 2.19 左图）。

现在修改 y 坐标，将红点向 `<canvas>` 顶端移动 ：

```
5   ' gl_Position = vec4(0.0, 0.5, 0.0, 1.0);\n' +
```

再次保存 `HelloPoint.js` 并重载，这一次，你可以看见红点移动到了绘图区域上半部分（图 2.19 右图）。

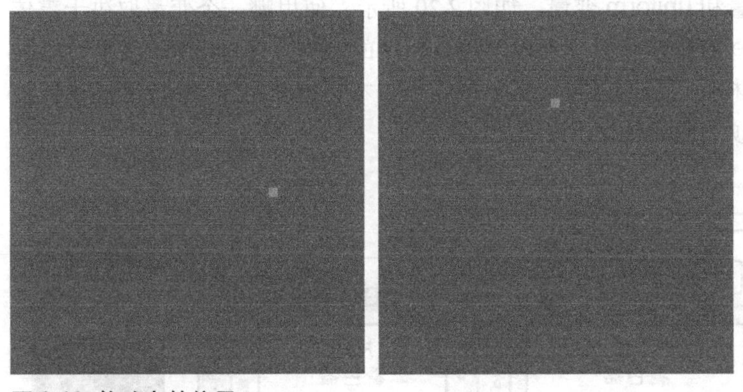

图 2.19 修改点的位置

再做一个实验，修改第 12 行，将点的颜色由红色修改为绿色，如下所示 ：

```
12   ' gl_FragColor = vec4(0.0, 1.0, 0.0, 1.0);\n' +
```

快速总结一下 ：在本节中，你了解了 WebGL 中的两种基本的着色器——顶点着色器和片元着色器，也了解了 JavaScript 如何调用着色器（虽然它们用另一种语言编写），了解了使用着色器的 WebGL 程序的基本执行过程。总之，这一节的关键是，在 WebGL 程序中，JavaScript 程序和着色器程序是协同运行的。

如果你拥有使用 OpenGL 的经验，你也许会觉得漏掉了什么东西：没有交换颜色缓冲区的代码。WebGL 的一个显著特征就是不需要交换颜色缓冲区。如果你想了解更多，请参见附录 A“WebGL 不需要交换颜色缓冲区”。

绘制一个点（版本2）

在前一节中，你了解了如何绘制一个点，学习了绘制点用到的着色器核心函数，理解了 WebGL 程序的基本行为。这一节将讨论如何在 JavaScript 和着色器之间传输数据。`HelloPoint1` 总是将点绘制在固定的位置，因为点的位置是直接编写（“硬编码”）在顶点着色器中的，虽然示例程序易于理解，但缺乏可扩展性。在这一节中你将看到，WebGL 程序可以将顶点的位置坐标从 JavaScript 传到着色器程序中，然后在对应位置上将点绘制出来。这个程序名为 `HelloPoint2`，虽然最终结果和 `HelloPoint1` 一样，但它用的方法是可扩展的，后面的例子都将使用这种方式。

使用 attribute 变量

我们的目标是，将位置信息从 JavaScript 程序中传给顶点着色器。有两种方式可以做到这点：**attribute 变量**和 **uniform 变量**，如图 2.20 所示。使用哪一个变量取决于需传输的数据本身，**attribute 变量**传输的是那些与顶点相关的数据，而 **uniform 变量**传输的是那些对于所有顶点都相同（或与顶点无关）的数据。本例将使用 attribute 变量来传输顶点坐标，显然不同的顶点通常具有不同的坐标。

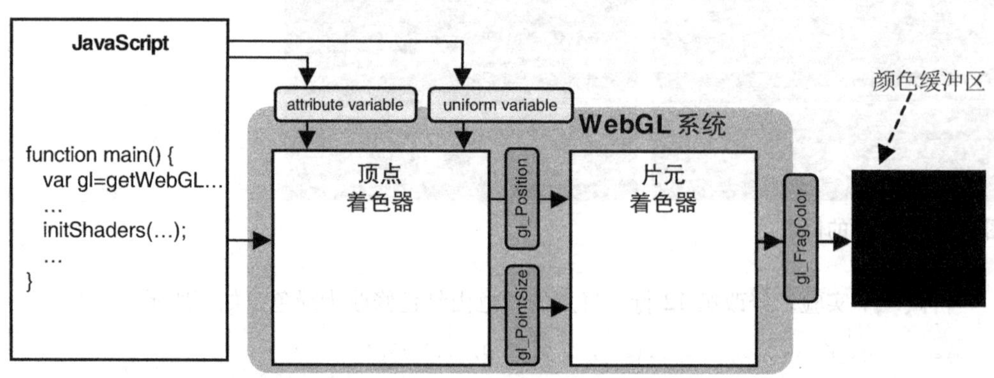

图 2.20 向顶点着色器传输数据的两种方式

attribute 变量是一种 GLSL ES 变量，被用来从外部向顶点着色器内传输数据，只有顶点着色器能使用它。

为了使用 attribute 变量，示例程序需要包含以下步骤：

1. 在顶点着色器中，声明 attribute 变量；

2. 将 attribute 变量赋值给 gl_Position 变量；

3. 向 attribute 变量传输数据。

让我们详细地看一下示例程序是如何执行以上三个步骤的。

示例程序（HelloPoint2.js）

HelloPoint2 的代码如例 2.6 所示，我们在 JavaScript 中指定了一个点的坐标，然后在该坐标处画了一个点。

例 2.6 HelloPoint2.js

```
// HelloPoint2.js
// 顶点着色器
var VSHADER_SOURCE =
  'attribute vec4 a_Position;\n' +
  'void main() {\n' +
  '  gl_Position = a_Position;\n' +
  '  gl_PointSize = 10.0;\n' +
  '}\n';

// 片元着色器
  ...  与HelloPoint1.js相同，省略

function main() {
  // 获取<canvas>元素
  var canvas = document.getElementById('webgl');

  // 获取WebGL上下文
  var gl = getWebGLContext(canvas);
     ...

  // 初始化着色器
  if (!initShaders(gl, VSHADER_SOURCE, FSHADER_SOURCE)) {
        ...
  }

  // 获取attribute变量的存储位置
  var a_Position = gl.getAttribLocation(gl.program, 'a_Position');
```

```
35   if (a_Position < 0) {
36     console.log('Failed to get the storage location of a_Position');
37     return;
38   }
39
40   // 将顶点位置传输给attribute变量
41   gl.vertexAttrib3f(a_Position, 0.0, 0.0, 0.0);
42
43   // 设置<canvas>背景色
44   gl.clearColor(0.0, 0.0, 0.0, 1.0);
45
46   // 清除<canvas>
47   gl.clear(gl.COLOR_BUFFER_BIT);
48
49   // 绘制一个点
50   gl.drawArrays(gl.POINTS, 0, 1);
51 }
```

我们在着色器（第 4 行）中声明了 attribute 变量：

```
4   'attribute vec4 a_Position;\n' +
```

在这一行中，关键词 attribute 被称为**存储限定符** (storage qualifier)，它表示接下来的变量（在这个例子中是 a_Position）是一个 attribute 变量。attribute 变量必须声明成全局变量，数据将从着色器外部传给该变量。变量的声明必须按照以下的格式：<存储限定符><类型><变量名>，如图 2.21 所示。

存储限定符　　类型　　变量名

attribute vec4 a_Position;

图 2.21 attribute 变量的声明

attribue 变量 a_Position（第 4 行）的类型是 vec4，如表 2.2 所示。它将被赋值给 gl_Position，后者的类型也是 vec4。

注意，本书遵循这样一个约定，所有的 attribute 变量都以 a_ 前缀开始，所有的 uniform 变量都以 u_ 开始，这样从变量的名字就可以轻易辨认出其类型。你在编写程序的时候当然可以有自己的习惯，但我认为这样即简单又清晰。

一旦声明 a_Position 之后，我们将其赋值给 gl_Position（第 6 行）：

```
6   ' gl_Position = a_Position;\n' +
```

这样就完成了着色器部分，它已经准备好从外部接收顶点坐标了。接下来，我们需要将数据从 JavaScript 中传给着色器的 attribute 变量。

获取 attribute 变量的存储位置

如前所述，我们使用辅助函数 `initShaders()` 在 WebGL 系统中建立了顶点着色器。然后，WebGL 就会对着色器进行解析，辨识出着色器具有的 attribute 变量，每个变量都具有一个存储地址，以便通过存储地址向变量传输数据。比如，当你想要向顶点着色器的 `a_Position` 变量传输数据时，首先需要向 WebGL 系统请求该变量的存储地址。我们使用 `gl.getAttribLocation()` 来获取 attribute 变量的地址（第 34 行）。

```
33  // 获取attribute变量的存储位置
34  var a_Position = gl.getAttribLocation(gl.program, 'a_Position');
35  if (a_Position < 0) {
36    console.log('Failed to get the storage location of a_Position');
37    return;
38  }
```

方法的第一个参数是一个**程序对象**(program object)，它包括了顶点着色器和片元着色器，我们将在第 8 章详细讨论它。现在，你只要将 `gl.program` 作为参数即可。注意，你必须在调用 `initShader()` 之后再访问 `gl.program`，因为是 `initShader()` 函数创建了这个程序对象。第二个参数是想要获取存储地址的 attribute 变量的名称。

方法的返回值是 attribute 变量的存储地址。这个地址被存储在 JavaScript 变量 `a_Position` 中（第 34 行），以备之后使用。为了便于理解，本书中，存储着色器变量地址的 JavaScript 变量的名称与着色器中的变量名称保持一致。当然，你也可以用其他命名方式。

`gl.getAttribLocation()` 函数的规范如下：

gl.getAttribLocation(program, name)

获取由 name 参数指定的 attribute 变量的存储地址。

参数	program	指定包含顶点着色器和片元着色器的着色器程序对象
	name	指定想要获取其存储地址的 attribute 变量的名称
返回值	大于等于 0	attribute 变量的存储地址
	-1	指定的 attribute 变量不存在，或者其命名具有 gl_ 或 webgl_ 前缀
错误	INVALID_OPERATION	程序对象未能成功连接（参见第 9 章）
	INVALID_VALUE	name 参数的长度大于 attribute 变量名的最大长度（默认 256 字节）

向 attribute 变量赋值

一旦将 attribute 变量的存储地址保存在 JavaScript 变量 `a_Position` 中，下面就需要使用该变量来向着色器传入值。我们使用 `gl.vertexAttrib3f()` 函数来完成这一步（第 41 行）。

```
40  // 将顶点位置传输给attribute变量
41  gl.vertexAttrib3f(a_Position, 0.0, 0.0, 0.0);
```

下面是 `gl.vertexAttrib3f()` 的规范。

gl.vertexAttrib3f(location, v0, v1, v2)

将数据 (*v0*, *v1*, *v2*) 传给由 location 参数指定的 attribute 变量。

参数	location	指定将要修改的 attribute 变量的存储位置
	v0	指定填充 attribute 变量第一个分量的值
	v1	指定填充 attribute 变量第二个分量的值
	v2	指定填充 attribute 变量第三个分量的值
返回值	无	
错误	INVALID_OPERATION	没有当前的 program 对象
	INVALID_VALUE	*location* 大于等于 attribute 变量的最大数目（默认为 8）

该函数的第 1 个参数是 attribute 变量的存储地址，即 `gl.getAttribLocation()` 的返回值（第 34 行）；第 2、3、4 个参数是三个浮点型数值，即点的 x、y 和 z 坐标值。函数被调用后，这三个值被一起传给顶点着色器中的 `a_Position` 变量（第 4 行）。图 2.22 显示了获取 attribute 变量的存储地址并向其传值的过程。

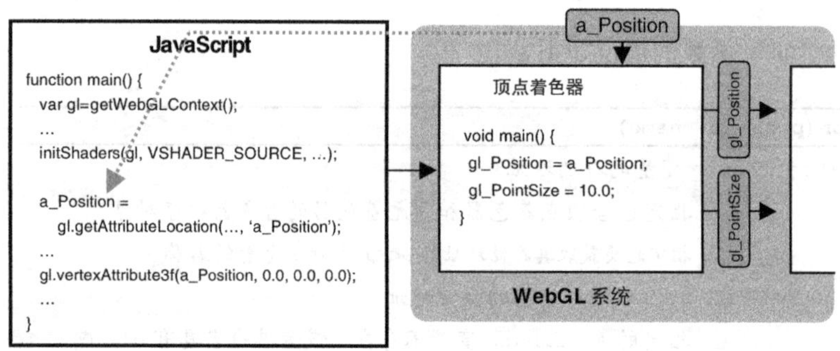

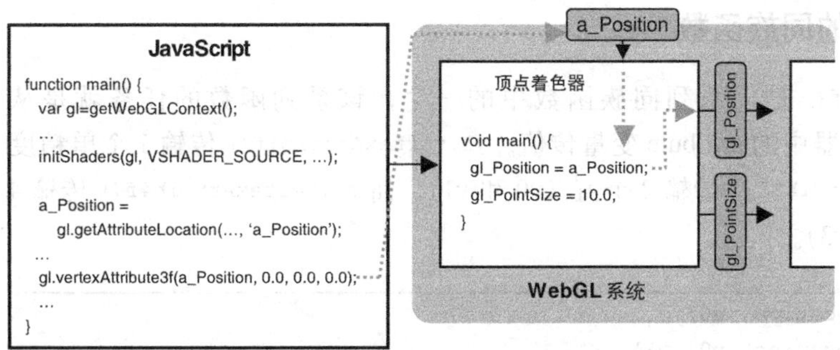

图 2.22 获取 attribute 变量的存储地址并向其中写入值

接着，在顶点着色器中，`a_Position` 的值就被赋给了 `gl_Position`（第 6 行），这样我们就成功地将点的 x、y 和 z 的坐标值从 JavaScript 传入了着色器，并赋值给了 `gl_Position`。程序的效果与 `HelloPoint1` 一样，`gl_Position` 的值还是 (0.0, 0.0, 0.0, 1.0)。不同之处是，本例中 `gl_Position` 是从 JavaScript 中动态设置的，而不是静态地写在顶点着色器中的。

```
4    'attribute vec4 a_Position;\n' +
5    'void main() {\n' +
6    '  gl_Position = a_Position;\n' +
7    '  gl_PointSize = 10.0;\n' +
8    '}\n';
```

最后，使用 `gl.clear()` 清空 `<canvas>`（第 47 行），并使用 `gl.drawArrays()` 绘制点（第 50 行），这些和 `HelloPoint1.js` 中的方法完全相同。

你可能已经注意到，第 4 行的 `a_Position` 变量是 `vec4` 类型的，但是 `gl.vertexAttrib3f()` 仅传了三个分量值（x、y 和 z）而不是 4 个（第 41 行）。是不是漏掉了 1 个呢？实际上，如果你省略了第 4 个参数，这个方法就会默认地将第 4 个分量设置为了 1.0，如图 2.23 所示。颜色值的第 4 个分量为 1.0 表示该颜色完全不透明，而齐次坐标的第 4 个分量为 1.0 使齐次坐标与三维坐标对应起来，所以 1.0 是一个“安全”的第 4 分量。

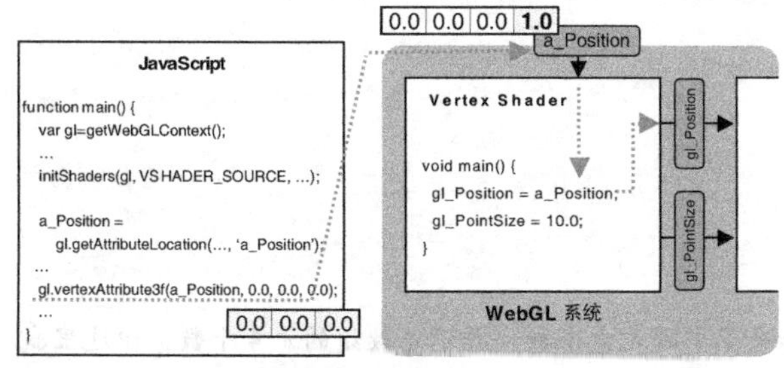

图 2.23 自动补全缺失的第 4 分量

gl.vertexAttrib3f() 的同族函数

gl.vertexAttrib3f() 是一系列同族函数中的一个，该系列函数的任务就是从 JavaScript 向顶点着色器中的 attribute 变量传值。gl.vertexAttrib1f() 传输 1 个单精度值（v0），gl.vertexAttrib2f() 传输 2 个值（v0 和 v1），而 gl.vertexAttrib4f() 传输 4 个值（v0、v1、v2 和 v3）。

gl.vertexAttrib1f(location, v0)
gl.vertexAttrib2f(location, v0, v1)
gl.vertexAttrib3f(location, v0, v1, v2)
gl.vertexAttrib4f(location, v0, v1, v2, v3)

将数据传输给 location 参数指定的 attribute 变量。gl.vertexAttrib1f() 仅传输一个值，这个值将被填充到 attribute 变量的第 1 个分量中，第 2、3 个分量将被设为 0.0，第 4 个分量将被设为 1.0。类似地，gl.vertexAttrib2f() 将填充前两个分量，第 3 个分量为 0.0，第 4 个分量为 1.0。gl.vertexAttrib4f() 填充了所有四个分量。

参数	location	指定 attribute 变量的存储位置
	v0, v1, v2, v3	指定传输给 attribute 变量的四个分量的值
返回值	无	
错误	INVALID_VALUE	location 大于等于 attribute 变量的最大数目（默认为 8）

你也可以使用这些方法的矢量版本，它们的名字以“v”（vector）结尾，并接受类型化数组（见第 4 章）作为参数，函数名中的数字表示数组中的元素个数[6]。比如，

```
var position = new Float32Array([1.0, 2.0, 3.0, 1.0]);
gl.vertexAttrib4fv(a_Position, position);
```

其中，函数名中的 4 表示数组长度是 4。

WebGL 相关函数的命名规范

你可能会想知道 gl.vertexAttrib3f() 中的 3f 是什么意思。WebGL 中的函数命名遵循 OpenGL ES 2.0 中的函数名，我们都知道后者是前者的基础规范。OpenGL 中的函数名由三个部分组成：<基础函数名><参数个数><参数类型>，WebGL 的函数命名使用同样的结构，如图 2.24 所示。

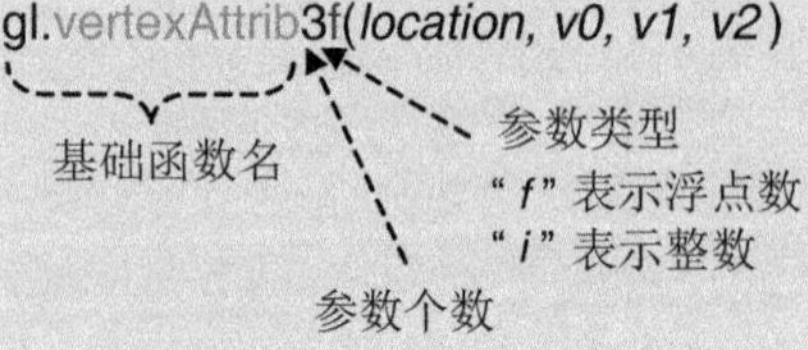

图 2.24 WebGL 相关函数的命名规范

6 实际上这里数字的真正含义是 attribute 矢量中的元素个数，并不是数组的元素个数，但这里我们只绘制一个顶点，所以二者相等。——译者注

在上面的例子 gl.vertexAttrib3f() 中，基础函数名是 vertexAttrib，参数个数是 3，参数类型是 f（即 float，浮点数类型）。这个函数是 OpenGL 中的 glVertexAttrib3f() 的 WebGL 版本。另一种参数类型的字符表示是 i，代表整型数。你可以使用 gl.vertexAttrib[1234]f 这样的符号来表示从 gl.vertexAttrib1f() 到 gl.vertexAttrib4f() 的所有函数。

这里，[] 表示可以使用其中的任何一个数字。

如果函数名后面跟着一个 v，就表示函数也可以接收数组作为参数。在这种情况下，函数名中的数字表示数组中的元素个数。

```
var positions = new Float32Array([1.0, 2.0, 3.0, 1.0]);
gl.vertexAttrib4fv(a_Position, positions);
```

用示例程序做实验

现在，我们已经能够从 JavaScript 向顶点着色器传输点的位置坐标信息了。让我们来改变点的位置，例如，若要在 (0.5, 0.0, 0.0) 处绘制点，可以这样修改程序：

```
gl.vertexAttrib3f(a_Position, 0.5, 0.0, 0.0);
```

或者使用 gl.vertexAttrib3f() 的同族函数来完成这一任务，方式如下：

```
gl.vertexAttrib1f(a_Position, 0.5);
gl.vertexAttrib2f(a_Position, 0.5, 0.0);
gl.vertexAttrib4f(a_Position, 0.5, 0.0, 0.0, 1.0);
```

现在，你应该已经学会如何使用 attribute 变量了。类似地，我们还可以在 JavaScript 程序中改变点的大小。首先需要一个新的 attribute 变量向顶点着色器传输顶点的尺寸信息，按照本书的命名约定，我们使用 a_PointSize。如表 2.2 所示，gl_PointSize 的类型是 float，所以 a_PointSize 也必须使用如下的相同类型。

```
attribute float a_PointSize;
```

所以，顶点着色器就应该是这样：

```
// 顶点着色器
var VSHADER_SOURCE =
   'attribute vec4 a_Position;\n' +
   'attribute float a_PointSize; \n' +
  'void main() {\n' +
  '  gl_Position = a_Position;\n' +
  '  gl_PointSize = a_PointSize;\n' +
  '}\n';
```

接下来，首先获取 a_PointSize 的存储地址，然后使用 gl.vertexAttrib1f() 将点的尺寸数据传入着色器。由于 a_PointSize 的类型是 float，所以我们可以如下使用

gl.vertexAttrib1f() 函数：

```
// 获取attribute变量的存储位置
var a_Position = gl.getAttribLocation(gl.program, 'a_Position');
...
var a_PointSize = gl.getAttribLocation(gl.program, 'a_PointSize');
// 将顶点位置传输给attribute变量
gl.vertexAttrib3f(a_Position, 0.0, 0.0, 0.0);
gl.vertexAttrib1f(a_PointSize, 5.0);
```

到目前这个阶段，你应该亲自动手修改代码，做些实验。在继续学习之前，请确保你已经理解了 attribute 变量是如何工作的，以及应当如何使用它。

通过鼠标点击绘点

之前的 HelloPoint2 能够从 JavaScript 中向顶点着色器传输点的位置。然而，点的位置还是硬编码在 JavaScript 中的，就像 HelloPoint1 中的点的位置硬编码在着色器中一样。

这一节，你将更灵活地拓展 JavaScript 传输数据到顶点着色器的能力：在鼠标点击的位置上绘制出点来。图 2.25 显示了该程序 ClickedPoint[7] 的截图。

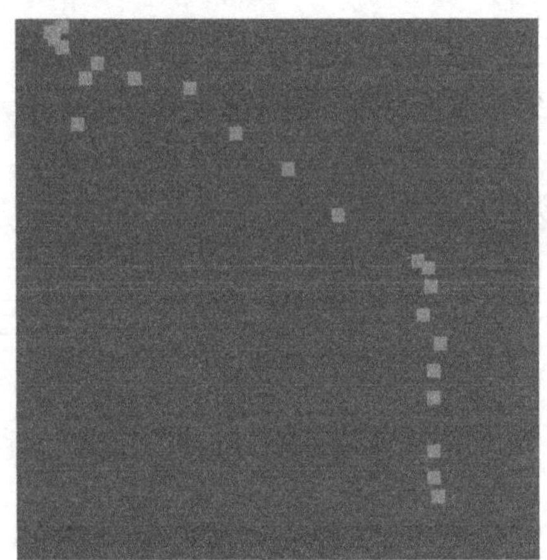

图 2.25 ClickedPoint

这个程序使用事件响应函数来处理鼠标事件，如果你经常写 JavaScript，那肯定很熟悉这一套了。

7 © 2012 Marisuke Kunnya

示例程序（ClickedPoints.js）

例 2.7 显示了 `ClickedPoint.js` 的代码，其中省略了与前例重复的部分并用“…”代替。

例 2.7 ClickedPoints.js

```
// ClickedPoints.js
// 顶点着色器
var VSHADER_SOURCE =
  'attribute vec4 a_Position;\n' +
  'void main() {\n' +
  '  gl_Position = a_Position;\n' +
  '  gl_PointSize = 10.0;\n' +
  '}\n';

// 片元着色器
 ...
function main() {
  // 获取<canvas>元素
  var canvas = document.getElementById('webgl');

  // 获取WebGL上下文
  var gl = getWebGLContext(canvas);
 ...
 // 初始化着色器
 if (!initShaders(gl, VSHADER_SOURCE, FSHADER_SOURCE)){
 ...
 }

 // 获取a_Position变量的存储位置
 var a_Position = gl.getAttribLocation(gl.program, 'a_Position');
 ...
 // 注册鼠标点击事件响应函数
 canvas.onmousedown = function(ev) { click(ev, gl, canvas, a_Position); };
 ...
 gl.clear(gl.COLOR_BUFFER_BIT);
}

var g_points = []; // 鼠标点击位置数组
function click(ev, gl, canvas, a_Position) {
  var x = ev.clientX; // 鼠标点击处的x坐标
  var y = ev.clientY; // 鼠标点击处的x坐标
  var rect = ev.target.getBoundingClientRect();

```

```
56      x = ((x - rect.left) - canvas.height/2)/(canvas.height/2);
57      y = (canvas.width/2 - (y - rect.top))/(canvas.width/2);
58      // 将坐标存储到g_points数组中
59      g_points.push(x); g_points.push(y);
60
61      // 清除<canvas>
62      gl.clear(gl.COLOR_BUFFER_BIT);
63
64      var len = g_points.length;
65      for(var i = 0; i < len; i+=2) {
66        // 将点的位置传递到变量中a_Position
67        gl.vertexAttrib3f(a_Position, g_points[i], g_points[i+1], 0.0);
68
69        // 绘制点
70        gl.drawArrays(gl.POINTS, 0, 1);
71      }
72    }
```

注册事件响应函数

我们获取了 WebGL 绘图上下文，初始化了着色器，获取了 attribute 变量的存储地址(第 17 到 39 行),这些流程与 HelloPoint2 一样。本例与 HelloPoint2.js 最主要的区别是：定义(第 51 行)和注册（第 41 行）了事件响应函数 click()。

事件响应函数能够异步地响应用户在网页上的操作,如点击鼠标、按下键盘按键等等。它允许你创建动态的、能根据用户输入改变内容的网页。为了使用事件响应函数，你需要对其进行注册(即告诉浏览器,当触发事件时,请调用这个函数)。对特定的用户输入(如点击鼠标等)，<canvas> 有特定的属性与之对应，我们把事件处理函数注册在这些属性上。

例如，如果希望点击鼠标后执行响应函数，就可以将事件响应函数注册在 <canvas> 的 onmousedown 事件上，如下所示。

```
40      // 注册鼠标点击事件响应函数
41      canvas.onmousedown = function(ev) { click(ev, gl, canvas, a_Position); };
```

我们以 function(){...} 这样的形式来定义事件响应函数（第 41 行）。

```
function(ev){ click(ev, gl, canvas, a_Position); }
```

这种机制称为**匿名函数** (anonymous function)，顾名思义，匿名函数是不需要命名的函数。

你可能不熟悉这种函数定义方式，我们来看一个简单的例子——使用匿名函数定义一个变量：

```
var thanks = function () { alert(' Thanks a million!'); }
```

把该变量当做函数来执行，如下所示：

```
thanks(); // 将显示'Thanks a million!'
```

你看，可以像使用函数名那样使用变量 thanks，这几行可以被重写为：

```
function thanks() { alert('Thanks a million!'); }
thanks(); //将显示'Thanks a million!'
```

为什么要使用匿名函数呢？想一下，当你画一个点的时候，你需要三个变量 gl、canvas 和 a_Position，它们是定义在 JavaScript 程序的 main() 函数中的局部变量。然而，当用户点击鼠标时，浏览器会自动调用注册到 <canvas> 的 onmousedown 属性上的函数，并传入一个**预先约定好的参数**（即事件对象，包含了鼠标按下的信息）。因此，通常你需要像下面这样定义和注册事件响应函数：

```
canvas.onmousedown = mousedown; // 注册mousedown事件响应函数
...
function mousedown(ev) { // 定义数据响应函数，接收一个参数“ev”
  ...
}
```

但是，如果你这样做，定义在 main() 函数外部的 mousedown() 函数就无法访问 main() 函数中的局部变量 gl、canvas 和 a_Position。通过定义的匿名函数，我们就可以访问这些局部变量（第 41 行）：

```
41   canvas.onmousedown = function(ev) { click(ev, gl, canvas, a_Position); };
```

在这行代码中，当用户点击鼠标后，程序首先调用匿名函数 function(ev)，在匿名函数中再调用 click() 函数，并将局部变量 ev、gl、canvas 和 a_Position 作为参数传入。虽然看上去有点复杂，但这确实是最灵活的事件响应方式，而且能够避免使用全局变量（全局变量应尽量避免使用）。花点时间理解这样做的目的，因为本书中你会经常见到类似的注册事件响应函数的方式。

响应鼠标点击事件

让我们看看 click() 函数会做些什么，它主要完成了：

1. 获取鼠标点击的位置并存储在一个数组中；

2. 清空 <canvas>；

3. 根据数组的每个元素，在相应的位置绘制点。

```
50 var g_points = []; // 鼠标点击位置数组
51 function click(ev, gl, canvas, a_Position) {
52   var x = ev.clientX; // 鼠标点击处的x坐标
53   var y = ev.clientY; // 鼠标点击处的y坐标
54   var rect = ev.target.getBoundingClientRect();
55
56   x = ((x - rect.left) - canvas.height/2)/(canvas.height/2);
57   y = (canvas.width/2 - (y - rect.top))/(canvas.width/2);
58   // 将坐标存储到g_points数组中
59   g_points.push(x); g_points.push(y);                        <- (1)
60
61   // 清除<canvas>
62   gl.clear(gl.COLOR_BUFFER_BIT);                              <- (2)
63
64   var len = g_points.length;
65   for(var i = 0; i < len; i+=2) {
66     // 将点的位置传输到a_Position变量中                        <- (3)
67     gl.vertexAttrib3f(a_Position, g_points[i], g_points[i+1], 0.0);
68
69     // 绘制点
70     gl.drawArrays(gl.POINTS, 0, 1);
71   }
72 }
```

鼠标点击位置的信息存储在事件对象 ev 中，该对象传给了 click() 函数，可以通过访问 ev.clientX 和 ev.clientY 来获取位置坐标（第 52 和第 53 行）。但是，由于以下两点原因，我们不能直接使用这两个坐标值：

1. 鼠标点击位置坐标是在“浏览器客户区”（client area）中的坐标，而不是在 <canvas> 中的（如图 2.26 所示）。

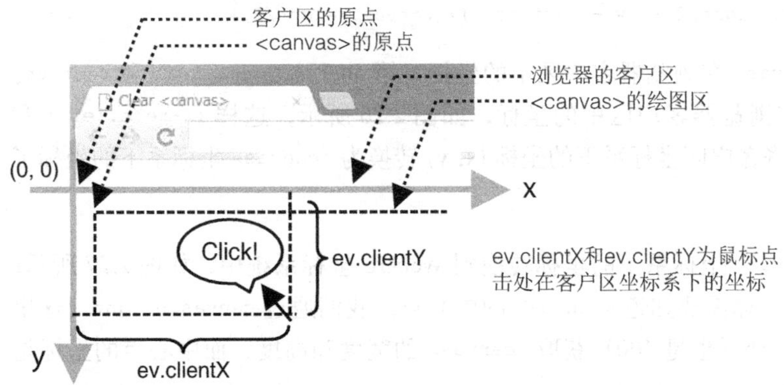

图 2.26 浏览器客户区中的坐标与 <canvas> 中的坐标

2．<canvas> 的坐标系统与 WebGL 的坐标系统（如图 2.27 所示），其原点位置和 Y 轴的正方向都不一样。

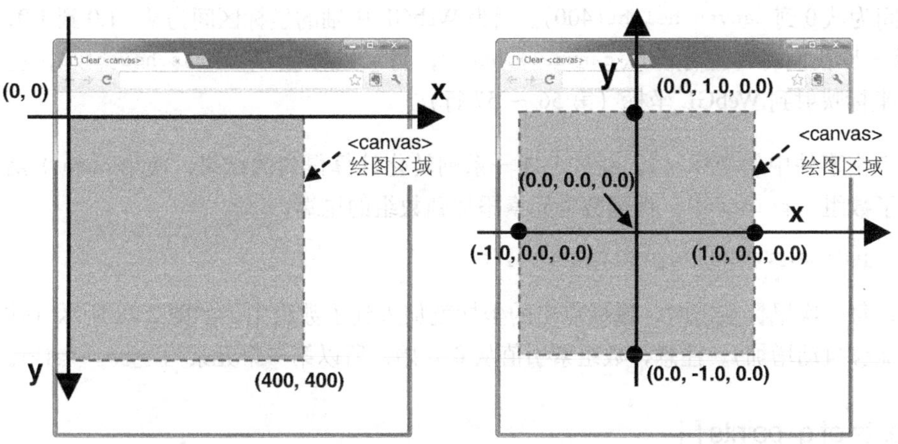

图 2.27 <canvas> 坐标系统（右）和 WebGL 在 <canvas> 上的坐标系统（右）

首先，你需要将坐标从浏览器客户区坐标系下转换到 <canvas> 坐标系下，然后再转换到 WebGL 坐标系下。我们来看一下到底怎么做。

示例程序的第 56 和第 57 行进行了坐标转换：

```
52    var x = ev.clientX;
53    var y = ev.clientY;
54    var rect = ev.target.getBoundingClientRect();
55    ...
```

```
56    x = ((x - rect.left) - canvas.width/2)/(canvas.width/2);
57    y = (canvas.height/2 - (y - rect.top))/(canvas.height/2);
```

首先，获取 <canvas> 在浏览器客户区中的坐标（第 54 行），rect.left 和 rect.top 是 <canvas> 的原点在浏览器客户区中的坐标，如图 2.26 所示，这样 (x-rect.left) 和 (y-rect.top) 就可以将客户区坐标系下的坐标 (x, y) 转换为 <canvas> 坐标系下的坐标了（第 56 ~ 57 行）。

接下来，将 <canvas> 坐标系下的坐标转换到 WebGL 坐标系统中，如图 2.27 所示。为了进行这一步转换，你需要知道 <canvas> 的中心点。我们通过 canvas.height（这里是 400）和 canvas.width（也是 400）获取 <canvas> 的宽度和高度，而中心点的坐标是 (canvas.height/2, canvas.width/2)。

然后，你就可以使用 ((x-rect.left)-canvas.width/2) 和 (canvas.height/2-(y-rect.top)) 将 <canvas> 的原点平移到中心点（WebGL 坐标系统的原点位于此处）。

接着，如图 2.27 所示，<canvas> 的 x 轴坐标区间为从 0 到 canvas.width（400），而其 y 轴区间为从 0 到 canvas.height(400)。因为 WebGL 中轴的坐标区间为从 −1.0 到 1.0，所以最后一步我们将 x 坐标除以 canvas.width/2，将 y 坐标除以 canvas.height/2，将 <canvas> 坐标映射到 WebGL 坐标（第 56 ~ 57 行）。

鼠标点击事件中的坐标（），经过上述一系列转化计算得到的结果，使用 push() 函数存储到了数组 g_points 中。该函数将元素添加到数组的尾端。

```
59    g_points.push(x); g_points.push(y);
```

这样，每一次鼠标点击时，鼠标点击的坐标就加入到了数组中，如图 2.28 所示（数组的长度能够自动增加）。注意，数组索引值从 0 开始，所以第一个元素为 g_points[0]。

the contents of g_points [ ]

x coordinate of the 1st clicked point	y coordinate of the 1st clicked point	x coordinate of the 2nd clicked point	y coordinate of the 2nd clicked point	x coordinate of the 3rd clicked point	y coordinate of the 3rd clicked point	...
g_points[0]	g_points[1]	g_points[2]	g_points[3]	g_points[4]	g_points[5]	

图 2.28 g_points 的内容

你也许想知道，为什么要把鼠标每次点击的位置都记录下来，而不是仅仅记录最近一次鼠标点击的位置。这是因为 WebGL 使用的是颜色缓冲区。如图 2.10 所示，WebGL

系统中的绘制操作实际上是在颜色缓冲区中进行绘制的，绘制结束后系统将缓冲区中的内容显示在屏幕上，然后颜色缓冲区就会被重置，其中的内容会丢失（这是默认操作，下一章将详细讨论）。因此，我们有必要将每次鼠标点击的位置都记录下来，鼠标每次点击之后，程序都重新绘制了（从第 1 次点击到最近一次的）所有的点。比如，第 1 次点击鼠标，绘制第 1 个点；第 2 次点击鼠标，绘制第 1 个和第 2 个点；第 3 次点击鼠标，绘制第 1、2 个和第 3 个点，以此类推。

回到程序中，我们清空了 <canvas>（第 62 行），然后用 for 循环把保存在 g_points 数组中的“鼠标每次点击的坐标”依次传给顶点着色器中的 a_Position 变量（第 65 行），并调用 gl.drawArrays() 函数在相应的位置绘制出点来。

```
65    for(var i = 0; i < len; i+=2) {
66      // 将点的位置传递到变量中a_Position
67      gl.vertexAttrib3f(a_Position, g_points[i], g_points[i+1], 0.0);
```

和 HelloPoint2.js 一样，你会使用 gl.vertexAttrib3f() 函数将点的坐标信息传给到 attribute 变量 a_Position，其存储地址（同名变量）就是 click() 函数的第 4 个参数（第 51 行）。

数组 g_points 保存了点击位置的 x 坐标和 y 坐标，如图 2.28 所示。因此，如果 g_points[i] 保存了某个 x 坐标，那么 g_points[i+1] 就保存了对应的 y 坐标，所以 for 循环中的索引值 i 通过 + 操作符每次递增 2（第 65 行）。

现在，你已经完成了绘制点的准备工作，余下的任务就是使用 gl.drawArrays() 绘制这些点：

```
// 绘制点
gl.drawArrays(gl.POINTS, 0, 1);
```

尽管有点复杂，但是事件响应函数与 attribute 变量相结合，就能为我们提供灵活通用的、允许用户操作改变（也就是具有交互性）的 WebGL 绘图方式。

用示例程序做实验

现在，我们用示例程序 ClickedPoints 做些实验。在该程序中，每次你在 <canvas> 上点击鼠标时，就会在鼠标位置绘制出一个点，如图 2.26 所示。

让我们看看，如果我们不清空 <canvas>（第 62 行）会有什么后果。将这一行像下面一样注释掉，然后在浏览器中重新加载。

```
61   // 清空<canvas>
62   // gl.clear(gl.COLOR_BUFFER_BIT);
63
64   var len = g_points.length;
65   for(var i = 0; i < len; i+=2) {
66     // 将点的位置传递到变量a_Position中
67     gl.vertexAttrib3f(a_Position, g_points[i], g_points[i+1], 0.0);
68
69     // 绘制点
70     gl.drawArrays(gl.POINTS, 0, 1);
71   }
72 }
```

在运行程序之后，你首先会看到黑色的背景，但是第一次点击鼠标后，背景就变成了白色，然后绘制了一个红点。这是因为在绘制点之后，颜色缓冲区就被 WebGL 重置为了默认的颜色 (0.0, 0.0, 0.0, 0.0)，见表 2.1。默认颜色的 alpha 分量是 0.0，也就是说默认背景色是透明的了。因此，<canvas> 就成了透明的了，你能通过 <canvas> 元素看到网页的背景颜色（这里还是白色）。如果你不希望这样，你应当在每次绘制之前都调用 gl.clear() 来用指定的背景色清空。

另一个有趣的实验是优化代码。在 ClickedPoints.js 中，x 坐标和 y 坐标一起存储在数组 g_points 中，你也可以将二者作为一个组合存储，如下所示：

```
58    // 将坐标存储到a_points数组中 <- (1)
59    g_points.push([x, y]);
```

在这个例子中，新的由两个元素组成的数组 [x, y] 就作为一个元素存储在了数组 g_points 中。JavaScript 允许我们在数组的一个元素里存储另一个数组。

你可以像下面这样从数组中获取 x 坐标和 y 坐标。首先，指定索引值并从数组中获取一个元素（第 66 行）。这个元素本身又是一个包含了两个值的数组，可以通过获取它的第 1 个和第 2 个元素来获取点的 x 坐标和 y 坐标（第 67 行）。

```
65   for(var i = 0; i < len; i++) {
66     var xy = g_points[i];
67     gl.vertexAttrib3f(a_Position, xy[0], xy[1], 0.0);
       ...
71 }
```

这样可以将 x 坐标和 y 坐标作为一个组合来处理，能够简化程序并提高其可读性。

改变点的颜色

现在，你应该对着色器是如何工作的，以及如何将数据从 JavaScript 程序传入着色器，有了很好的理解。我们将在此基础上构建一个更复杂的程序——改变绘制点的颜色，而且点的颜色依赖于它在 <canvas> 中的位置。

我们已经在 HelloPoint1 学习过如何改变点的颜色了。在那个例子中，你直接修改了片元着色器程序，将颜色值直接写入了着色器当中。这一节的程序将在 JavaScript 中改变点的颜色，这与前一节 HelloPoint2 程序，即在 JavaScript 中改变点的位置很类似。只不过，这里的颜色值传入了片元着色器，而不是顶点着色器。

示例程序名为 ColoredPoints。如果在浏览器中运行该程序，其结果和 ClickedPoints 非常类似，唯一的区别就是点的颜色是取决于其位置的，如图 2.29 所示。

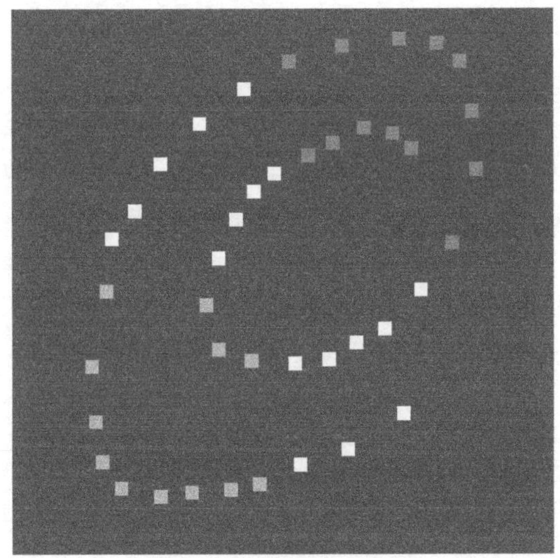

图 2.29 ColoredPoints

可以用 uniform 变量将颜色值传给着色器，其步骤与用 atrribute 变量传递的类似。不同的仅仅是，这次数据传输的目标是片元着色器，而非顶点着色器：

1. 在片元着色器中准备 uniform 变量。

2. 用这个 uniform 变量向 gl_FragColor 赋值。

3. 将颜色数据从 JavaScript 传给该 uniform 变量。

让我们来了解一下示例程序是如何完成这些步骤的。

示例程序（ColoredPoints.js）

本例中顶点着色器与 ClickedPoints.js 中的一样，片元着色器则有所改变，因为程序将动态决定点的颜色。你应该记得，片元着色器负责处理颜色。例 2.8 显示了 ColoredPoints.js 的代码。

例 2.8 ColoredPoints.js

```
// ColoredPoints.js
// 顶点着色器
var VSHADER_SOURCE =
  'attribute vec4 a_Position;\n' +
  'void main() {\n' +
  '  gl_Position = a_Position;\n' +
  '  gl_PointSize = 10.0;\n' +
  '}\n';

// 片源着色器
var FSHADER_SOURCE =
  'precision mediump float;\n' +
  'uniform vec4 u_FragColor;\n' + // uniform变量                 <- (1)
  'void main() {\n' +
  '  gl_FragColor = u_FragColor;\n' +                              <- (2)
  '}\n';

function main() {
  ...
  // 初始化着色器
  if (!initShaders(gl, VSHADER_SOURCE, FSHADER_SOURCE)) {
  ...
  }

  // 获取a_Position变量的存储位置
  var a_Position = gl.getAttribLocation(gl.program, 'a_Position');
  ...
  // 获取u_FragColor变量的存储位置
  var u_FragColor = gl.getUniformLocation(gl.program, 'u_FragColor');
  ...
  // 注册鼠标点击时的事件响应函数
  canvas.onmousedown = function(ev){ click(ev, gl, canvas, a_Position,
                                                        ➥u_FragColor) };
```

```
  ...
  gl.clear(gl.COLOR_BUFFER_BIT);
}

var g_points = []; // 鼠标点击位置数组
var g_colors = []; // 存储点颜色的数组
function click(ev, gl, canvas, a_Position, u_FragColor) {
  var x = ev.clientX; // 鼠标点击处的x坐标
  var y = ev.clientY; // 鼠标点击处的y坐标
  var rect = ev.target.getBoundingClientRect();

  x = ((x - rect.left) - canvas.width/2)/(canvas.width/2);
  y = (canvas.height/2 - (y - rect.top))/(canvas.height/2);

  // 将坐标存储到g_points数组中
  g_points.push([x, y]);
  // 将点的颜色存储到g_colors数组中
  if(x >= 0.0 && y >= 0.0) {            // 第一象限
    g_colors.push([1.0, 0.0, 0.0, 1.0]); // 红色
  } else if(x < 0.0 && y < 0.0) { // 第三象限
    g_colors.push([0.0, 1.0, 0.0, 1.0]); // 绿色
  } else {                          // 其他
    g_colors.push([1.0, 1.0, 1.0, 1.0]); // 白色
  }

  // 清空<canvas>
  gl.clear(gl.COLOR_BUFFER_BIT);

  var len = g_points.length;
  for(var i = 0; i < len; i++) {
    var xy = g_points[i];
    var rgba = g_colors[i];

    // 将点的位置传输到a_Position变量中
    gl.vertexAttrib3f(a_Position, xy[0], xy[1], 0.0);
    // 将点的颜色传输到u_FragColor变量中
    gl.uniform4f(u_FragColor, rgba[0],rgba[1],rgba[2],rgba[3]);          <-(3)
    // 绘制点
    gl.drawArrays(gl.POINTS, 0, 1);
  }
}
```

uniform 变量

我们已经知道了如何从 JavaScript 中向顶点着色器的 attribute 变量传数据。不幸的是，只有顶点着色器才能使用 attribute 变量，使用片元着色器时，你就需要使用 uniform 变量。或者，你可以使用 varying 变量，如图 2.30 底部所示。但是这比较复杂，我们在第 5 章之前不会使用它。

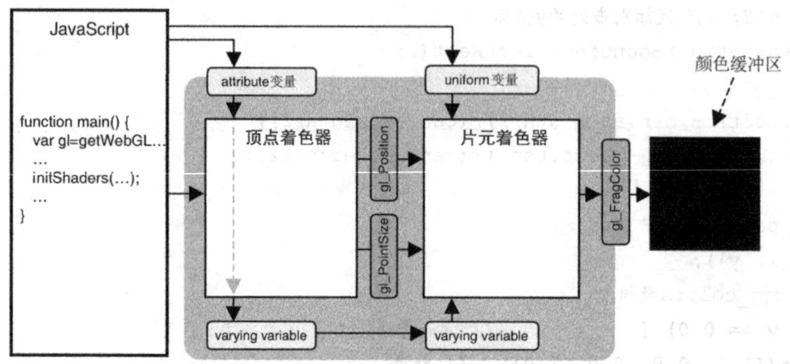

图 2.30 传输数据到片元着色器的两种方式

之前介绍 attribute 变量的概念时曾经提到过，uniform 变量用来从 JavaScript 程序向顶点着色器和片元着色器传输“一致的”（不变的）数据。下面我们就来讨论如何使用它。

在使用 uniform 变量之前，首先需要按照与声明 attribute 变量相同的格式 < 存储限定符 >< 类型 >< 变量名 >（如图 2.3 所示）来声明 uniform 变量。（见示例程序（HelloPoint2.js）部分。）[8]

存储限定符　　类型　　变量名

uniform vec4 u_FragColor;

图 2.31 uniform 变量的声明

在这个示例程序中，uniform 变量 u_FragColor 被赋值给 gl_FragColor 变量。u_FragColor 前面的 u_ 前缀是本书的编程约定，表示这个变量是 uniform 变量。u_FragColor 变量的类型必须与 gl_FragColor 类型一致，才能将前者赋值给后者，因此我们需要将 u_FragColor 变量声明为 vec4 类型（第 13 行），如下所示：

8　在 GLSL ES 中，你只能指定 float 类型的 attribute 变量，但是却可以指定任意类型的 uniform 变量。（详情请参见第 6 章。）

```
10  // 片源着色器
11  var FSHADER_SOURCE =
12    'precision mediump float;\n' +
13    'uniform vec4 u_FragColor;\n' + // uniform变量
14    'void main() {\n' +
15    '  gl_FragColor = u_FragColor;\n' +
16    '}\n';
17
```

注意，第 12 行使用**精度限定词** (precision qualifier) 来指定变量的范围（最大值与最小值）和精度，本例中为中等精度。第 5 章将会详细讨论精度的问题。

着色器将 uniform 变量 u_FragColor 赋值给 gl_FragColor（第 15 行），后者直接决定点的颜色。向 uniform 变量传数据的方式与向 attribute 变量传数据相似：首先获取变量的存储地址，然后在 JavaScript 程序中按照地址将数据传递过去。

获取 uniform 变量的存储地址

可以使用以下方法来获取 uniform 变量的存储地址。

gl.getUniformLocation(program, name)

获取指定名称的 uniform 变量的存储位置。

参数	program	指定包含顶点着色器和片元着色器的着色器程序对象
	name	指定想要获取其存储位置的 uniform 变量的名称
返回值	non-null	指定 uniform 变量的位置
	null	指定的 uniform 变量不存在，或者其命名具有 gl_ 或 webgl_ 前缀
错误	INVALID_OPERATION	程序对象未能成功连接（参见第 9 章）
	INVALID_VALUE	*name* 参数的长度大于 uniform 变量名的最大长度（默认 256 字节）

这个函数的功能和参数与 gl.getAttribLocation() 一样，但是如果 uniform 变量不存在或者其命名使用了保留字前缀，那么函数的返回值将是 null 而不是 -1（gl.getAttribLocation() 在此情况下返回 -1）。因此，在获取 uniform 变量的存储地址后，你需要检查其是否为 null。示例程序就进行了这项检查（第 44 行）。在 JavaScript 的 if 判断语句中，null 会自动被视为 false，你可以使用 !（取反）操作符来进行检查结果：

```
42  // 获取u_FragColor变量的存储地址
43  var u_FragColor = gl.getUniformLocation(gl.program, 'u_FragColor');
44  if (!u_FragColor) {
```

```
45     console.log('Failed to get u_FragColor variable');
46     return;
47   }
```

向 uniform 变量赋值

有了 uniform 变量的存储地址，就可以使用 WebGL 函数 gl.uniform4f() 向变量中写入数据。该函数的功能和参数与 gl.vertexAttrib[1234]f() 很相似。

gl.uniform4f(location, v0, v1, v2, v3)		
将数据 (v0, v1, v2, v3) 传输给由 *location* 参数指定的 uniform 变量。		
参数	location	指定将要修改的 uniform 变量的存储位置
	v0	指定填充 uniform 变量第一个分量的值
	v1	指定填充 uniform 变量第二个分量的值
	v2	指定填充 uniform 变量第三个分量的值
	v3	指定填充 uniform 变量第四个分量的值
返回值	无	
错误	INVALID_OPERATION	没有当前 program 对象，或者 location 是非法的变量存储位置

让我们来看示例程序中使用 gl.uniform4f() 函数传输数据的部分（第 91 行）。我们看到，在此之前还有许多准备工作。

```
71   // 将点的颜色存储到g_colors数组中
72   if(x >= 0.0 && y >= 0.0) {              // 如果点在第一象限
73    g_colors.push([1.0, 0.0, 0.0, 1.0]);  // 红色
74   } else if(x < 0.0 && y < 0.0) {         // 如果点在第三象限
75    g_colors.push([0.0, 1.0, 0.0, 1.0]);  // 绿色
76   } else {                                // 否则
77    g_colors.push([1.0, 1.0, 1.0, 1.0]);  // 白色
78   }
      ...
83   var len = g_points.length;
84   for(var i = 0; i < len; i++) {
85     var xy = g_points[i];
86     var rgba = g_colors[i];
        ...
91     gl.uniform4f(u_FragColor, rgba[0],rgba[1],rgba[2],rgba[3]);
```

为了能够理解这个程序的逻辑，我们来回顾一下：示例程序根据鼠标在 <canvas> 上点击的位置来确定点的颜色，并绘制点。如果在第一象限，就设为红色；如果在第三象限，就设为绿色；如果在其他两个象限，就设为白色（如图 2.32 所示）。

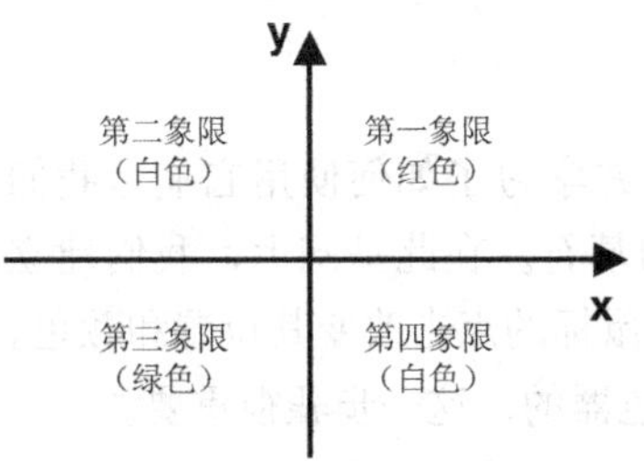

图 2.32 坐标系统的四个象限及各自的绘制颜色

首先我们判断鼠标点击的位置在哪个象限（第 72 到 78 行），据此向 `g_colors` 数组写入了相应的颜色值。之后程序遍历了所有的点（第 84 行），将合适的颜色传输给了 uniform 变量 `u_FragColor`（第 91 行）。这样，WebGL 就将点的颜色写入到了颜色缓冲区，最终在浏览器上显示出来。

在结束本章之前，我们来看一组同族函数 `gl.uniform[1234]f()`。

gl.uniform4f() 的同族函数

`gl.uniform4f()` 也有一系列同族函数。`gl.uniform1f()` 函数用来传输 1 个值 (v0)，`gl.uniform2f()` 传输 2 个值 (v0 和 v1)，`gl.uniform3f()` 传输 3 个值（v0，v1 和 v2）。

```
gl.uniform1f(location, v0)
gl.uniform2f(location, v0, v1)
gl.uniform3f(location, v0, v1, v2)
gl.uniform4f(location, v0, v1, v2, v3)
```

将数据传输给 *location* 参数指定的 uniform 变量。gl.uniform1f() 仅传输一个值，这个值将被填充到 uniform 变量的第一个分量中，第二、三个分量将被设为 0.0，第 4 个分量将被设为 1.0。类似地，gl.vertexAttrib2f() 将填充前两个分量，第三个分量为 0.0，第四个分量为 1.0。gl.uniform3f() 填充前三个分量，第四个分量为 1.0。gl.uniform4f() 填充了所有四个分量。

参数	location	指定 uniform 变量的存储位置
	v0, v1, v2, v3	指定传输给 uniform 变量四个分量的值
返回值	无	
错误	INVALID_OPERATION	没有当前 program 对象，或者 *location* 是非法的变量存储位置

总结

在这一章中，我们了解了一些 WebGL 的核心函数，并学习了如何使用它们。我们重点学习了着色器的相关知识，它是 WebGL 绘制图形的基石。在此基础上，我们建立了若干个示例程序。首先绘制了一个红色的点，接着根据鼠标的点击改变其位置和颜色。通过示例程序，你理解了 JavaScript 是如何将数据传给着色器的，这一步骤很重要。

本章中的着色器还只能处理二维的点。但是，关于 WebGL 核心函数以及着色器的知识同样适用于更复杂的情形，比如三维绘图。

学习了这一章，关键是要理解：顶点着色器进行的是逐顶点的操作，片元着色器进行的是逐片元的操作。接下来的章节中会出现更多其他的 WebGL 函数，以及更复杂的三维场景。

第3章

绘制和变换三角形

第 2 章“WebGL 入门”阐述了使用 WebGL 的基本方法。你已经了解了如何获取 WebGL 上下文，清空 `<canvas>` 为 2D/3D 绘图作准备，探究了顶点着色器与片元着色器的功能与特征，以及使用着色器进行绘图的方法。在此基础上，你学习了几个示例程序，在屏幕上画了一些点。

本章将以上述知识为基础，进一步探究如何在三维空间中绘制（与一个点相比）较为复杂的图形。本章将具体涉及以下内容：

- 三角形在三维图形学中的重要地位，以及 WebGL 如何绘制三角形。
- 使用多个三角形绘制其他类型的基本图形。
- 利用简单的方程对三角形做基本的变换，如移动、旋转和缩放。
- 利用矩阵简化变换。

在本章结束时，你将对 WebGL 如何绘制基本图形（如三角形）、如何使用矩阵操作这些图形有一个更加全面的了解。第 4 章“高级变换与动画基础”将进一步介绍如何实现简单的动画。

绘制多个点

你可能知道，构成三维模型的基本单位是三角形。例如，图 3.1 左图中的青蛙，就是由右图所示的许多个三角形以及这些三角形的顶点构成的。不管三维模型的形状多么复杂，其基本组成部分都是三角形，只不过复杂的模型由更多的三角形构成而已。通过创建更细小和更大量的三角形，就可以创建更复杂和更逼真的三维模型。比如，游戏角色这种复杂的模型都包含上万个三角形和顶点。因此，如何绘制三角形对渲染三维模型至关重要。

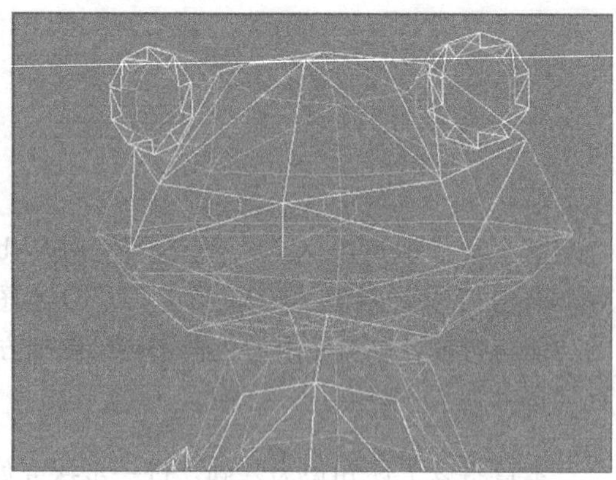

图 3.1 复杂的角色同样由多个三角形构成

这一节的主要内容是绘制多个点组成的图形。为了简单起见，你将继续绘制二维的图形，因为绘制多个点的二维图形和绘制多个点的三维图形（在"绘制多个点"这个问题上）是相同的。实际上，只要理解了如何绘制多个点的二维图形，就很容易理解本书接下来的部分是如何绘制多个点的三维图形的。

绘制多个点的示例程序名为 `MultiPoint`，它将在屏幕上绘制三个红色小点。图 3.2 显示了 `MultiPoint` 的效果。

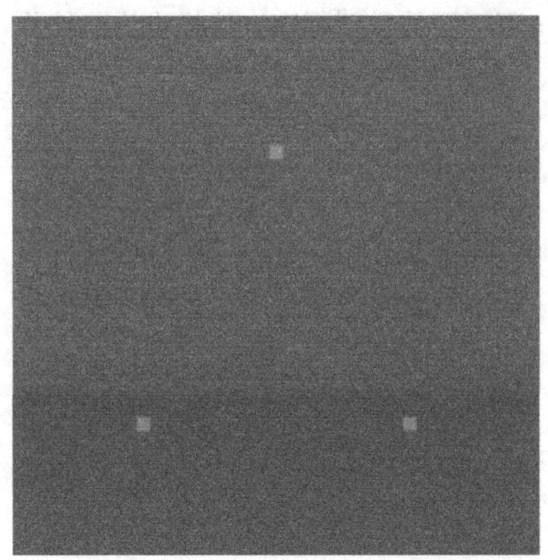

图 3.2 **MultiPoint**

前一章有一个示例程序 `ClickedPoints`，它在鼠标点击的位置绘制点。`ClickedPoints` 将所有点的坐标数据存储在一个 JavaScript 数组 `g_points[]` 中，然后使用了一个循环遍历该数组，每次遍历就向着色器传入一个点，并调用 `gl.drawArrays()` 将这个点绘制出来（例 3.1）。

例 3.1 ClickedPoints.js 中绘制多个点的过程（第 2 章）

```
for(var i = 0; i < len; i+=2) {
  // 将点的位置传给变量a_Position
  gl.vertexAttrib3f(a_Position, g_points[i], g_points[i+1], 0.0);

  // 绘制点
  gl.drawArrays(gl.POINTS, 0, 1);
}
```

显然，这种方法只能绘制一个点。对那些由多个顶点组成的图形，比如三角形、矩形和立方体来说，你需要一次性地将图形的顶点全部传入顶点着色器，然后才能把图形画出来。

WebGL 提供了一种很方便的机制，即**缓冲区对象** (buffer object)，它可以一次性地向着色器传入多个顶点的数据。缓冲区对象是 WebGL 系统中的一块内存区域，我们可以一次性地向缓冲区对象中填充大量的顶点数据，然后将这些数据保存在其中，供顶点着色器使用。

在进一步解释缓冲区对象前，让我们先浏览一下下面的示例程序，这样也许能给你一个直观的印象。

示例程序（MultiPoint.js）

`MultiPoint.js` 的流程如图 3.3 所示，和第 2 章中的 `ClickedPoints.js`（例 2.7）与 `ColoredPoints.js`（例 2.8）的流程基本一致，唯一的不同就是增加了一个新的步骤：设置点的坐标信息。

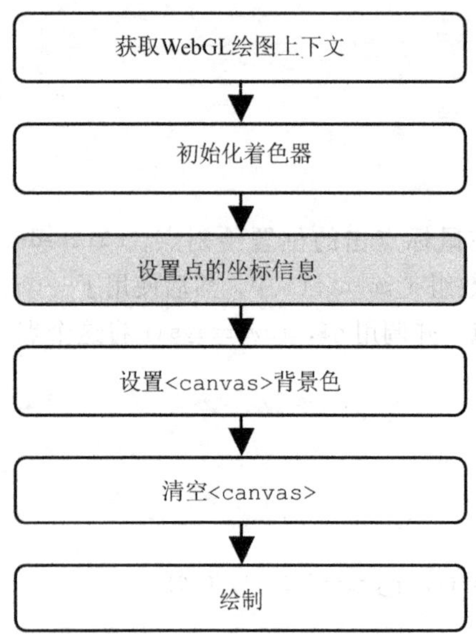

图 3.3 `MultiPoints.js` **的流程图**

这一步在例 3.2 中，`initVertexBuffers()` 函数内，第 34 行处实现。

例 3.2 `MultiPoints.js`

```
1 // MultiPoint.js
2 // 顶点着色器
3 var VSHADER_SOURCE =
4   'attribute vec4 a_Position;\n' +
5   'void main() {\n' +
6   '  gl_Position = a_Position;\n' +
7   '  gl_PointSize = 10.0;\n' +
8   '}\n';
9
```

```
// 片元着色器
 ...

function main() {
 ...
  // 获取WebGL上下文
  var gl = getWebGLContext(canvas);
    ...
  // 初始化着色器
  if (!initShaders(gl, VSHADER_SOURCE, FSHADER_SOURCE)) {
    ...
  }

  // 设置顶点位置
  var n = initVertexBuffers(gl);
  if (n < 0) {
    console.log('Failed to set the positions of the vertices');
    return;
  }

  // 设置背景色
    ...
  // 清空<canvas>
...
  // 绘制三个点
  gl.drawArrays(gl.POINTS, 0, n); // n is 3
}

function initVertexBuffers(gl) {
  var vertices = new Float32Array([
   0.0, 0.5, -0.5, -0.5, 0.5, -0.5
  ]);
  var n = 3; // 点的个数

  // 创建缓冲区对象
  var vertexBuffer = gl.createBuffer();
  if (!vertexBuffer) {
    console.log('Failed to create the buffer object ');
    return -1;
  }

  // 将缓冲区对象绑定到目标
  gl.bindBuffer(gl.ARRAY_BUFFER, vertexBuffer);
```

```
65   // 向缓冲区对象中写入数据
66   gl.bufferData(gl.ARRAY_BUFFER, vertices, gl.STATIC_DRAW);
67
68   var a_Position = gl.getAttribLocation(gl.program, 'a_Position');
    ...
73   // 将缓冲区对象分配给a_Position变量
74   gl.vertexAttribPointer(a_Position, 2, gl.FLOAT, false, 0, 0);
75
76   // 连接a_Position变量与分配给它的缓冲区对象
77   gl.enableVertexAttribArray(a_Position);
78
79   return n;
80 }
```

新加入的函数 `initVertexBuffers()` 在第 50 行被定义，在第 34 行被调用。该函数的任务是创建顶点缓冲区对象，并将多个顶点的数据保存在缓冲区中，然后将缓冲区传给顶点着色器。

```
33 // 设置顶点位置
34 var n = initVertexBuffers(gl);
```

函数的返回值是待绘制顶点的数量，保存在变量 `n` 中。注意，如果函数内发生错误，返回的是负值。

示例程序仅调用了一次 `gl.drawArrays()` 函数就完成了绘图操作（第 48 行），这与 `ClickedPoints.js` 不同。调用 `gl.drawArrays()` 时，传入的第 3 个参数是 `n`，而不是 `1`（`ClickedPoints` 传入了 1）。

```
46   // 绘制三个点
47   gl.drawArrays(gl.POINTS, 0, n); // n为3
```

因为我们在 `initvertexBuffer()` 函数中利用缓冲区对象向顶点着色器传输了多个（3 个）顶点的数据，所以还需要通过第 3 个参数告诉 `gl.drawArrays()` 函数需要绘制多少个顶点。WebGL 系统并不知道缓冲区中有多少个顶点的数据（即使它知道也不能确定是否要全部画出），所以我们应该显式地告诉它要绘制多少个顶点。

使用缓冲区对象

前面说过，缓冲区对象是 WebGL 系统中的一块存储区，你可以在缓冲区对象中保存想要绘制的所有顶点的数据，如图 3.4 所示。先创建一个缓冲区，然后向其中写入顶点数据，你就能一次性地向顶点着色器中传入多个顶点的 attribute 变量的数据。

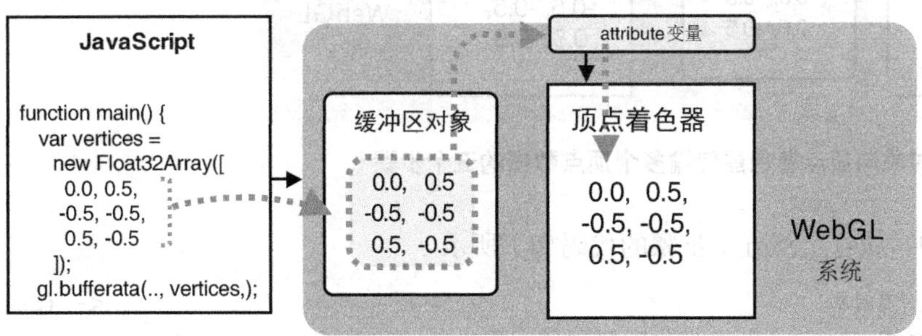

图 3.4 使用缓冲区对象向顶点着色器传输多个顶点

在示例程序中，向缓冲区对象写入的数据（顶点坐标）是一种特殊的 JavaScript 数组（`Float32Array`），如下所示。我们稍后再详细介绍这种特殊的数组，现在姑且可以把它看作是普通的数组。

```
var vertices = new Float32Array([
  0.0, 0.5, -0.5, -0.5, 0.5, -0.5
]);
```

使用缓冲区对象向顶点着色器传入多个顶点的数据，需要遵循以下五个步骤。处理其他对象，如纹理对象（第 4 章）、帧缓冲区对象（第 8 章“光照”）时的步骤也比较类似，我们来仔细研究一下：

1. 创建缓冲区对象（`gl.createBuffer()`）。
2. 绑定缓冲区对象（`gl.bindBuffer()`）。
3. 将数据写入缓冲区对象（`gl.bufferData()`）。
4. 将缓冲区对象分配给一个 attribute 变量（`gl.vertexAttribPointer()`）。
5. 开启 attribute 变量（`gl.enableVertexAttribArray()`）。

图 3.5 解析了上述五个步骤。

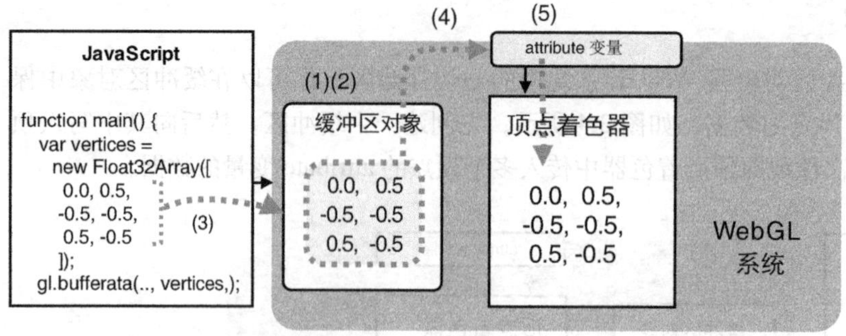

图 3.5 使用缓冲区对象向顶点着色器传输多个顶点数据的五个步骤

在示例程序中，执行上述五个步骤的代码如下所示：

```
56  // 创建缓冲区对象                                                  <- (1)
57  var vertexBuffer = gl.createBuffer();
58  if (!vertexBuffer) {
59    console.log('Failed to create the buffer object ');
60    return -1;
61  }
62
63  // 将缓冲区对象绑定到目标                                          <- (2)
64  gl.bindBuffer(gl.ARRAY_BUFFER, vertexBuffer);
65  // 向缓冲区对象中写入数据                                          <- (3)
66  gl.bufferData(gl.ARRAY_BUFFER, vertices, gl.STATIC_DRAW);
67
68  var a_Position = gl.getAttribLocation(gl.program, 'a_Position');
 ...
73  // 将缓冲区对象分配给a_Position变量                                <- (4)
74  gl.vertexAttribPointer(a_Position, 2, gl.FLOAT, false, 0, 0);
75
76  // 连接a_Position变量与分配给它的缓冲区对象                        <- (5)
77  gl.enableVertexAttribArray(a_Position);
```

下面几节将依次，逐个地解释每一步的具体细节。

创建缓冲区对象（gl.createBuffer()）

显然，在使用缓冲区对象之前，你必须创建它。这是第 1 步（第 57 行）：

```
57  var vertexBuffer = gl.createBuffer();
```

使用 WebGL 时，你需要调用 `gl.createBuffer()` 方法来创建缓冲区对象。图 3.6 示意了该方法执行前后 WebGL 系统的中间状态，上面一张图是执行前的状态，下面一张图是执行后的状态。执行该方法的结果就是，WebGL 系统中多了一个新创建出来的缓冲区对象。将在下一节解释关键词 gl.ARRAY_BUFFER 和 gl.ELEMENT_BUFFER，你现在可以直接忽略它们。

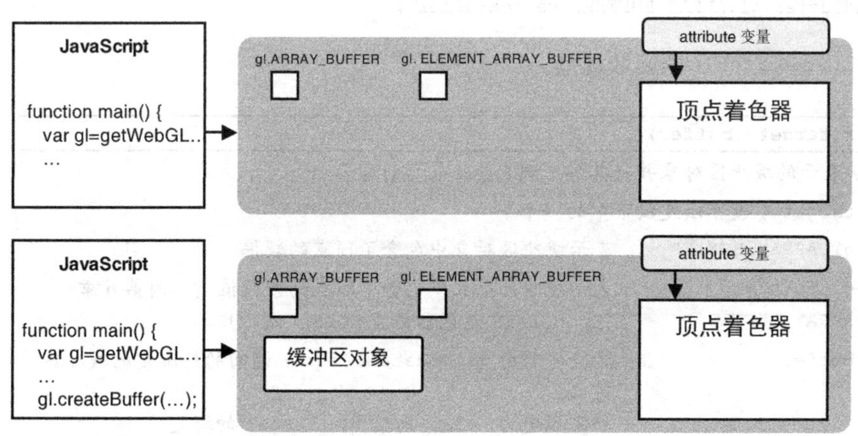

图 3.6 创建缓冲区对象

下面是 gl.createBuffer() 的函数规范。

gl.createBuffer()		
创建缓冲区对象。		
返回值	非 null	新创建的缓冲区对象
	null	创建缓冲区对象失败
错误	无	

相应地，gl.deleteBuffer(buffer) 函数可用来删除被 gl.createBuffer() 创建出来的缓冲区对象。

gl.deleteBuffer(buffer)		
删除参数 *buffer* 表示的缓冲区对象。		
参数	buffer	待删除的缓冲区对象
返回值	无	
错误	无	

绑定缓冲区（gl.bindBuffer()）

创建缓冲区之后的第 2 个步骤就是将缓冲区对象绑定到 WebGL 系统中已经存在的

"目标"(target) 上。这个"目标"表示缓冲区对象的用途（在这里，就是向顶点着色器提供传给 attribute 变量的数据），这样 WebGL 才能够正确处理其中的内容。绑定的过程见第 64 行：

```
64 gl.bindBuffer(gl.ARRAY_BUFFER, vertexBuffer);
```

下面是 gl.bindBuffer() 的函数规范。

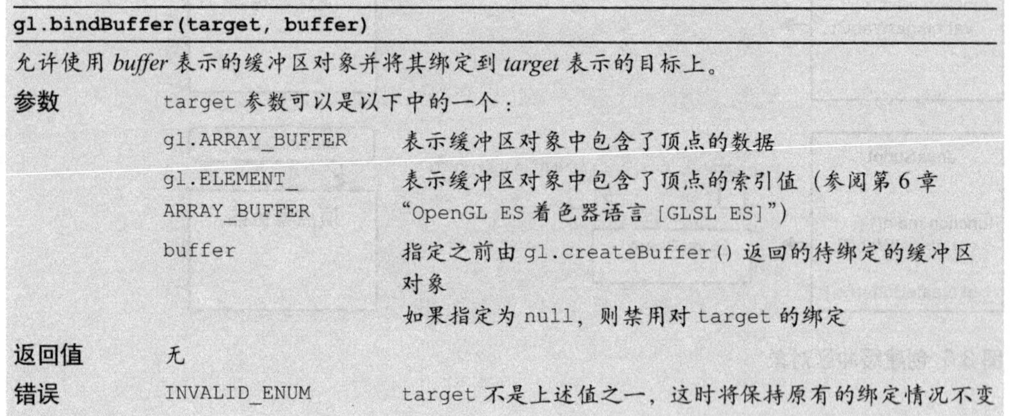

gl.bindBuffer(target, buffer)

允许使用 *buffer* 表示的缓冲区对象并将其绑定到 *target* 表示的目标上。

参数	target 参数可以是以下中的一个：	
	gl.ARRAY_BUFFER	表示缓冲区对象中包含了顶点的数据
	gl.ELEMENT_ARRAY_BUFFER	表示缓冲区对象中包含了顶点的索引值（参阅第 6 章"OpenGL ES 着色器语言 [GLSL ES]"）
	buffer	指定之前由 gl.createBuffer() 返回的待绑定的缓冲区对象 如果指定为 null，则禁用对 target 的绑定
返回值	无	
错误	INVALID_ENUM	target 不是上述值之一，这时将保持原有的绑定情况不变

在示例程序中，我们将缓冲区对象绑定到了 gl.ARRAY_BUFFER 目标上，缓冲区对象中存储着的关于顶点的数据（顶点的位置坐标）。在第 64 行执行完毕后，WebGL 系统内部状态发生了改变，如图 3.7 所示。

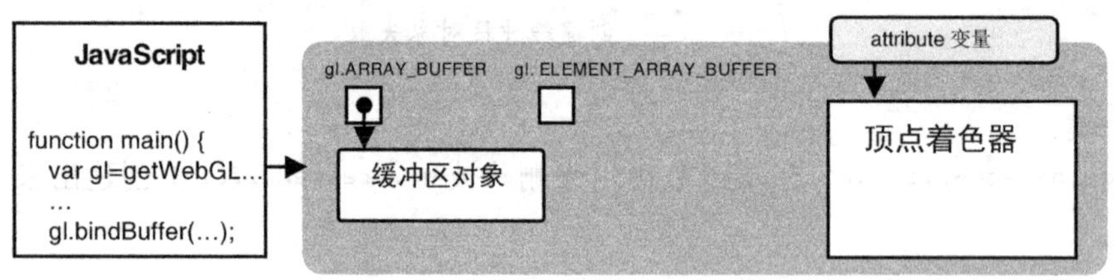

图 3.7 将缓冲区对象绑定到目标上

接下来，我们就可以向缓冲区对象中写入数据了。注意，在第 6 章之前我们都不会使用 gl.ELEMENT_ARRAY 目标，所以为了简洁，后面的示意图中将不再出现它。

向缓冲区对象中写入数据（gl.bufferData()）

第 3 步是，开辟空间并向缓冲区中写入数据。我们使用 gl.bufferData() 方法来完成这一步（第 66 行）：

```
66    gl.bufferData(gl.ARRAY_BUFFER, vertices, gl.STATIC_DRAW);
```

该方法的效果是，将第 2 个参数 `vertices` 中的数据写入了绑定到第 1 个参数 `gl.ARRAY_BUFFER` 上的缓冲区对象。我们不能直接向缓冲区写入数据，而只能向"目标"写入数据，所以要向缓冲区写数据，必须先绑定。该方法执行之后（第 66 行），WebGL 系统的内部状态如图 3.8 所示。

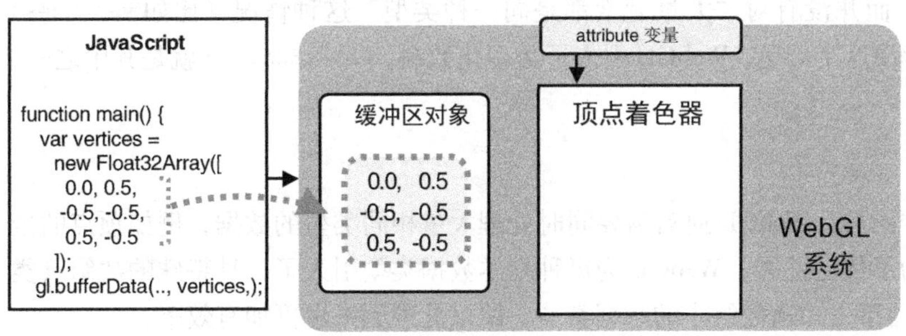

图 3.8 分配空间并向缓冲区对象中写入数据

从上图中你可以看到，定义在 JavaScript 程序中的数据被写入了绑定在 `gl.ARRAY_BUFFER` 上的缓冲区对象。下面是对 `gl.bufferData()` 的规范。

gl.bufferData(target, data, usage)		
开辟存储空间，向绑定在 target 上的缓冲区对象中写入数据 data		
参数	target	gl.ARRAY_BUFFER 或 gl.ELEMENT_ARRAY_BUFFER
	data	写入缓冲区对象的数据（类型化数组，参阅下一节）
	usage	表示程序将如何使用存储在缓冲区对象中的数据。该参数将帮助 WebGL 优化操作，但是就算你传入了错误的值，也不会终止程序（仅仅是降低程序的效率）
	gl.STATIC_DRAW	只会向缓冲区对象中写入一次数据，但需要绘制很多次
	gl.STREAM_DRAW	只会向缓冲区对象中写入一次数据，然后绘制若干次
	gl.DYNAMIC_DRAW	会向缓冲区对象中多次写入数据，并绘制很多次
返回值	无	
错误	INVALID_ENUM	*target* 不是上述值之一，这时将保持原有的绑定情况不变

现在我们来看看 `gl.bufferData()` 方法向缓冲区中传入了什么数据。该方法使用了一个特殊的数组 `vertices`（之前提到过）将数据传给顶点着色器。我们使用 `new` 运算符，并以 <第一个顶点的 x 坐标和 y 坐标><第二个顶点的 x 坐标和 y 坐标>，等等的形式创建这个数组(第 51 行)：

```
51  var vertices = new Float32Array([
52    0.0, 0.5, -0.5, -0.5, 0.5, -0.5
53  ]);
54  var n = 3; // 点的个数
```

如你所见，我们使用了 Float32Array 对象，而不是 JavaScript 中更常见的 Array 对象。这是因为，JavaScript 中通用的数组 Array 是一种通用的类型，既可以在里面存储数字也可以存储字符串，而并没有对“大量元素都是同一种类型”这种情况（比如 vertices）进行优化。为了解决这个问题，WebGL 引入了类型化数组，Float32Array 就是其中之一。

类型化数组

为了绘制三维图形，WebGL 通常需要同时处理大量相同类型的数据，例如顶点的坐标和颜色数据。为了优化性能，WebGL 为每种基本数据类型引入了一种特殊的数组（**类型化数组**）。浏览器事先知道数组中的数据类型，所以处理起来也更加有效率。

例子中的 Float32Array 就是一种类型化数组（第 51 行），通常用来存储顶点的坐标或颜色数据。应当牢记，WebGL 中的很多操作都要用到类型化数组，比如 gl.bufferData() 中的第 2 个参数 *data*。

表 3.1 列举了各种可用的类型化数组。第 3 列为 C 语言中对应的数据类型，供熟悉 C 语言的读者参考。

表 3.1 WebGL 使用的各种类型化数组

数组类型	每个元素所占字节数	描述（C 语言中的数据类型）
Int8Array	1	8 位整型数（signed char）
UInt8Array	1	8 位无符号整型数（unsigned char）
Int16Array	2	16 位整型数（signed short）
UInt16Array	2	16 位无符号整型数（unsigned short）
Int32Array	4	32 位整型数（signed int）
UInt32Array	4	32 位无符号整型数（unsigned int）
Float32Array	4	单精度 32 位浮点数（float）
Float64Array	8	双精度 64 位浮点数（double）

与 JavaScript 中的 Array 数组相似，类型化数组也有一系列方法和属性（包括一个常量属性），如表 3.2 所示。注意，与普通的 Array 数组不同，类型化数组不支持 push() 和 pop() 方法。

表 3.2 类型化数组的方法、属性和常量

方法、属性和常量	描述
get(index)	获取第 *index* 个元素值
set(index, value)	设置第 *index* 个元素的值为 *value*
set(array, offset)	从第 *offset* 个元素开始将数组 array 中的值填充进去
length	数组的长度
BYTES_PER_ELEMENT	数组中每个元素所占的字节数

和普通的数组一样，类型化数组可以通过 new 运算符调用构造函数并传入数据而被创造出来。比如，为了创建 Float32Array 类型的顶点数据，你可以向构造函数中传入普通数组 [0.0, 0.5, -0.5, -0.5, 0.5, -0.5]，这个数组表示一些顶点的数据。注意，创建类型化数组的唯一方法就是使用 new 运算符，不能使用 [] 运算符（那样创建的就是普通数组）。

```
51   var vertices = new Float32Array([
52     0.0, 0.5, -0.5, -0.5, 0.5, -0.5
53   ]);
```

此外，你也可以通过指定数组元素的个数来创建一个空的类型化数组，例如：

```
var vertices = new Float32Array(4);
```

到目前为止，你就完成了建立和使用缓冲区的前三个步骤（即在 WebGL 系统中创建缓冲区，绑定缓冲区对象到目标，向缓冲区对象中写入数据）。我们来看看在接下来的两步中，WebGL 是如何真正使用缓冲区来进行绘图的。

将缓冲区对象分配给 attribute 变量（gl.vertexAttribPointer()）

如第 2 章所述，你可以使用 gl.vertexAttrib[1234]f 系列函数为 attribute 变量分配值。但是，这些方法一次只能向 attribute 变量分配（传输）一个值。而现在，你需要将整个数组中的所有值——这里是顶点数据——一次性地分配给一个 attribute 变量。

gl.vertexAttribPointer() 方法解决了这个问题，它可以将整个缓冲区对象（实际上是缓冲区对象的引用或指针）分配给 attribute 变量。示例程序将缓冲区对象分配给 attribute 变量 a_Position（第 74 行）。

```
74   gl.vertexAttribPointer(a_Position, 2, gl.FLOAT, false, 0, 0);
```

gl.vertexAttribPointer() 的规范如下。

gl.vertexAttribPointer(location, size, type, normalized, stride, offset)		
将绑定到 gl.ARRAY_BUFFER 的缓冲区对象分配给由 location 指定的 *attribute* 变量。		
参数	location	指定待分配 attribute 变量的存储位置
	size	指定缓冲区中每个顶点的分量个数（1 到 4）。若 size 比 attribute 变量需要的分量数小，缺失分量将按照与 gl.vertexAttrib[1234]f() 相同的规则补全。比如，如果 size 为 1，那么第 2、3 分量自动设为 0，第 4 分量为 1
	type	用以下类型之一来指定数据格式：
	gl.UNSIGNED_BYTE	无符号字节，Uint8Array
	gl.SHORT	短整型，Int16Array
	gl.UNSIGNED_SHORT	无符号短整型，Uint16Array
	gl.INT	整型，Int32Array
	gl.UNSIGNED_INT	无符号整形，Uint32Array
	gl.FLOAT	浮点型，Float32Array
	normalize	传入 true 或 false，表明是否将非浮点型的数据归一化到 [0,1] 或 [-1,1] 区间
	stride	指定相邻两个顶点间的字节数，默认为 0（参见第 4 章）
	offset	指定缓冲区对象中的偏移量（以字节为单位），即 attribute 变量从缓冲区中的何处开始存储。如果是从起始位置开始的，*offset* 设为 0
返回值	无	
错误	INVALID_OPERATION	不存在当前程序对象
	INVALID_VALUE	*location* 大于等于 attribute 变量的最大数目（默认为 8）。或者 *stride* 或 *offset* 是负值

执行完第 4 步后，我们就将整个缓冲区对象分配给了 attribute 变量，为 WebGL 绘图进行的准备工作（即向 location 处的 attribute 变量传入缓冲区）就差最后一步了：进行最后的“开启”，使这次分配真正生效，如图 3.9 所示。

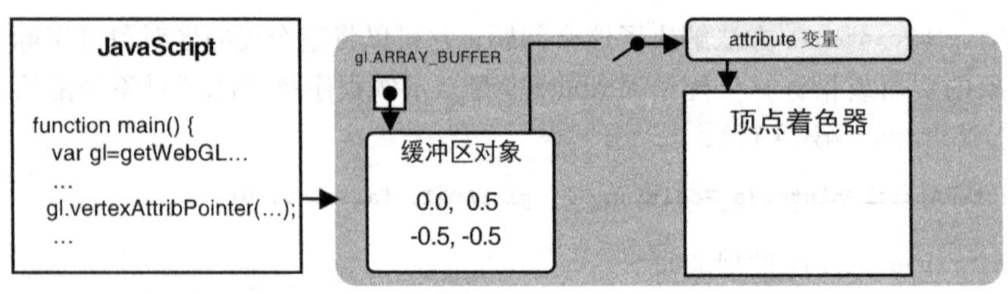

图 3.9 将缓冲区对象分配给 attribute 变量

第 5 步，也是最后一步，就是开启（激活）attribute 变量，使缓冲区对 attribute 变量的分配生效。

开启 attribute 变量（gl.enableVertexAttribArray()）

为了使顶点着色器能够访问缓冲区内的数据，我们需要使用 `gl.enableVertexAttribArray()` 方法来开启 attribute 变量（第 77 行）。

```
77    gl.enableVertexAttribArray(a_Position);
```

注意，虽然函数的名称似乎表示该函数是用来处理“顶点数组”的，但实际上它处理的对象是缓冲区。这是由于历史原因（从 OpenGL 中继承）造成的。

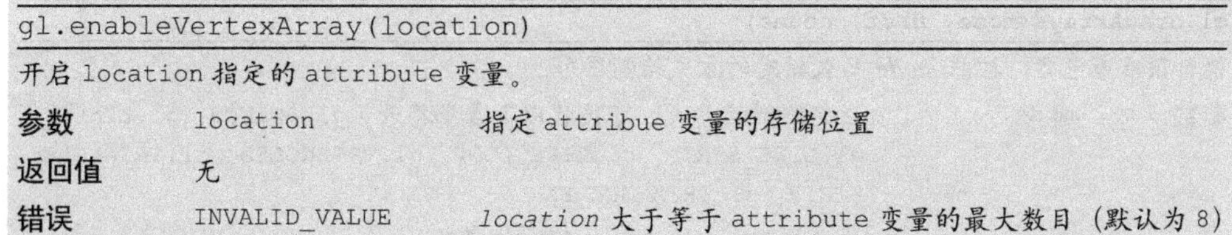

gl.enableVertexArray(location)		
开启 location 指定的 attribute 变量。		
参数	location	指定 attribue 变量的存储位置
返回值	无	
错误	INVALID_VALUE	*location* 大于等于 attribute 变量的最大数目（默认为 8）

当你执行 `gl.enableVertexAttribArray()` 并传入一个已经分配好缓冲区的 attribue 变量后，我们就开启了该变量，也就是说，缓冲区对象和 attribute 变量之间的连接就真正建立起来了，如图 3.10 所示。

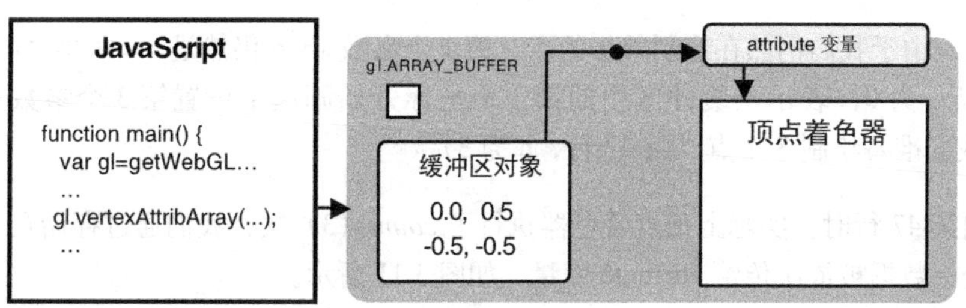

图 3.10 开启分配了缓冲区的 attribute 变量

同样，你可以使用 `gl.disableVertexAttribArray()` 来关闭分配。

gl.disableVertexArray(location)		
关闭 *location* 指定的 attribute 变量。		
参数	location	指定 attribue 变量的存储位置
返回值	无	
错误	INVALID_VALUE	location 大于等于 attribute 变量的最大数目（默认为 8）

终于，万事俱备了！现在，你只需要让顶点着色器运行起来，它会自动将缓冲区中的顶点画出来。如第2章，你使用 gl.drawArrays() 方法绘制了一个点，现在你要画多个点，所用的仍然是 gl.drawArrays() 方法，但是用的是方法中的第 2 个和第 3 个参数。

注意，开启 attribute 变量后，你就不能再用 gl.vertexAttrib[1234]f() 向它传数据了，除非你显式地关闭该 attribute 变量。实际上，你无法（也不应该）同时使用这两个函数。

gl.drawArrays() 的第 2 个和第 3 个参数

在对 gl.drawArrays() 作进一步详细说明之前，我们再看一下第 2 章中这个方法的规范。下表是规范的参数部分。

gl.drawArrays(mode, first, count)

执行顶点着色器，按照 *mode* 参数指定的方式绘制图形。

参数	mode	指定绘制的方式，可接收以下常量符号：gl.POINTS、gl.LINES、gl.LINE_STRIP、gl.LINE_LOOP、gl.TRIANGLES、gl.TRIANGLE_STRIP、gl.TRIANGLE_FAN
	first	指定从哪个顶点开始绘制（整型数）
	count	指定绘制需要用到多少个顶点（整型数）

这个示例程序如下调用这个方法：

```
47   gl.drawArrays(gl.POINTS, 0, n); // n 为 3
```

如之前的示例，由于我们仍然在绘制单个的点，第 1 个参数 mode 仍然是 gl.POINTS；设置第 2 个参数 *first* 为 0，表示从缓冲区中的第 1 个坐标开始画起；设置第 3 个参数 *count* 为 3，表示我们准备绘制 3 个点（第 47 行，n 为 3）。

当程序运行到第 47 行时，实际上顶点着色器执行了 *count*（3）次，我们通过存储在缓冲区中的顶点坐标数据被依次传给 attribute 变量，如图 3.11 所示。

注意，每次执行顶点着色器，a_Position 的 z 和 w 分量值都会自动被设为 0.0 或 1.0，因为 a_Position 需要 4 个分量（vec4），而你只提供了两个。

记住，在第 74 行，gl.vertexAttribPointer() 的第 2 个参数 *size* 被设为 2。之前说过，这个参数表示缓冲区中每个顶点有几个分量值，在缓冲区中你只提供 x 坐标和 y 坐标，所以你将它设为 2。

```
74   gl.vertexAttribPointer(a_Position, 2, gl.FLOAT, false, 0, 0);
```

在绘出所有点后，颜色缓冲区中的内容（3 个红点，如图 3.2 所示）就会自动显示在浏览器上，其过程如图 3.11 底部所示。

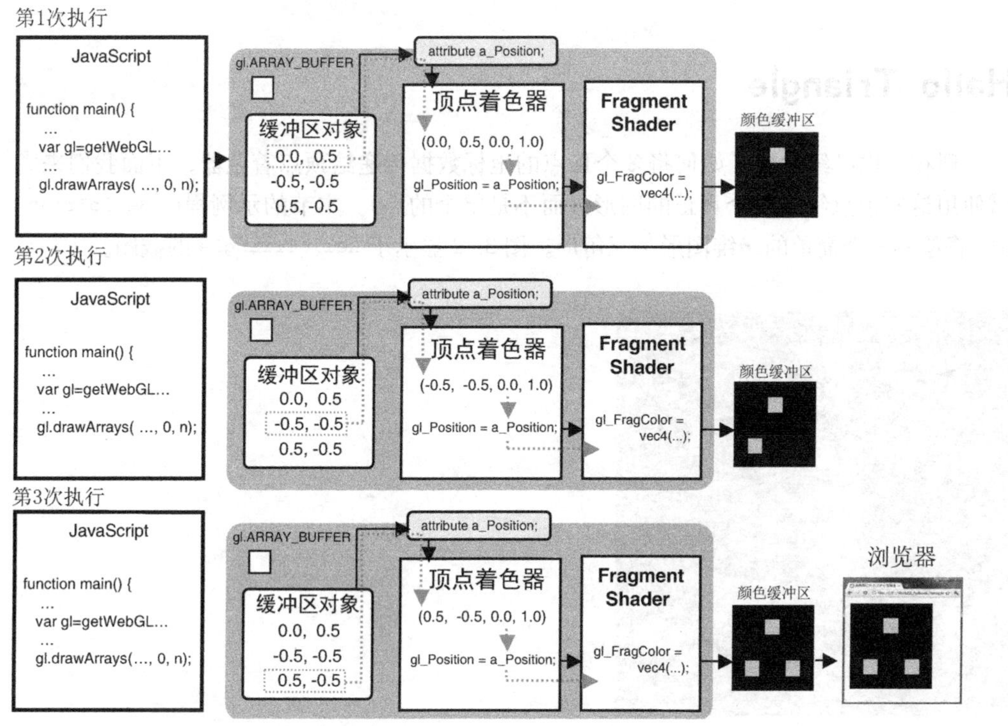

图 3.11 顶点着色器执行过程中缓冲区数据的传输过程

用示例程序做实验

让我们来用示例程序做个实验，你也许能够更好地理解 `gl.drawArrays()` 是如何工作的。修改 `gl.drawArrays()` 的第 2 个和第 3 个参数。首先，将第 47 行中第 3 个参数 *count* 从原先的 `n`（设为 3）改为 `1`。

```
47  gl.drawArrays(gl.POINTS, 0, 1);
```

这样，顶点着色器就只会执行 1 次，程序就只画出缓冲区中的第 1 个点。

如果将第 2 个参数也设为 1，那么缓冲区中只会绘制第 2 个点。因为这等于在告诉 WebGL，你想从第 2 个点开始绘制，并且只绘制 1 个点。所以你仍然只绘制了 1 个点，只不过是第 2 个点。

```
47  gl.drawArrays(gl.POINTS, 1, 1);
```

这下你应该了解这个函数中的 *first* 和 *count* 参数的作用了吧。那么，如果改变第 1 个参数 *mode*，那又会怎样？下面一节将详细探讨这个问题。

Hello Triangle

现在，你已经学会了如何将多个顶点的坐标数据传递给顶点着色器，下面我们来尝试使用这些顶点绘制一个真正的图形（而不是单个的点）。本节的示例程序 `HelloTriangle` 将绘制一个简单的二维图形：三角形。图 3.12 显示了 `HelloTriangle` 的截图。

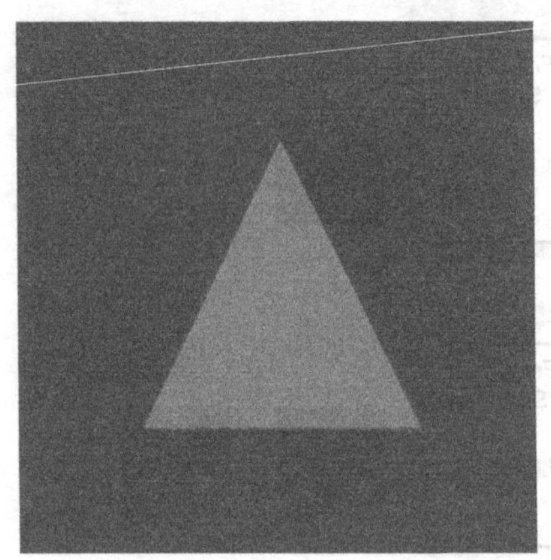

图 3.12 HelloTriangle

示例程序（HelloTriangle.js）

例 3.3 显示了 `HelloTriagnle.js` 的代码，它与前一节中的 `MultiPoint.js` 相比，除了两处关键的改动，二者几乎一模一样。

例 3.3 HelloTriangle.js

```
// HelloTriangle.js
// 顶点着色器
var VSHADER_SOURCE =
  'attribute vec4 a_Position;\n' +
  'void main() {\n' +
  '  gl_Position = a_Position;\n' +
  '}\n';

// 片元着色器
var FSHADER_SOURCE =
```

```
11   'void main() {\n' +
12   '  gl_FragColor = vec4(1.0, 0.0, 0.0, 1.0);\n' +
13   '}\n';
14
15 function main() {
     ...
19   // 获取WebGL上下文
20   var gl = getWebGLContext(canvas);
     ...
26   // 初始化着色器
27   if (!initShaders(gl, VSHADER_SOURCE, FSHADER_SOURCE)) {
     ...
30   }
31
32   // 设置顶点位置
33   var n = initVertexBuffers(gl);
...
39   // 设置背景色
     ...
45   // 绘制三角形
46   gl.drawArrays(gl.TRIANGLES, 0, n);
47 }
48
49 function initVertexBuffers(gl) {
50   var vertices = new Float32Array([
51     0.0, 0.5, -0.5, -0.5,  0.5, -0.5
52   ]);
53   var n = 3; // 顶点的个数
     ...
78   return n;
79 }
```

与 MultiPoint.js 相比，两处关键的改动在于：

- 在顶点着色器中，指定点的尺寸的一行 gl_PointSize = 10.0; 被删去了。该语句只有在绘制单个点的时候才起作用。
- gl.drawArrays() 方法的第 1 个参数从 gl.POINTS 被改为了 gl.TRIANGLES（第 46 行）。

gl.drawArrays() 的第 1 个参数 *mode* 十分强大。在这个参数上指定不同的值，我们可以按照不同的规则绘制图形。下面就来详细了解一下。

基本图形

将 gl.drawArrays() 方法的第 1 个参数 *mode* 改为 gl.TRIANGLES（第 46 行），就相当于告诉 WebGL，"从缓冲区中的第 1 个顶点开始，使顶点着色器执行 3 次（n 为 3），用这 3 个点绘制出一个三角形"：

```
46    gl.drawArrays(gl.TRIANGLES, 0, n);
```

这样，缓冲区中的 3 个点就不再是相互独立的，而是同一个三角形中的 3 个顶点。

WebGL 方法 gl.drawArrays() 既强大又灵活，通过给第 1 个参数指定不同的值，我们就能以 7 种不同的方式来绘制图形。表 3.3 对此进行了详细介绍，其中 v0、v1、v2 等等表示缓冲区中的顶点，顶点的顺序将影响绘制的结果。

表 3.3 中的 7 种基本图形是 WebGL 可以直接绘制的图形，但是它们是 WebGL 绘制其他更加复杂的图形（如本章开头的青蛙）的基础。

表 3.3 WebGL 可以绘制的基本图形

基本图形	参数 mode	描述
点	gl.POINTS	一系列点，绘制在 v0、v1、v2……处
线段	gl.LINES	一系列单独的线段，绘制在 (v0,v1)、(v2,v3)、(v4,v5)……处，如果点的个数是奇数，最后一个点将被忽略
线条	gl.LINE_STRIP	一系列连接的线段，被绘制在 (v0,v1)、(v1,v2)、(v2,v3)……处，第 1 个点是第 1 条线段的起点，第 2 个点是第 1 条线段的终点和第 2 条线段的起点……第 i(i>1) 个点是第 i-1 条线段的终点和第 i 条线段的起点，以此类推。最后一个点是最后一条线段的终点
回路	gl.LINE_LOOP	一系列连接的线段。与 gl.LINE_STRIP 绘制的线条相比，增加了一条从最后一个点到第 1 个点的线段。因此，线段被绘制在 (v0,v1)、(v1,v2)……(vn,v0) 处，其中 vn 是最后一个点
三角形	gl.TRIANGLES	一系列单独的三角形，绘制在 (v0,v1,v2)、(v3,v4,v5)……处。如果点的个数不是 3 的整数倍，最后剩下的一或两个点将被忽略
三角带	gl.TRIANGLE_STRIP	一系列条带状的三角形，前三个点构成了第 1 个三角形，从第 2 个点开始的三个点构成了第 2 个三角形（该三角形与前一个三角形共享一条边），以此类推。这些三角形被绘制在 (v0,v1,v2)、(v2,v1,v3)、(v2,v3,v4)……处（注意点的顺序）[1]

1　译者注：第 2 个三角形是 (v2, v1, v3) 而不是 (v1, v2, v3)，这是为了保持第 2 个三角形的绘制也按照逆时针的顺序。

续表

基本图形	参数 mode	描述
三角扇	gl.TRIANGLE_FAN	一系列三角形组成的类似于扇形的图形。前三个点构成了第 1 个三角形，接下来的一个点和前一个三角形的最后一条边组成接下来的一个三角形。这些三角形被绘制在 (v0,v1,v2)、(v0,v2,v3)、(v0,v3,v4)……处

图 3.13 显示了这些基本的图形。

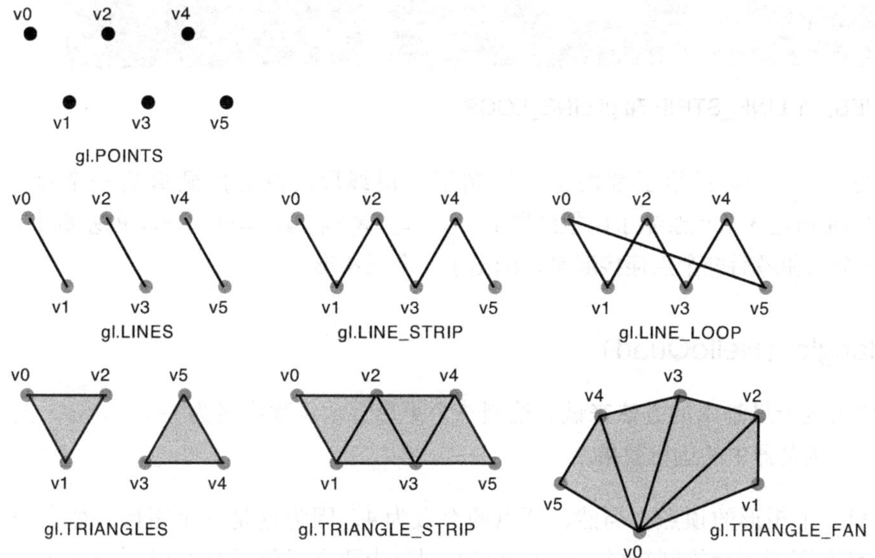

图 3.13 WebGL 中可以绘制的基本图形

如图所示，WebGL 只能绘制三种图形：点、线段和三角形。但是，正如本章开头所说到的，从球体到立方体，再到游戏中的三维角色，都可以由小的三角形组成。实际上，你可以使用以上这些最基本的图形来绘制出任何东西。

用示例程序做实验

将 gl.drawArrays() 中的第 1 个参数分别改成 gl.LINES、gl.LINE_STRIP 和 gl.LINE_LOOP，看看将会怎样。修改后的程序分别为 HelloTriangle_LINES，HelloTriangle_LINE_STRIP，HelloTriangle_LINE_LOOP。

```
gl.drawArrays(gl.LINES, 0, n);
gl.drawArrays(gl.LINE_STRIP, 0, n);
gl.drawArrays(gl.LINE_LOOP, 0, n);
```

图 3.14 显示了每个程序的结果。

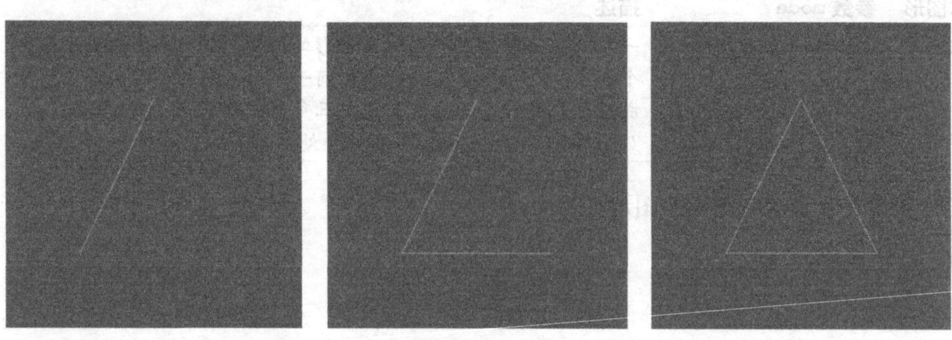

图 3.14 gl.LINES、gl.LINE_STRIP 和 gl.LINE_LOOP

如你所见，gl_LINES 只用了前两个点绘制了一根线段，没有用到最后一个点；gl.LINE_STRIP 使用这 3 个点绘制了两根线段；gl.LINE_LOOP 在 gl.LINE_STRIP 的基础上，把线段的第一个点和最后一个点连接起来，画出了一个三角形。

Hello Rectangle（HelloQuad）

让我们使用这个最基本的方法来试着绘制一个矩形。示例程序名为 HelloQuad，图 3.15 显示了其在浏览器中的运行效果。

图 3.16 显示了矩形的顶点。当然，顶点的个数为 4，因为这是一个矩形。如上一节所述，WebGL 不能直接绘制矩形，你需要将其划分为两个三角形 (v0, v1, v2) 和 (v2, v1, v3)，然后通过 gl.TRIANGLES、gl.TRIANGLES_STRIP，或者 gl.TRIANGLES_FAN 将其绘制出来。本例使用 gl.TRIANGLES_STRIP 进行绘制，只需要用到 4 个顶点。如果用 gl.TRIANGLES，就需要用到 6 个。

图 3.15 HelloQuad

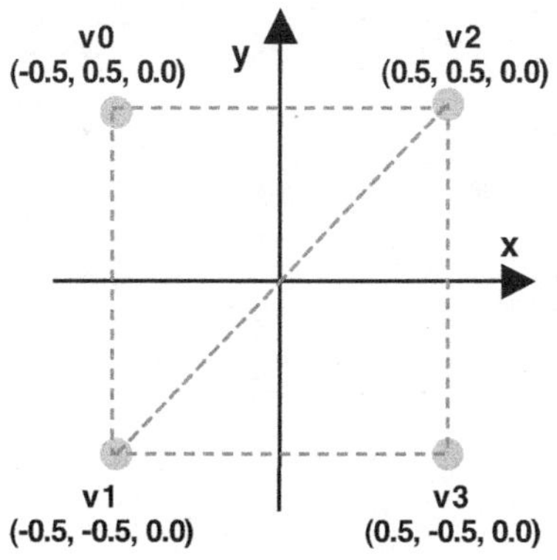

图 3.16 矩形的四个顶点

与 HelloTriangle.js 相比，本例额外添加了一个顶点坐标（第 50 行）。注意顶点的顺序，否则不能正确绘图。

```
50    var vertices = new Float32Array([
51      -0.5, 0.5, -0.5, -0.5, 0.5, 0.5, 0.5, -0.5
52    ]);
```

因为新添了一个顶点，所以还需要将顶点的个数 n 从 3 改成 4（第 53 行）：

```
53    var n = 4; // 顶点的个数
```

之后，如下修改第 46 行，程序就会在浏览器上绘制出一个矩形了。

```
46    gl.drawArrays(gl.TRIANGLE_STRIP, 0, n);
```

用示例程序做实验

现在，你应该已经了解如何使用 gl.TRIANGLE_STRIP 了。接下来我们将 gl.drawArrrays() 中的第 1 个参数改为 gl.TRIANGLES_FAN，示例程序的名称为 HelloQuad_FAN：

```
46    gl.drawArrays(gl.TRIANGLE_FAN, 0, n);
```

图 3.17 显示了 HelloQuad_FAN 程序的截图，可见该程序绘制了一个飘带状的图形。

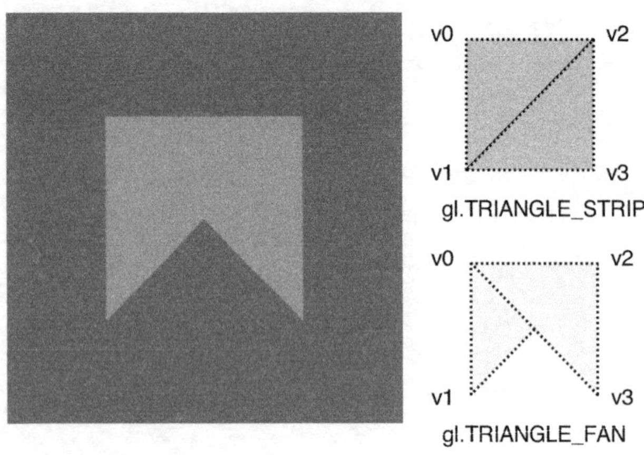

图 3.17 HelloQuad_FAN

观察一下图 3.17 右侧的顶点和三角形的绘制顺序，你就能够理解其结果为何是一个飘带的形状了。实际上，`gl.TRIANGLES` 使第 2 个三角形与第 1 个三角形共享了顶点 v0，而且第 2 个三角形部分覆盖了第 1 个三角形，这才使得绘制结果是飘带的形状。

移动、旋转和缩放

现在，你已经掌握了绘制图形（如三角形和矩形）的方法。让我们更进一步，尝试移动（平移）、旋转和缩放三角形，然后在屏幕上绘制出来。这样的操作称为**变换** (transformations) 或**仿射变换** (affine transformations)。为了帮助你理解每种变换操作是如何实现的，本节将会介绍一些相关的数学知识。当你编写自己的程序的时候，并不需要亲自涉及太多的数学，本书提供了几个易用的库函数来帮助你进行数学计算（见下一节）。

如果你觉得本节涉及的数学内容太多，你一时难以理解，可以直接跳过，以后再回来阅读本节。或者，如果你对仿射变换已经相当熟悉了，也可以跳过本节。

首先，让我们来编写示例程序 `TranslatedTriangle`，该程序将上一节中的三角形向右和向上各移动了 0.5 个单位。在第 2 章中说过，右方向是 x 轴的正方向，而上方向是 y 轴的正方向。图 3.18 是 `TranslatedTriangle` 的运行结果。

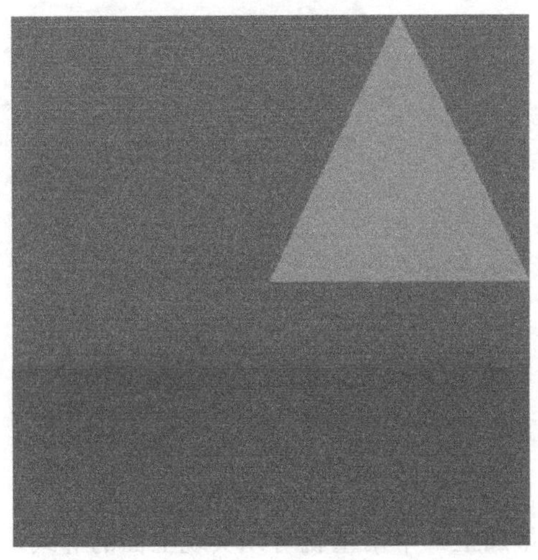

图 3.18 TranslatedTriangle

平移

考虑一下，为了平移一个三角形，你需要对它的每一个顶点做怎样的操作？答案是，你需要对顶点坐标的每个分量（x 和 y），加上三角形在对应轴（如 X 轴或 Y 轴）上平移的距离。比如，将点 p(x, y, z) 平移到 p' (x', y', z')，在 X 轴、Y 轴、Z 轴三个方向上平移的距离分别为 `Tx`，`Ty`，`Tz`，其中 `Tz` 为 0，如图 3.19 所示。

那么在坐标的对应分量上，直接加上这些 T 值，就可以确定 p' 的坐标了，如等式 3.1 所示。

等式 3.1

$$x' = x + Tx$$

$$y' = y + Ty$$

$$z' = z + Tz$$

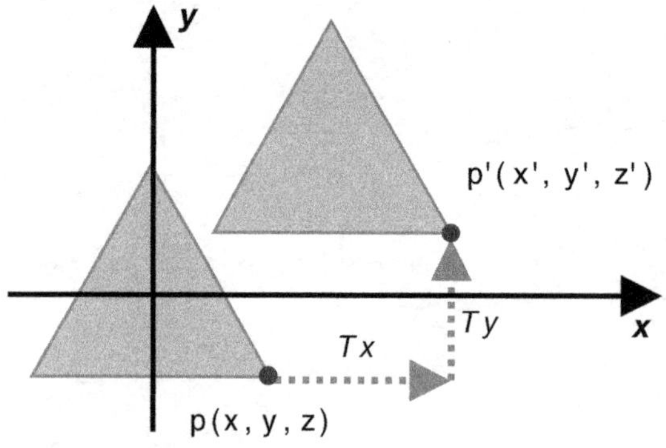

图 3.19 计算平移距离

我们只需要着色器中为顶点坐标的每个分量加上一个常量就可以实现上面的等式。显然，这是一个**逐顶点操作** (per-vertex operation) 而非逐片元操作，上述修改应当发生在顶点着色器，而不是片元着色器中。

一旦你理解了这一点，修改代码就很简单了：将平移距离 `Tx`、`Ty`、`Tz` 的值传入顶点着色器，然后分别加在顶点坐标的对应分量上，再赋值给 `gl_Position`。下面看看修改后的示例程序。

示例程序（TranslatedTriangle.js）

例 3.4 显示了 `TranslatedTriangle.js` 的代码，我们修改了顶点着色器，以进行平移操作。然而，片元着色器和前一节的 `HelloTriangle.js` 完全相同。为了配合修改后的顶点着色器，`main()` 函数中也额外加入了一些代码。

例 3.4 TranslatedTriangle.js

```
// TranslatedTriangle.js
// 顶点着色器
var VSHADER_SOURCE =
  'attribute vec4 a_Position;\n' +
  'uniform vec4 u_Translation;\n' +
  'void main() {\n' +
  '  gl_Position = a_Position + u_Translation;\n' +
  '}\n';

// 片元着色器程序
 ...
// 在x, y, z方向上平移的距离
```

```
17 var Tx = 0.5, Ty = 0.5, Tz = 0.0;
18
19 function main() {
   ...
23   // 获取WebGL上下文
24   var gl = getWebGLContext(canvas);
   ...
30   // 初始化着色器
31   if (!initShaders(gl, VSHADER_SOURCE, FSHADER_SOURCE)) {
   ...
34   }
35
36   // 设置点的位置
37   var n = initVertexBuffers(gl);
   ...
43   // 将平移距离传输给定点着色器
44   var u_Translation = gl.getUniformLocation(gl.program, 'u_Translation');
   ...
49   gl.uniform4f(u_Translation, Tx, Ty, Tz, 0.0);
50
51   // 设置背景色
   ...
57   // 绘制三角形
58   gl.drawArrays(gl.TRIANGLES, 0, n);
59 }
60
61 function initVertexBuffers(gl) {
62   var vertices = new Float32Array([
63     0.0.0, 0.5, -0.5, -0.5, 0.5, -0.5
64   ]);
65   var n = 3; // 顶点的数量
   ...
90   return n;
93 }
```

首先，main() 函数中定义了等式 3.1 中三角形在各轴方向上的平移距离（第 17 行）：

```
17 var Tx = 0.5, Ty = 0.5, Tz = 0.0;
```

因为 Tx、Ty、Tz 对于所有顶点来说是固定（一致）的，所以我们使用 uniform 变量 u_Translation 来表示三角形的平移距离。首先，获取 uniform 变量的存储位置（第 44 行），然后将数据传给着色器（第 49 行）：

```
44   var u_Translation = gl.getUniformLocation(gl.program, 'u_Translation');
   ...
```

```
49   gl.uniform4f(u_Translation, Tx, Ty, Tz, 0.0);
```

注意，gl.uniform4f() 函数需接收齐次坐标，所以我们把最后一个参数被设为 0.0。这么做的具体原因将在稍后讨论。

现在来看一下修改后的顶点着色器：如你所见，我们新定义了 uniform 变量 u_Translation（第 5 行），用来接收了三角形在各轴方向上的平移距离。该变量的类型是 vec4，这样它就可以与 vec4 类型的顶点坐标 a_Position 直接相加（等式 3.1），然后赋值给同样是 vec4 类型的 gl_Position。记住，第 2 章中讲过，GLSL ES 中的赋值操作只能发生在相同类型的变量之间。

```
4   'attribute vec4 a_Position;\n' +
5   'uniform vec4 u_Translation;\n' +
6   'void main() {\n' +
7   '  gl_Position = a_Position + u_Translation;\n' +
8   '}\n';
```

在做完准备工作之后，我们就直奔主题：在顶点着色器中，按照等式 3.1，为 a_Position 变量的每个分量（x,y,z）加上 u_Translation 变量中对应方向的平移距离（Tx，Ty，Tz），并赋值给 gl_Position。

因为 a_Position 和 u_Translation 变量都是 vec4 类型的，所以你可以直接使用 + 号，两个的矢量的对应分量会被同时相加，如图 3.20 所示。方便的矢量相加运算是 GLSL ES 提供的特性之一，我们将在第 6 章更详细地讨论 GLSL ES。

vec4 a_Position	x1	y1	z1	w1
vec4 u_Translation	x2	y2	z2	w2
	x1+x2	y1+y2	z1+z2	w1+w2

图 3.20 vec4 变量的相加

最后，我来解释一下齐次坐标矢量的最后一个分量 w。如第 2 章所述，gl_Position 是齐次坐标，具有 4 个分量。如果齐次坐标的最后一个分量是 1.0，那么它的前三个分量就可以表示一个点的三维坐标。在本例中，如图 3.20 所示，平移后点坐标第 4 分量 w1+w2 必须是 1.0（因为点的位置坐标平移之后还是一个点位置坐标），而 w1 是 1.0（它是平移前点坐标第 4 分量），所以平移矢量本身的第 4 分量 w2 只能是 0.0，这就是为什么 gl.uniform4f() 的最后一个参数为 0.0。

最后，调用 gl.drawArrays(gl.TRIANGLES, 0, n) 执行顶点着色器（第 58 行），每次

执行都会进行以下 3 步：

1. 将顶点坐标传给 `a_Position`；

2. 向 `a_Position` 加上 `u_Translation`；

3. 结果赋值给 `gl_Position`。

一旦顶点着色器执行完毕，目的就达到了：每个顶点在同一个方向上平移了相同的距离，整个图形（本例中为三角形）也就被平移了。在浏览器中加载 TranslatedTriangle.html，你将会看到平移后的三角形。

现在，你已经掌握了平移的方法，下面来研究如何进行旋转。实现平移和旋转的基本方式是一样的，那就是在顶点着色器中计算顶点（平移或旋转后）的新坐标。

旋转

旋转比平移稍微复杂一些，因为描述一个旋转本身就比描述一个平移复杂。为了描述一个旋转，你必须指明：

- 旋转轴（图形将围绕旋转轴旋转）。
- 旋转方向（方向：顺时针或逆时针）。
- 旋转角度（图形旋转经过的角度）。

在本节中我们这样来表述旋转操作：绕 Z 轴，逆时针旋转了 β 角度。这种表述方式同样适用于绕 X 轴和 Y 轴的情况。

在旋转中，关于“逆时针”的约定是：如果 β 是正值，观察者在 Z 轴正半轴某处，视线沿着 Z 轴负方向进行观察，那么看到的物体就是逆时针旋转的，如图 3.21 所示。这种情况又可称作**正旋转** (positive rotation)。我们也可以使用右手来确认旋转方向（正如右手坐标系一样）：右手握拳，大拇指伸直并使其指向旋转轴的正方向，那么右手其余几个手指就指明了旋转的方向，因此正旋转又可以称为**右手法则旋转** (right-hand-rule rotation)。在第 2 章中说过，右手法则旋转是本书中 WebGL 程序的默认设定[2]。

之前我们计算了平移的数学表达式，现在来看旋转的数学表达式。根据图 3.22，假

2　也就是说，旋转方向可以用旋转角度值的正负来表示，不必显式说明。本书会经常说“绕 Z 轴旋转 β 角度”，程序调用旋转的相关函数时也不会传入一个表示旋转方向的参数，因为我们都默认遵循右手法则：如果旋转的角度是正值，那就是逆时针旋转。——译者注

设点 p(x, y, z) 旋转 β 角度之后变为了点 p'(x', y', z')：首先旋转是绕 Z 轴进行的，所以 z 坐标不会变，可以直接忽略；然后，x 坐标和 y 坐标的情况有一些复杂。

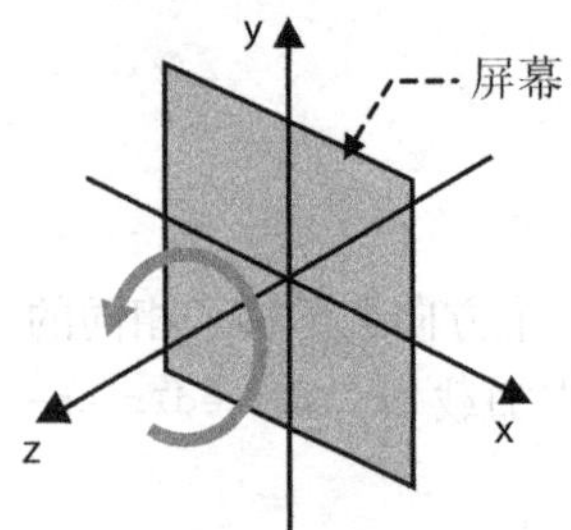

图 3.21 绕 z 轴的正旋转

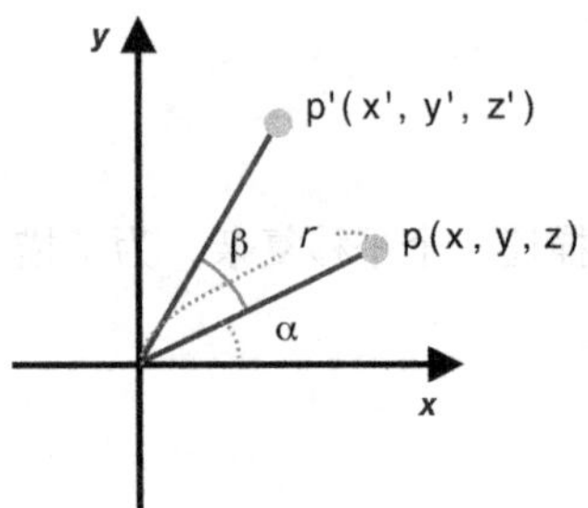

图 3.22 计算围绕 z 轴旋转

在图 3.22 中，r 是从原点到点 p 的距离，而 α 是 X 轴旋转到点 p 的角度。用这两个变量计算出点 p 的坐标，如等式 3.2 所示。

等式 3.2

$$x = r\cos\alpha$$

$$y = r\sin\alpha$$

类似地，你可以使用 r、α、β 来表示点 p' 的坐标：

$$x' = r\cos(\alpha + \beta)$$

$$y' = r\sin(\alpha + \beta)$$

利用三角函数两角和公式[3]，可得：

3 $\sin(a \pm b) = \sin a\cos b \mp \cos a\sin b$
$\cos(a \pm b) = \cos a\cos b \mp \sin a\sin b$

$$x' = r(\cos\alpha\cos\beta - \sin\alpha\sin\beta)$$
$$y' = r(\sin\alpha\cos\beta + \cos\alpha\sin\beta)$$

最后，将等式 3.2 代入上式，消除 r 和 α，可得等式 3.3。

等式 3.3

$$x' = x\cos\beta - y\sin\beta$$
$$y' = x\sin\beta + y\cos\beta$$
$$z' = z$$

我们可以把 sin β 和 cos β 的值传给顶点着色器，然后在着色器中根据等式 3.3 计算旋转后的点坐标，就可以实现旋转这个点的效果了。使用 JavaScript 内置的 `Math` 对象的 `sin()` 和 `cos()` 方法来进行三角函数运算。

图 3.23 显示了示例程序 `RotatedTriangle` 的运行结果，可见，三角形绕 Z 轴逆时针旋转了 90 度。

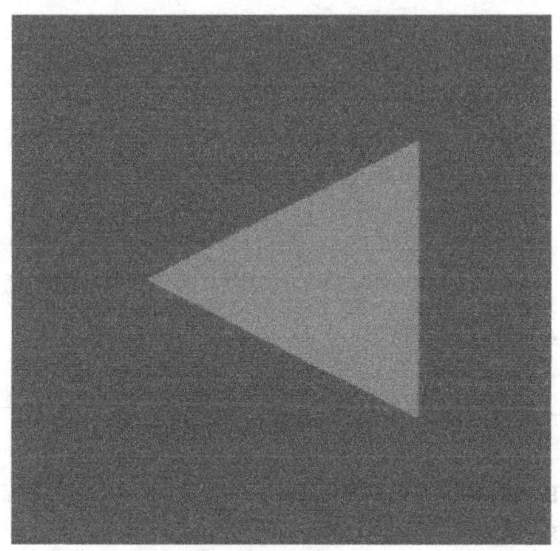

图 3.23 RotatedTriangle

示例程序（RotatedTriangle.js）

例 3.5 显示了 `RotatedTriangle.js` 的代码，其结构与 `TranslatedTriangle.js` 很像，只不过顶点着色器中进行的是旋转而不是平移操作。片元着色器和 `TranslatedTriangle.js` 中完全相同，我们将它省略了。此外，为了配合顶点着色器的改动，`main()` 函数也有几处改动。注意第 4 行到第 6 行实现了等式 3.3。

例 3.5 RotatedTriangle.js

```
// RotatedTriangle.js
// 顶点着色器
var VSHADER_SOURCE =
 // x' = x cos b - y sin b
 // y' = x sin b + y cos b                              Equation 3.3
 // z' = z
 'attribute vec4 a_Position;\n' +
 'uniform float u_CosB, u_SinB;\n' +
 'void main() {\n' +
 '  gl_Position.x = a_Position.x * u_CosB - a_Position.y *u_SinB;\n'+
'  gl_Position.y = a_Position.x * u_SinB + a_Position.y * u_CosB;\n'+
 '  gl_Position.z = a_Position.z;\n' +
 '  gl_Position.w = 1.0;\n' +
 '}\n';

// 片元着色器程序
  ...
// 旋转角度
var ANGLE = 90.0;

function main() {
  ...
 // 设置顶点坐标
 var n = initVertexBuffers(gl);
  ...
 // 将旋转图形所需的数据传输给顶点着色器
 var radian = Math.PI * ANGLE / 180.0; // 转为弧度制
 var cosB = Math.cos(radian);
 var sinB = Math.sin(radian);

 var u_CosB = gl.getUniformLocation(gl.program, 'u_CosB');
 var u_SinB = gl.getUniformLocation(gl.program, 'u_SinB');
  ...
 gl.uniform1f(u_CosB, cosB);
 gl.uniform1f(u_SinB, sinB);

  // 设置<canvas>背景色
  ...
  // 绘制三角形
  gl.drawArrays(gl.TRIANGLES, 0, n);
}
```

```
73 function initVertexBuffers(gl) {
74   var vertices = new Float32Array([
75     0.0, 0.5, -0.5, -0.5, 0.5, -0.5
76   ]);
77   var n = 3; // 顶点的个数
     ...
105   return n;
106 }
```

首先来看一下顶点着色器，逻辑很清晰：

```
 2 // 顶点着色器
 3 var VSHADER_SOURCE =
 4  // x' = x cos b - y sin b
 5  // y' = x sin b + y cos b
 6  // z' = z
 7  'attribute vec4 a_Position;\n' +
 8  'uniform float u_CosB, u_SinB;\n' +
 9  'void main() {\n' +
10  '  gl_Position.x = a_Position.x * u_CosB - a_Position.y * u_SinB;\n'+
11  '  gl_Position.y = a_Position.x * u_SinB + a_Position.y * u_CosB;\n'+
12  ' gl_Position.z = a_Position.z;\n' +
13  ' gl_Position.w = 1.0;\n' +
14  '}\n';
```

由于目的是为了将三角形旋转 90 度，我们得事先计算 90 度的正弦值和余弦值。在 JavaScript 中算出这两个值，再传给顶点着色器的两个 uniform 变量（第 8 行）。

你也可以将旋转的角度传入顶点着色器，并在着色器中计算正弦值和余弦值。但是，实际上所有顶点旋转的角度都是一样的，在 JavaScript 中算好正弦值和余弦值，然后再传递进去，只需要计算一次，效率更高。

按照本书的命名约定，两个 uniform 变量分别为 `u_CosB` 和 `u_SinB`。再次提醒，之所以使用 uniform 变量，是因为这两个变量的值与顶点无关。

之前进行平移变换时，齐次坐标的 x、y、z、w 分量是作为整体进行加法运算的；而进行旋转变换时，为了计算等式 3.3，需要单独访问 `a_Position` 的每个分量。我们使用点操作符“.”来访问分量，如 `a_Position.x`、`a_Position.y` 或 `a_Position.z`（如图 3.24 所示，参见第 6 章）。

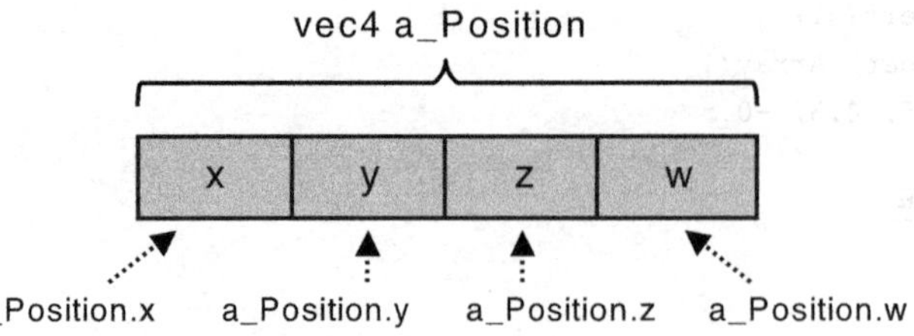

图 3.24 获取 vec4 变量的每个分量

同样，也可以用点操作符向数组的分量赋值访问 `gl_Position` 分量，并写入变换后的点坐标分量值。比如，按照等式 3.3 进行计算 $x'=x\cos\beta - y\sin\beta$ 并赋值给 `gl_Position` 的 x 分量（第 10 行）：

```
10   '  gl_Position.x = a_Position.x * u_CosB - a_Position.y * u_SinB;\n'+
```

相似地，可以如下计算 y'：

```
11   '  gl_Position.y = a_Position.x * u_SinB + a_Position.y * u_CosB;\n'+
```

根据等式 3.3，还需要将 z 原封不动地赋给 z'（第 12 行），以及将最后一个 w 分量设为 1.0[4]。

```
12   '  gl_Position.z = a_Position.z;\n' +
13   '  gl_Position.w = 1.0;\n' +
```

现在来看一下 JavaScript 代码中的 `main()` 函数（第 25 行）：它和 `TranslatedTriangle.js` 中几乎完全一样，唯一的不同之处就是，本例向顶点着色器传入了 $\cos\beta$ 和 $\sin\beta$ 值（而非平移距离 Tx 等）。我们使用 JavaScript 内置的 `Math.sin()` 和 `Math.cos()` 函数来计算 β 的正弦和余弦值。但是，这两个方法必须接受弧度制（而不是角度制）的参数，所以我们还得先把 β 值从角度制转为弧度制：将角度值 90 乘以 π 然后除以 180，访问 `Math.PI` 可以获得 π 的值（第 23 行）。

```
50    var radian = Math.PI * ANGLE / 180.0; // 转为弧度制
```

在程序中，我们首先计算旋转角 β 的弧度值（第 50 行），然后计算 $\sin\beta$ 和 $\cos\beta$ 的值（第 51 ~ 52 行），最后将结果传入顶点着色器（第 60 ~ 61 行）。

在浏览器中运行程序，可见屏幕上的三角形逆时针旋转了 90 度；如果指定了一个负的 `ANGLE` 值，三角形就会顺时针旋转。不论旋转方向如何，等式 3.3 都是通用的，如果要顺时针旋转 90 度的话，直接将 `ANGLE` 赋值为 –90 即可（第 23 行），`Math.sin()` 和 `Math.cos()` 将自动为你处理剩下的事情。

---

4 在这个程序中，也可以写成 `gl_Position.w = a_Position.w`，因为 `a_Position.w` 也是 1.0。

```
var cosB = Math.cos(radian);
var sinB = Math.sin(radian);

var u_CosB = gl.getUniformLocation(gl.program, 'u_CosB');
var u_SinB = gl.getUniformLocation(gl.program, 'u_SinB');
  ...
gl.uniform1f(u_CosB, cosB);
gl.uniform1f(u_SinB, sinB);
```

如果你觉得示例程序的实现（使用两个 uniform 变量分别接收 cos β 和 sin β）效率不是最优的，你也可以将这两个值作为一个数组传入着色器。比如，你可以这样定义 uniform 变量：

```
uniform vec2 u_CosBSinB;
```

然后这样传入 cos β 和 sin β 的值：

```
gl.uniform2f( u_CosBSinB, cosB, sinB );
```

这样，在顶点着色器中，就可以使用 `u_CosBSinB.x` 和 `u_CosBSinB.y` 来获取 cos β 和 sin β 的值。

变换矩阵：旋转

对于简单的变换，你可以使用数学表达式来实现。但是当情形逐渐变得复杂时，你很快就会发现利用表达式运算实际上相当繁琐。比如，图 3.25 显示了一个“旋转后平移”的过程，如果使用数学表达式，我们就需要等式 3.1 和等式 3.3 叠加，获得一个新的等式，然后在顶点着色器中实现。

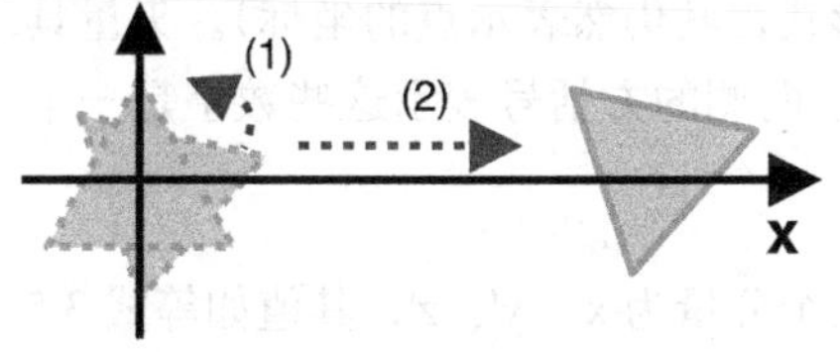

图 3.25 旋转后平移一个三角形

但是如果这样做，每次都需要进行一次新的变换，我们就需要重新求取一个新的等式，然后实现一个新的着色器，这当然很不科学。好在我们可以使用另一个数学工具——**变换矩阵**（Transformation matrix）来完成这项工作。变换矩阵非常适合操作计算机图形。

如图 3.26 所示，矩阵是一个矩形的二维数组，数字按照行（水平方向）和列（垂直方向）排列，数字两侧的方括号表示这些数字是一个整体（一个矩阵）。我们将使用矩阵来表示前面的计算过程。

$$\begin{bmatrix} 8 & 3 & 0 \\ 4 & 3 & 6 \\ 3 & 2 & 6 \end{bmatrix}$$

图 3.26 示例矩阵

在解释如何使用变换矩阵来替代数学表达式之前，你需要理解矩阵和矢量的乘法。矢量就是由多个分量组成的对象，比如顶点的坐标 (0.0, 0.5, 1.0)。

矩阵和矢量的乘法可以写成等式 3.4 的形式（虽然乘号“×”通常被忽略不写，但是为了强调，本书中我们总是明确地将这个符号写出来）。可见，将矩阵（中间）和矢量（右边）相乘，就获得了一个新的矢量（左边）。注意矩阵的乘法不符合交换律，也就是说，A×B 和 B×A 并不相等。第 6 章将更深入地讨论这些问题。

等式 3.4

$$\begin{bmatrix} x' \\ y' \\ z' \end{bmatrix} = \begin{bmatrix} a & b & c \\ d & e & f \\ g & h & i \end{bmatrix} \times \begin{bmatrix} x \\ y \\ z \end{bmatrix}$$

上式中的这个矩阵具有 3 行 3 列，因此又被称为 3×3 矩阵。矩阵右侧是一个由 x、y、z 组成的矢量（为了与矢量相乘，矢量被写成列的形式，其仍然表示点的坐标）。矢量具有 3 个分量，因此被称为三维矢量。再次说明，数字两侧的方括号表示这些数字是一个整体（一个矢量）。

在本例中，矩阵与矢量相乘得到的新矢量，其三个分量为 x'、y'、z'，其值如等式 3.5 所示。注意，只有在矩阵的列数与矢量的行数相等时，才可以将两者相乘。

等式 3.5

$$x' = ax + by + cz$$

$$y' = dx + ey + fz$$

$$z' = gx + hy + iz$$

现在，为了理解矩阵是如何代替数学表达式的，下面将矩阵等式与数学表达式（等式 3.6，即等式 3.3）进行比较。

等式 3.6

$$x' = x \cos \beta - y \sin \beta$$

$$y' = x \sin \beta + y \cos \beta$$

$$z' = z$$

与比较关于 x' 的表达式进行比较：

$$x' = ax + by + cz$$

$$x' = x \cos \beta - y \sin \beta$$

这样的话，如果设 $a = \cos \beta$，$b = -\sin \beta$，$c = 0$，那么这两个等式就完全相同了。再来看一下 y'：

$$y' = dx + ey + fz$$

$$y' = x \sin \beta + y \cos \beta$$

这样的话，设 $d = \sin \beta$，$e = \cos \beta$，$f = 0$，两个等式也就完全相同了。最后的关于 z' 的等式更简单，设 $g = 0$，$h = 0$，$i = 1$ 即可。

接下来，将这些结果代入到等式 3.4 中，得到等式 3.7：

等式 3.7

$$\begin{bmatrix} x' \\ y' \\ z' \end{bmatrix} = \begin{bmatrix} \cos\beta & -\sin\beta & 0 \\ \sin\beta & \cos\beta & 0 \\ 0 & 0 & 1 \end{bmatrix} \times \begin{bmatrix} x \\ y \\ z \end{bmatrix}$$

这个矩阵就被称为**变换矩阵** (transformation matrix)，因为它将右侧的矢量 (x, y, z)“变换”为了左侧的矢量 (x', y', z')。上面这个变换矩阵进行的变换是一次旋转，所以这个矩阵又可以被称为**旋转矩阵** (rotation matrix)。

可以看到，等式 3.7 中矩阵的元素都是等式 3.6 中的系数。一旦你熟悉这种矩阵表示法，进行变换就变得非常简单了。如果你不熟悉，你应当花点时间好好地理解它，变换矩阵的概念在三维图形学中非常重要。

变换矩阵在三维计算机图形学中应用得如此广泛，以致于着色器本身就实现了矩阵和矢量相乘的功能。但是,在我们修改着色器代码以采用矩阵之前,先来快速浏览一遍(除了旋转矩阵的）其他几种变换矩阵。

变换矩阵：平移

显然,如果我们使用变换矩阵来表示旋转变换,我们就也应该使用它来表示其他变换,比如平移。比较一下等式 3.5 和等式 3.1（平移的数学表达式），如下所示：

$$x' = ax + by + cz \quad \cdots\cdots \text{等式 (3.5)}$$

$$x' = x + T_x \quad \cdots\cdots \text{等式 (3.1)}$$

这里第二个等式的右侧有常量项 Tx，第一个等式中没有，这意味着我们无法通过使用一个 3×3 的矩阵来表示平移。为了解决这个问题，我们可以使用一个 4×4 的矩阵，以及具有第 4 个分量（通常被设为 1.0）的矢量。也就是说，我们假设点 p 的坐标为（x，y，z，1），平移之后的点 p' 的坐标为（x'，y'，z'，1），如等式 3.8 所示：

等式 3.8

$$\begin{bmatrix} x' \\ y' \\ z' \\ 1 \end{bmatrix} = \begin{bmatrix} a & b & c & d \\ e & f & g & h \\ i & j & k & l \\ m & n & o & p \end{bmatrix} \times \begin{bmatrix} x \\ y \\ z \\ 1 \end{bmatrix}$$

该矩阵的乘法的结果如下所示：

等式 3.9

$$x' = ax + by + cz + d$$

$$y' = ex + fy + gz + h$$

$$z' = ix + jy + kz + l$$

$$1 = mx + ny + oz + p$$

根据最后一个式子 1 = mx + ny + oz + p，很容易求算出系数 m = 0，n = 0，o = 0，p=1。这些方程都有常数项 d、h、l 和 p，看上去比较适合等式 3.1（因为等式 3.1 中也有常数项）。等式 3.1（平移）如下所示，我们将它与等式 3.9 进行比较：

$$x' = x + T_x$$

$$y' = y + T_y$$

$$z' = z + T_z$$

比较 x'，可知 a = 1，b = 0，c = 0，d = Tx；类似地，比较 y'，可知 e = 0，f = 1，g = 0，h = Ty；比较 z'，可知 i = 0，j = 0，k = 1，l = Tz。这样，你就可以写出表示平移的矩阵，又称为**平移矩阵** (translation matrix)，如等式 3.10 所示：

等式 3.10

$$\begin{bmatrix} x' \\ y' \\ z' \\ 1 \end{bmatrix} = \begin{bmatrix} 1 & 0 & 0 & Tx \\ 0 & 1 & 0 & Ty \\ 0 & 0 & 1 & Tz \\ 0 & 0 & 0 & 1 \end{bmatrix} \times \begin{bmatrix} x \\ y \\ z \\ 1 \end{bmatrix}$$

4×4 的旋转矩阵

至此，我们已经成功地创建了一个旋转矩阵和一个平移矩阵，这两个矩阵的作用与此前示例程序中的数学表达式的作用是一样的，那就是计算变换后的顶点坐标。在“先旋转再平移”的情形下，我们需要将两个矩阵组合起来（你应该记得，这也是我们使用矩阵的初衷），然而旋转矩阵（3×3 矩阵）与平移矩阵（4×4 矩阵）的阶数不同。我们不能把两个阶数不一样的矩阵组合起来，所以得使用某种手段，使这两个矩阵的阶数一致。

将旋转矩阵从一个 3×3 矩阵转变为一个 4×4 矩阵，只需要将方程 3.3 和方程 3.9 比较一下即可。

$$x' = x \cos \beta - y \sin \beta$$

$$y' = x \sin \beta + y \cos \beta$$

$$z' = z$$

$$x' = ax + by + cz + d$$

$$y' = ex + fy + gz + h$$

$$z' = ix + iy + kz + l$$

$$1 = mx + ny + oz + p$$

例如，当你通过比较 x' = x cos β - y sin β 与 x' = ax + by + cz + d 时，可知 a = cos β，b = −sin β，c = 0，d = 0。以此类推，求得 y' 和 z' 等式中的系数，最终得到 4×4 的旋转矩阵，如等式 3.11 所示：

等式 3.11

$$\begin{bmatrix} x' \\ y' \\ z' \\ 1 \end{bmatrix} = \begin{bmatrix} \cos\beta & -\sin\beta & 0 & 0 \\ \sin\beta & \cos\beta & 0 & 0 \\ 0 & 0 & 1 & 0 \\ 0 & 0 & 0 & 1 \end{bmatrix} \times \begin{bmatrix} x \\ y \\ z \\ 1 \end{bmatrix}$$

这样，我们就可以使用相同阶数（4×4）的矩阵来表示平移和旋转，实现了最初的目标！

示例程序（RotatedTriangle_Matrix.js）

在创建了 4×4 的旋转矩阵之后，我们使用旋转矩阵来重写之前的示例程序 `RotatedTriangle`，令三角形绕 Z 轴逆时针旋转 90 度。例 3.6 显示了本例 `RotatedTriangle_Matrix.js` 的代码，其运行结果与图 3.23 完全一致。

例 3.6 RotatedTriangle_Matrix

```
// RotatedTriangle_Matrix.js
// 顶点着色器
var VSHADER_SOURCE =
  'attribute vec4 a_Position;\n' +
  'uniform mat4 u_xformMatrix;\n' +
  'void main() {\n' +
  '  gl_Position = u_xformMatrix * a_Position;\n' +
  '}\n';

// 片元着色器
...
// 旋转角度
var ANGLE = 90.0;

function main() {
...
  // 设置顶点位置
  var n = initVertexBuffers(gl);
  ...
```

```
  // 创建旋转矩阵
  var radian = Math.PI * ANGLE / 180.0; //角度值转弧度制
  var cosB = Math.cos(radian), sinB = Math.sin(radian);

  // 注意WebGL中矩阵是列主序的
  var xformMatrix = new Float32Array([
     cosB, sinB, 0.0, 0.0,
    -sinB, cosB, 0.0, 0.0,
     0.0, 0.0, 1.0, 0.0,
     0.0, 0.0, 0.0, 1.0
  ]);

  // 将旋转矩阵传输给顶点着色器
  var u_xformMatrix = gl.getUniformLocation(gl.program, 'u_xformMatrix');
  ...
  gl.uniformMatrix4fv(u_xformMatrix, false, xformMatrix);

  // 设置<canavs>背景色
  ...
  // 绘制三角形
  gl.drawArrays(gl.TRIANGLES, 0, n);
}

function initVertexBuffers(gl) {
  var vertices = new Float32Array([
    0.0, 0.5, -0.5, -0.5, 0.5, -0.5
  ]);
  var n = 3; // 顶点的数量
  ...
  return n;
}
```

首先来看看顶点着色器：

```
// 顶点着色器
var VSHADER_SOURCE =
  'attribute vec4 a_Position;\n' +
  'uniform mat4 u_xformMatrix;\n' +
  'void main() {\n' +
  '  gl_Position = u_xformMatrix * a_Position;\n' +
  '}\n';
```

u_xformMatrix 变量表示等式 3.11 中的旋转矩阵（第 7 行），a_Position 变量表示顶点的坐标（即等式 3.11 中右侧的矢量），二者相乘得到变换后的顶点坐标，与等式 3.11 中相同。

在示例程序 TranslatedTriangle 中，你可以在一行代码中完成矢量相加的运算（gl_Position = a_Position + u_Translate）。同样，你也可以在一行代码中完成矩阵与矢量相乘的运算（gl_Position = u_xformMatrix * a_Position）。这时因为着色器内置了常用的矢量和矩阵运算功能，这种强大特性正是专为三维计算机图形学而设计的。

由于变换矩阵是 4×4 的，GLSL ES 需要知道每个变量的类型，所以我们将 u_xformMatrix 定义为 mat4 类型（第 5 行）。如你所料，mat4 类型的变量就是 4×4 的矩阵。

JavaScript 按照等式 3.11 计算旋转矩阵，然后将其传给 u_xformMatrix（第 44 ~ 61 行）。

```
43    // 创建旋转矩阵
44    var radian = Math.PI * ANGLE / 180.0; // 角度值转弧度制
45    var cosB = Math.cos(radian), sinB = Math.sin(radian);
46
47    // 注意WebGL中矩阵是列主序的
48    var xformMatrix = new Float32Array([
49       cosB, sinB, 0.0, 0.0,
50      -sinB, cosB, 0.0, 0.0,
51       0.0, 0.0, 1.0, 0.0,
52       0.0, 0.0, 0.0, 1.0
53    ]);
54
55    // 将旋转矩阵传输给顶点着色器
      ...
61    gl.uniformMatrix4fv(u_xformMatrix, false, xformMatrix);
```

这段代码首先计算了 90 度的正弦值和余弦值（第 44 ~ 45 行），这两个值需要被用来构建旋转矩阵；之后创建了 Float32Array 类型的 xformMatrix 变量表示旋转矩阵（第 48 行）。与 GLSL ES 不同，JavaScript 并没有专门表示矩阵的类型，所以你需要使用类型化数组 Float32Array。我们在数组中存储矩阵的每个元素，但问题是：矩阵是二维的，其元素按照行和列进行排列，而数组是一维的，其元素只是排成一行。这里，我们可以按照两种方式在数组中存储矩阵元素：**按行主序** (row major oder) 和**按列主序** (column major order)，如图 3.27 所示。

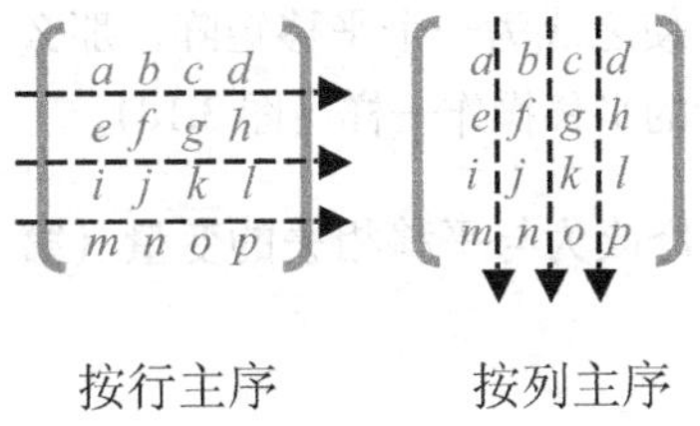

图 3.27 按行主序和按列主序

WebGL 和 OpenGL 一样，矩阵元素是按列主序存储在数组中的。比如，图 3.27 所示的矩阵存储在数组中就是这样的：[*a, e, i, m, b, f, j, n, c, g, k, o, d, n, l, p*]。本例中，旋转矩阵也是按照这样的顺序存储在 `Float32Array` 类型的数组中的（第 49 ~ 52 行）。

最后，我们使用 `gl.uniformMatrix4fv()` 函数，将刚刚生成的数组传给 `u_xformMatrix` 变量(第 61 行)。注意,函数名的最后一个字母是 v,表示它可以向着色器传输多个数据值。

gl.uniformMatrix4fv(location, transpose, array)		
将 *array* 表示的 4×4 矩阵分配给由 *location* 指定的 uniform 变量。		
参数	location	uniform 变量的存储位置
	Transpose	在 WebGL 中必须指定为 false[5]
	array	待传输的类型化数组，4×4 矩阵按列主序存储在其中
返回值	无	
错误	INVALID_OPERATION	不存在当前程序对象
	INVALID_VALUE	*transpose* 不为 false，或者数组的长度小于 16

如果你在浏览器中运行程序，就可以看到旋转之后的三角形。恭喜你！你已经学会了如何使用变换矩阵来旋转三角形了。

平移：相同的策略

如你所见，4×4 的矩阵不仅可以用来表示平移，也可以用来表示旋转。不管是平移还是旋转，你都使用如下形式来进行矩阵和矢量的运算以完成变换：`<新坐标> = <变换矩阵> * <旧坐标>`，比如在着色器中：

```
7    '  gl_Position = u_xformMatrix * a_Position;\n' +
```

5 该参数表示是否转置矩阵。转置操作将交换矩阵的行和列（详见第 7 章），WebGL 实现没有提供矩阵转置的方法，所以该参数必须设为 false。

这意味着，如果我们改变数组 xformMatrix 中的元素，使之成为一个平移矩阵，那么就可以实现平移操作，其效果就和之前使用数学表达式进行的平移操作一样（图 3.18）。

因此，修改 RotatedTriangle_Matrix.js，将旋转角度修改为与平移相关的变量（第 17 行）：

```
17  varTx = 0.5, Ty = 0.5, Tz = 0.0;
```

我们还需重写创建矩阵的代码，记住，矩阵是按列主序存储的。虽然 xformMatrix 现在是一个平移矩阵了，但我们仍使用这个变量名。因为对于着色器而言，旋转矩阵和平移矩阵其实是一回事。最后，你不会用到 ANGLE 变量，把与旋转相关的代码注释掉（第 43 ~ 45 行）：

```
43  // 创建旋转矩阵
44  // var radian = Math.PI * ANGLE / 180.0; // 角度值转弧度制
45  // var cosB = Math.cos(radian), sinB = Math.sin(radian);
46
47  // 注意：WebGL中矩阵是列主序的
48  var xformMatrix = new Float32Array([
49      1.0, 0.0, 0.0, 0.0,
50      0.0, 1.0, 0.0, 0.0,
51      0.0, 0.0, 1.0, 0.0,
52      Tx, Ty, Tz, 1.0
53  ]);
```

运行修改后的程序，你会看到程序运行的结果与图 3.18 所示的相同。通过使用变换矩阵，你就可以在同一个着色器中进行各种变换操作。这就是变换矩阵在处理三维图形时的便捷和强大之处，也是我们在本章中详细讨论它的原因。

变换矩阵：缩放

最后，我们来学习缩放变换矩阵。仍然假设最初的点 p，经过缩放操作之后变成了 p'。

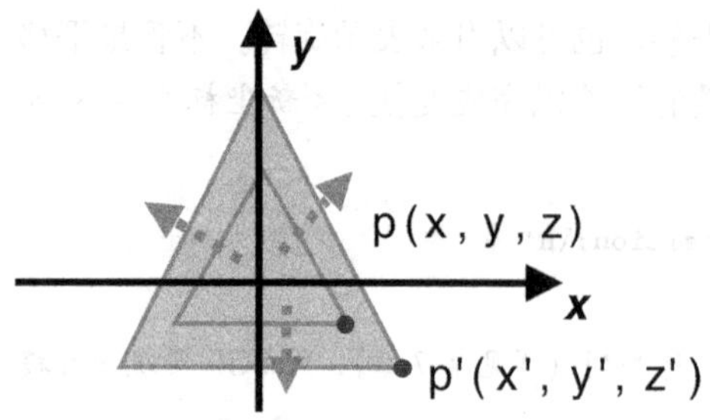

图 3.28 缩放变换

假设在三个方向 X 轴，Y 轴，Z 轴的缩放因子 S_x，S_y，S_z 不相关，那么有：

$$x' = S_x \times x$$

$$y' = S_y \times y$$

$$z' = S_z \times z$$

将上式与等式 3.9 作比较，可知缩放操作的变换矩阵：

$$\begin{bmatrix} x' \\ y' \\ z' \\ 1 \end{bmatrix} = \begin{bmatrix} Sx & 0 & 0 & 0 \\ 0 & Sy & 0 & 0 \\ 0 & 0 & Sz & 0 \\ 0 & 0 & 0 & 1 \end{bmatrix} \times \begin{bmatrix} x \\ y \\ z \\ 1 \end{bmatrix}$$

和之前的例子一样，我们只要将缩放矩阵传给 `xformMatrix` 变量，就可以直接使用 `RotatedTriangle_Matrix.js` 中的着色器对三角形进行缩放操作了。下面这个示例程序会将三角形在垂直方向上拉伸到 1.5 倍，如图 3.29 所示。

```
varSx = 1.0, Sy = 1.5, Sz = 1.0;
 ...
  // 注意：WebGL中矩阵是列主序的
  var xformMatrix = new Float32Array([
     Sx, 0.0, 0.0, 0.0,
     0.0, Sy, 0.0, 0.0,
     0.0, 0.0, Sz, 0.0,
     0.0, 0.0, 0.0, 1.0
  ]
```

图 3.29 垂直方向上放大的三角形

注意，如果将 Sx、Sy 或 Sz 指定为 0，缩放因子就是 0.0，图形就会缩小到不可见。如果希望保持图形的尺寸不变，应该将缩放因子全部设为 1.0。

总结

在这一章中，我们探索了如何将多个顶点的信息一次性地传入顶点着色器，如何利用顶点坐标按照不同的规则绘制图形，以及如何进行图形的变换。在前一章中我们只是绘制单个点，在这一章中我们绘制了三角形，但是这两章使用着色器的方式却是一致的。此外，我们还学到了一些矩阵的知识，知道了如何使用矩阵对二维图形进行平移、旋转和缩放。虽然矩阵变换的知识稍稍有点复杂，但是它在三维计算机图形学中非常重要，你应当做到对其了如指掌。

下一章将涉及更复杂的变换，但是我们会利用一个易于使用的函数库去隐藏其中的数学细节，以帮助你专注于更高级的事务。

第4章

高级变换与动画基础

在第 3 章“绘制与变换三角形”中，你已经了解了如何利用缓冲区对象绘制三角形，通过数学表达式学习了图形变换（平移、旋转、缩放）的原理，了解了如何使用矩阵来简化变换操作（涉及到复合变换时，使用表达式变换图形非常繁琐）。在这一章中，我们将进一步研究变换矩阵，并在此基础上制作一些简单的动画效果。具体地，我们将：

- 学习使用一个矩阵变换库，该库封装了矩阵运算的数学细节。
- 快速上手使用该矩阵库，对图形进行复合变换。
- 在该矩阵库的帮助下，实现简单的动画效果。

本章将要介绍的技术，是复杂的 WebGL 程序的基础。在后面几章中，几乎所有的示例程序都会用到这些技术。

平移，然后旋转

在第 3 章中，虽然平移、旋转、缩放等变换操作都可以用一个 4×4 的矩阵表示，但是在写 WebGL 程序的时候，手动计算每个矩阵很耗费时间。为了简化编程，大多数 WebGL 开发者都使用矩阵操作函数库来隐藏矩阵计算的细节，简化与矩阵有关的操作。目前已经有一些开源的矩阵库。但是在本书中，我们将使用一个专为本书编写的矩阵函数库。有了矩阵函数库，进行如“平移，然后旋转”这种复合的变换就很简单了。

矩阵变换库：cuon-matrix.js

在 OpenGL 中，我们无须手动指定变换矩阵的每个元素，因为 OpenGL 提供了一系列有用的函数来帮助我们创建变换矩阵。比如，通过调用 glTranslate() 函数并传入在 X、Y、Z 轴上的平移的距离，就可以创建一个平移矩阵（如图 4.1 所示）。

glTranslatef(5, 80, 30); →

$$\begin{bmatrix} 1 & 0 & 0 & 5 \\ 0 & 1 & 0 & 80 \\ 0 & 0 & 1 & 30 \\ 0 & 0 & 0 & 1 \end{bmatrix}$$

图 4.1 OpenGL 中的 glTranslate() 函数

遗憾的是，WebGL 没有提供类似的矩阵函数，如果想要使用它们，你就得自己编写，或者使用其他人已经编写好的。因为矩阵函数非常有用，所以我为本书专门编写了一个 JavaScript 函数库 cuon-matrix.js。该函数库允许你通过与 OpenGL 中类似的方式创建变换矩阵。虽然这个库是专为本书编写的，你也可以在自己的程序中使用它。

在第 3 章中我们曾说到，JavaScript 在其内置的 Math 对象中提供了计算角度正弦值和余弦值的方法。类似地，cuon-matrix.js 在其中的 Matrix4 对象中提供了创建变换矩阵的方法。

Matrix4 是矩阵库提供的新类型[1]，顾名思义，Matrix4 对象（实例）[2] 表示一个 4×4 的矩阵。该对象内部使用类型化数组 Floated2Array 来存储矩阵的元素。

我们来利用 Matrix4 和其相关的方法来把 RotatedTriangles_Matrix 程序重写一遍，找找使用这个矩阵函数库的感觉。重写后的示例程序名为 RotatedTriangles_Matrix4。

由于 Matrix4 定义在 cuon-matrix.js 中，所以我们需要先把该文件引入 HTML 文件，之后才能使用该对象。可以使用 <script> 标签来方便地实现，如例 4.1 所示。

例 4.1 RotatedTriangle_Matrix4.html（加载函数库）

```
<script src="../lib/webgl-debug.js"></script>
<script src="../lib/cuon-utils.js"></script>
<script src="../lib/cuon-matrix.js"></script>
```

1 严格地说，在 JavaScript 中没有类型 (class) 的概念，这里的 Matrix4 其实是一个对象（构造函数对象），但是它起到了类似于 C++ 中“类型”的作用，所以姑且也可以称其为“类型”。——译者注

2 通常，“Matrix4 对象”并不是指“cuon-matrix.js 提供的 Matrix4 构造函数对象”，而是指“Matrix4 类型的对象”，即“调用 Matrix4 构造函数生成的对象”。在特别强调其所属类型时，也称“Matrix4 实例”。——译者注

```
16 <script src="RotatedTriangle_Matrix4.js"></script>
```

一旦加载后，我们来比较一下 RotatedTriangle_Matrix.js 和 RotatedTriangle_Matrix4.js 的区别，看看究竟该如何使用这个新的 Matrix4 对象。

示例程序（RotatedTriangle_Matrix4.js）

这个示例程序相比于第 3 章中的 RotatedTriangle_Matrix.js，唯一的改动发生在新步骤上：创建变换矩阵，并将变换矩阵传给顶点着色器。

在 RotatedTriangle_Matrix.js 中，我们是这样创建变换矩阵的：

```
 1 // RotatedTriangle_Matrix.js
    ...
43  // 创建旋转矩阵
44  var radian = Math.PI * ANGLE / 180.0; // Convert to radians
45  varcosB = Math.cos(radian), sinB = Math.sin(radian);
46
47  // 注意：WebGL是列主序的
48  var xformMatrix = new Float32Array([
49     cosB, sinB, 0.0, 0.0,
50    -sinB, cosB, 0.0, 0.0,
51     0.0, 0.0, 1.0, 0.0,
52     0.0, 0.0, 0.0, 1.0
53  ]);
    ...
61  gl.uniformMatrix4fv(u_xformMatrix, false, xformMatrix);
```

在本例中，你需要利用一个 Matrix4 对象并调用其 setRotate() 方法计算出旋转矩阵来重写这部分。下面的代码片段显示了 RotatedTriangle_Matrix4.js 中被重写的部分：

```
 1 // RotatedTriangle_Matrix4.js
    ...
47  // 为旋转矩阵创建Matrix4对象
48  var xformMatrix = new Matrix4();
49  // 将xformMatrix设置为旋转矩阵
50  xformMatrix.setRotate(ANGLE, 0, 0, 1);
    ...
56  // 将旋转矩阵传输给顶点着色器
57  gl.uniformMatrix4fv(u_xformMatrix, false, xformMatrix.elements);
```

可见，创建变换矩阵然后传给 uniform 变量的基本步骤，在这两个示例程序中是相同的（第 48 ~ 50 行）：使用 new 操作符新建一个 Matrix4 对象，就像我们使用 new 操作符创建一个 Array 对象或 Date 对象一样，我们新建了一个 Matrix4 对象 xformMatrix

（第 48 行,），并调用其 setRotate() 方法（第 50 行）把自身（调用方法的对象本身，即 xformMatrix）设为计算出的旋转矩阵。

setRotate() 函数接收的参数是：旋转角（角度制而非弧度制）和旋转轴 (x, y, z)。旋转轴 (x, y, z) 表示旋转是绕着从原点 (0, 0, 0) 指向 (x, y, z) 的轴进行的。在第 3 章中说过（图 3.21），如果旋转角度值是正值，那么旋转就是逆时针方向的。本例中的旋转是绕 Z 轴进行的，所以旋转轴设为 (0, 0, 1)：

```
50    xformMatrix.setRotate(ANGLE, 0, 0, 1);
```

类似地，如果是绕 X 轴旋转的，那么旋转轴的三个分量 x=1，y=0，z=0；如果是绕 y 轴旋转的，则 x=0，y=1，z=0。一旦你在 xformMatrix 变量中设置好了旋转矩阵，剩下的任务就只是用相同的 gl.uniformMatrix4fv() 方法将旋转矩阵传入顶点着色器。注意，你不能将 Matrix4 对象直接作为最后一个参数传入，因为该方法的最后一个参数必须是类型化数组。你应当使用 Matrix4 对象的 elements 属性访问存储矩阵元素的类型化数组，如第 57 行所示。

```
57    gl.uniformMatrix4fv(u_xformMatrix, false, xformMatrix.elements);
```

Matrix4 对象所支持的方法和属性如表 4.1 所示。

表 4.1 Matrix4 对象所支持的方法和属性

方法和属性名称	描述
Matrix4.setIdentity()	将 Matrix4 实例初始化为单位阵
Matrix4.setTranslate(x,y,z)	将 Matrix4 实例设置为平移变换矩阵，在 x 轴上平移的距离为 x，在 y 轴上平移的距离为 y，在 z 轴上平移的距离为 z
Matrix4.setRotate(angle,x,y,z)	将 Matrix4 实例设置为旋转变换矩阵，旋转的角度为 *angle*，旋转轴为 (x,y,z)。旋转轴 (x,y,z) 无须归一化（见第 8 章“光照”）
Matrix4.setScale(x,y,z)	将 Matrix4 实例设置为缩放变换矩阵，在三个轴上的缩放因子分别为 x、y 和 z
Matrix4.translate(x,y,z)	将 Matrix4 实例乘以一个平移变换矩阵（该平移矩阵在 x 轴上平移的距离为 x，在 y 轴上平移的距离是 y，在 z 轴上平移的距离是 z），所得的结果还存储在 Matrix4 中
Matrix4.rotate(angle,x,y,z)	将 Matrix4 实例乘以一个旋转变换矩阵（该旋转矩阵旋转的角度为 *angle*，旋转轴为 (x,y,z)。旋转轴 (x,y,z) 无须归一化），所得的结果还存储在 Matrix4 中（见第 8 章）
Matrix4.scale(x,y,z)	将 Matrix4 实例乘以一个缩放变换矩阵（该缩放矩阵在三个轴上的缩放因子分别为 x，y 和 z。），所得的结果还存储在 Matrix4 中

续表

方法和属性名称	描述
Matrix4.set(m)	将 Matrix4 实例设置为 *m*，*m* 必须也是一个 Matrix4 实例
Matrix4.elements	类型化数组（Float32Array）包含了 Matrix4 实例的矩阵元素

* 单位阵在矩阵乘法中的行为，就像数字 1 在乘法中的行为一样。将一个矩阵乘以单位阵，得到的结果和原矩阵完全相同。在单位阵中，对角线上的元素为 1.0，其余的元素为 0.0。

从上表中可见，Matrix4 对象有两种方法：一种方法的名称中含有前缀 set，另一种则不含。包含 set 前缀的方法会根据参数计算出变换矩阵，然后将变换矩阵写入到自身中；而不含 set 前缀的方法，会先根据参数计算出变换矩阵，然后将自身与刚刚计算得到的变换矩阵相乘，然后把最终得到的结果再写入到 Matrix4 对象中。

如上表所示，Matrix4 对象的方法十分强大且灵活。更重要的是，有了这些函数，进行变换就会变得轻而易举。比如，如果在本例中你不希望对三角形进行旋转，而希望对它进行平移，你只需要如下重写第 50 行：

```
50      xformMatrix.setTranslate(0.5, 0.5, 0.0);
```

示例程序中的 Matrix4 对象命名为 xformMatrix，表示这是一个通用的变换矩阵。显然，在自己的程序中，你可以用一个更具体的名字（比如第 3 章中的 rotMatrix）。

复合变换

现在，你对 Matrix4 对象应该已经有了基本的了解，下面就来看看如何利用 Matrix4 将两次变换组合起来，即先进行一次平移，再进行一次旋转。完成这项任务的示例程序为 RotatedTranslatedTriangle，运行结果如图 4.2 所示。注意，为了方便绘制，本例中的三角形比之前的三角形要小一些。

图 4.2 RotatedTranslatedTriangle

显然，示例中包含了以下两种变换，如图 4.3 所示：

1. 将三角形沿着 X 轴平移一段距离。

2. 在此基础上，旋转三角形。

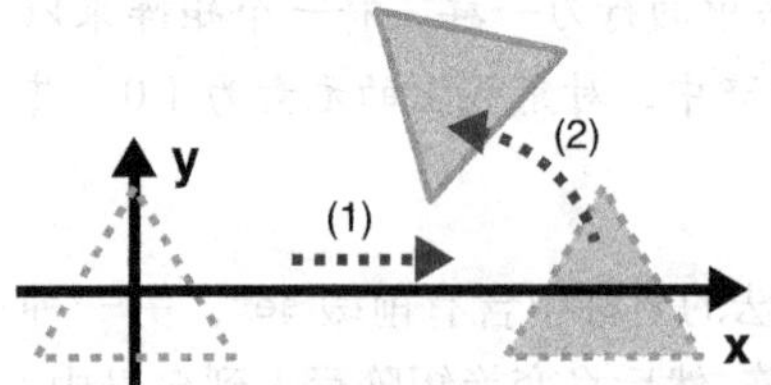

图 4.3 平移后旋转三角形

讲解了这么多，我们可以先写下第 1 条（平移操作）中的坐标方程式。

等式 4.1

<“平移”后的坐标>=<平移矩阵>×<原始坐标>

然后对 *<平移后的坐标>* 进行旋转。

等式 4.2

<“平移后旋转”后的坐标>=<旋转矩阵>×<平移后的坐标>

当然你也可以分步计算这两个等式，但更好的方法是，将等式 4.1 代入到等式 4.2 中，把两个等式组合起来：

等式 4.3

<“平移后旋转”后的坐标>=<旋转矩阵>×(<平移矩阵>×<原始坐标>)

这里

<旋转矩阵>×(<平移矩阵>×<原始坐标>)

等于（注意括号的位置）

(<旋转矩阵>×<平移矩阵>)×<原始坐标>

最后，我们可以在 JavaScript 中计算 *<旋转矩阵>×<平移矩阵>*，然后将得到的矩阵传入顶点着色器。像这样，我们就可以把多个变换复合起来了。一个模型可能经过了多次变换，将这些变换全部复合成一个等效的变换，就得到了**模型变换** (model transformation)，或称**建模变换** (modeling transformation)，相应地，模型变换的矩阵称为**模型矩阵** (model matrix)。

再来复习一下矩阵的乘法：

$$A=\begin{bmatrix} a_{00} & a_{01} & a_{02} \\ a_{10} & a_{11} & a_{12} \\ a_{20} & a_{21} & a_{22} \end{bmatrix}, B=\begin{bmatrix} b_{00} & b_{01} & b_{02} \\ b_{10} & b_{11} & b_{12} \\ b_{20} & b_{21} & b_{22} \end{bmatrix}$$

如上所示，将两个 3×3 矩阵 A 与 B 相乘的结果如下：

等式 4.4

$$\begin{bmatrix} a_{00}\times b_{00}+a_{01}\times b_{10}+a_{02}\times b_{20} & a_{00}\times b_{01}+a_{01}\times b_{11}+a_{02}\times b_{21} & a_{00}\times b_{02}+a_{01}\times b_{12}+a_{02}\times b_{22} \\ a_{10}\times b_{00}+a_{11}\times b_{10}+a_{12}\times b_{20} & a_{10}\times b_{01}+a_{11}\times b_{11}+a_{12}\times b_{21} & a_{10}\times b_{02}+a_{11}\times b_{12}+a_{12}\times b_{22} \\ a_{20}\times b_{00}+a_{21}\times b_{10}+a_{22}\times b_{20} & a_{20}\times b_{01}+a_{21}\times b_{11}+a_{22}\times b_{21} & a_{20}\times b_{02}+a_{21}\times b_{12}+a_{22}\times b_{22} \end{bmatrix}$$

上式是两个 3×3 矩阵相乘的结果，实际用到的模型矩阵是 4×4 的矩阵。然而要注意，矩阵相乘的次序很重要，A*B 的结果并不一定等于 B*A。

如你所料，`cuon-matrix.js` 中的 `Matrix4` 对象支持矩阵乘法。下面就来看一下如何使用 `Matrix4` 对象进行矩阵乘法，从而将多个变换复合起来，实现先平移，然后旋转。

示例程序（RotatedTranslatedTriangle.js）

例 4.2 为 `RotatedTranslatedTriangle.js`。顶点着色器和片元着色器均与前一节的 `RotatedTriangle_Matrix4.js` 相同，唯一的区别就是 uniform 变量 `u_xformMatrix` 的名称被改为了 `u_ModelMatrix`。

例 4.2 RotatedTranslatedTriangle.js

```
// RotatedTranslatedTriangle.js
// 顶点着色器程序
var VSHADER_SOURCE =
  'attribute vec4 a_Position;\n' +
  'uniform mat4 u_ModelMatrix;\n' +
  'void main() {\n' +
  '  gl_Position = u_ModelMatrix * a_Position;\n' +
  '}\n';
```

```
9 // 片元着色器程序
  ...
16 function main() {
   ...
33  // 设置顶点位置
34  var n = initVertexBuffers(gl);
   ...
40  // 创建Matrix4对象以进行模型变换
41  var modelMatrix = new Matrix4();
42
43  // 计算模型矩阵
44  var ANGLE = 60.0; // 旋转角
45  varTx = 0.5; // 平移距离
46  modelMatrix.setRotate(ANGLE, 0, 0, 1); // 设置模型矩阵为旋转矩阵
47  modelMatrix.translate(Tx, 0, 0); // 将模型矩阵乘以平移矩阵
48
49  // 将模型矩阵传输给顶点着色器
50  var u_ModelMatrix = gl.getUniformLocation(gl.program, ' u_ModelMatrix');
   ...
56  gl.uniformMatrix4fv(u_ModelMatrix, false, modelMatrix.elements);
   ...
63  // 绘制三角形
64  gl.drawArrays(gl.TRIANGLES, 0, n);
65 }
66
67 function initVertexBuffers(gl) {
68   var vertices = new Float32Array([
69     0.0, 0.3, -0.3, -0.3, 0.3, -0.3
70   ]);
71   var n = 3; // 顶点的数量
   ...
99   return n;
100 }
```

最关键的两行是第 46 行和第 47 行，我们计算了＜旋转矩阵＞×＜平移矩阵＞：

```
46    modelMatrix.setRotate(ANGLE, 0, 0, 1); // 设置模型矩阵为旋转矩阵
47    modelMatrix.translate(Tx, 0, 0); // 将模型矩阵乘以平移矩阵
```

我们首先调用了包含 set 前缀的方法 setRotate()，传入的参数用以计算旋转矩阵，并写入 modelMatrix（第 46 行）。接下来，我们调用了不带 set 前缀的方法 translate()，意思就是，先计算出一个平移矩阵，然后用原先存储在 modelMatrix 变量中的矩阵乘以这个新计算出的平移矩阵，将得到的结果写回 modelMatrix 中（第 47 行）。由于在第一步之后，modelMatrix 已经包含了一个旋转矩阵。那么经过了这一步，modelMatrix 中的

矩阵就是 < 旋转矩阵 >×< 平移矩阵 > 了。

你可能会注意到，“先平移后旋转”的顺序与构造模型矩阵 < 旋转矩阵 >×< 平移矩阵 > 的顺序是相反的，这是因为变换矩阵最终要与三角形的三个顶点的原始坐标矢量相乘，再看一下等式 4.3，你就明白了。

最后，我们把模型矩阵传给顶点着色器中的 `u_ModelMatrix` 变量（第 56 行），并如常将图形绘制出来（第 64 行）。在浏览器中加载程序，你可以看到平移和旋转后的红色三角形。

用示例程序做实验

让我们重写示例程序，先进行旋转然后再平移。很简单，你只需交换旋转和平移的次序。在这个例子中，先调用含 `set` 前缀的方法 `setTranslate()` 进行平移操作，再调用不含 `set` 前缀的方法 `rotate()` 进行旋转。

```
46  modelMatrix.setTranslate(Tx, 0, 0);
47  modelMatrix.rotate(ANGLE, 0, 0, 1);
```

图 4.4 显示了示例程序的运行结果。

图 4.4 “先旋转再平移”的三角形

如你所见，改变旋转和平移的次序之后，结果就不一样了。原理是显而易见的，如图 4.5 所示。

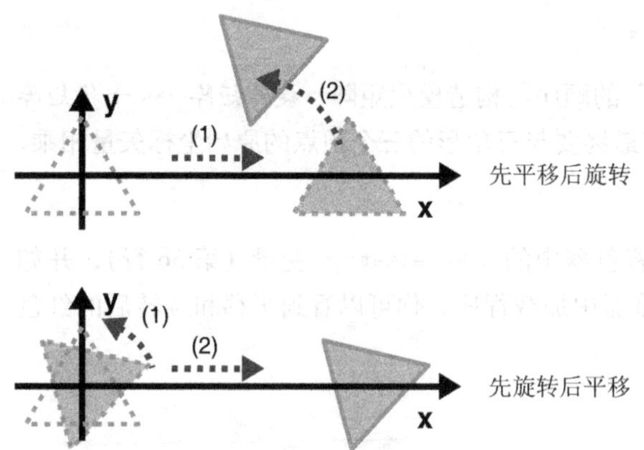

图 4.5 平移和旋转的次序导致的不同的结果

现在你已经了解了如何使用 `cuon-matrix.js` 函数库构造模型矩阵。贯穿本书，我们将一直使用这些函数，你还有很多机会来更深入地学习它们。

动画

到目前为止，本章介绍了使用矩阵库中的函数进行矩阵变换操作的知识。现在，我们已经准备好了进行下一步，那就是，将矩阵变换运用到动画图形中去。

首先，创建一个示例程序 `RotatingTriangle`，这个程序会按照恒定的速度（45 度 / 秒）旋转三角形。图 4.6 显示了 `RotatingTriangle` 多幅截图的叠加，可以从中看出旋转的效果。

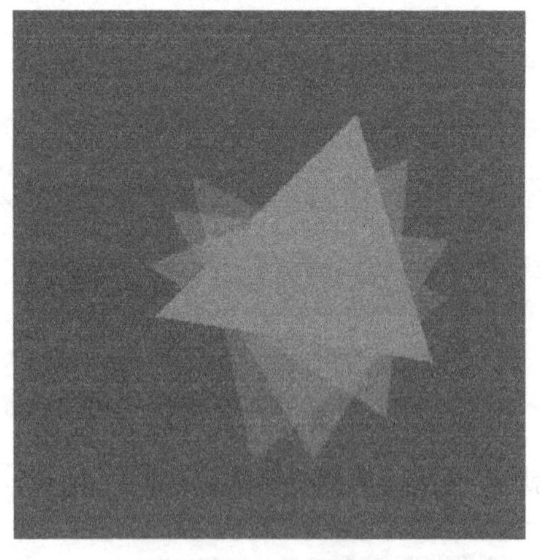

图 4.6 RotatingTriangle 的多幅截图的叠加

动画基础

为了让一个三角形转动起来，你需要做的是：不断擦除和重绘三角形，并且在每次重绘时轻微地改变其角度。

图 4.7 显示了一个转动的三角形在 t0、t1、t2、t3、t4 时刻的情形。每一张都是静态的，但是你能看出每张图中三角形的角度略有不同。当你按照顺序快速连续地看到这些图的时候，你的大脑就会不自觉地对影像进行插值，形成流畅的动画，就像“翻书页”一样。当然，在绘制一个新的三角形之前，你还需要将上一个三角形擦除掉。在绘制之前，我们需要调用 `gl.clear()`，这条规则不管是对 2D 图形还是 3D 对象都适用。

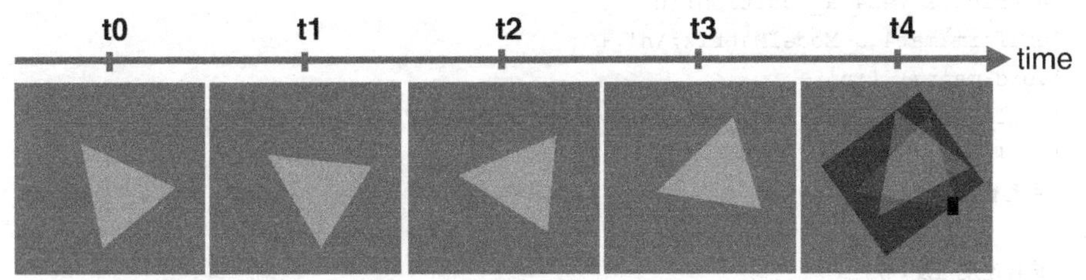

图 4.7 每次绘制相较前一次进行了轻微的旋转

为了生成动画，我们需要两个关键机制：

机制一：在 t0、t1、t2、t3 等时刻反复调用同一个函数来绘制三角形。

机制二：每次绘制之前，清除上次绘制的内容，并使三角形旋转相应的角度。

第二个机制的实现很简单，之前学到的知识已经足够应付了；而如何实现第一个机制是一个新的问题，让我们一步一步来研究示例程序的代码。

示例程序（RotatingTriangle.js）

例 4.3 为 `RotatingTriangle.js` 的代码。顶点着色器和片元着色器与之前的示例程序相同，但是我们仍然把顶点着色器的代码写了出来，因为其中有模型矩阵与顶点坐标相乘的运算。

该示例程序与前一个示例程序有以下三点区别：

- 由于程序需要反复地绘制三角形，所以我们早早就指定了背景色（第 44 行），而不是在进行绘制之前。记住，在 WebGL 中，设置好的背景色在重设之前一直有效。

- 实现了反复调用绘制函数的机制（机制一）（第 59 ~ 64 行）。
- （机制二）定义了`draw()`函数以实现清除和绘制三角形的操作（第 102 行的`draw()`函数）。

这些不同之处在例 4.3 中被加粗标出了（第 1 ~ 3 行）。让我们仔细研究一下代码。

例 4.3 RotatingTriangles.js

```
 1 // RotatingTriangle.js
 2 // 顶点着色器
 3 var VSHADER_SOURCE =
 4   'attribute vec4 a_Position;\n' +
 5   'uniform mat4 u_ModelMatrix;\n' +
 6   'void main() {\n' +
 7   '  gl_Position = u_ModelMatrix * a_Position;\n' +
 8   '}\n';
 9 // 片元着色器
  ...
16 // 旋转速度（度/秒）
17 var ANGLE_STEP = 45.0;
18
19 function main() {
   ...
36   // 设置顶点位置
37   var n = initVertexBuffers(gl);
  ...
43   // 设置<canvas>背景色                                        <- (1)
44   gl.clearColor(0.0, 0.0, 0.0, 1.0);
45
46   // 获取u_ModelMatrix变量的存储位置
47   var u_ModelMatrix = gl.getUniformLocation(gl.program, ' u_ModelMatrix');
  ...
53   // 三角形的当前旋转角度
54   varcurrentAngle = 0.0;
55   // 模型矩阵，Matrix4对象
56   var modelMatrix = new Matrix4();
57
58   // 开始绘制三角形                                            <- (2)
59   var tick = function() {
60     currentAngle = animate(currentAngle);// 更新旋转角
61     draw(gl, n, currentAngle, modelMatrix, u_ModelMatrix);
62     requestAnimationFrame(tick);// 请求浏览器调用tick
63   };
```

```
64    tick();
65  }
66
67  function initVertexBuffers(gl) {
68    var vertices = new Float32Array ([
69      0.0, 0.5, -0.5, -0.5, 0.5, -0.5
70    ]);
71    var n = 3; // 顶点的数量
  ...
96    return n;
97  }
98
99  function draw(gl,n, currentAngle, modelMatrix, u_ModelMatrix){          <-(3)
100   // 设置旋转矩阵
101   modelMatrix.setRotate(currentAngle, 0, 0, 1);
102
103   // 将旋转矩阵传输给顶点着色器
104   gl.uniformMatrix4fv( u_ModelMatrix, false, modelMatrix.elements);
105
106   // 清除<canvas>
107   gl.clear(gl.COLOR_BUFFER_BIT);
108
109   // 绘制三角形
110   gl.drawArrays(gl.TRIANGLES, 0, n);
111 }
112
113 // 记录上一次调用函数的时刻
114 var g_last = Date.now();
115 function animate(angle) {
116   // 计算距离上次调用经过多长的时间
117   var now = Date.now();
118   var elapsed = now - g_last; // 毫秒
119   g_last = now;
120   // 根据距离上次调用的时间，更新当前旋转角度
121   var newAngle = angle + (ANGLE_STEP * elapsed) / 1000.0;
122   return newAngle %= 360;
123 }
```

在顶点着色器中，我们将变换矩阵和顶点坐标相乘（第 7 行），这与 RotatedTriangle.js 一样。JavaScript 程序把旋转矩阵传给 uniform 变量 u_ModelMatrix。

```
7    ' gl_Position = u_ModelMatrix * a_Position;\n' +
```

在 JavaScript 程序中，我们定义了变量 ANGLE_STEP 表示三角形每秒旋转的角度（第 17 行），单位是度 / 秒。

```
17  var ANGLE_STEP = 45.0;
```

首先，main() 函数中的第 19 ～ 37 行用来设置顶点着色器，和前一个示例一样，因此略去。

然后，虽然即将要进行多次绘制操作，但我们只需要指定一次背景色（第 44 行）。同样,我们也只需要获取一次顶点着色器的 u_ModelMatrix 变量的存储地址（第 47 行），因为着色器中变量的存储地址也不会改变。

```
47    var u_ModelMatrix = gl.getUniformLocation(gl.program, ' u_ModelMatrix');
```

最后，利用 u_ModelMatrix 变量和 draw() 函数把三角形绘制出来（第 99 行）。

变量 currentAngle 中的初始值为 0，这个变量表示，每次绘制时，三角形相对于初始状态被旋转的角度值。就像在前面一个示例程序中利用 ANGLE 变量来计算旋转矩阵一样。modelMatrix 是 Matrix4 类型的对象，表示当前的旋转矩阵（第 56 行），draw() 函数利用它进行绘图。我们没有在 draw() 函数内部创建模型矩阵 modelMatrix（而是在函数外部创建），这是因为，如果我们那样做，那么每次调用 draw() 函数时都会新建一个 Matrix4 对象，这会降低性能。所以，我们选择在 draw() 函数外部创建 modelMatrix（第 61 行），然后作为参数传给 draw() 函数，这样在每次调用 draw() 函数时，只需要调用其含 set 前缀的方法重新计算，而不需要再用 new 运算符创建之（后者需要额外的开销）。

tick() 函数实现了上文提到的机制一，该函数将被反复调用，每次调用就会更新 currentAngle 并重新绘制三角形(第 59 ～ 64 行)。在你完全了解它的实际运行机制之前，让我们先来看一下在 tick() 函数中究竟发生了什么：

```
53  // 三角形的当前旋转角度
54  varcurrentAngle = 0.0;
55  // 模型矩阵，Matrix4对象
56  var modelMatrix = new Matrix4();
57
58  // 开始绘制三角形                                              <- (2)
59  var tick = function() {
60    currentAngle = animate(currentAngle);// 更新旋转角
61    draw(gl, n, currentAngle, modelMatrix, u_ModelMatrix);
62    requestAnimationFrame(tick);// 请求浏览器调用tick
63  };
64  tick();
```

在 tick() 函数中，我们调用了 animate() 方法（第 60 行），更新了三角形的当前角度 currentAngle；之后，我们调用了 draw() 函数，该函数将绘制三角形（第 61 行）。

draw() 函数将旋转矩阵传递给了顶点着色器中的 u_ModelMatrix 变量，它将三角形旋转了 currentAngle 度，然后再调用 gl.drawArrays() 进行绘制（第 104 ~ 110 行）。这部分代码看上去有些复杂，我们来仔细研究一下。

反复调用绘制函数（tick()）

如前所述，为了使三角形动起来，你需要反复进行以下两步：(1) 更新三角形的当前角度 currentTriangle ；(2) 调用绘制函数，根据当前角度绘制三角形。第 59 ~ 64 行实现了这两个步骤。

我们将上述两步操作写在一个匿名函数中，然后把这个匿名函数赋值给 tick 变量（图 4.8）。在该函数中，我们将定义在 main() 函数中的诸多局部变量作为参数传给了 draw() 函数（见第 61 行）。如果你需要复习一下匿名函数的相关知识，可以参见第 2 章“WebGL 入门”中关于注册事件响应函数的部分。

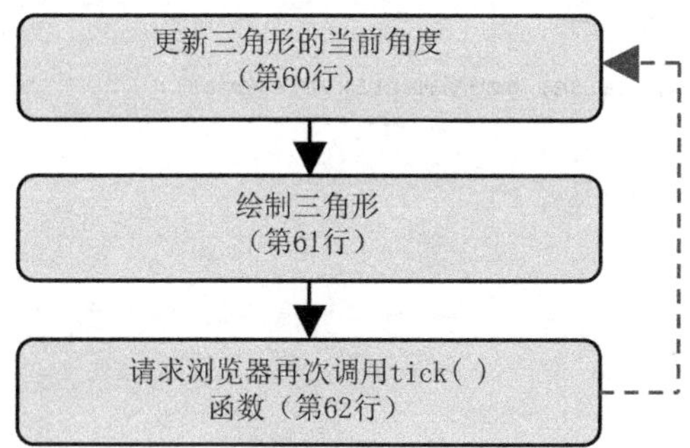

图 4.8 tick() 函数的操作

你可以使用上述的基本步骤来实现各种动画，这也是 3D 图形编程的关键技术。

当你调用 requestAnimationFrame() 函数时，即是在告诉浏览器在将来的某个时间调用作为第一个参数的函数（即 tick），那时 tick() 将再次执行（第 62 行）。稍后再来研究 requestAnimationFrame()，在此之前，让我们先弄清楚 tick() 究竟是怎样把三角形画出来的。

按照指定的旋转角度绘制三角形（draw()）

draw() 函数接收以下五个参数。

- gl：绘制三角形的上下文。
- n：顶点个数。
- currentAngle：当前的旋转角度。
- modelMatrix：根据当前的旋转角度 `currentAngle` 计算出的旋转矩阵，存储在 Matrix4 对象中。
- u_ModelMatrix：顶点着色器中同名的 uniform 变量的存储位置，`modelMatrix` 变量将被传递至此处。

该函数的真实代码如下所示（第 99 ~ 111 行）：

```
 99 function draw(gl,n, currentAngle, modelMatrix, u_ModelMatrix){
100   // 设置旋转矩阵
101   modelMatrix.setRotate(currentAngle, 0, 0, 1);
102
103   // 将旋转矩阵传输给顶点着色器
104   gl.uniformMatrix4fv( u_ModelMatrix, false, modelMatrix.elements);
105
106   // 清除<canvas>
107   gl.clear(gl.COLOR_BUFFER_BIT);
108
109   // 绘制三角形
110   gl.drawArrays(gl.TRIANGLES, 0, n);
111 }
```

首先，使用 `cuon-matrix.js` 提供的 `setRotate()` 方法计算了旋转矩阵，将结果写入 `modelMatrix`（第 101 行）。

```
101 modelMatrix.setRotate(currentAngle, 0, 0, 1);
```

然后，使用 `gl.uniformMatrix4fv()` 将旋转矩阵传入顶点着色器（第 104 行）。

```
104 gl.uniformMatrix4fv( u_ModelMatrix, false, modelMatrix.elements);
```

接着清除 `<canvas>`（第 107 行），调用 `gl.drawArrays()` 函数执行着色器并绘制三角形（第 110 行）。这几步与和前面的示例程序是相同的。

现在，我们回到 `requestAnimationFrame()` 函数。这个函数的作用是：对浏览器发出一次请求，请求在未来某个适当的时机调用 `tick()` 函数方法。

请求再次被调用（requestAnimationFrame()）

传统习惯上来说，如果你想要 JavaScript 重复执行某个特定的任务（函数），你可以使用 `setInterval()` 函数。

setInterval(func, delay)		
每隔 *delay* 时间间隔，调用 *func* 函数		
参数	func	指定需要多次调用的函数
	delay	指定时间间隔（以毫秒为单位）
返回值	Time id	

现代的浏览器都支持多个标签页，每个标签页具有单独的 JavaScript 运行环境，但是自 `setInterval()` 函数诞生之初，浏览器还没有开始支持多标签页。所以在现代浏览器中，不管标签页是否被激活，其中的 `setInterval()` 函数函数都会反复调用 `func`，如果标签页比较多，就会增加浏览器的负荷。所以后来，浏览器又引入了 `requestAnimation()` 方法，该方法只有当标签页处于激活状态时才会生效。`requestAnimationFrame()` 是新引入的方法，还没有实现标准化。好在 Google 提供的 `webgl-utils.js` 库提供了该函数的定义并隐藏了浏览器间的差异。

requestAnimationFrame(func)		
请求浏览器在将来某时刻回调函数 *func* 以完成重绘（图 4.9）。我们应当在回调函数最后再次发起该请求。		
参数	func	指定将来某时刻调用的函数。函数将会接收到一个 time 参数，用来表明此次调用的时间戳
返回值	Request id	

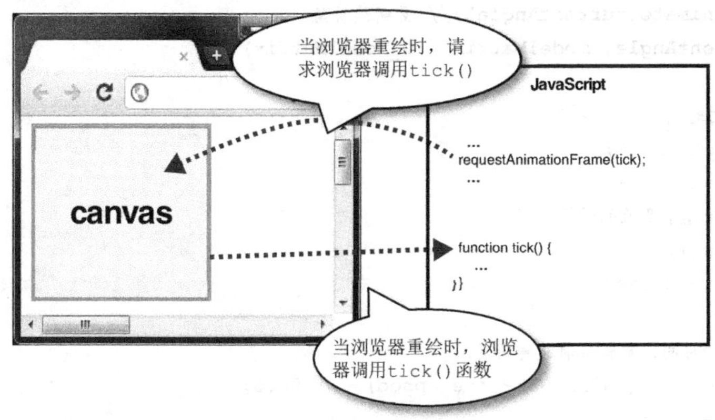

图 4.9 requestAnimationFrame() 的机制

使用这个函数的好处是可以避免在未激活的标签页上运行动画。注意，你无法指定重复调用的间隔；函数 *func*（第 1 个参数）会在浏览器需要网页的某个元素（第 2 个参数）重绘时被调用。此外还需要注意，在浏览器成功（找到了适当的时机）地调用了一次 *func* 后，想要再次调用它，就必须再次发起请求，因为前一次请求已经结束（也就是说，requestAnimationFrame 更像 setTimeOut 而不是 setTimeInterval，不会因为你发起一次请求，就会不停地循环调用 func）。此外，在调用函数后，你需要发出下次调用的请求，因为上一次关于调用的请求在调用完成之后就结束了使命。如第 62 行所示，在 tick() 函数的最后，我们请求再次调用 tick() 函数，这样就可以循环反复地执行 tick() 函数了。

```
62        requestAnimationFrame(tick);// 请求浏览器调用tick
```

如果你想取消请求，需要使用 cancelAnimationFrame()。

cancelAnimationFrame(requestID)

取消由 requestAnimationFrame() 发起的请求。

参数	requestID	指定 requestAnimationFrame() 的返回值
返回值	无	

更新旋转角（animate()）

最后来看看如何更新三角形当前的旋转角度。程序在变量 currentAngle（第 54 行）中存储了三角形的当前旋转角度（即从初始位置算起，当前三角形旋转了多少角度）。我们根据当前的旋转角度计算旋转矩阵。

我们利用 animate() 函数更新 currentAngle 变量（第 60 行）。animate() 方法在第 115 行被定义，接收参数 angle，表示前一个（上一帧的）旋转角，函数返回当前的旋转角。

```
 60      currentAngle = animate(currentAngle);// 更新旋转角
 61      draw(gl, n, currentAngle, modelMatrix,  u_ModelMatrix);
        ...
113  // 记录上一次调用函数的时刻
114  var g_last = Date.getTime();
115  function animate(angle) {
116    // 计算距离上次调用经过了多长的时间
117    var now = Date.now();
118    var elapsed = now - g_last;
119    g_last = now;
120    // 根据距离上次调用的时间，更新当前旋转角度
121    var newAngle = angle + (ANGLE_STEP * elapsed) / 1000.0;
122    return newAngle %= 360;
123  }
```

更新旋转角的过程稍微有些复杂，具体原因我们通过图 4.10 来解释。

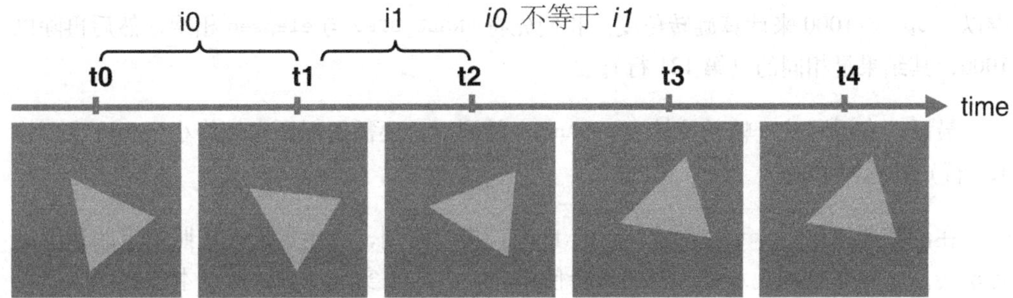

图 4.10 每次调用 tick() 时旋转角的差异

根据图 4.10：

- t0 时刻调用 `tick()` 时，将指定 `draw()` 函数绘制三角形，然后请求下一次调用 `tick()`。
- t1 时刻调用 `tick()` 时，将指定 `draw()` 函数绘制三角形，然后请求下一次调用 `tick()`。
- t2 时刻调用 `tick()` 时，将指定 `draw()` 函数绘制三角形，然后请求下一次调用 `tick()`。

这里的问题是，调用函数的时刻 t0、t1、t2 之间的间隔不是固定的。我们知道，`requestAnimationFrame()` 只是请求浏览器在适当的时机调用参数函数，那么浏览器就会根据自身状态决定 t0、t1、t2 时刻，在不同的浏览器上，或者在同一个浏览器的不同状态下，都有所不同。总而言之，`t1-t0` 很可能不等于 `t2-t1`。

既然调用 `tick()` 函数的间隔不恒定，那么每次调用时简单地向 `currentAngle` 加上一个固定的角度值（度 / 秒）就会导致不可控制的加速或减速的旋转效果。

为此，`animate()` 的函数逻辑就得复杂一些：根据本次调用与上次调用之间的时间间隔来决定这一帧的旋转角度比上一帧大出多少。为此，我们将上一次调用（上一帧）的时刻存储在 `g_last` 变量中，将这一次调用（这一帧）的时刻存储在 `now` 变量中，然后计算二者的差值，得到这一次调用距离上一次调用的时间间隔，并存储在 `elapsed` 变量中（第 118 行）。这一帧中三角形旋转的角度就由 `elapsed` 决定（第 121 行）。

```
121 var newAngle = angle + (ANGLE_STEP * elapsed) / 1000.0;
```

变量 g_last 和 now 都是 Date 对象的 now() 方法的返回值，其单位是毫秒（1/1000 秒）。所以，如果你想让三角形以 ANGLE_STEP（度 / 秒）来旋转，你还需要将 ANGLE_STEP 乘以 elapsed/1000 来计算旋转角度。我们先将 ANGLE_STEP 与 elapsed 相乘，然后再除以 1000，其结果是相同的（第 121 行）。

最后，在返回这一帧的旋转角 newAngle 的同时，还需要保证它始终小于 360 度（第 122 行）并返回结果。

在浏览器中运行 RotatingTriangle.html，可以看到，三角形正在按照恒定的速度进行旋转。在接下来的几章中，我们还会使用这个方式来实现动画，所以本节的代码值得仔细研究，你应该确保掌握了其中的每个细节。

用示例程序做实验

在这一小节中，我们来实现一个包含了复合变换的动画 RotatingTranslatedTriangle。该程序首先将三角形平移至 X 轴正半轴 0.35 单位处，然后以 45 度 / 秒的速度旋转该三角形。

如果你还记得，复合变换可以使用变换矩阵相乘来实现（参见第 3 章），那么这一小节的内容就再简单不过了。

我们可以插入一个平移操作来实现，modelMatrix 变量已经包含了旋转矩阵，我们直接在它上面调用 translate() 方法（而非 setTranslate() 方法），就可以使 modelMatrix 乘以平移矩阵（第 102 行）：

```
 99 function draw(gl,n, currentAngle, modelMatrix, u_ModelMatrix){
100   // 设置旋转矩阵
101   modelMatrix.setRotate(currentAngle, 0, 0, 1);
102   modelMatrix.translate(0.35, 0, 0);
103   // 将旋转矩阵传输给顶点着色器
104   gl.uniformMatrix4fv( u_ModelMatrix, false, modelMatrix.elements);
```

运行示例程序，你会看到如图 4.11 所示的动画效果。

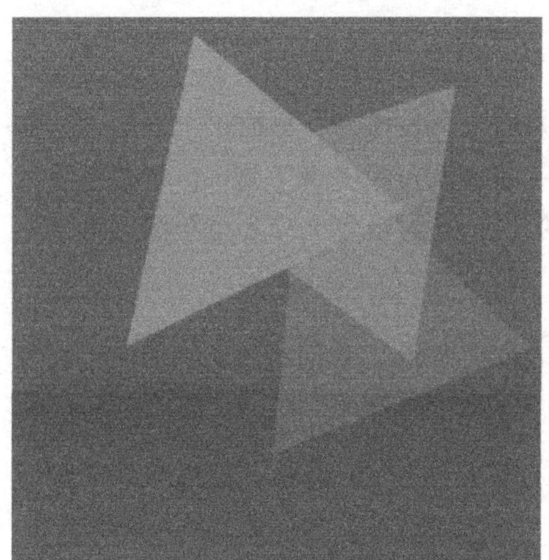

图 4.11 RotatingTranslatedTriangle 的多张截图重叠

最后，如果你还想加一些控制，在本书的配书网站上你可以找到一个示例程序 RotatingTriangle_withButtons，该程序允许你使用按钮动态地控制三角形的旋转速度。如图 4.12 所示，按钮就在 <canvas> 下方。

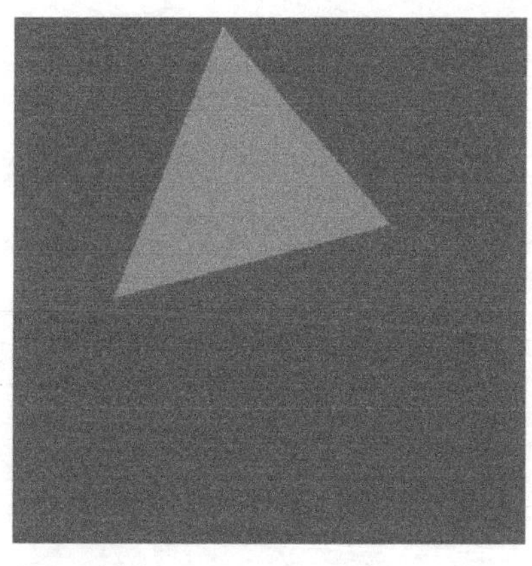

图 4.12 RotatingTriangle_withButtons

总结

在这一章中，我们研究了如何使用矩阵库来对图形进行变换，如何将多个基本变换组合成一个复杂的变换，以及如何产生动画。这一章有两点很关键：第一，复杂变换的矩阵可以通过一系列基本变换的矩阵相乘得到；第二，通过反复变换和重绘图形可以生成动画效果。

在第五章中，“颜色与纹理”是介绍基础技术的最后一章，我们将研究如何使用颜色和纹理。一旦掌握了这些知识，你就可以开始编写自己的 WebGL 程序，我们将在之后的章节中继续学习 WebGL 的那些高级功能。

第5章

颜色与纹理

在前几章研究了一些示例程序，通过绘制二维图形介绍了 WebGL 的基础知识和关键概念。相信此时你已经对 WebGL 系统中处理单色几何图形的过程有了基本的理解。这一章将在此基础上，深入讨论以下三个问题 ：

- 将顶点的其他（非坐标）数据——如颜色等——传入顶点着色器。
- 发生在顶点着色器和片元着色器之间的从图形到片元的转化，又称为**图元光栅化**（rasterzation process）。
- 将图像（或称纹理）映射到图形或三维对象的表面上。

本章是最后一个关于 WebGL 关键性的基础知识的章节。在学习了本章之后，你将能够掌握在 WebGL 中使用颜色和纹理的方法，并具有足够的知识去创建精美的三维场景了。

将非坐标数据传入顶点着色器

在前一章的示例程序中，我们通常会首先创建一个缓冲区对象，在其中存储顶点的坐标数据，然后将这个缓冲区对象传入顶点着色器。然而，三维图形不仅仅只有顶点坐标信息，还可能有一些其他的信息，包括颜色顶点的尺寸（大小）等。比如，第 3 章“绘制和变换三角形”中的示例程序 `MultiPoint.js`，它绘制了三个单独的点，顶点着色器不仅用到了顶点的位置信息，还用到了顶点的尺寸信息。在那个示例中，点的尺寸编码在着色器中，是固定值，而非从外部传入，如下所示。

```
3  var VSHADER_SOURCE =
4   'attribute vec4 a_Position;\n' +
5   'void main() {\n' +
6   '  gl_Position = a_Position;\n' +
7   '  gl_PointSize = 10.0;\n' +
8   '}\n'
```

可见，在示例程序中我们将顶点的坐标赋值给了 `gl_Position`（第 6 行）。同时将一个固定的、表示点尺寸的数值 10.0 赋值给了 `gl_PointSize`（第 7 行）。现在，如果希望在 JavaScript 中动态指定点的大小，我们就不仅需要从 JavaScript 中向着色器传入顶点的坐标信息，还需要传入尺寸信息。

让我们来看本节的示例程序 `MultiAttributeSize`，该程序分别绘制了三个不同尺寸（分别是 10.0，20.0 和 30.0）的点。

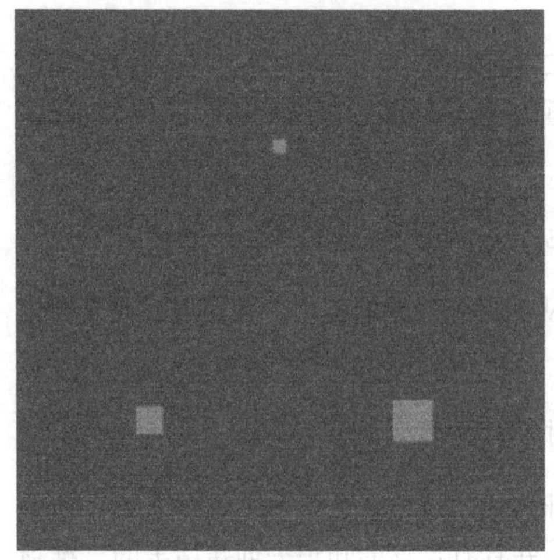

图 5.1 MultiAttributeSize

你应该还记得，为了将顶点坐标传入着色器，需要遵循以下几步：

1. 创建缓冲区对象。

2. 将缓冲区对象绑定到 target 上。

3. 将顶点坐标数据写入缓冲区对象。

4. 将缓冲区对象分配给对应的 attribute 变量。

5. 开启 attibute 变量。

现在，我们希望把多个顶点相关数据通过缓冲区对象传入顶点着色器，其实只需要每种数据重复以上步骤即可。下面来看一下示例程序具体如何实现。

示例程序（MultiAttributeSize.js）

`MultiAttributeSize.js` 如例 5.1 所示，其中略去了片元着色器，因为它和 `MultiPoint.js` 中的完全相同。与后者相比，本例顶点着色器中多了一个新的 attribute 变量 `a_PointSize` 来表示点的大小。代码右侧以 (1) 到 (5) 标示出的行对应于前述的 5 个步骤。

例 5.1 MultiAttributeSize.js

```
// MultiAttributeSize.js
// 顶点着色器程序
var VSHADER_SOURCE =
  'attribute vec4 a_Position;\n' +
  'attribute float a_PointSize;\n' +
  'void main() {\n' +
  '  gl_Position = a_Position;\n' +
  '  gl_PointSize = a_PointSize;\n' +
  '}\n';
...
function main() {
  ...
  // 设置顶点信息
  var n = initVertexBuffers(gl);
  ...
  // 绘制三个点
  gl.drawArrays(gl.POINTS, 0, n);
}

function initVertexBuffers(gl) {
  var vertices = new Float32Array([
    0.0, 0.5, -0.5, -0.5, 0.5, -0.5
  ]);
  var n = 3;

  var sizes = new Float32Array([
    10.0, 20.0, 30.0 // 点的尺寸
  ]);

  // 创建缓冲区对象
  var vertexBuffer = gl.createBuffer();                        <-(1)
  var sizeBuffer = gl.createBuffer();                          <-(1')
```

```
    ...
69    // 将顶点坐标写入缓冲区对象并开启
70    gl.bindBuffer(gl.ARRAY_BUFFER, vertexBuffer);                    <-(2)
71    gl.bufferData(gl.ARRAY_BUFFER, vertices, gl.STATIC_DRAW);        <-(3)
72    var a_Position = gl.getAttribLocation(gl.program, 'a_Position');
    ...
77    gl.vertexAttribPointer(a_Position, 2, gl.FLOAT, false, 0, 0);    <-(4)
78    gl.enableVertexAttribArray(a_Position);                          <-(5)
79
80    // 将顶点尺寸写入缓冲区对象并开启
81    gl.bindBuffer(gl.ARRAY_BUFFER, sizeBuffer);                      <-(2')
82    gl.bufferData(gl.ARRAY_BUFFER, sizes, gl.STATIC_DRAW);           <-(3')
83    var a_PointSize = gl.getAttribLocation(gl.program, 'a_PointSize');
    ...
88    gl.vertexAttribPointer(a_PointSize, 1, gl.FLOAT, false, 0, 0);   <-(4')
89    gl.enableVertexAttribArray(a_PointSize);                         <-(5')
    ...
94    return n;
95 }
```

首先来看一下例 5.1 中的顶点着色器。如你所见，我们添加了一个新的 attribute 变量 `a_PointSize`，该变量是 `float` 类型的，负责接收 JavaScript 程序传入的顶点尺寸数据（第 5 行），它将被赋值给 `gl_PointSize` 变量（第 8 行）。除此之外，顶点着色器就没有其他变化了。接着，在 JavaScript 中，我们还需要修改 `initVertexBuffers()` 函数来建立多个缓冲区对象，并将其传入着色器。让我们来仔细研究一下。

创建多个缓冲区对象

在 `initVertexBuffers()` 函数（第 51 行）中，我们定义了含有顶点坐标数据的数组 `vertices`（第 52 ~ 54 行），以及设定顶点尺寸数据的数组 `size`（第 57 行）。

```
57   var sizes = new Float32Array([
58     10.0, 20.0, 30.0 // 点的尺寸
59   ]);
```

然后我们创建了两个缓冲区对象 `vertexBuffer` 和 `sizeBuffer`，前者用来存储顶点坐标数据（第 62 行），后者用来存储顶点尺寸数据（第 63 行）。

接着，绑定存储顶点坐标的缓冲区对象，并向其中写入数据，之后分配给 attribute 变量 `a_Position` 并开启之（第 70 ~ 78 行）。这些和之前示例程序中的完全相同。

第 80 到 89 行代码是新加入的部分，将顶点尺寸传入着色器，其步骤与前面相同：

绑定缓冲区对象 `sizeBuffer`（第 81 行），写入顶点尺寸数据（第 82 行），分配给 attribute 变量 `a_PointSize`（第 88 行）并开启之。

一旦 `initVertexBuffers()` 完成了上述两个步骤，WebGL 系统的内部状态就如图 5.2 所示。可以看到，两个不同的缓冲区对象被分配给了两个不同的 attribute 变量。

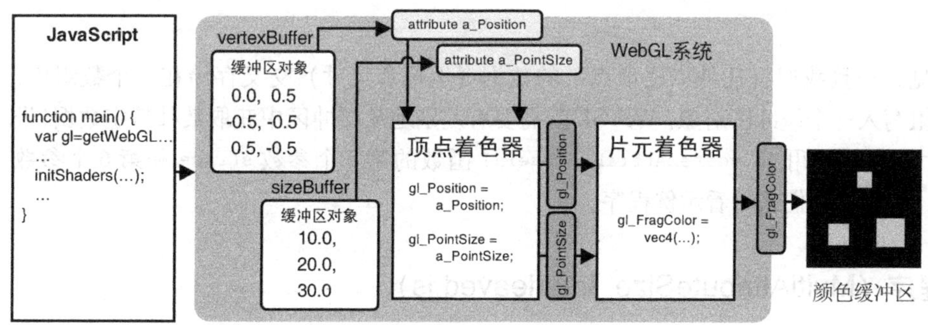

图 5.2 使用两个缓冲区对象向顶点着色器传输数据

这样，WebGL 系统就已经准备就绪了，当执行 `gl.drawArrays()` 函数时，存储在缓冲区对象中的数据将按照其在缓冲区中的顺序依次传给对应的 attribute 变量（第 48 行）。在顶点着色器中，我们将这两个 attribute 变量分别赋值给的 `gl_Position`（第 7 行）和 `gl_PointSize`（第 8 行），就在指定的位置绘制出指定大小的点了，如图 5.2 所示。

可见，通过为顶点的每种数据建立一个缓冲区，然后分配给对应的 attribute 变量，你就可以向顶点着色器传递多份逐顶点的数据信息了，如本节中顶点尺寸、顶点颜色、顶点纹理坐标（本章稍后涉及）、点所在平面的法向量（参见第 7 章）等等。

gl.vertexAttribPointer() 的步进和偏移参数

使用多个缓冲区对象向着色器传递多种数据，比较适合数据量不大的情况。当程序中的复杂三维图形具有成千上万个顶点时，维护所有的顶点数据是很困难的。想象一下，如果 `MultiAttributeSize.js` 中的三维模型有 1000 个顶点会怎样[1]。然而，WebGL 允许我们把顶点的坐标和尺寸数据打包到同一个缓冲区对象中，并通过某种机制分别访问缓冲区对象中不同种类的数据。比如，可以将顶点的坐标和尺寸数据按照如下方式**交错组织**(interleaving)，如例 5.2 所示：

1 实际上，3D 建模工具会自动生成数据，所以没有必要手动输入数据，或者显式地检查数据的完整性。我们将在第 10 章讨论如何使用建模工具生成模型。

例 5.2 同一个数组中包含了多项顶点数据

```
var verticesSizes = new Float32Array([
  // 顶点坐标和点的尺寸
    0.0, 0.5, 10.0, // 第一个点
   -0.5, -0.5, 20.0, // 第二个点
    0.5, -0.5, 30.0 // 第三个点
]);
```

可见，一旦我们将几种“逐顶点”的数据（坐标和尺寸）交叉存储在一个数组中，并将数组写入一个缓冲区对象。WebGL 就需要有差别地从缓冲区中获取某种特定数据(坐标或尺寸)，即使用 `gl.vertexAttribPointer()` 函数的第 5 个参数 `stride` 和第 6 个参数 `offset`。下面让我们来看看示例程序。

示例程序（MultiAttributeSize_Interleaved.js）

我们建立了示例程序 `MultiAttributeSize_Interleaved`，该程序不同于 `MutliAttributeSize.js`（例 5.1）之处在于，它将两种数据打包到了一个缓冲区中。例 5.3 为示例程序代码，顶点着色器和片元着色器与 `MutliAttributeSize.js` 中的相同。

例 5.3 MultiAttributeSize_Interleaved.js

```
// MultiAttributeSize_Interleaved.js
// 顶点着色器程序
var VSHADER_SOURCE =
  'attribute vec4 a_Position;\n' +
  'attribute float a_PointSize;\n' +
  'void main() {\n' +
  '  gl_Position = a_Position;\n' +
  '  gl_PointSize = a_PointSize;\n' +
  '}\n';
  ...
function main() {
  ...
  // 设置顶点坐标和点的尺寸
  var n = initVertexBuffers(gl);
  ...
  gl.drawArrays(gl.POINTS, 0, n);
}

function initVertexBuffers(gl) {
  var verticesSizes = new Float32Array([
    // 顶点坐标和点的尺寸
```

```
54    0.0, 0.5, 10.0, // 第一个点
55   -0.5, -0.5, 20.0, // 第二个点
56    0.5, -0.5, 30.0 // 第三个点
57  ]);
58  var n = 3;
59
60  // 创建缓冲区对象
61  var vertexSizeBuffer = gl.createBuffer();
...
67  // 将顶点坐标和尺寸写入缓冲区并开启
68  gl.bindBuffer(gl.ARRAY_BUFFER, vertexSizeBuffer);
69  gl.bufferData(gl.ARRAY_BUFFER, verticesSizes, gl.STATIC_DRAW);
70
71  var FSIZE = verticesSizes.BYTES_PER_ELEMENT;
72  // 获取a_Position的存储位置，分配缓冲区并开启
73  var a_Position = gl.getAttribLocation(gl.program, 'a_Position');
...
78  gl.vertexAttribPointer(a_Position, 2, gl.FLOAT, false, FSIZE * 3, 0);
79  gl.enableVertexAttribArray(a_Position); // 开启分配
80
81  // 获取a_Position的存储位置，分配缓冲区并开启
82  var a_PointSize = gl.getAttribLocation(gl.program, 'a_PointSize');
...
87  gl.vertexAttribPointer(a_PointSize, 1, gl.FLOAT, false, FSIZE * 3, FSIZE * 2);
88  gl.enableVertexAttribArray(a_PointSize); // 开启缓冲区分配
...
93  return n;
94 }
```

JavaScript 中 `main()` 函数的基本流程与 `MutliAttributeSize.js` 相同，只有 `initVertexBuffers()` 被修改了，具体如下。

首先，我们定义了一个类型化数组 `verticesSizes`（第 52 ~ 57 行），就像在例 5.3 中一样。接下来的代码你一定已经很熟悉了：创建缓冲区对象（第 61 行），绑定之（第 68 行），把数据写入缓冲区对象（第 69 行）。然后，我们将 `verticeSize` 数组中每个元素的大小（字节数）存储到 `FSIZE` 中（第 71 行），稍后将会用到它。类型化数组具有 `BYTES_PER_ELEMENT` 属性，可以从中获知数组中每个元素所占的字节数。

从第 73 行开始，我们就需要着手把缓冲区对象分配给 attribute 变量了。首先获取 attribute 变量 `a_Position` 的存储地址（第 73 行），方法和之前完全相同，然后调用 `gl.vertexAttribPointer()` 函数（第 78 行）。注意，这里的参数设置就与前例有所不同了，因为在缓冲区对象中存储了两种类型的数据：顶点坐标和顶点尺寸。

在第 3 章中曾提到过 `gl.vertexAttribPointer()` 的函数规范，但是让我们再来看一下其参数 *sride* 和 *offset*。

gl.vertexAttribPointer(location, size, type, normalized, stride, offset)

将绑定到 gl.ARRAY_BUFFER 的缓冲区对象分配给由 *location* 指定的 attribute 变量。

参数		
	location	指定待分配 attribute 变量的存储位置
	size	指定缓冲区中每个顶点的分量个数（1 到 4）
	type	指定数据格式（例如，gl.FLOAT）
	normalize	true 或 false，表明是否将非浮点型的数据归一化到 [0,1] 或 [-1,1] 区间
	stride	指定相邻两个顶点间的字节数，默认为 0
	offset	指定缓冲区对象中的偏移量（以字节为单位），即 attribute 变量从缓冲区中的何处开始存储。如果是从起始位置开始，该参数应设为 0

参数 *stride* 表示，在缓冲区对象中，单个顶点的所有数据（这里，就是顶点的坐标和大小）的字节数，也就是相邻两个顶点间的距离，即步进参数。

在前面的示例程序中，缓冲区只含有一种数据，即顶点的坐标，所以将其设置为 0 即可。然而，在本例中，当缓冲区中有了多种数据（比如此例中的顶点坐标和顶点尺寸）时，我们就需要考虑 *stride* 的值，如下图所示。

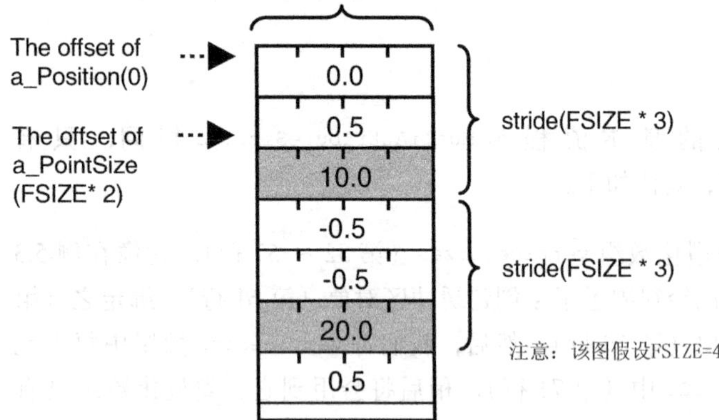

图 5.3 stride 和 offset

如图 5.3 所示，每一个顶点有 3 个数据值（两个坐标数据和一个尺寸数据），因此 *stride* 应该设置为每项数据大小的三倍，即 3×FSIZE（Float32Array 中每个元素所占的字节数）。

参数 *offset* 表示当前考虑的数据项距离首个元素的距离，即偏移参数。在 verticesSizes 数组中，顶点的坐标数据是放在最前面的，所以 *offset* 应当为 0。因此，我们调用 gl.vertexAttribArray() 函数时，如下所示传入 *stride* 参数和 *offset* 参数（第 78 行）。

```
78    gl.vertexAttribPointer(a_Position, 2, gl.FLOAT, false, FSIZE * 3, 0);
79    gl.enableVertexAttribArray(a_Position); // 开启分配
```

这样一来，我们就把缓冲区中的那部分顶点坐标数据分配给了着色器中的 attribute 变量 a_Position，并在第 79 行开启了该变量。

接下来对顶点尺寸数据采取相同的操作：将缓冲区对象中的顶点尺寸数据分配给 a_PointSize。然而在这个例子中，缓冲区对象还是原来那个，只不过这次关注的数据不同，我们需要将 *offset* 参数设置为顶点尺寸数据在缓冲区对象中的初始位置。在关于某个顶点的三个值中，前两个是顶点坐标，后一个是顶点尺寸，因此 *offset* 应当设置为 FSIZE*2（参见图 5.3）。我们如下调用 gl.vertexAttribArray() 函数，并正确设置 *stride* 参数和 *offset* 参数（第 87 行）。

```
87    gl.vertexAttribPointer(a_PointSize, 1, gl.FLOAT, false, FSIZE * 3, FSIZE * 2);
88    gl.enableVertexAttribArray(a_PointSize); // 开启变量
```

在开启已被分配的缓冲区对象的 a_PointSize 变量之后，剩下的任务就只有调用 gl.drawArrays() 进行绘制操作了。

再次执行顶点着色器时，WebGL 系统会根据 *stride* 和 *offset* 参数，从缓冲区中正确地抽取出数据，依次赋值给着色器中的各个 attribute 变量，并进行绘制（如图 5.4 所示）。

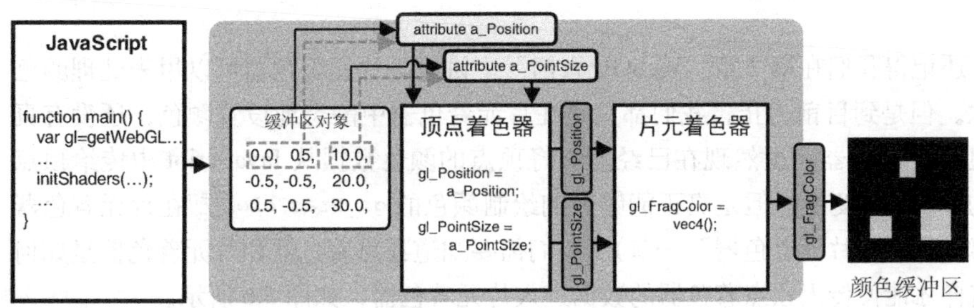

图 5.4 在使用 stride 和 offset 参数时 WebGL 系统的内部行为

修改颜色（varying 变量）

现在，我们已经了解将多种顶点数据信息传入顶点着色器的技术，下面就让我们使用这项技术来尝试修改顶点的颜色。具体方法还和之前相同，只不过将顶点尺寸数据改成了顶点颜色数据。我们需要在缓冲区对象中填充顶点坐标与颜色数据，然后分配给 attribute 变量，用以处理颜色。

让我们来创建一个名为 MultiAttributeColor 的示例程序，该程序绘制了红色、蓝色、绿色三个点。程序的效果如图 5.5 所示。（因为本书是黑白应刷的，所以分辨哪个点是什么颜色可能比较困难，所以请在你自己的浏览器中运行一下。）

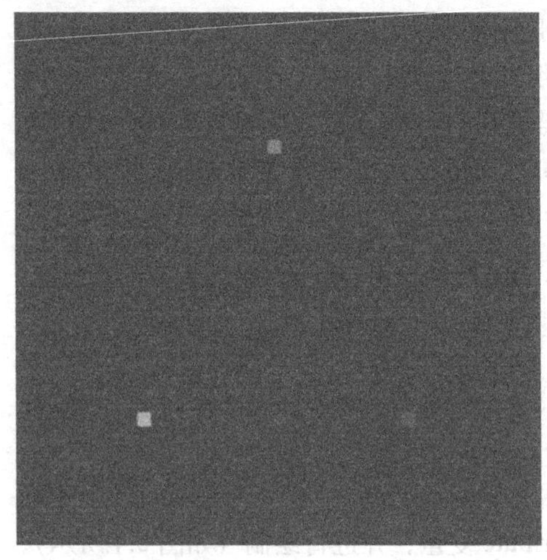

图 5.5 MultiAttributeColor

你也许还记得我们在第 2 章“WebGL 入门”中讲过，片元着色器可以用来处理颜色之类的属性。但是到目前为止，我们都只是在片元着色器中静态地设置颜色，还没有真正地研究过片元着色器。虽然现在已经能够将顶点的颜色数据从 JavaScript 中传给顶点着色器中的 attribute 变量，但是真正能够影响绘制颜色的 gl_FragColor 却在片元着色器中（参见第 2 章中“片元着色器”一节）。我们需要知道顶点着色器和片元着色器是如何交流的，这样才能使传入顶点着色器的数据进入片元着色器，如图 5.6 所示。

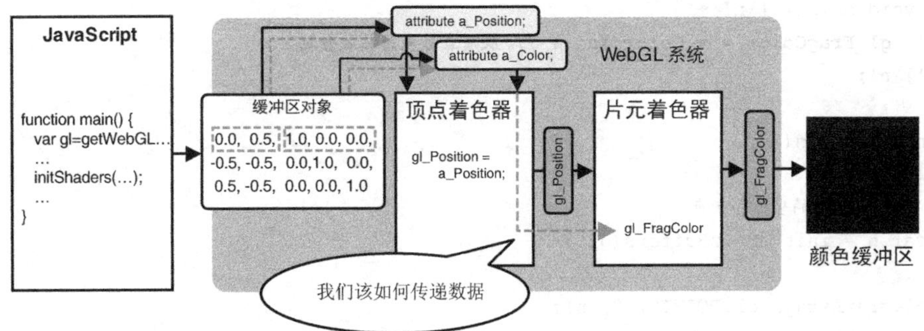

图 5.6 将顶点着色器中的数据传递到片元着色器

第 2 章的 `ColoredPoints` 程序使用了一个 uniform 变量来将颜色信息传入片元着色器。然而，因为这是个“一致的”（uniform）变量，而不是“可变的”（varying），我们没法为每个顶点都准备一个值，所以那个程序中的所有顶点都只能是同一个颜色。我们使用一种新的 **varying 变量** (varying variable) 向片元着色器中传入数据，实际上，varying 变量的作用是从顶点着色器向片元着色器传输数据。

示例程序（MultiAttributeColor.js）

例 5.4 显示了程序代码，这个程序和前一节的 `MultiAttributeSize_Stride.js` 很像，但是顶点着色器和片元着色器稍有不同。

例 5.4 MultiAttributeColor.js

```
// MultiAttributeColor.js
// 顶点着色器程序
var VSHADER_SOURCE =
  'attribute vec4 a_Position;\n' +
  'attribute vec4 a_Color;\n' +
'varying vec4 v_Color;\n' + // varying变量
  'void main() {\n' +
  '  gl_Position = a_Position;\n' +
  '  gl_PointSize = 10.0;\n' +
' v_Color = a_Color;\n' + // 将数据传给片元着色器
'}\n';

// 片元着色器程序
var FSHADER_SOURCE =
  ...
'varying vec4 v_Color;\n' +
```

```
  'void main() {\n' +
  '  gl_FragColor = v_Color;\n' + // 从顶点着色器接收数据
  '}\n';

function main() {
  ...
  // 设置顶点的坐标和颜色
  var n = initVertexBuffers(gl);
  ...
  gl.drawArrays(gl.POINTS, 0, n);
}

function initVertexBuffers(gl) {
  var verticesColors = new Float32Array([
    // 顶点坐标和颜色
     0.0, 0.5, 1.0, 0.0, 0.0,
    -0.5, -0.5, 0.0, 1.0, 0.0,
     0.5, -0.5, 0.0, 0.0, 1.0,
  ]);
  var n = 3; // 顶点数量

  // 创建缓冲区对象
  var vertexColorBuffer = gl.createBuffer();
  ...
  // 将顶点坐标和颜色写入缓冲区对象
  gl.bindBuffer(gl.ARRAY_BUFFER, vertexColorBuffer);
  gl.bufferData(gl.ARRAY_BUFFER, verticesColors, gl.STATIC_DRAW);

  var FSIZE = verticesColors.BYTES_PER_ELEMENT;
  // 获取a_Position的存储位置，分配缓冲区并开启
  var a_Position = gl.getAttribLocation(gl.program, 'a_Position');
  ...
  gl.vertexAttribPointer(a_Position, 2, gl.FLOAT, false, FSIZE * 5, 0);
  gl.enableVertexAttribArray(a_Position); // Enable buffer assignment

  // 获取a_Color的存储位置，分配缓冲区并开启
  var a_Color = gl.getAttribLocation(gl.program, 'a_Color');
  ...
 gl.vertexAttribPointer(a_Color, 3, gl.FLOAT, false, FSIZE*5, FSIZE*2);
 gl.enableVertexAttribArray(a_Color); // 开启缓冲区分配
  ...
  return n;
}
```

在顶点着色器中，我们声明了 attribute 变量 `a_Color` 用以接收颜色数据（第 5 行），然后声明了新的 varying 变量 `v_Color`，该变量负责将颜色值将被传给片元着色器（第 6 行）。注意，varying 变量只能是 float（以及相关的 `vec2`，`vec3`，`vec4`，`mat2`，`mat3` 和 `mat4`）类型的。

```
5    'attribute vec4 a_Color;\n' +
6    'varying vec4 v_Color;\n' +
```

我们将 `a_Color` 变量的值直接赋给之前声明的 `v_Color` 变量（第 10 行）。

```
10   '  v_Color = a_Color;\n' +
```

那么，片元着色器该如何接收这个变量呢？答案很简单，只需要在片元着色器中也声明一个（与顶点着色器中的那个 varying 变量同名）varying 变量就可以了：

```
18   'varying vec4 v_Color;\n' +
```

在 WebGL 中，如果顶点着色器与片元着色器中有类型和命名都相同的 varying 变量，那么顶点着色器赋给该变量的值就会被自动地传入片元着色器，如图 5.7 所示。

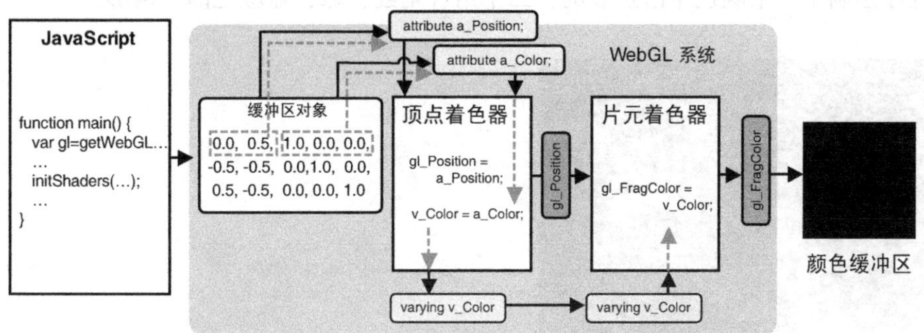

图 5.7 varying 变量的行为

所以，顶点着色器赋给 `v_Color` 变量的值（第 10 行）被传递给了片元着色器中的 `v_Color` 变量，然后片元着色器将 `v_Color` 赋值给 `gl_FragColor`，这样每个顶点的颜色将被修改（第 20 行）。

```
20   '  gl_FragColor = v_Color;\n' +
```

接下来的代码和 `MultiAttributeSize.js` 相似，唯一的区别在于存储顶点数据的类型化数组的名称被改成了 `verticesColors`（第 58 行），然后删去顶点尺寸数据再加上顶点颜色数据，比如 (1.0, 0.0, 0.0) 为红色（第 60 行）。

如第 2 章所述，RGBA 颜色模型中的颜色分量值区间为 0.0 到 1.0。就像在 MultiAttributeSize_Stride.js 中一样，数组 verticesColor 中有两种不同类型的数据（坐标和颜色）。之前的尺寸只是单个数值，而现在的颜色有 3 个分量值，所以每个顶点所占字节数是 FSIZE*5，需要修改相应的 gl.vertexAttribPointer() 函数的 stride 参数和 offset 参数（第 84 和 93 行）。

最后，执行绘图命令（第 54 行），在浏览器中绘制了红、蓝、绿三个点。

用示例程序做实验

让我们来看看将 gl.drawArrays() 函数的第一个参数改成 gl.TRIANGLES 后会怎样（第 54 行）。或者，你也可以从本书的网站上下载代码，并在浏览器中运行 ColoredTriangle 程序。

```
54    gl.drawArrays(gl.TRIANGLES, 0, n);
```

程序的结果如图 5.8 所示，可能在黑白印刷的书页上看不出什么，但是在彩色屏幕上，你会发现程序绘制了一个颜色平滑过渡的、三个角各是红、绿、蓝颜色的三角形。

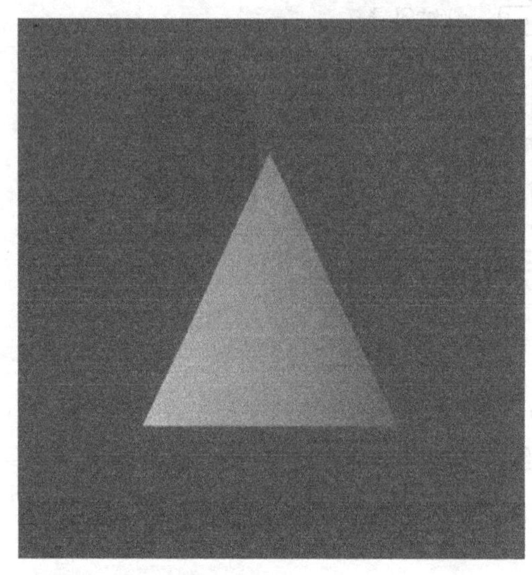

图 5.8 ColoredTriangle

我们只改变了一个参数，程序的运行结果却从三个不同颜色的孤立的点变成了一个颜色平滑过渡的三角形。到底发生了什么？

彩色三角形（ColoredTriangle.js）

在第 3 章中我们曾绘制过一个单色的三角形。而这一节，我们将为三角形的每个顶点指定一个颜色，然后 WebGL 会自动在三角形表面产生颜色平滑过渡的效果。

通过这一节的学习，你会了解到顶点着色器和片元着色器之间的数据传输细节，这里也就是 varying 变量起作用的地方。

几何形状的装配和光栅化

为了简单起见，我们使用第 3 章中的示例程序 `HelloTriangle.js` 来解释，这个程序画了一个红色的三角形。例 5.5 显示了其相关的代码。

例 5.5 HelloTriangle.js 中的部分代码

```
// HelloTriangle.js
// 顶点着色器程序
var VSHADER_SOURCE =
  'attribute vec4 a_Position;\n' +
  'void main() {\n' +
  '  gl_Position = a_Position;\n' +
  '}\n';

// 片元着色器程序
var FSHADER_SOURCE =
  'void main() {\n' +
  '  gl_FragColor = vec4(1.0, 0.0, 0.0, 1.0);\n' +
  '}\n';

function main() {
  ...
  // 设置顶点坐标
  var n = initVertexBuffers(gl);
...
  // 绘制三角形
  gl.drawArrays(gl.TRIANGLES, 0, n);
}

function initVertexBuffers(gl) {
  var vertices = new Float32Array([
    0.0, 0.5, -0.5, -0.5, 0.5, -0.5
  ]);
```

```
53  var n = 3; // 顶点数量
    ...
74  gl.vertexAttribPointer(a_Position, 2, gl.FLOAT, false, 0, 0);
   ...
81  return n;
82 }
```

我们在 initVertexBuffers() 函数中将顶点坐标写入了缓冲区对象（第 50 行和第 52 行），然后将缓冲区对象分配给 a_Position 变量（第 74 行）。最后调用 gl.drawArrays() 执行顶点着色器（第 46 行）。当顶点着色器执行时，缓冲区中的三个顶点坐标依次传给了 a_Position 变量（第 4 行），再赋值给 gl_Position（第 6 行），这样 WebGL 系统就可以根据顶点坐标进行绘制。在片元着色器中，我们将红色的 RGBA 值 (1.0, 0.0, 0.0, 1.0) 赋给 gl_FragColor，这样就画出了一个红色的三角形。

可是直到现在，你还是不明白这究竟是如何做到的？在你向 gl_Position 给出了三角形的三个顶点的坐标时，片元着色器又怎样才能进行所谓的逐片元操作呢？

如图 5.9 显示了问题所在，程序向 gl_Position 给出了三个顶点的坐标，谁来确定这三个点就是三角形的三个顶点？最终，为了填充三角形内部，谁来确定哪些像素需要被着色？谁来负责调用片元着色器，片元着色器又是怎样处理每个片元的？

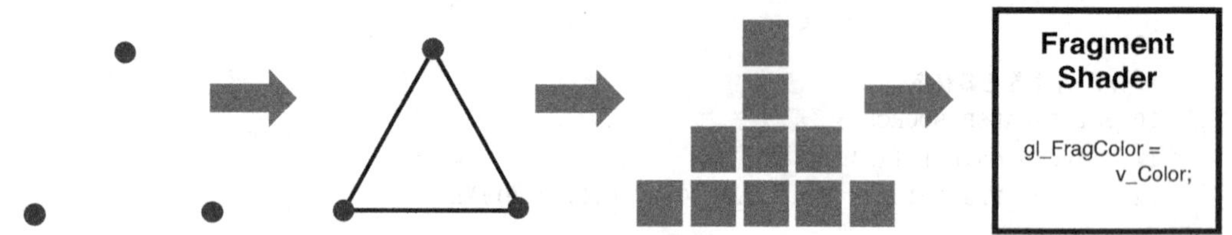

图 5.9 顶点坐标，图形装配，光栅化，执行片元着色器

本书在之前的示例程序的解释中掩饰了这些细节。实际上，在顶点着色器和片元着色器之间，有这样两个步骤，如图 5.10 所示。

- **图形装配过程**：这一步的任务是，将孤立的顶点坐标装配成几何图形。几何图形的类别由 gl.drawArrays() 函数的第一个参数决定。
- **光栅化过程**：这一步的任务是，将装配好的几何图形转化为片元。

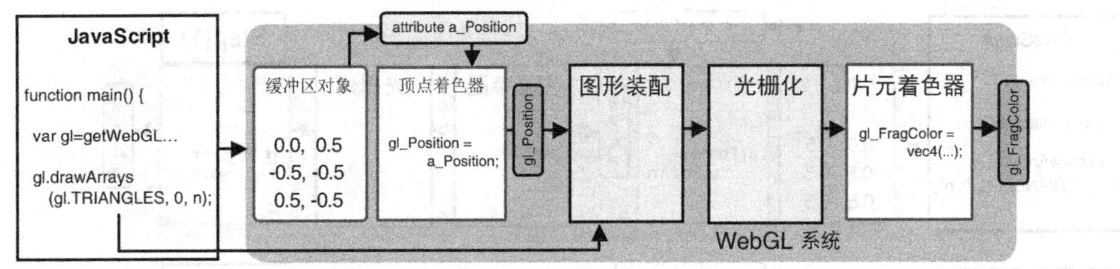

图 5.10 顶点着色器和片元着色器之间的图形装配和光栅化

通过图 5.10 你就会理解，`gl_Position` 实际上是**几何图形装配** (geometric shape assembly) 阶段的输入数据。注意，几何图形装配过程又被称为**图元装配过程** (primitive assembly process)，因为被装配出的基本图形（点、线、面）又被称为**图元** (primitives)。

图 5.11 显示了在 `HelloTriangle.js` 中，顶点着色器和片元着色器之间图形装配与光栅化的过程。

在例 5.5 中，`gl.drawArrays()` 的参数 `n` 为 3，顶点着色器将被执行 3 次。

第 1 步：执行顶点着色器，缓冲区对象中的第 1 个坐标 (0.0, 0.5) 被传递给 attribute 变量 `a_Position`。一旦一个顶点的坐标被赋值给了 `gl_Position`，它就进入了图形装配区域，并暂时储存在那里。你应该还记得，我们仅仅显式地向 `a_Position` 赋了 x 分量和 y 分量，所以向 z 分量和 w 分量赋的是默认值，进入图形装配区域的坐标其实是 (0.0, 0.5, 0.0, 1.0)。

第 2 步：再次执行顶点着色器，类似地，将第 2 个坐标 (–0.5, –0.5, 0.0, 1.0) 传入并储存在装配区。

第 3 步：第 3 次执行顶点着色器，将第 3 个坐标 (0.5, –0.5, 0.0, 1.0) 传入并储存在装配区。现在，顶点着色器执行完毕，三个顶点坐标都已经处在装配区了。

第 4 步：开始装配图形。使用传入的点坐标，根据 `gl.drawArrays()` 的第一个参数信息（`gl.TRIANGLES`）来决定如何装配。本例使用三个顶点来装配出一个三角形。

第 5 步：显示在屏幕上的三角形是由片元（像素）组成的，所以还需要将图形转化为片元，这个过程被称为**光栅化** (rasterization)。光栅化之后，我们就得到了组成这个三角形的所有片元。在图 5.11 中的最后一步，你可以看到光栅化后得到的组成三角形的片元。

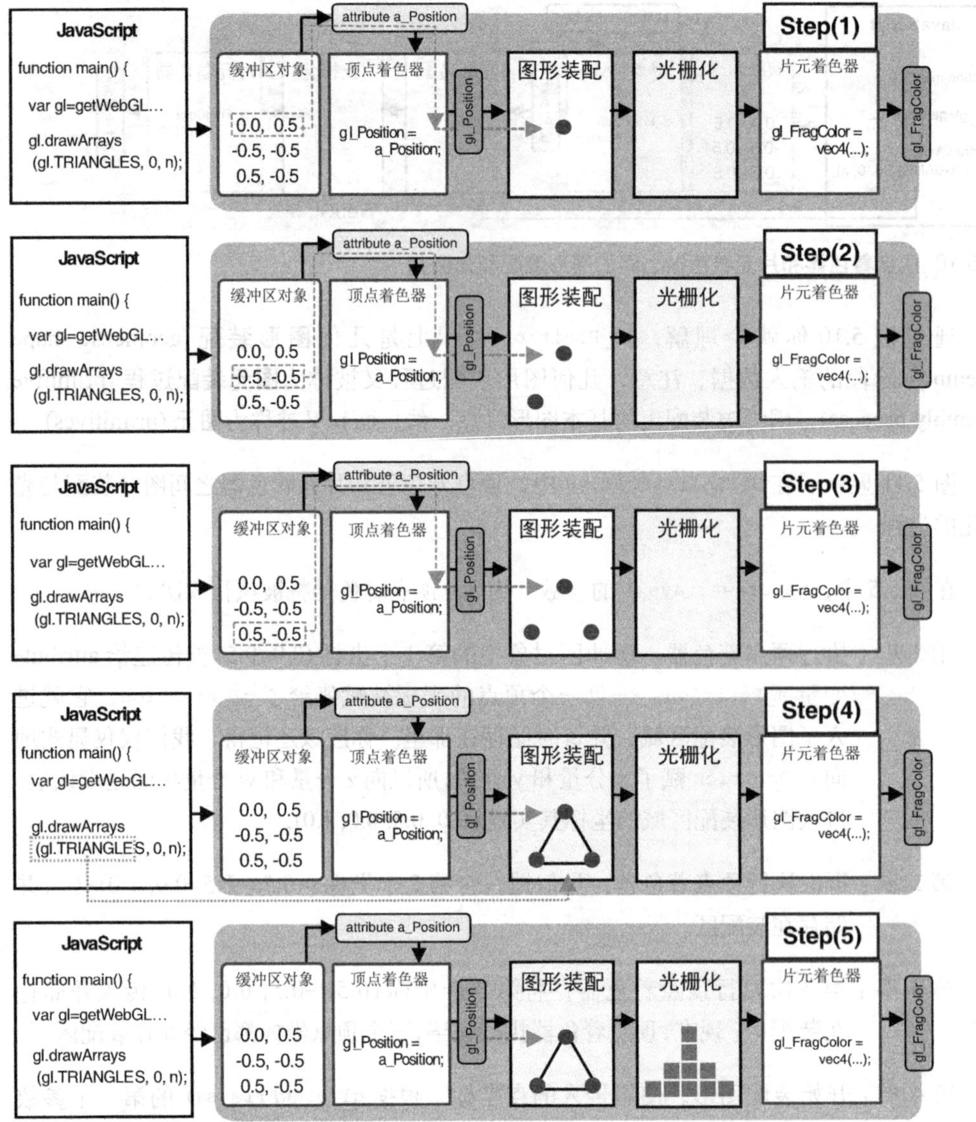

图 5.11 几何图形装配和光栅化过程

上图为了示意，只显示了 10 个片元。实际上，片元数目就是这个三角形最终在屏幕上所覆盖的像素数。如果修改了 `gl.drawArrays()` 的第 1 个参数，那么第 4 步的图形装配、第 5 步的片元数目和位置就会相应地变化。比如说，如果这个参数是 `gl.LINE`，程序就会使用前两个点装配出一条线段，舍弃第 3 个点；如果是 `gl.LINE_LOOP`，程序就会将三个点装配成为首尾相接的折线段，并光栅化出一个空心的的三角形（不产生中间的像素）。

调用片元着色器

一旦光栅化过程结束后，程序就开始逐片元调用片元着色器。在图 5.12 中，片元着色器被调用了 10 次，每调用一次，就处理一个片元（为了整洁，图 5.12 省略了中间步骤）。对于每个片元，片元着色器计算出该片元的颜色，并写入颜色缓冲区。直到第 15 步最后一个片元被处理完成，浏览器就会显示出最终的结果。

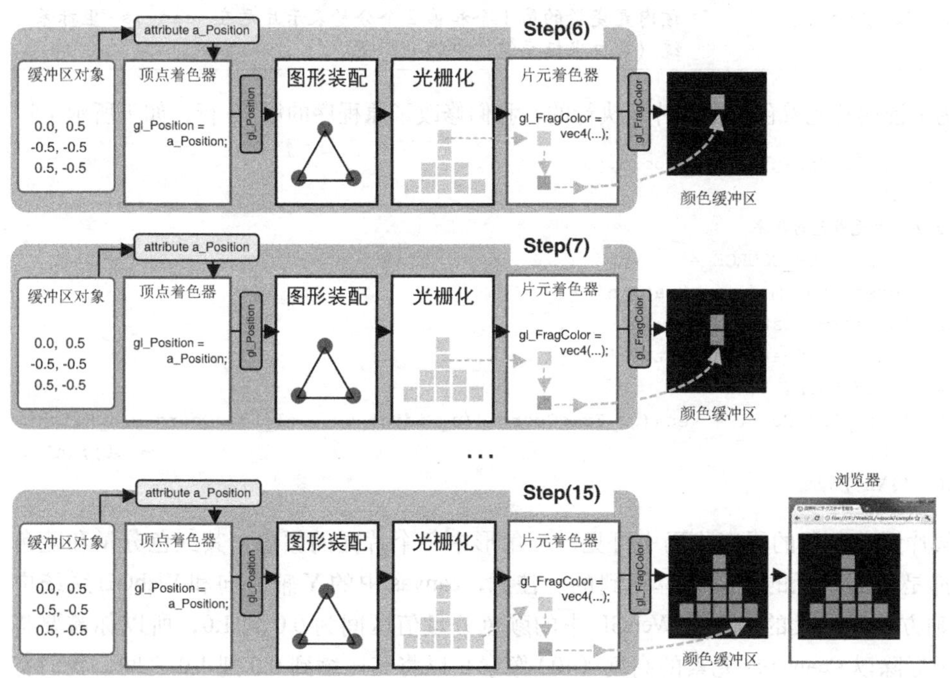

图 5.12 调用片元着色器

HelloTriangle.js 中的片元着色器将每个片元的颜色都指定为红色，如下所示。因此，浏览器就绘制出了一个红色的三角形。

```
// 片元着色器程序
var FSHADER_SOURCE =
  'void main() {\n' +
  '  gl_FragColor = vec4(1.0, 0.0, 0.0, 1.0);\n' +
  '}\n';
```

用示例程序做实验

下面我们来做个试验：尝试根据片元的位置来确定片元颜色。这样可以证明片元着色器对每个片元都执行了一次。光栅化过程生成的片元都是带有坐标信息的，调用片元着色器时这些坐标信息也随着片元传了进去，我们可以通过片元着色器中的内置变量来访问片元的坐标（表 5.1）。

表 5.1 片元着色器的内置变量（输入）

类型和变量名	描述
vec4 gl_FragCoord	该内置变量的第 1 个和第 2 个分量表示片元在 <canvas> 坐标系统（窗口坐标系统）中的坐标值

为了证明片元着色器是逐片元执行的，我们修改了原程序的第 12 行，如下所示：

```
 1 // HelloTriangle_FragCoord.js
   ...
 9 // 片元着色器程序
10 var FSHADER_SOURCE =
11  'precision mediump float;\n' +
12  'uniform float u_Width;\n' +
13  'uniform float u_Height;\n' +
14  'void main() {\n' +
15  '  gl_FragColor = vec4(gl_FragCoord.x/u_Width, 0.0, gl_FragCoord.y/u_Height,
                                                                        ➥1.0);\n' +
16  '}\n';
```

从片元着色器的程序代码中可见，三角形中每个片元的颜色，其红色分量和蓝色分量都是根据片元的位置计算得到的。注意，canvas 中的 Y 轴方向和 WebGL 系统中的 Y 轴方向是相反的，而且 WebGL 中的颜色分量值区间为 0.0 到 1.0，所以你需要将 Y 轴坐标除以 <canvas> 元素的高度（400 像素）以将其压缩到 0.0 到 1.0 之间。我们将 `gl.drawingBufferWidth`（颜色缓冲区的宽度）和 `gl.drawingBufferHeight`（颜色缓冲区的高度）的值传给 uniform 变量 `u_Width` 和 `u_Height`。图 5.3 显示了程序的运行结果：一个三角形，像素颜色由像素的位置决定，从左上方到右下方呈现一个渐变效果。

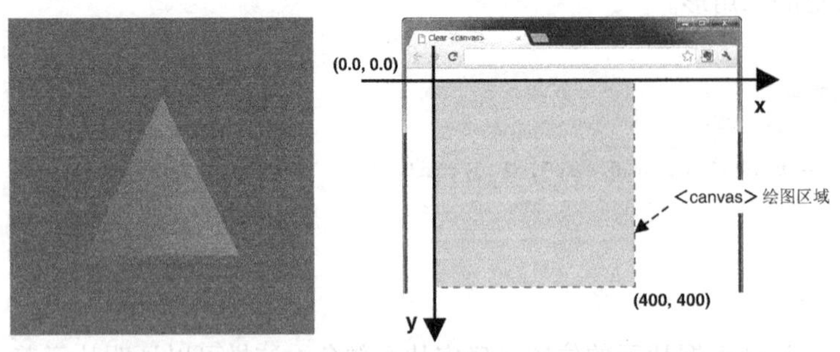

图 5.13 逐片元修改颜色（右侧的图为 <canvas> 的坐标系统）

由于片元颜色取决于它的坐标位置，所以很自然地，片元颜色会随着片元位置逐渐变化，三角形呈现平滑的颜色渐变效果。同样，由于在黑白印刷的书页上可能难以看到这一效果，所以还是请在自己的浏览器上运行一下代码吧。

varying 变量的作用和内插过程

现在，我们已经了解了顶点着色器与片元着色器之间的几何图形装配和光栅化过程，明白了 WebGL 系统是怎样逐片元执行片元着色器的了。

回到图 5.8 的 `ColoredTriangle` 程序，这个程序也可以用刚学到的知识来解释为什么在顶点着色器中只是指定了每个顶点的颜色，最后得到了一个具有渐变色彩效果的三角形呢？事实上，我们把顶点的颜色赋值给了顶点着色器中的 varying 变量 `v_Color`，它的值被传给片元着色器中的同名、同类型变量（即片元着色器中的 varying 变量 `v_Color`），如图 5.14 所示。但是，更准确地说，顶点着色器中的 `v_Color` 变量在传入片元着色器之前经过了内插过程。所以，片元着色器中的 `v_Color` 变量和顶点着色器中的 `v_Color` 变量实际上并不是一回事，这也正是我们将这种变量称为"varying"（变化的）变量的原因。

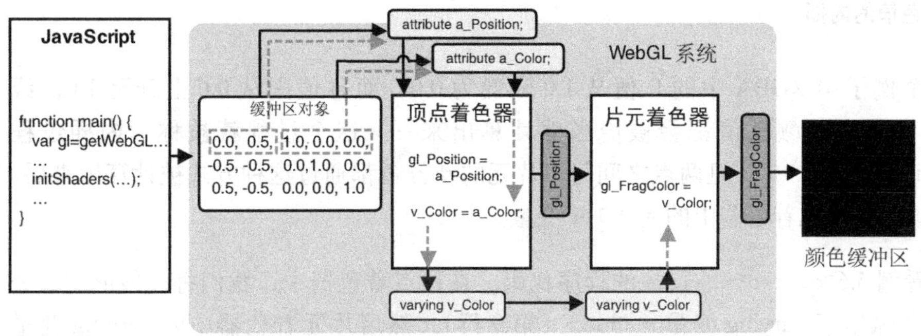

图 5.14 varying 变量的行为（即图 5.7）

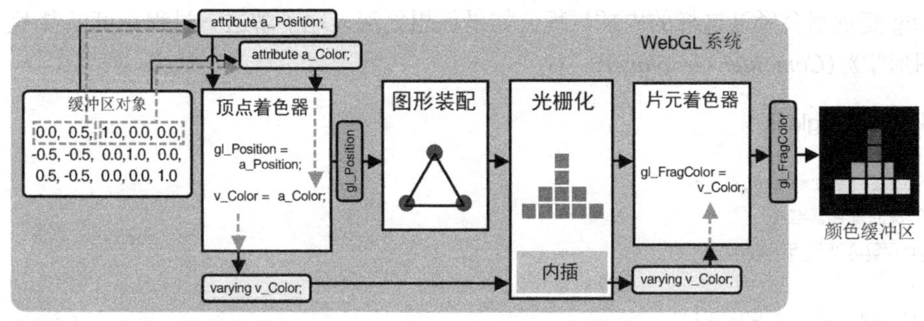

图 5.15 varying 变量的内插

更准确地说，在 ColoredTriangle 中，我们在 varying 变量中为三角形的 3 个不同顶点指定了 3 种不同颜色，而三角形表面上这些片元的颜色值都是 WebGL 系统用这 3 个顶点的颜色内插出来的。

例如，考虑一条两个端点的颜色不同的线段。一个端点的颜色为红色 (1.0, 0.0, 0.0)，而另一个端点的颜色为蓝色 (0.0, 0.0, 1.0)。我们在顶点着色器中向 varying 变量 v_Color 赋上这两个颜色（红色和蓝色），那么 WebGL 就会自动地计算出线段上的所有点（片元）的颜色，并赋值给片元着色器中的 varying 变量 v_Color（如图 5.16 所示）。

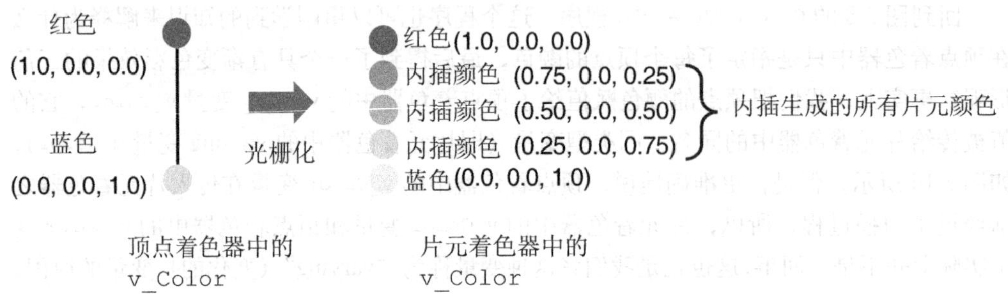

图 5.16 颜色值的内插

在这个例子中 RGBA 中的 R 值从 1.0 降低为 0.0，而 B 值则从 0.0 上升至 1.0，线段上的所有片元的颜色值都会被恰当地计算出来——这个过程就被称为**内插过程**(interpolation process)。一旦两点之间每个片元的新颜色都通过这种方式被计算出来后，它们就会被传给片元着色器中的 v_Color 变量。

再来看例 5.6ColoredTriangle 的程序代码。在顶点着色器中，我们将三角形的 3 个顶点的颜色赋给了 varying 变量 v_Color（第 9 行），然后片元着色器中的 varying 变量 v_Color 就接收到了内插之后的片元颜色。在片元着色器中，我们把片元的颜色赋值给 gl_FragColor 变量（第 19 行），这样就绘制出了一个彩色的三角形，如图 5.8 所示。每一个 varying 变量都会经过这样的内插过程。如果你想更深入地了解这一过程，可以参考《计算机图形学》(*Computer Graphics*) 一书。

例 5.6 ColoredTriangle.js

```
1 // ColoredTriangle.js
2 // 顶点着色器程序
3 var VSHADER_SOURCE = '\
  ...
6 varying vec4 v_Color;\
7 void main() {\
```

```
8   gl_Position = a_Position;\
9   v_Color = a_Color;\ <- 第59行的颜色被赋给v_Color
10 }';
11
12 // Fragment shader program
13 var FSHADER_SOURCE =
  ...
17  varying vec4 v_Color;\ <- 内插得到的颜色被赋给v_Color
18  void main() {\
19    gl_FragColor = v_Color;\ <- 再被赋给gl_FragColor
20  }';
21
22  function main() {
  ...
53    gl.drawArrays(gl.TRIANGLES, 0, n);
54 }
55
56 function initVertexBuffers(gl) {
57   var verticesColors = new Float32Array([
58     // 顶点坐标和颜色
59      0.0, 0.5, 1.0, 0.0, 0.0,
60     -0.5, -0.5, 0.0, 1.0, 0.0,
61      0.5, -0.5, 0.0, 0.0, 1.0,
62   ]);
  ...
99 }
```

总之，这一节着重讲述了顶点着色器和片元着色器之间的过程。光栅化是三维图形学的关键技术之一，它负责将矢量的几何图形转变为栅格化的片元（像素）。图形被转化为片元之后，我们就可以在片元着色器内做更多的事情，如为每个片元指定不同的颜色。颜色可以内插出来，也可以直接编程指定。

在矩形表面贴上图像

在前一节中，我们了解了如何绘制彩色的图形，如何内插出平滑的颜色渐变效果。虽然这种方法很强大，但在更复杂的情况下仍然不够用。比如说，如果你想创建如图 5.17 所示的一堵逼真的砖墙，问题就来了。你可能会试图创建很多个三角形，指定它们的颜色和位置来模拟墙面上的坑坑洼洼。如果你真这么做了，那就陷入了繁琐和无意义的苦海中。

图 5.17 一堵逼真的砖墙

你可能已经知道，在三维图形学中，有一项很重要的技术可以解决这个问题，那就是**纹理映射** (texture mapping)。纹理映射其实非常简单，就是将一张图像（就像一张贴纸）映射（贴）到一个几何图形的表面上去。将一张真实世界的图片贴到一个由两个三角形组成的矩形上，这样矩形表面看上去就是这张图片。此时，这张图片又可以称为**纹理图像** (texture image) 或**纹理** (texture)。

纹理映射的作用，就是根据纹理图像，为之前光栅化后的每个片元涂上合适的颜色。组成纹理图像的像素又被称为**纹素** (texels，texture elements)，每一个纹素的颜色都使用 RGB 或 RGBA 格式编码，如图 5.18 所示。

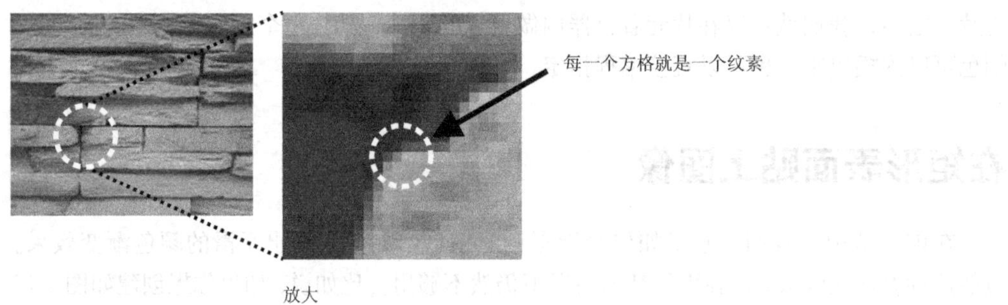

图 5.18 纹素

在 WebGL 中，要进行纹理映射，需遵循以下四步 ：

1. 准备好映射到几何图形上的纹理图像。

2. 为几何图形配置纹理映射方式。

3. 加载纹理图像，对其进行一些配置，以在 WebGL 中使用它。

4. 在片元着色器中将相应的纹素从纹理中抽取出来，并将纹素的颜色赋给片元。

为了更好地理解纹理映射的机制，让我们来运行一下示例程序 `TexureQuad`，该程序将一张纹理图像贴在了矩形表面。在浏览器中运行代码，结果如图 5.19（左）所示。

注意：当你在 Chrome 浏览器下，从本地磁盘运行使用纹理图像的示例程序时，你需要开启 `--allow-file-access-from-files` 选项。这样做是出于安全考虑，因为在默认情况下，Chrome 是不被允许访问本地文件的，比如 `../resources/sky.jpg`。在 FireFox 中，你可以通过 `about:config` 来将 `security.fileuri.strict_origin_policy` 选项置为 `false`。记住，在结束之后将选项改回原来的状态，否则你就留下了一个安全漏洞——允许浏览器访问本地文件。

图 5.19 TextureQuad（左）以及其使用的图像纹理（右）

接下来，我们来仔细研究上述第 1 步到第 4 步。第 1 步中准备的纹理图像，可以是浏览器支持的任意格式的图像。你可以使用任何照片，包括你自己拍摄的，当然你也可以使用本书示例代码中 `resource` 文件夹下的图像。

第 2 步指定映射方式，就是确定“几何图形的某个片元”的颜色如何取决于“纹理图像中哪个（或哪几个）像素”的问题（即前者到后者的映射）。我们利用图形的顶点坐标来确定屏幕上哪部分被纹理图像覆盖，使用**纹理坐标** (texture coordinates) 来确定纹理图像的哪部分将覆盖到几何图形上。纹理坐标是一套新的坐标系统，下面就来仔细研究一下。

纹理坐标

纹理坐标是纹理图像上的坐标，通过纹理坐标可以在纹理图像上获取纹素颜色。WebGL 系统中的纹理坐标系统是二维的，如图 5.20 所示。为了将纹理坐标和广泛使用的 x 坐标和 y 坐标区分开来，WebGL 使用 s 和 t 命名纹理坐标（st 坐标系统）[2]。

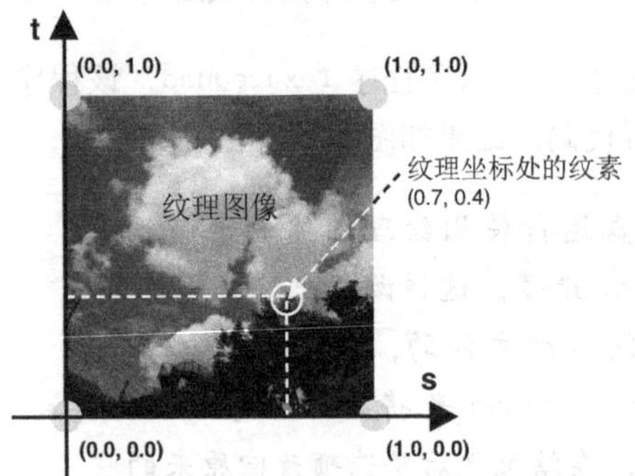

图 5.20 WebGL 的纹理坐标系统

如图 5.20 所示，纹理图像四个角的坐标为左下角 (0.0, 0.0)，右下角 (1.0, 0.0)，右上角 (1.0, 1.0) 和左上角 (0.0, 1.0)。纹理坐标很通用，因为坐标值与图像自身的尺寸无关，不管是 128×128 还是 128×256 的图像，其右上角的纹理坐标始终是 (1.0, 1.0)。

将纹理图像粘贴到几何图形上

如前所述，在 WebGL 中，我们通过纹理图像的纹理坐标与几何形体顶点坐标间的映射关系，来确定怎样将纹理图像贴上去，如图 5.21 所示。

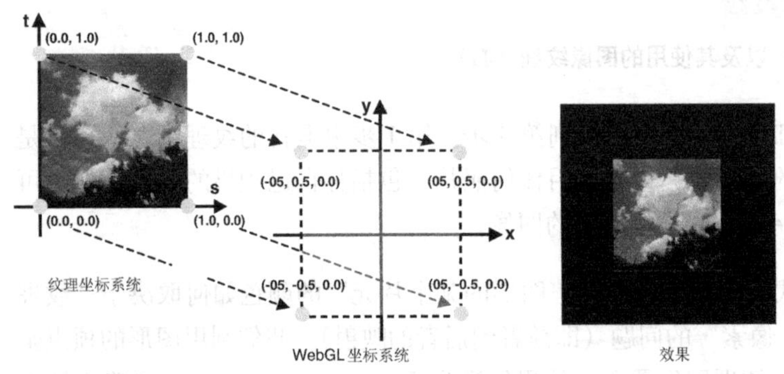

图 5.21 将纹理坐标映射到顶点上

2 另一种常用的命名习惯是用 uv 为纹理坐标的名称。但本书使用 st，是因为 GLSL ES 也使用 st 分量名访问纹理。

在这里，我们将纹理坐标 (0.0, 1.0) 映射到顶点坐标 (−0.5, −0.5, 0.0) 上，将纹理坐标 (1.0, 1.0) 映射到顶点坐标 (0.5, 0.5, 0.0) 上，等等。通过建立矩形四个顶点与纹理坐标的对应关系，就获得了如图 5.21（右）所示的结果。

现在，你应该已经大致了解纹理映射的原理了，下面来看一下示例程序。

示例程序（TexturedQuad.js）

示例程序 `TexturedQuad.js` 如例 5.7 所示。纹理映射的过程需要顶点着色器和片元着色器二者的配合：首先在顶点着色器中为每个顶点指定纹理坐标，然后在片元着色器中根据每个片元的纹理坐标从纹理图像中抽取纹素颜色。程序主要包括五个部分，已经在代码中用数字标记了出来。

例 5.7 TexturedQuad.js

```
// TexturedQuad.js
// 顶点着色器程序                                          <- (第1部分)
var VSHADER_SOURCE =
  'attribute vec4 a_Position;\n' +
  'attribute vec2 a_TexCoord;\n' +
  'varying vec2 v_TexCoord;\n' +
  'void main() {\n' +
  '  gl_Position = a_Position;\n' +
  '  v_TexCoord = a_TexCoord;\n' +
  '}\n';

// 片元着色器程序                                          <- (第2部分)
var FSHADER_SOURCE =
  ...
  'uniform sampler2D u_Sampler;\n' +
  'varying vec2 v_TexCoord;\n' +
  'void main() {\n' +
  ' gl_FragColor = texture2D(u_Sampler, v_TexCoord);\n' +
  '}\n';

function main() {
  ...
 // 设置顶点信息                                           <- (第3部分)
 var n = initVertexBuffers(gl);
  ...
 // 配置纹理
 if (!initTextures(gl, n)) {
 ...
```

```
  }
}

function initVertexBuffers(gl) {
  var verticesTexCoords = new Float32Array([
    // 顶点坐标，纹理坐标
    -0.5,  0.5, 0.0, 1.0,
    -0.5, -0.5, 0.0, 0.0,
     0.5,  0.5, 1.0, 1.0,
     0.5, -0.5, 1.0, 0.0,
  ]);
  var n = 4; // 顶点数目

  // 创建缓冲区对象
  var vertexTexCoordBuffer = gl.createBuffer();
...
  // 将顶点坐标和纹理坐标写入缓冲区对象
  gl.bindBuffer(gl.ARRAY_BUFFER, vertexTexCoordBuffer);
  gl.bufferData(gl.ARRAY_BUFFER, verticesTexCoords, gl.STATIC_DRAW);

  var FSIZE = verticesTexCoords.BYTES_PER_ELEMENT;
...
 gl.vertexAttribPointer(a_Position, 2, gl.FLOAT, false, FSIZE * 4, 0);
 gl.enableVertexAttribArray(a_Position); // Enable buffer allocation

  // 将纹理坐标分配给a_TexCoord并开启它
  var a_TexCoord = gl.getAttribLocation(gl.program, 'a_TexCoord');
...
  gl.vertexAttribPointer(a_TexCoord, 2, gl.FLOAT, false, FSIZE * 4, FSIZE * 2);
  gl.enableVertexAttribArray(a_TexCoord); // 开启a_TexCoord
...
  return n;
}

function initTextures(gl, n)                                   <- (第4部分)
  var texture = gl.createTexture(); // 创建纹理对象
...
  // 获取u_Sampler的存储位置
  var u_Sampler = gl.getUniformLocation(gl.program, 'u_Sampler');
...
  var image = new Image(); // 创建一个image对象
...
  // 注册图像加载事件的响应函数
  image.onload = function(){ loadTexture(gl, n, texture, u_Sampler, image); };
```

```
  // 浏览器开始加载图像
  image.src = '../resources/sky.jpg';

  return true;
}

function loadTexture(gl, n, texture, u_Sampler, image){     <- (第5部分)
   gl.pixelStorei(gl.UNPACK_FLIP_Y_WEBGL, 1); // 对纹理图像进行y轴反转
  // 开启0号纹理单元
  gl.activeTexture(gl.TEXTURE0);
  // 向target绑定纹理对象
  gl.bindTexture(gl.TEXTURE_2D, texture);

  // 配置纹理参数
  gl.texParameteri(gl.TEXTURE_2D, gl.TEXTURE_MIN_FILTER, gl.LINEAR);
  // 配置纹理图像
  gl.texImage2D(gl.TEXTURE_2D, 0, gl.RGB, gl.RGB, gl.UNSIGNED_BYTE, image);

  // 将0号纹理传递给着色器
  gl.uniform1i(u_Sampler, 0);
...
  gl.drawArrays(gl.TRIANGLE_STRIP, 0, n); // 绘制矩形
}
```

这段程序主要分五个部分。

1．顶点着色器中接收顶点的纹理坐标，光栅化后传递给片元着色器。

2．片元着色器根据片元的纹理坐标，从纹理图像中抽取出纹素颜色，赋给当前片元。

3．设置顶点的纹理坐标（`initVertexBuffers()`）。

4．准备待加载的纹理图像，令浏览器读取它（`initTextures()`）。

5．监听纹理图像的加载事件，一旦加载完成，就在 WebGL 系统中使用纹理（`loadTexture()`）。

让我们从第 3 部分（使用 `initVertexBuffers()` 为每个顶点设置纹理坐标）开始。着色器（前两个部分）将在图像加载完成之后执行，所以最后再解释。

设置纹理坐标（initVertexBuffers()）

将纹理坐标传入顶点着色器，与将其他顶点数据（如颜色）传入顶点着色器的方法是相同的。我们可以将纹理坐标和顶点坐标写在同一个缓冲区中：定义数组 verticesTexCoords，成对记录每个顶点的顶点坐标和纹理坐标（第 58 行），如下所示：

```
58   var verticesTexCoords = new Float32Array([
59     // 顶点坐标和纹理坐标
60     -0.5, 0.5, 0.0, 1.0,
61     -0.5, -0.5, 0.0, 0.0,
62      0.5, 0.5, 1.0, 1.0,
63      0.5, -0.5, 1.0, 0.0,
64   ]);
```

可见，第 1 个顶点 (–0.5, 0.5) 对应的纹理坐标是 (0.0, 1.0)，第 2 个顶点 (–0.5, –0.5) 对应的纹理坐标是 (0.0, 0.0)，第 3 个顶点 (0.5, 0.5) 对应的纹理坐标是 (1.0, 1.0)，第 4 个顶点 (0.5, –0.5) 对应的纹理坐标是 (1.0, 0.0)。图 5.21 显示了这种对应关系。

然后我们将顶点坐标和纹理坐标写入缓冲区对象，将其中的顶点坐标分配给 a_Position 变量并开启之（第 75 到 86 行）。接着，获取 a_TexCoord 变量的存储位置，将缓冲区中的纹理坐标分配给该变量（第 89 到 94 行），并开启之（第 95 行）。

```
88   // 将纹理坐标分配给a_TexCoord并开启之
89   var a_TexCoord = gl.getAttribLocation(gl.program, 'a_TexCoord');
     ...
94   gl.vertexAttribPointer(a_TexCoord, 2, gl.FLOAT, false, FSIZE * 4,
                                                              ➥FSIZE * 2);
95   gl.enableVertexAttribArray(a_TexCoord);
```

配置和加载纹理（initTextures()）

initTextures() 函数负责配置和加载纹理（第 101 到 122 行）：首先调用 gl.createTexture() 创建纹理对象（第 101 行），纹理对象用来管理 WebGL 系统中的纹理。然后调用 gl.getUniformLocation() 从片元着色器中获取 uniform 变量 u_Sampler（取样器[3]）的存储位置，该变量用来接收纹理图像（第 108 行）。

```
101   var texture = gl.createTexture(); // 创建一个纹理对象
      ...
108   var u_Sampler = gl.getUniformLocation(gl.program, 'u_Sampler');
```

3 Sampler 意为“取样器”，因为从纹理图像中获取纹素颜色的过程，相当于从纹理图像中“取样”，即输入纹理坐标，返回颜色值。实际上，由于纹理像素也是有大小的，取样处的纹理坐标很可能并不落在某个像素中心，所以取样通常并不是直接取纹理图像某个像素的颜色，而是通过附近的若干个像素共同计算而得。——译者注

gl.createTexture() 方法可以创建纹理对象。

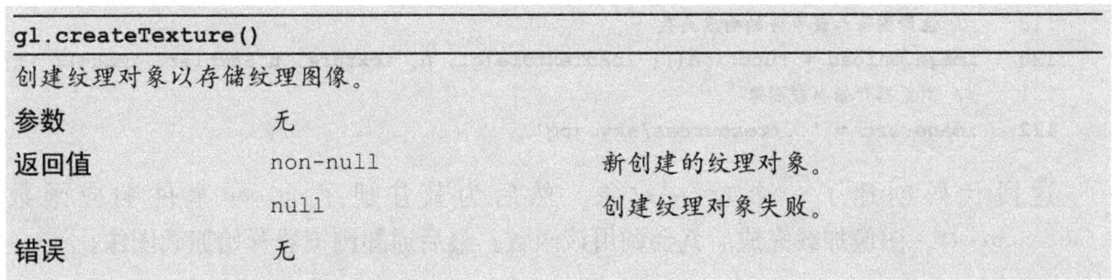

gl.createTexture()		
创建纹理对象以存储纹理图像。		
参数	无	
返回值	non-null	新创建的纹理对象。
	null	创建纹理对象失败。
错误	无	

调用该函数将在 WebGL 系统中创建一个纹理对象，如图 5.22 所示。gl.TEXTURE0 到 gl.TEXTURE7 是管理纹理图像的 8 个纹理单元（稍后将详细解释），每一个都与 gl.TEXTURE_2D 相关联，而后者就是绑定纹理时的纹理目标。稍后将会详细解释这些内容。

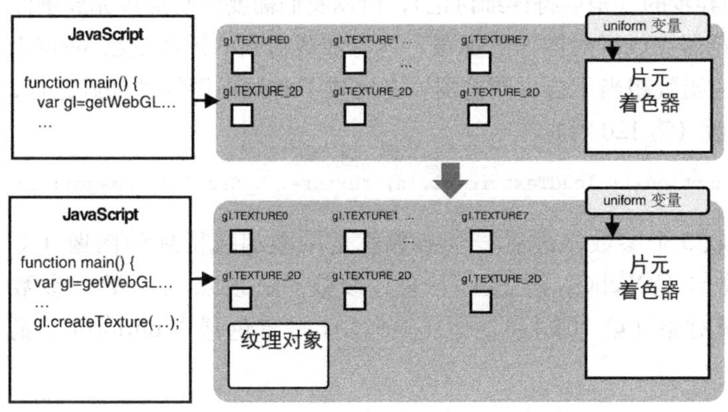

图 5.22 创建纹理对象

同样，也可以使用 gl.deleteTexture() 来删除一个纹理对象。注意，如果试图删除一个已经被删除的纹理对象，不会报错也不会产生任何影响。

gl.deleteTexture(texture)		
使用 *texture* 删除纹理对象。		
参数	texture	待删除的纹理对象
返回值	无	
错误	无	

接下来，请求浏览器加载纹理图像供 WebGL 使用，该纹理图像将会映射到矩形上。为此，我们需要使用 Image 对象：

```
114  var image = new Image(); // 创建image对象
  ...
119  // 注册图像加载事件的响应函数
120  image.onload = function(){ loadTexture(gl, n, texture, u_Sampler, image); };
121  // 浏览器开始加载图像
122  image.src = '../resources/sky.jpg';
```

这段代码创建了一个 Image 对象，然后为其注册了 onload 事件响应函数 loadTexture()，图像加载完成后就会调用该函数。最后通知浏览器开始加载图像。

必须使用 new 操作符新建 Image 对象，就像你新建一个 Array 对象或 Date 对象时一样（第 114 行）。Image 是 JavaScript 内置的一种对象类型，它通常被用来处理图像。

```
114  var image = new Image(); // 创建image对象
```

由于加载图像的过程是异步的（稍后将详细讨论），所以我们需要监听加载完成事件（即 onload 事件）：一旦浏览器完成了对图像的加载，就将加载得到的图像交给 WebGL 系统。注册 onload 事件响应函数相当于告诉浏览器，在完成了对纹理图像的加载之后，异步调用 loadTexture() 函数（第 120 行）。

```
120  image.onload = function(){ loadTexture(gl, n, texture, u_Sampler, image); };
```

loadTexture() 函数接收 5 个参数，最后一个参数就是刚刚加载得到的图像（即 Image 对象）。第 1 个参数 gl 是 WebGL 绘图上下文，参数 n 是顶点的个数，参数 texture 是之前创建的纹理对象（第 101 行），而 u_Sampler 是着色器中 uniform 变量 u_Sampler 的存储位置。

就像 HTML 中的 <img> 标签一样，我们为 Image 对象添加 src 属性，将该属性赋值为图像文件的路径和名称来告诉浏览器开始加载图像（第 122 行）。注意，出于安全性考虑，WebGL 不允许使用跨域纹理图像：

```
122  image.src = '../resources/sky.jpg';
```

在执行完第 122 行之后，浏览器开始异步加载图像，而程序本身则（不等待图像加载完成）继续运行到第 124 行的 return 语句并退出。然后，浏览器在某个时刻完成了对图像的加载，就会调用事件响应函数 loadTexture() 将加载得到的图像交给 WebGL 系统处理。

异步加载纹理图像

以往，使用 C 或 C++ 编写的 OpenGL 程序都是直接从存储纹理图像的磁盘上读取纹理图像。然而，WebGL 是运行在浏览器中的，所以我们没办法直接从磁盘上读取图像，而只能通过浏览器间接地获取图像。（一般情况下，浏览器是通过向服务器发起请求，接收服务器的响应，并从中获取图像的。）这样做的优势是，我们可以使用浏览器支持的任意格式的图像，但缺点是获取图像的过程变得更加复杂了。为了获取图像，我们需要进行两个步骤（浏览器请求，以及真正将图像加载到 WebGL 系统中去），而且这两个步骤是异步（在后台）运行的，不会阻断当前的程序执行。

图 5.23 显示了示例程序中的第 [1] 步（通知浏览器加载图像）到第 [7] 步（图像完成加载后，调用 `loadTexture()`）的过程。

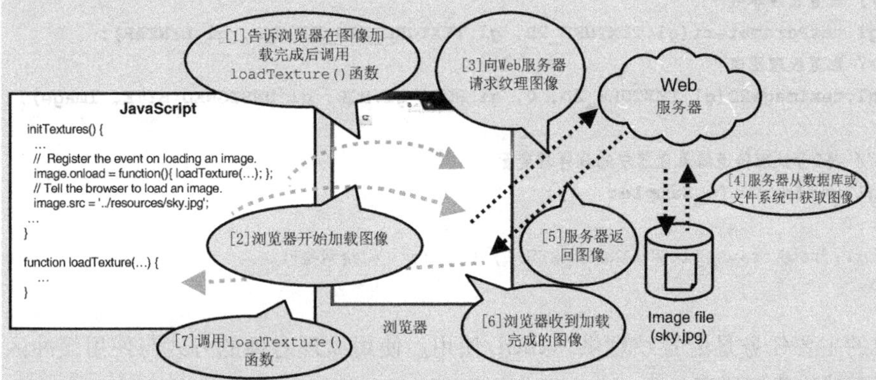

图 5.23 异步加载纹理图像

在图 5.23 中，第 [1] 和第 [2] 步是按顺序执行的，而第 [2] 步到第 [7] 步则不是。在第 [2] 步中，我们请求浏览器去加载一幅图像之后，JavaScript 程序并没有停下来等待图像加载完成，而是继续向前执行了。（该行为的机制稍后会详细解释。）在继续执行 JavaScript 的同时，浏览器向 Web 服务器请求加载一幅图像 [3]。然后，当浏览器加载图像完成 [4] 和 [5] 之后，才会再通知 JavaScript 程序图像已经加载完成了。这种过程就称为异步 (asynchronous)。

上述图像的异步加载过程与在 HTML 网页上显示图片的过程很类似。在 HTML 网页中，通过为 `<img>` 标签（如下）的 `src` 属性指定图片文件的 URL 来告诉浏览器从哪个指定的 URL 加载图像。该过程其实就是图 5.23 中的第 [2] 步。

```
<img src="../resources/redflower.jpg">
```

只需考虑一下那些充满大量图片的网页的表现就可以理解，浏览器加载图像本来就是一个异步的过程。一般来说，那些网页的布局和文字会很快地显示出来，然后随着图像的加载，再逐渐显示出图像来。正是因为图像的加载和显示的过程是异步的，我们才能够在打开网页的第一时间与看到网页上的文字，并与之交互，而不必等待图片被全部加载完成。

为 WebGL 配置纹理（loadTexture()）

loadTexture() 函数的定义如下：

```
function loadTexture(gl, n, texture, u_Sampler, image){        <- (第5部分)
   gl.pixelStorei(gl.UNPACK_FLIP_Y_WEBGL, 1); // 对纹理图像进行y轴反转
  // 开启0号纹理单元
  gl.activeTexture(gl.TEXTURE0);
  // 绑定纹理对象
  gl.bindTexture(gl.TEXTURE_2D, texture);

  // 配置纹理参数
  gl.texParameteri(gl.TEXTURE_2D, gl.TEXTURE_MIN_FILTER, gl.LINEAR);
  // 配置纹理图像
  gl.texImage2D(gl.TEXTURE_2D, 0, gl.RGB, gl.RGB, gl.UNSIGNED_BYTE, image);

  // 将0号纹理传递给着色器中的取样器变量
  gl.uniform1i(u_Sampler, 0);
 ...
   gl.drawArrays(gl.TRIANGLE_STRIP, 0, n); // 绘制矩形
}
```

该函数的主要任务是配置纹理供 WebGL 使用。使用纹理对象的方式与使用缓冲区很类似，下面就让我们研究一下。

图像 Y 轴反转

在使用图像之前，你必须对它进行 Y 轴反转。

```
    gl.pixelStorei(gl.UNPACK_FLIP_Y_WEBGL, 1); // 对纹理图像进行Y轴反转
```

该方法对图像进行了 Y 轴反转。如图 5.24 所示，WebGL 纹理坐标系统中的 t 轴的方向和 PNG、BMP、JPG 等格式图片的坐标系统的 Y 轴方向是相反的。因此，只有先将图像 Y 轴进行反转，才能够正确地将图像映射到图形上。（或者，你也可以在着色器中手动反转 t 轴坐标。）

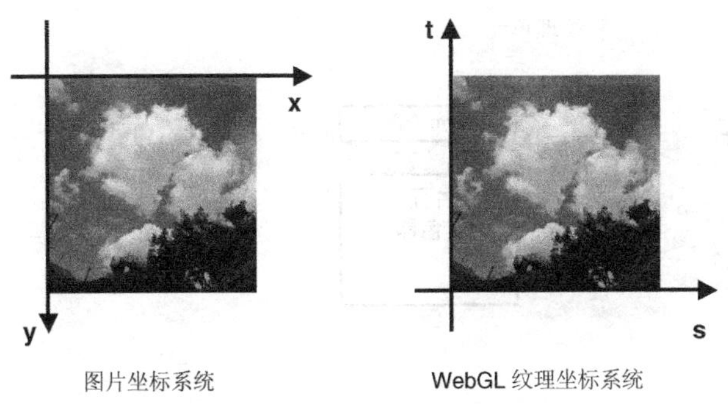

图 5.24 图像坐标系统和 WebGL 纹理坐标系统

下面是 gl.pixelStorei() 方法的规范：

gl.pixelStorei(pname, param)		
使用 *pname* 和 *param* 指定的方式处理加载得到的图像。		
参数	pname	可以是以下二者之一
	gl.UNPACK_FLIP_Y_WEBGL	对图像进行 Y 轴反转。默认值为 false
	gl.UNPACK_PREMULTIPLY_ALPHA_WEBGL	将图像 RGB 颜色值的每一个分量乘以 A。默认值为 false
	param	指定非 0 (true) 或 0 (false)。必须为整数
返回值	无	
错误	INVALID_ENUM	*pname* 不是合法的值

激活纹理单元（gl.activeTexture()）

WebGL 通过一种称作**纹理单元** (texture unit) 的机制来同时使用多个纹理。每个纹理单元有一个单元编号来管理一张纹理图像。即使你的程序只需要使用一张纹理图像，也得为其指定一个纹理单元。

系统支持的纹理单元个数取决于硬件和浏览器的 WebGL 实现，但是在默认情况下，WebGL 至少支持 8 个纹理单元，一些其他的系统支持的个数更多。内置的变量 gl.TEXTRUE0、gl.TEXTURE1……gl.TEXTURE7 各表示一个纹理单元。

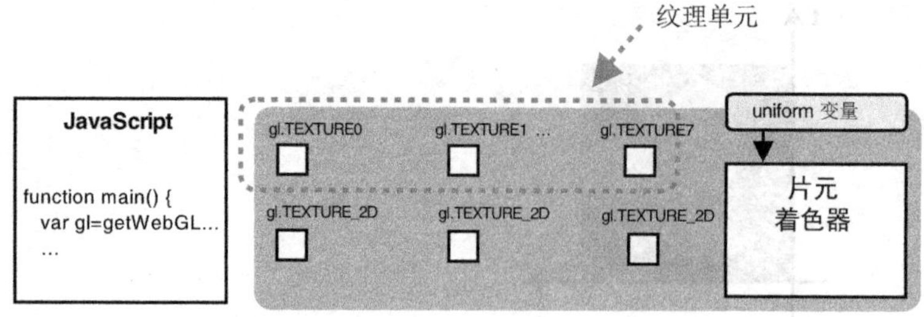

图 5.25 WebGL 纹理单元

在使用纹理单元之前，还需要调用 gl.activeTexture() 来激活它，如图 5.26 所示。

```
// 开启0号纹理单元
gl.activeTexture(gl.TEXTURE0);
```

gl.activeTexture(texUnit)

激活 *texUnit* 指定的纹理单元。

参数	texUnit	指定准备激活的纹理单元：gl.TEXTURE0、gl.TEXTURE1……gl.TEXTURE7。最后的数字表示纹理单元的编号
返回值	无	
错误	INVALID_ENUM	*texUnit* 的值不合法

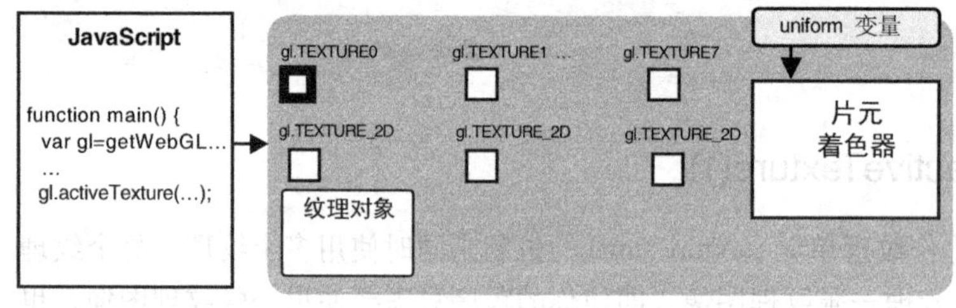

图 5.26 激活纹理单元（gl.TEXTURE0）

绑定纹理对象（gl.bindTexture()）

接下来，你还需要告诉 WebGL 系统纹理对象使用的是哪种类型的纹理。在对纹理对象进行操作之前，我们需要绑定纹理对象，这一点与缓冲区很像：在对缓冲区对象进行操作（如写入数据）之前，也需要绑定缓冲区对象。WebGL 支持两种类型的纹理，如表 5.2 所示。

表 5.2 纹理类型

纹理类型	描述
gl.TEXTURE_2D	二维纹理
gl.TEXTURE_CUBE_MAP	立方体纹理

示例程序使用一张二维图像作为纹理，所以传入了 gl.TEXTURE_2D（第 132 行）。立方体纹理的内容超出了本书的讨论范围，如果你对此感兴趣，可以参考 *OpenGL ES 2.0 Programming Guide* 一书。

```
131    // 绑定纹理对象
132    gl.bindTexture(gl.TEXTURE_2D, texture);;
```

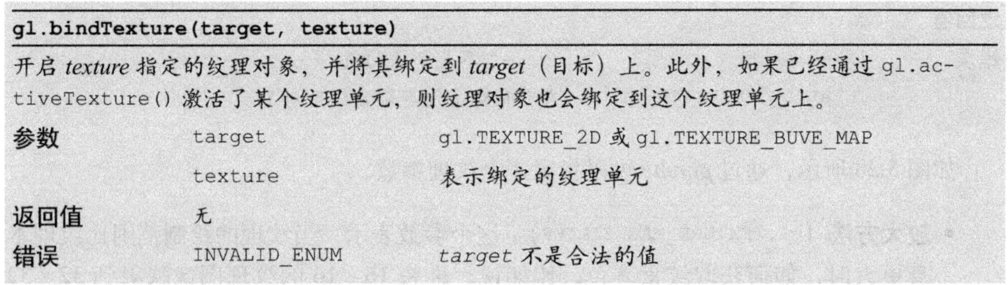

gl.bindTexture(target, texture)

开启 *texture* 指定的纹理对象，并将其绑定到 *target*（目标）上。此外，如果已经通过 gl.activeTexture() 激活了某个纹理单元，则纹理对象也会绑定到这个纹理单元上。

参数	target	gl.TEXTURE_2D 或 gl.TEXTURE_BUVE_MAP
	texture	表示绑定的纹理单元
返回值	无	
错误	INVALID_ENUM	*target* 不是合法的值

注意，该方法完成了两个任务：开启纹理对象，以及将纹理对象绑定到纹理单元上。在本例中，因为 0 号纹理单元（gl.TEXTURE0）已经被激活了，所以在执行完第 136 行后，WebGL 系统的内部状态就如图 5.27 所示。

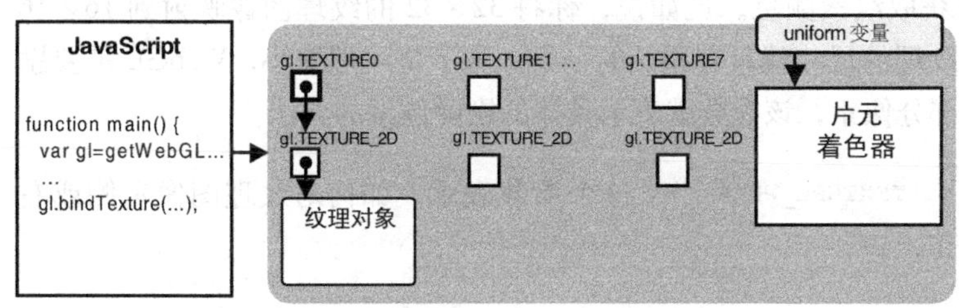

图 5.27 将纹理对象绑定到目标上

这样，我们就指定了纹理对象的类型（gl.TEXTURE_2D）。本书将始终使用该类型的纹理。实际上，在 WebGL 中，你没法直接操作纹理对象，必须通过将纹理对象绑定到纹理单元上，然后通过操作纹理单元来操作纹理对象。

配置纹理对象的参数（gl.texParameteri()）

接下来，还需要配置纹理对象的参数，以此来设置纹理图像映射到图形上的具体方式：如何根据纹理坐标获取纹素颜色、按哪种方式重复填充纹理。我们使用通用函数 gl.texParameteri() 来设置这些参数。

gl.texParameteri(target, pname, param)		
将 *param* 的值赋给绑定到目标的纹理对象的 *pname* 参数上。		
参数	target	gl.TEXTURE_2D 或 gl.TEXTURE_CUBE_MAP
	pname	纹理参数（见表 5.3）
	param	纹理参数的值（见表 5.4 和表 5.5）
返回值	无	
错误	INVALID_ENUM	*target* 不是合法的值
	INVALID_OPERATION	当前目标上没有绑定纹理对象

如图 5.28 所示，通过 *pname* 可以指定 4 个纹理参数。

- **放大方法**（gl.TEXTURE_MAG_FILTER）：这个参数表示，当纹理的绘制范围比纹理本身更大时，如何获取纹素颜色。比如说，你将 16 × 16 的纹理图像映射到 32 × 32 像素的空间里时，纹理的尺寸就变成了原始的两倍。WebGL 需要填充由于放大而造成的像素间的空隙，该参数就表示填充这些空隙的具体方法。

- **缩小方法**（gl.TEXTURE_MIN_FILTER）：这个参数表示，当纹理的绘制范围比纹理本身更小时，如何获取纹素颜色。比如说，你将 32 × 32 的纹理图像映射到 16 × 16 像素的空间里，纹理的尺寸就只有原始的一半。为了将纹理缩小，WebGL 需要剔除纹理图像中的部分像素，该参数就表示具体的剔除像素的方法。

- **水平填充方法**（gl.TEXTURE_WRAP_S）：这个参数表示，如何对纹理图像左侧或右侧的区域进行填充。

- **垂直填充方法**（gl.TEXTURE_WRAP_T）：这个参数表示，如何对纹理图像上方和下方的区域进行填充。

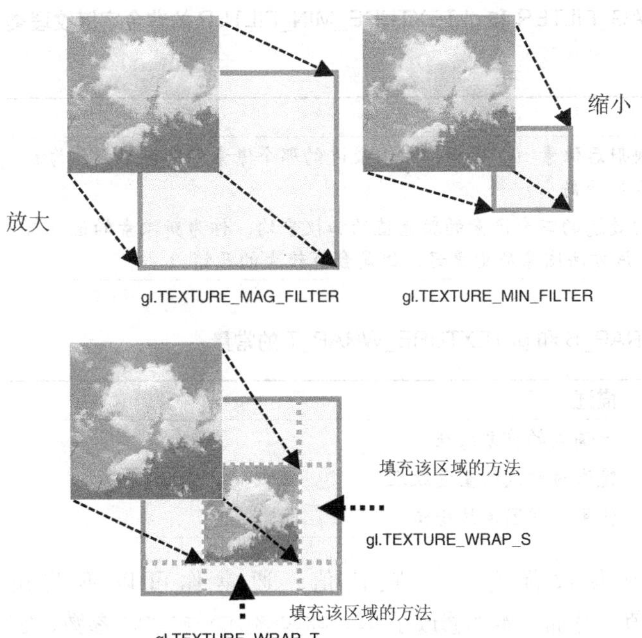

图 5.28 四种纹理参数及它们所产生的效果

表 5.3 显示了每种纹理参数的默认值。

表 5.3 纹理参数及它们的默认值

纹理参数	描述	默认值
gl.TEXTURE_MAG_FILTER	纹理放大	gl.LINEAR
gl.TEXTURE_MIN_FILTER	纹理缩小	gl.NEAREST_MIPMAP_LINEAR
gl.TEXTURE_WRAP_S	纹理水平填充	gl.REPEAT
gl.TEXTURE_WRAP_T	纹理垂直填充	gl.REPAET

表 5.4 显示了可以赋给 gl.TEXTURE_MAG_FILTER 和 gl.TEXTURE_MIN_FILTER 的常量；表 5.5 显示了可以赋给 gl.TEXTURE_WRAP_S 和 gl.TEXTURE_WRAP_T 的常量。

表 5.4 可以赋值给 gl.TEXTURE_MAG_FILTER 和 gl.TEXTURE_MIN_FILTER 的非金字塔纹理类型常量。[4]

值	描述
gl.NEAREST	使用原纹理上距离映射后像素（新像素）中心最近的那个像素的颜色值，作为新像素的值（使用曼哈顿距离[5]。）
gl.LINEAR	使用距离新像素中心最近的四个像素的颜色值的加权平均，作为新像素的值（与 gl.NEAREST 相比，该方法图像质量更好，但是会有较大的开销。）

表 5.5 可以赋值给 gl.TEXTURE_WRAP_S 和 gl.TEXTURE_WRAP_T 的常量

值	描述
gl.REPEAT	平铺式的重复纹理
gl.MIRRORED_REPEAT	镜像对称式的重复纹理
gl.CLAMP_TO_EDGE	使用纹理图像边缘值

如表 5.3 所示，每个纹理参数都有一个默认值，通常你可以不调用 gl.texParameteri() 就使用默认值。然而，本例修改了 gl.TEXTURE_MIN_FILTER 参数，它的默认值是一种特殊的、被称为 MIPMAP（也称金字塔）的纹理类型。MIPMAP 纹理实际上是一系列纹理，或者说是原始纹理图像的一系列不同分辨率的版本。本书中不大会用到这种类型，也不作详细介绍了。总之，我们把参数 gl.TEXTURE_MIN_FILTER 设置为 gl.LINEAR（第 135 行）。

```
134    // 配置纹理参数
135    gl.texParameteri(gl.TEXTURE_2D, gl.TEXTURE_MIN_FILTER, gl.LINEAR);
```

纹理对象的参数都被设置好后，WebGL 系统的内部状态如图 5.29 所示。

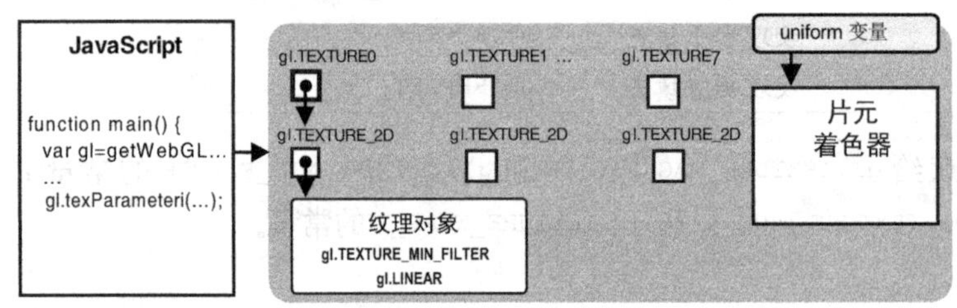

图 5.29 设置纹理参数

4 金字塔纹理没有出现在表中，它们包括：gl.NEAREST_MIPMAP_NEAREST、gl.LINEAR_MIPMAP_NEAREST、gl.NEAREST_MIPMAP_LINEAR、gl.LINEAR_MIPMAP_LINEAR。具体请参阅 *OpenGL Programming Guide* 一书。

5 曼哈顿距离即直角距离，棋盘距离。如 (x1, y1) 和 (x2, y2) 的曼哈顿距离为 |x1−x2|+|y1−y2|。——译者注

接下来，我们将纹理图像分配给纹理对象。

将纹理图像分配给纹理对象（gl.texImage2D()）

我们使用 `gl.texImage2D()` 方法将纹理图像分配给纹理对象，同时该函数还允许你告诉 WebGL 系统关于该图像的一些特性。

gl.texImage2D(target, level, internalformat, format, type, image)		
将 *image* 指定的图像分配给绑定到目标上的纹理对象。		
参数	target	gl.TEXTURE_2D 或 gl.TEXTURE_CUBE_MAP
	level	传入 0（实际上，该参数是为金字塔纹理准备的，本书不涉及。）
	internalformat	图像的内部格式（表 5.6）
	format	纹理数据的格式，必须使用与 internalformat 相同的值
	type	纹理数据的类型（表 5.7）
	image	包含纹理图像的 Image 对象
返回值	无	
错误	INVALID_ENUM	*target* 不是合法的值
	INVALID_OPERATION	当前目标上没有绑定纹理对象

我们在示例程序的第 137 行调用了该方法。

```
137  gl.texImage2D(gl.TEXTURE_2D, 0, gl.RGB, gl.RGB, gl.UNSIGNED_BYTE, image);
```

这时，`Image` 对象中的图像就从 JavaScript 传入 WebGL 系统中，并存储在纹理对象中，如图 5.30 所示。

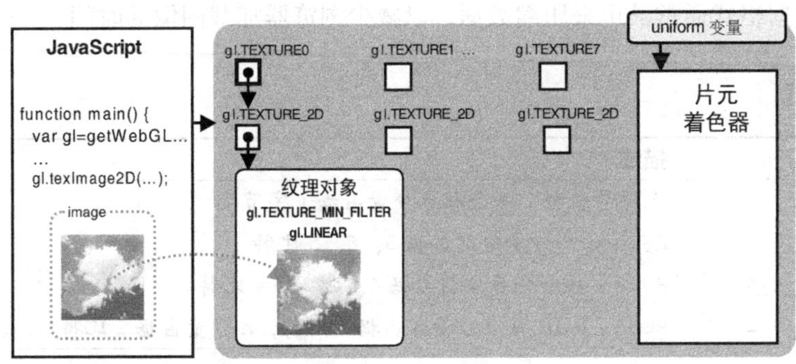

图 5.30 将图像分配给纹理对象

快速看一下调用该方法时每个参数的取值。*level* 参数直接用 0 就好了，因为我们没用到金字塔纹理。*format* 参数表示纹理数据的格式，具体取值如表 5.6 所示，你必须根据纹理图像的格式来选择这个参数。示例程序中使用的纹理图片是 JPG 格式的，该格式将每个像素用 RGB 三个分量来表示，所以我们将参数指定为 `gl.RGB`。对其他格式的图像，如 PNG 格式的图像，通常使用 `gl.RGBA`，BMP 格式的图像通常使用 `gl.RGB`，而 `gl.LUMINANCE` 和 `gl.LUMINANCE_ALPHA` 通常用在灰度图像上等等。

表 5.6 纹素数据的格式

格式	描述
gl.RGB	红、绿、蓝
gl.RGBA	红、绿、蓝、透明度
gl.ALPHA	(0.0，0.0，0.0，透明度)
gl.LUMINANCE	L、L、L、1L：流明
gl.LUMINANCE_ALPHA	L、L、L，透明度

这里的**流明** (luminance) 表示我们感知到的物体表面的亮度。通常使用物体表面红、绿、蓝颜色分量值的加权平均来计算流明。

如图 5.30 所示，`gl.texImage2D()` 方法将纹理图像存储在了 WebGL 系统中的纹理对象中。一旦存储，你必须通过 *internalformat* 参数告诉系统纹理图像的格式类型。在 WebGL 中，*internalformat* 必须和 *format* 一样。

type 参数指定了纹理数据类型，见表 5.7。通常我们使用 `gl.UNSIGNED_BYTE` 数据类型。当然也可以使用其他数据类型，如 `gl.UNSIGNED_SHORT_5_6_5`（将 RGB 三分量压缩入 16 比特中）。后面的几种数据格式通常被用来压缩数据，以减少浏览器加载图像的时间。

表 5.7 纹理数据的数据格式

格式	描述
gl.UNSIGNED_BYTE	无符号整型，每个颜色分量占据 1 字节
gl.UNSIGNED_SHORT_5_6_5	RGB：每个分量分别占据 5、6、5 比特
gl.UNSIGNED_SHORT_4_4_4_4	RGBA：每个分量分别占据 4、4、4、4 比特
gl.UNSIGNED_SHORT_5_5_5_1	RGBA：RGB 每个分量各占据 5 比特，A 分量占据 1 比特

将纹理单元传递给片元着色器（gl.uniform1i()）

一旦将纹理图象传入了 WebGL 系统，就必须将其传入片元着色器并映射到图形的表面上去。如前所述，我们使用 uniform 变量来表示纹理，因为纹理图像不会随着片元变化。

```
var FSHADER_SOURCE =
  ...
  'uniform sampler2D u_Sampler;\n' +
  'varying vec2 v_TexCoord;\n' +
  'void main() {\n' +
  '  gl_FragColor = texture2D(u_Sampler, v_TexCoord);\n' +
  '}\n';
```

必须将着色器中表示纹理对象的 uniform 变量声明为一种特殊的、专用于纹理对象的数据类型，如表 5.8 所示。示例程序使用二维纹理 gl.TEXTURE_2D，所以该 uniform 变量的数据类型设为 sampler2D。

表 5.8　专用于纹理的数据类型

类型	描述
sampler2D	绑定到 gl.TEXTURE_2D 上的纹理数据类型
samplerCube	绑定到 gl.TEXTURE_CUBE_MAP 上的纹理数据类型

在 initTextures() 函数（第 100 行）中，我们获取了 uniform 变量 u_Sampler 的存储地址（第 108 行），并将其作为参数传给 loadTexture() 函数。我们必须通过指定**纹理单元编号** (texture unit number)（即 gl.TEXTUREn 中的 n）将纹理对象传给 u_Sampler。本例唯一的纹理对象被绑定在了 gl.TEXTURE0 上，所以调用 gl.uniformi() 时，第 2 个参数为 0。

```
138     // 将0号纹理传递给着色器中的取样器变量
139     gl.uniform1i(u_Sampler, 0);
```

在执行完第 139 行后，WebGL 系统的内部状态如图 5.31 所示，这样片元着色器就终于能够访问纹理图像了。

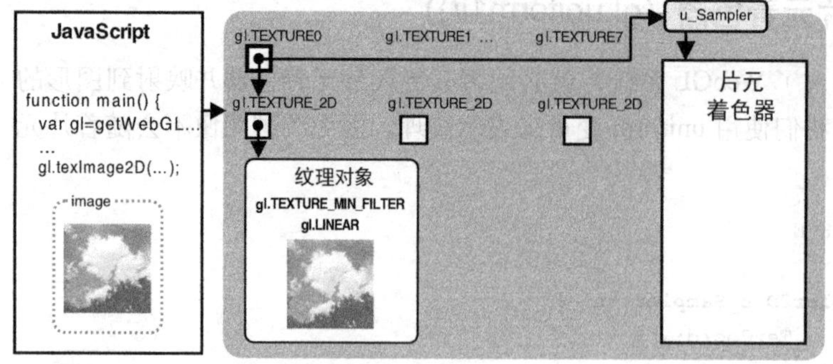

图 5.31 将纹理单元分配给 uniform 变量

从顶点着色器向片元着色器传输纹理坐标

由于我们是通过 attribute 变量 a_TexCoord 接收顶点的纹理坐标，所以将数据赋值给 varying 变量 v_TexCoord 并将纹理坐标传入片元着色器是可行的。你应该还记得，片元着色器和顶点着色器内的同名、同类型的 varying 变量可用来在两者之间传输数据。顶点之间片元的纹理坐标会在光栅化的过程中内插出来，所以在片元着色器中，我们使用的是内插后的纹理坐标。

```
// 顶点着色器
var VSHADER_SOURCE =
  'attribute vec4 a_Position;\n' +
  'attribute vec2 a_TexCoord;\n' +
  'varying vec2 v_TexCoord;\n' +
  'void main() {\n' +
  '  gl_Position = a_Position;\n' +
  '  v_TexCoord = a_TexCoord;\n' +
  '}\n';
```

这样就完成了在 WebGL 系统中使用纹理的所有准备工作。

剩下的工作就是，根据片元的纹理坐标，从纹理图像上抽取出纹素的颜色，然后涂到当前的片元上。

在片元着色器中获取纹理像素颜色（texture2D()）

片元着色器从纹理图像上获取纹素的颜色（第 20 行）。

```
20   '  gl_FragColor = texture2D(u_Sampler, v_TexCoord);\n' +
```

使用 GLSL ES 内置函数 `texture2D()` 来抽取纹素颜色。该函数很容易使用，只需要传入两个参数——纹理单元编号和纹理坐标，就可以取得纹理上的像素颜色。这个函数是内置的，留意一下其参数类型和返回值。

vec4 texture2D(sampler2D sampler, vec2 coord)

从 *sampler* 指定的纹理上获取 *coord* 指定的纹理坐标处的像素颜色。

参数	sampler	指定纹理单元编号
	coord	指定纹理坐标
返回值	纹理坐标处像素的颜色值，其格式由 gl.texImage2D() 的 *internalformat* 参数决定。表 5.9 显示了不同参数下的返回值。如果由于某些原因导致纹理图像不可使用，那就返回 (0.0, 0.0, 0.0, 1.0)	

表 5.9 texture2D() 的返回值

internalformat	返回值
gl.RGB	(R,G,B,1.0)
gl.RGBA	(R,G,B,A)
gl.ALPHA	(0.0, 0.0, 0.0, A)
gl.LUMINANCE	(L,L,L,1.0)
gl.LUMINANCE_ALPHA	(L,L,L,A)

纹理放大和缩小方法的参数将决定 WebGL 系统将以何种方式内插出片元。我们将 `texture2D()` 函数的返回值赋给了 `gl_FragColor` 变量，然后片元着色器就将当前片元染成这个颜色。最后，纹理图像就被映射到了图形（本例中是一个矩形）上，并最终被画了出来。

这已经是进行纹理映射的最后一步了。此时，纹理已经加载好、设置好，并映射到了图形上，就等你画出来了。

如你所见，在 WebGL 中进行纹理映射是一个相对复杂的过程，一方面是因为你得让浏览器去加载纹理图像；另一方面是因为，即使只有一个纹理，你也得使用纹理单元。但是，一旦你掌握了这些基本的步骤，以后使用起来就会得心应手多了。

在下一小节中，我们将会用示例程序做些实验，希望能帮助你进一步熟悉整个过程。

用示例程序做试验

为了帮助你进一步熟悉纹理映射，让我们来修改示例程序中的纹理坐标。比如，将

TexturedQuad 中的纹理坐标进行如下修改：

```
var verticesTexCoords = new Float32Array([
  // 顶点坐标和纹理坐标
  -0.5, 0.5, -0.3, 1.7,
  -0.5, -0.5, -0.3, -0.2,
   0.5, 0.5, 1.7, 1.7,
   0.5, -0.5, 1.7, -0.2
]);
```

修改后的程序为 TexturedQuad_Repeat，运行的效果如图 5.32（左）所示。右侧图显示了矩形 4 个顶点的纹理坐标，以及纹理图像的 4 个角在矩形上的位置，这幅图可以帮助你更好地理解纹理坐标系统。

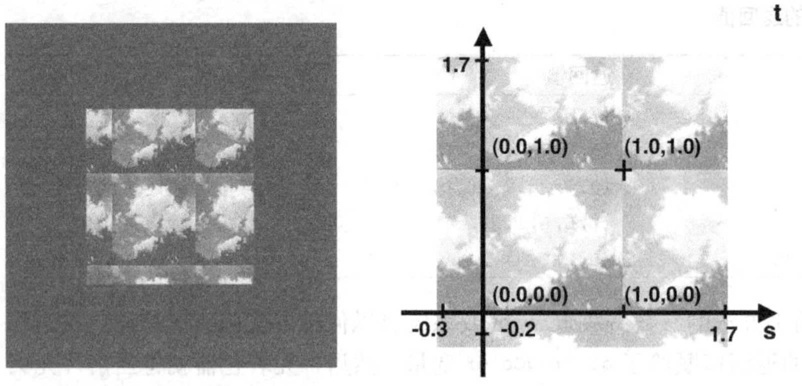

图 5.32 修改纹理坐标（TexturedQuad_Repeat 的效果截图）

由于纹理图像不足以覆盖整个矩形，所以你可以看到，在那些本该空白的区域，纹理又重复出现了。之所以会这样，是因为在示例程序中，我们将 gl.TEXTURE_WRAP_S 和 gl.TEXTURE_WRAP_T 参数都设置为了 gl.REPEAT。

现在，我们来如下修改纹理参数，看看还能得到什么效果。修改后的程序名为 TexturedQuad_Clamp_Mirror，图 5.33 显示了它在浏览器中的运行效果。

```
// 配置纹理参数
gl.texParameteri(gl.TEXTURE_2D, gl.TEXTURE_MIN_FILTER, gl.LINEAR );
gl.texParameteri(gl.TEXTURE_2D, gl.TEXTURE_WRAP_S, gl.CLAMP_TO_EDGE );
gl.texParameteri(gl.TEXTURE_2D, gl.TEXTURE_WRAP_T, gl.MIRRORED_REPEAT );
```

可见，在 s 轴（水平轴）上，纹理外填充了最边缘纹素的颜色，而在 t 轴（垂直轴）上镜像地重复填充纹理。

图 5.33 TexturedQuad_Clamp_Mirror

这个示例程序总结了在 WebGL 中进行纹理映射的几种基本方式。下一节将在此基础上探讨如何使用多幅纹理。

使用多幅纹理

在本章之前说过，WebGL 可以同时处理多幅纹理，纹理单元就是为了这个目的而设计的。之前的示例程序都只用到了一幅纹理，也只用到了一个纹理单元。这一节的示例程序 `MultiTexture` 来在矩形上重叠粘贴两幅纹理图像。通过本例，你可以进一步了解纹理单元的机制。图 5.34 显示了 `MultiTexture` 的运行效果，两张纹理图像在矩形上的混合效果如下。

图 5.34 MultiTexture

图 5.35 中的两幅图分别显示了示例程序用到的两幅纹理图像。为了说明 WebGL 具有处理不同纹理图像格式的能力，本例故意使用了两种不同格式的图像。

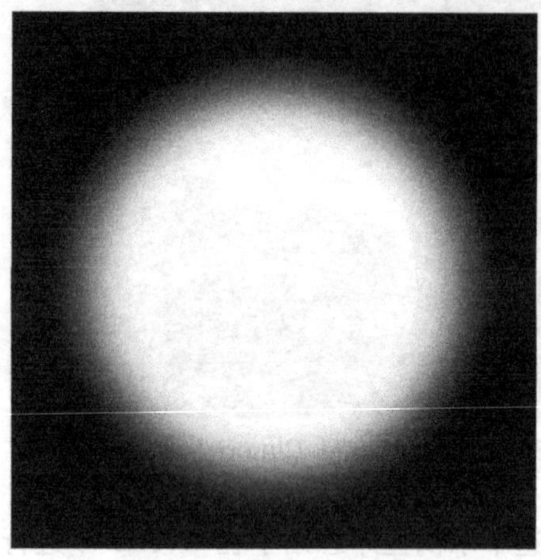

图 5.35 MultiTexture 中用到的纹理图像（左侧：sky.jpg 和右侧：circle.gif）

最关键的是，你需要对每一幅纹理分别进行前一节所述的将纹理图像映射到图形表面的操作，以此来将多张纹理图像同时贴到图形上去。让我们通过一个示例程序看看具体是如何实现的。

示例程序（MultiTexture.js）

例 5.8 为 MultiTexture.js 的主要代码，它与 TextureQuad.js 很相似，但有以下三点关键区别：(1) 片元着色器能够访问两个纹理；(2) 最终的片元颜色由两个纹理上的纹素颜色共同决定；(3)initTextures() 函数创建了两个纹理对象。

例 5.8 MultiTexture.js

```
// TexturedQuad.js
 ...
var FSHADER_SOURCE =
  ...
  'uniform sampler2D u_Sampler0;\n' +
  'uniform sampler2D u_Sampler1;\n' +
  'varying vec2 v_TexCoord;\n' +
  'void main() {\n' +
  '  vec4 color0 = texture2D(u_Sampler0, v_TexCoord);\n' +              <-(1)
  '  vec4 color1 = texture2D(u_Sampler1, v_TexCoord);\n' +
```

```
  '  gl_FragColor = color0 * color1;\n' +                                    <-(2)
  '}\n';

function main() {
  ...
  // 配置纹理
  if (!initTextures(gl, n)) {
  ...
}

function initVertexBuffers(gl) {
  var verticesTexCoords = new Float32Array([
    // 顶点坐标和纹理坐标
    -0.5, -0.5, 0.0, 1.0,
    -0.5, -0.5, 0.0, 0.0,
     0.5, -0.5, 1.0, 1.0,
     0.5, -0.5, 1.0, 0.0,
  ]);
  var n = 4; // 顶点数量
  ...
  return n;
}

function initTextures(gl, n) {
  // 创建缓冲区对象
  var texture0 = gl.createTexture();                                          <-(3)
  var texture1 = gl.createTexture();
  ...
  // 获取u_Sampler1和u_Sampler2的存储位置
  var u_Sampler0 = gl.getUniformLocation(gl.program, 'u_Sampler0');
  var u_Sampler1 = gl.getUniformLocation(gl.program, 'u_Sampler1');
  ...
  // 创建Image对象
  var image0 = new Image();
  var image1 = new Image();
  ...
  // 注册事件响应函数，在图像加载完成后调用
  image0.onload = function(){ loadTexture(gl, n, texture0, u_Sampler0,
                                                              ➥image0, 0); };
  image1.onload = function(){ loadTexture(gl, n, texture1, u_Sampler1,
                                                              ➥image1, 1); };
  // 告诉浏览器开始加载图像
  image0.src = '../resources/redflower.jpg';
  image1.src = '../resources/circle.gif';
```

```
133
134   return true;
135 }
136 // 标记纹理单元是否已经就绪
137 var g_texUnit0 = false, g_texUnit1 = false ;
138 function loadTexture(gl, n, texture, u_Sampler, image, texUnit) {
139   gl.pixelStorei(gl.UNPACK_FLIP_Y_WEBGL, 1);// Flip the image's y-axis
140   // 激活纹理
141   if (texUnit == 0) {
142     gl.activeTexture(gl.TEXTURE0);
143     g_texUnit0 = true;
144   } else {
145     gl.activeTexture(gl.TEXTURE1);
146     g_texUnit1 = true;
147   }
148   // 绑定纹理对象到目标上
149   gl.bindTexture(gl.TEXTURE_2D, texture);
150
151   // 配置纹理参数
152   gl.texParameteri(gl.TEXTURE_2D, gl.TEXTURE_MIN_FILTER, gl.LINEAR);
153   // 设置纹理图像
154   gl.texImage2D(gl.TEXTURE_2D, 0, gl.RGBA, gl.RGBA, gl.UNSIGNED_BYTE, image);
155   // 将纹理单元编号传递给取样器
156   gl.uniform1i(u_Sampler, texUnit);
  ...
161   if (g_texUnit0 && g_texUnit1) {
162     gl.drawArrays(gl.TRIANGLE_STRIP, 0, n); // 绘制一个矩形
163   }
164 }
```

首先，让我们来看一下片元着色器。在 `TextureQuad.js` 中片元着色器只用到了一个纹理，所以也就只准备了一个 uniform 变量 `u_Sampler`。然而，本例中的片元着色器用到了两个纹理，那就需要定义两个 uniform 变量，如下所示：

```
17   'uniform sampler2D u_Sampler0;\n' +
18   'uniform sampler2D u_Sampler1;\n' +
```

然后，在片元着色器的 `main()` 函数中，我们从两个纹理中取出纹素颜色，分别存储在变量 `color0` 和 `color1` 中（第 21 和 22 行）。

```
21   '  vec4 color0 = texture2D(u_Sampler0, v_TexCoord);\n' +
22   '  vec4 color1 = texture2D(u_Sampler1, v_TexCoord);\n' +
23   '  gl_FragColor = color0 * color1;\n' +
```

使用两个纹素来计算最终的片元颜色（`gl_FragColor`）有多种可能的方法。示例程

序使用的是颜色矢量的分量乘法——两个矢量中对应的分量相乘作为新矢量的分量，如图 5.36 所示。这很好理解。在 GLSL ES 中，只需要将两个 vec4 变量简单相乘一下就可以达到目的。

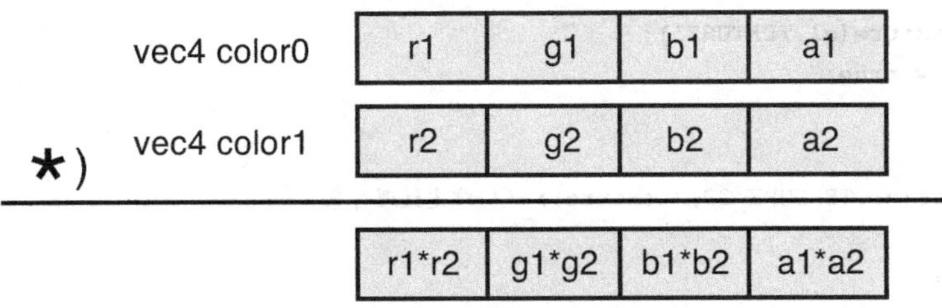

图 5.36 两个 vec4 变量相乘

虽然示例程序用到了两个纹理图像，但是 initVertexBuffers() 函数（第 60 行）却没有改变，因为矩形顶点在两幅纹理图像上的纹理坐标是完全相同的。

相比之下，initTextures() 函数（第 130 行）被修改了。我们现在用到两幅纹理，所以需要重复两次处理纹理图像的步骤。

第 105、106 行创建了两个纹理对象，变量名的后缀（texture0 中的“0”和 texture1 中的“1”）对应着纹理单元的编号（纹理单元 1 或纹理单元 0）。此外 uniform 变量（第 113、114 行）与 Image 对象（第 120、121 行）也采用了类似的命名方式。

注册事件响应函数 loadTexture() 的过程与 TexturedQuad.js 类似，注意最后一个参数是纹理单元编号。

```
128   image0.onload = function(){ loadTexture(gl, n, texture0, u_Sampler0,
                                                            ➥image0, 0); };
129   image1.onload = function(){ loadTexture(gl, n, texture1, u_Sampler1,
                                                            ➥image1, 1); };
```

然后请求浏览器加载图像（第 131、132 行）：

```
131   image0.src = '../resources/redflower.jpg';
132   image1.src = '../resources/circle.gif';
```

示例程序中为了处理两幅纹理，我们还修改了 loadTexture() 函数。修改后该函数的核心部分代码如下所示（第 138 行）：

```
137 var g_texUnit0 = false, g_texUnit1 = false;
138 function loadTexture(gl, n, texture, u_Sampler, image, texUnit) {
139   gl.pixelStorei(gl.UNPACK_FLIP_Y_WEBGL, 1);// Flip the image's y-axis
```

```
140   // 激活纹理
141   if (texUnit == 0) {
142     gl.activeTexture(gl.TEXTURE0);
143     g_texUnit0 = true;
144   } else {
145     gl.activeTexture(gl.TEXTURE1);
146     g_texUnit1 = true;
147   }
148
149   gl.bindTexture(gl.TEXTURE_2D, texture); // 绑定纹理对象
150
151   // 配置纹理参数
152   gl.texParameteri(gl.TEXTURE_2D, gl.TEXTURE_MIN_FILTER, gl.LINEAR);
153   // 设置纹理图像
154   gl.texImage2D(gl.TEXTURE_2D, 0, gl.RGBA, gl.RGBA, gl.UNSIGNED_BYTE, image);
155   // 将纹理单元编号传递给取样器
156   gl.uniform1i(u_Sampler, texUnit);
    ...
164   if (g_texUnit0 && g_texUnit1) {
165     gl.drawArrays(gl.TRIANGLE_STRIP, 0, n); // Draw a rectangle
166   }
164 }
```

需要注意的是，在本例的 loadTexture() 函数中，我们无法预测哪一幅纹理图像先被加载完成，因为加载的过程是异步进行的。只有当两幅纹理图像都完成加载时，程序才会开始绘图。为此，我们定义了两个全局变量 g_texUnit0 和 g_texUnit1 来指示对应的纹理是否加载完成（第 137 行）。

这些变量都被初始化为 false（第 137 行）。当任意一幅纹理加载完成时，就触发 onload 事件并调用响应函数 loadTexture()。该函数首先根据纹理单元编号 0 或 1 来将 g_texUnit0 或 g_texUnit1 赋值为 true（第 141 行）。换句话说，如果触发本次 onload 事件的纹理的编号是 0，那么 0 号纹理单元就被激活了，并将 g_texUnit0 设置为 true；如果是 1，那么 1 号纹理单元被激活了，并将 g_texUnit0 设置为 ture。

接着，纹理单元编号 texUnit 被赋给了 uniform 变量（第 156 行）。注意 texUnit 是通过 gl.uniform1i() 方法传入着色器的。在两幅纹理图像都完成加载后，WebGL 系统内部的状态就如图 5.37 所示。

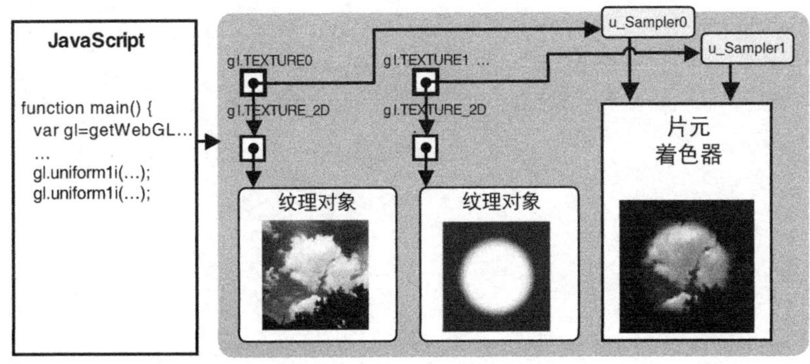

图 5.37 使用两幅纹理图像的 WebGL 系统的内部状态

loadTexture() 函数的最后通过检查 g_texUnit0 和 g_texUnit1 变量来判断两幅图像是否全部完成加载了（第 165 行）。如果是，就开始执行顶点着色器，在图形上重叠着绘制出两层纹理，如图 5.34 所示。

总结

本章深入地探索了 WebGL 的世界。现在，你已经掌握了 WebGL 二维绘图的全部基本技能，也已经准备好开始下一段旅程：绘制三维对象。幸运的是，和三维对象打交道时，你会发现使用着色器的方式与进行二维绘图时非常相似，你可以迅速地用上迄今为止学到的所有知识。

本书接下来的部分将主要集中在与三维对象上有关的问题上。但是，在带你进入三维世界之前，你还需要熟悉一下 OpenGL ES 着色器语言（GLSL ES）的特性和功能。关于 GLSL ES，前几章其实都是蜻蜓点水般地带过而已。

第6章

OpenGL ES着色器语言（GLSL ES）

这一章我们稍作休息，暂时先不去实验那些 WebGL 示例程序，而是带你熟悉一下 OpenGL ES 着色器语言（GLSL ES）及其关键特性。

我们知道，着色器是 WebGL 渲染三维图形的关键，GLSL ES 是专门用来编写着色器的编程语言。这一章将涉及以下内容 ：

- 数据、变量和变量类型。
- 矢量、矩阵、结构体、数组、采样器（纹理）。
- 运算、程序流、函数。
- attribute、uniform 和 varying 变量。
- 精度限定词。
- 预处理和指令。

在本章结束时，你将对 GLSL ES 有较全面的了解，知道如何去编写各种各样的着色器程序。此外，本章的知识也能够帮助你更好地理解第 7 到 9 章中的更加复杂的三维图形程序。注意，也许对有些人来说，本章中的编程语言规范条目有些枯燥无味，或者过于详细。所以，如果你跳过本章直接阅读下一章，并在需要时将本章作为参考资料，也没有关系。

回顾：基本着色器代码

如例 6.1 和例 6.2 所示，使用着色器语言编写程序的方式与使用 C 语言很类似。

例 6.1 简单的顶点着色器示例

```
// 顶点着色器
attribute vec4 a_Position;
attribute vec4 a_Color;
uniform mat4 u_MvpMatrix;
varying vec4 v_Color;
void main() {
  gl_Position = u_MvpMatrix * a_Position;
  v_Color = a_Color;
}
```

首先声明几个变量，然后定义一个 `main()` 函数作为整个程序的入口。

例 6.2 简单的片元着色器示例

```
// 片元着色器
#ifdef GLSL_ES
precision mediump float;
#endif
varying vec4 v_Color;
void main() {
  gl_FragColor = v_Color;
}
```

这里使用的 GLSL ES 的版本是 1.00。但是请注意，WebGL 并不支持 GLSL ES 1.00 的所有特性[1]；实际上，它支持的是 1.00 版本的一个子集，其中只包括 WebGL 需要的那些核心特性。

GLSL ES概述

GLSL ES 编程语言是在 OpenGL 着色器语言（GLSL）的基础上，删除和简化一部分功能后形成的。GLSL ES 的目标平台是消费电子产品或嵌入式设备，如智能手机或游戏主机等，因此简化 GLSL ES 能够允许硬件厂商对这些设备的硬件进行简化，由此带来的好处是降低了硬件的功耗，以及更重要的，减少了性能开销。

1 http://www.khronos.org/registry/gles/specs/2.0/GLSL_ES_Specification_1.0.17.pdf

GLSL ES 的语法与 C 语言的较为类似（虽然也存在不小的差异）。所以，如果你熟悉 C 语言，就会发现 GLSL ES 很容易理解。此外，着色器语言也开始被用来完成一些通用的任务，如图像处理和数据运算（即所谓的 GPGPU），这意味着 GLSL ES 有着广泛的应用前景，花点时间来学习它是完全值得的。

你好，着色器！

按照惯例，大多编程书籍都以一个“Hello World”示例程序作为开场。我们本来也应该以一个最简单的着色器程序开场，但既然在前面几章你都已经见过了不少的着色器，所以我们干脆就跳过这一步直接开始，通过例 6.1 和例 6.2 来学习 GLSL ES 的基础知识。

基础

就像很多其他语言一样，使用 GLSL ES 编写着色器程序时，应该注意以下两点：

- 程序是大小写敏感的（`marina` 和 `Marina` 不同）。
- 每一个语句都应该以一个英文分号（`;`）结束。

执行次序

对 JavaScript 而言，一旦脚本加载完成，就从第 1 行逐行执行（解释）了。但是着色器程序和 C 语言更接近，它从 `main()` 函数开始执行的。着色器程序必须有且仅有一个 `main()` 函数，而且该函数不能接收任何参数。看看例 6.1 和例 6.2，它们都只有一个 `main()` 函数。

`main()` 函数前的 `void` 关键字表示这个函数不返回任何值（见本章“函数”一节）。在 JavaScript 中，不管一个函数会不会有返回值，你都是直接用 `function` 关键字来定义它。而在 GLSL ES 中，如果一个函数有返回值，就必须在定义函数时明确地指定返回值的类型，如果函数没有返回值，也需要用 `void` 来明确表示这个函数没有返回值。

注释

在着色器程序中，你可以添加注释，而且注释的格式和 JavaScript 中的注释格式是相同的。所以，GLSL ES 支持以下两种形式的注释。

- 单行注释：// 后直到换行处的所有字符为注释。

```
int kp = 496; // kp是一个卡布列克数
```

- 多行注释：/* 和 */ 之间的所有字符为注释。

```
/* 我今天休息一天
   我明天想休息一天
 */
```

数据值类型（数值和布尔值）

GLSL 支持两种数据值类型。

- **数值类型**：GLSL ES 支持整型数（比如 0、1、2）和浮点数（比如 3.14、29.98、0.23571）。没有小数点(.)的值被认为是整型数，而有小数点的值则被认为是浮点数。
- **布尔值类型**：GLSL ES 支持布尔值类型，包括 `true` 和 `false` 两个布尔常量。

GLSL ES 不支持字符串类型，虽然字符串对三维图形语言来说还是有一定意义的。

变量

前面已经说过，你可以使用任何变量名，只要该变量名符合：

- 只包括 a-z，A-Z，0-9 和下划线（_）。
- 变量名的首字母不能是数字。
- 不能是表 6.1 中所列出的关键字，也不能是表 6.2 中所列出的保留字。但是，你的变量名的一部分可以是它们。比如，变量名 `if` 是不合法的，但是变量名 `iffy` 却可以使用。
- 不能以 `gl_`、`webgl_` 或 `_webgl_` 开头，这些前缀已经被 OpenGL ES 保留了。

表 6.1 GLSL ES 关键字

attribute	bool	break	bvec2	bvec3	bvec4
const	continue	discard	do	else	false
float	for	highp	if	in	inout
Int	invariant	ivec2	ivec3	ivec4	lowp
mat2	mat3	mat4	medium	out	precision
return	sampler2D	samplerCube	struct	true	uniform
varying	vec2	vec3	vec4	void	while

表 6.2 GLSL ES 保留字（供未来版本的 GLSL ES 使用）

asm	cast	class	default
double	dvec2	dvec3	dvec4
enum	extern	external	fixed
flat	fvec2	fvec3	fvec4
goto	half	hvec2	hvec3
hvec4	inline	input	interface
long	namespace	noinline	output
packed	public	sampler1D	sampler1DShadow
sampler2DRect	sampler2DRectShadow	sampler2DShadow	sampler3D
sampler3DRect	short	sizeof	static
superp	switch	template	this
typedef	union	unsigned	using
volatile			

GLSL ES是强类型语言

GLSL ES 不像 JavaScript，使用 var 关键字来声明所有变量。GLSL ES 要求你具体地指明变量的数据类型。我们在示例程序中用了这种方式声明变量：

```
<类型> <变量名>
```

如 vec4 a_Position。

我们知道，在定义如 main() 函数这类函数的时候，必须指定函数的返回值。同样，在进行赋值操作（=）的时候，等号左右两侧的数据类型也必须一样，否则就会出错。

因此，GLSL ES 被称为**强类型语言** (type sensitive language)，你必须时刻注意变量的类型。

基本类型

GLSL ES 支持的基本类型如表 6.3 所示。

表 6.3 GLSL 的基本类型

类型	描述
float	单精度浮点数类型。该类型的变量表示一个单精度浮点数
int	整型数。该类型的变量表示一个整数
bool	布尔值。该类型的变量表示一个布尔值（true 或 false）

为变量指定类型有利于 WebGL 系统检查代码错误，提高程序的运行效率。下面是一些声明基本类型变量的例子：

```
float klimt;  // 变量为一个浮点数
int utrillo; // 变量为一个整型数
bool doga;    // 变量为一个布尔值
```

赋值和类型转换

使用等号（=）可以将值赋给变量。我们说过，GLSL ES 是强类型语言，所以如果等号左侧变量的类型与等号右侧的值（或变量）类型不一致，就会出错。

```
int i = 8;          // 没问题
float f1 = 8;       // 错误
float f2 = 8.0;     // 没问题
float f3 = 8.0f;    // 错误：C语言中常用的像8.0f这样的表达式是不被允许的
```

在语义上，8 和 8.0 其实是一个数值。但是，当你将 8 赋值给浮点型变量 f1 时，确实会出错。而且，你将看到如下的错误信息：

```
failed to compile shader: ERROR: 0:11: '=' : cannot convert from 'const mediump
int' to 'float'.
```

要将一个整型数值赋值给浮点型变量，需要将整型数转换成浮点数，这个过程称为类型转换。比如，我们可以使用内置的函数 float() 来将整型数转换为浮点数，如下所示：

```
int i = 8;
float f1 = float(i); // 将8转换为8.0并赋值给f1
float f2 = float(8); // 同上
```

GLSL ES 支持以下几种用于类型转换的内置函数，如表 6.4 所示：

表 6.4 类型转换内置函数

转换	函数	描述
转换为整型数	int(float)	将浮点数的小数部分删去，转换为整型数(比如，将 3.14 转换为 3)
	int(bool)	true 被转换为 1，false 被转换为 0
转换为浮点数	float(int)	将整型数转换为浮点数（比如，将 8 转换为 8.0）
	float(bool)	true 被转换为 1.0，false 被转换为 0.0
转换为布尔值	bool(int)	0 被转换为 false，其他非 0 值被转换为 true
	bool(float)	0.0 被转换为 false，其他非 0 值被转换为 true

运算符

GLSL ES 支持的运算类型与 JavaScript 类似，如表 6.5 所示。

表 6.5 基本类型的运算符

类别	GLSL ES 数据类型	描述
-	取负（比如，指定一个负数）	int 或 float
*	乘法	int 或 float，运算的返回值类型与参与运算的值类型相同
/	除法	
+	加法	
-	减法	
++	自增（前缀或后缀）	int 或 float，运算的返回值类型与参与运算的值类型相同
--	自减（前缀或后缀）	
=	赋值	int、float 或 bool
+= -= *= /=	算术赋值	int 或 float
< > <= >=	比较	
== !=	比较（是否相等）	int、float 或 bool
!	取反	bool 或结果为 bool 类型的表达式 [1]
&&	逻辑与	
||	逻辑或	
^^	逻辑异或 [2]	
condition? expression1:expression2	三元选择	*condition* 的类型为 bool，*expression1* 和 expression2 的类型可以是除数组外的任意类型

[1] 在进行逻辑与（&&）运算时，只有第一个表达式的计算值为 true 时才会计算第二个表达式。同样，在进行逻辑或（||）运算时，只有第一个表达式的值为 false 时才会计算第二个表达式。

[2] 逻辑异或（^^）运算的含义是，只有当左右两个表达式中有且仅有一个为 true 时，运算结果才是 true，否则为 false。

以下是一些基本的使用运算符的示例：

```
int i1 = 954, i2 = 459;
int kp = i1 - i2;            // 将495赋给kp
float f = float(kp) + 5.5; // 将500.5赋给f
```

矢量和矩阵

GLSL ES 支持矢量和矩阵类型，这两种数据类型很适合用来处理计算机图形。矢量和矩阵类型的变量都包含多个元素，每个元素是一个数值（整型数、浮点数或布尔值）。矢量将这些元素排成一列，可以用来表示顶点坐标或颜色值等，而矩阵则将元素划分成行和列，可以用来表示变换矩阵。图 6.1 给出了矢量和矩阵的例子。

$$\begin{pmatrix} 3 & 7 & 1 \end{pmatrix} \quad \begin{bmatrix} 3 & 7 & 1 \\ 1 & 5 & 3 \\ 4 & 0 & 7 \end{bmatrix}$$

图 6.1 矢量和矩阵

GLSL ES 支持多种不同的矢量和矩阵类型，如表 6.6 所示。

表 6.6 矢量和矩阵类型

类别	GLSL ES 数据类型	描述
矢量	vec2、vec3、vec4	具有 2、3、4 个浮点数元素的矢量
	ivec2、ivec3、ivec4	具有 2、3、4 个整型数元素的矢量
	bvec2、bvec3、bvec4	具有 2、3、4 个布尔值元素的矢量
矩阵	mat2、mat3、mat4	2×2、3×3、4×4 的浮点数元素的矩阵（分别具有 4,9,16 个元素）

下面是声明矢量和矩阵的例子：

```
vec3 position;      // 由三个浮点数元素组成的矢量
```

```
                       // 比如：(10.0, 20.0, 30.0)
ivec2 offset;          // 由两个整型数元素组成的矢量
                       // 比如：(10, 20)
mat4 mvpMatrix;        // 4×4矩阵，每个元素为一个浮点数
```

赋值和构造

我们使用等号（=）来对矢量和矩阵进行赋值操作。记住，赋值运算符左右两边的变量 / 值的类型必须一致，左右两边的（矢量或矩阵的）元素个数也必须相同。比如说，下面这行代码就会出错。

```
vec4 position = 1.0; // vec4变量需要4个浮点数分量
```

这里，vec4 类型变量有 4 个元素，你应当以某种方式传入 4 个浮点数值。通常我们使用与数据类型同名的内置构造函数来生成变量，对于 vec4 类型来说，就可以使用内置的 vec4() 函数（参见第 2 章“WebGL 入门”）。比如，如果要创建 4 个分量各是 1.0、2.0、3.0 和 4.0 的 vec4 类型变量，你就可以像下面这样调用 vec4() 函数。

```
vec4 position = vec4(1.0, 2.0, 3.0, 4.0);
```

这种专门创建指定类型的变量的函数被称为**构造函数** (constructor functions)，构造函数的名称和其创建的变量的类型名称总是一致的。

矢量构造函数

在 GLSL ES 中，矢量非常重要，所以 GLSL ES 提供了丰富灵活的方式来创建矢量。比如：

```
vec3 v3 = vec3(1.0, 0.0, 0.5);      // 将v3设为(1.0, 0.0, 0.5)
vec2 v2 = vec2(v3);                 // 使用v3的前两个元素，将v2设为(1.0, 0.0)
vec4 v4 = vec4(1.0);                // 将v4设为(1.0, 1.0, 1.0, 1.0)
```

在第 2 行代码中，构造函数忽略了 v3 的第 3 个分量，只用其第 1 个和第 2 个分量创建了一个新的变量。类似地，在第 3 行代码中，只向构造函数中传入了一个参数 1.0，构造函数就会自动地将这个参数值赋给新建矢量的所有元素。但是，如果构造函数接收了不止 1 个参数，但是参数的个数又比矢量的元素个数少，那么就会出错。

最后，也可以将多个矢量组合成一个矢量，比如：

```
vec4 v4b = vec4(v2, v4);            // 将v4b设为(1.0, 0.0, 1.0, 1.0)
```

这里的规则是，先把第 1 个参数 v2 的所有元素填充进来，如果还未填满，就继续用第 2 个参数 v4 中的元素填充。

矩阵构造函数

矩阵构造函数的使用方式与矢量构造函数的使用方式很类似。但是，你要保证存储在矩阵中的元素是按照列主序排列的（细节请参见图 3.27 “列主序”）。下面几个例子显示了使用矩阵构造函数的不同方式。

- 向矩阵构造函数中传入矩阵的每一个元素的数值来构造矩阵，注意传入值的顺序必须是列主序的。

```
mat4 m4 = mat4 (  1.0,  2.0,  3.0,  4.0,
                  5.0,  6.0,  7.0,  8.0,
                  9.0, 10.0, 11.0, 12.0,
                 13.0, 14.0, 15.0, 16.0 );
```

$$\begin{bmatrix} 1.0 & 5.0 & 9.0 & 13.0 \\ 2.0 & 6.0 & 10.0 & 14.0 \\ 3.0 & 7.0 & 11.0 & 15.0 \\ 4.0 & 8.0 & 12.0 & 16.0 \end{bmatrix}$$

- 向矩阵构造函数中传入一个或多个矢量，按照列主序使用矢量里的元素值来构造矩阵。

```
// 使用两个vec2对象来创建mat2对象
vec2 v2_1 = vec2(1.0, 3.0);
vec2 v2_2 = vec2(2.0, 4.0);
mat2 m2_1 = mat2(v2_1, v2_2); // 1.0 2.0
                              // 3.0 4.0
// 使用一个vec4对象来创建mat2对象
vec4 v4 = vec4(1.0, 3.0, 2.0, 4.0);
mat2 m2_2 = mat2(v4);     // 1.0 2.0
                          // 3.4 4.0
```

- 向矩阵构造函数中传入矢量和数值，按照列主序使用矢量里的元素值和直接传入的数值来构造矩阵。

```
// 使用两个浮点数和一个vec2对象来创建mat2对象
mat2 m2 = mat2(1.0, 3.0, v2_2);        // 1.0 2.0
                                       // 3.0 4.0
```

- 向矩阵构造函数中传入单个数值，这样将生成一个对角线上元素都是该数值，其他元素为 0.0 的矩阵。

```
mat4 m4 = mat4(1.0);      // 1.0 0.0 0.0 0.0
                          // 0.0 1.0 0.0 0.0
                          // 0.0 0.0 1.0 0.0
                          // 0.0 0.0 0.0 1.0
```

与矢量构造函数类似，如果传入的数值的数量大于 1，又没有达到矩阵元素的数量，就会出错。

```
mat4 m4 = mat4(1.0, 2.0, 3.0); // 错误：mat4对象需要16个元素
```

访问元素

为了访问矢量或矩阵中的元素，可以使用 . 或 [] 运算符，下面将分节叙述。

运算符

在矢量变量名后接点运算符（.），然后接上分量名，就可以访问矢量的元素了。矢量的分量名如表 6.7 所示。

表 6.7 分量名

类别	描述
x，y，z，w	用来获取顶点坐标分量
r，g，b，a	用来获取颜色分量
s，t，p，q	用来获取纹理坐标分量（注意本书中只用到了 s 和 t。p 代替了 r，因为 r 在获取颜色分量时已经用过）

由于矢量可以用来存储顶点的坐标、颜色和纹理坐标，所以 GLSL ES 支持以上三种分量名称以增强程序的可读性。事实上，任何矢量的 x、r 或 s 分量都会返回第 1 个分量，y、g、t 分量都返回第 2 个分量，等等。如果你愿意，你可以随意地交换使用它们。比如：

```
vec3 v3 = vec3(1.0, 2.0, 3.0); // 将v3设为(1.0, 2.0, 3.0)
float f;

f = v3.x; // 设f为1.0
f = v3.y; // 设f为2.0
f = v3.z; // 设f为3.0

f = v3.r; // 设f为1.0
f = v3.s; // 设f为1.0
```

如你所见，在这些例子中，x、r 和 s 虽然名称不同，但访问的却都是第 1 个分量。如果试图访问超过矢量长度的分量，就会出错：

```
f = v3.w; // v3变量中不存在的第4个元素，w无法访问
```

将（同一个集合的）多个分量名共同置于点运算符后，就可以从矢量中同时抽取出多个分量。这个过程称作**混合 (swizzling)**。在下面这个例子中，我们使用了 x、y、z 和 w，其他的集合也有相同的效果：

```
vec2 v2;
v2 = v3.xy; // 设v2为(1.0, 2.0)
v2 = v3.yz; // 设v2为(2.0, 3.0) 可以省略任意分量
```

```
v2 = v3.xz; // 设v2为(1.0, 3.0) 可以跳过任意分量
v2 = v3.yx; // 设v2为(2.0, 1.0) 可以逆序
v2 = v3.xx; // 设v2为(1.0, 1.0) 可以重复任意分量

vec3 v3a;
v3a = v3.zyx; // 设v3a为(3.0, 2.0, 1.0), 可以使用所有分量
```

聚合分量名也可以用来作为赋值表达式（=）的左值：

```
vec4 position = vec4(1.0, 2.0, 3.0, 4.0);
position.xw = vec2(5.0, 6.0); // position = (5.0, 2.0, 3.0, 6.0)
```

记住，此时的多个分量名必须属于同一个集合，比如说，你不能使用 `v3.was`。

[ ] 运算符

除了 . 运算符，还可以使用 `[]` 运算符并通过数组下标来访问矢量或矩阵的元素。注意，矩阵中的元素仍然是按照列主序读取的。与在 JavaScript 中一样，下标从 0 开始，所以通过 `[0]` 可以访问到矩阵中的第 1 列元素，`[1]` 可以访问到第 2 列元素，`[2]` 可以访问到第 3 列元素，等等，如下所示：

```
mat4 m4 = mat4 ( 1.0,  2.0,  3.0,  4.0,
                 5.0,  6.0,  7.0,  8.0,
                 9.0, 10.0, 11.0, 12.0,
                13.0, 14.0, 15.0, 16.0);
vec4 v4 = m4[0]; // 获取m4矩阵的第1列, 即[1.0, 2.0, 3.0, 4.0]
```

此外，连续使用两个 `[]` 运算符可以访问某列的某个元素：

```
float m23 = m4[1][2]; // 将m23设置为m4的第2列中的第3个元素 (7.0)
```

同样，你也可以同时使用 `[]` 运算符和分量名来访问矩阵中的元素，如下所示：

```
float m32 = m4[2].y; // 将m32设为m4矩阵第3列中的第2个元素 (10.0)
```

这里有一个限制，那就是在 `[]` 中只能出现的索引值必须是**常量索引值**（constant index），常量索引值的定义如下：

- 整型字面量（如 0 或 1）。
- 用 `const` 修饰的全局变量或局部变量（参见“`const` 变量”一节），不包括函数参数。
- 循环索引（参见“程序控制流程：分支与循环”一节）。
- 由前述三条中的项组成的表达式。

下面这个例子就用到了 const 变量作为访问数组元素的索引：

```
const int index = 0;    // const关键字表示变量是只读的
vec4 v4a = m4[index];  // 同m4[0]相同
```

下面这个例子用到了 const 组成的表达式作为索引：

```
vec4 v4b = m4[index + 1];  // 同m4[1]相同
```

注意，你不能使用未经 const 修饰的变量作为索引值，因为它不是一个常量索引值（除非它是循环索引）：

```
int index2 = 0;
vec4 v4c = m4[index2];  // 错误：index2不是常量索引
```

运算符

表 6.8 显示了矢量和矩阵所支持的运算。矩阵和矢量的运算符与基本类型（比如整数）的运算符很类似。注意，对于矢量和矩阵，只可以使用比较运算符中的 == 和 !=，不可以使用 >、<、>= 和 <=。如果你想比较矢量和矩阵的大小，应该使用内置函数，比如 lessThan()（参见附录 B，“GLSL ES 1.0 内置函数”）。

表 6.8 矢量和矩阵可用的运算符

运算符	运算	适用数据类型
*	乘法	适用于 vec[234] 和 mat[234]。在这两种类型上的具体运算含义将在稍后解释 运算结果的数据类型与参与运算的类型相一致
/	除法	
+	加法	
−	减法	
++	自增（前缀或后缀）	适用于 vec[234] 和 mat[234]。运算结果的数据类型与参与运算的类型相一致
—	自减（前缀或后缀）	
=	赋值	适用于 vec[234] 和 mat[234]
+=，−= *=，/=	运算赋值	适用于 vec[234] 和 mat[234]
==，!=	比较	适用于 vec[234] 和 mat[234]。对于 ==，如果两个操作数的每一个分量都相同，那么返回 true；对于 !=，如果两个操作数的任何一个分量不同，则返回 true[1]

[1] 如果你想逐分量比较，可以使用内置的函数 equal() 或 notEqual()（见附录 B）。

注意，当运算赋值操作作用于矢量或矩阵时，实际上是逐分量地对矩阵或矢量的每一个元素进行独立的运算赋值。

示例

下面这些例子显示了矢量和矩阵在运算时的常见情形。我们假设，在这些例子中，变量是如下定义的：

```
vec3 v3a, v3b, v3c;
mat3 m3a, m3b, m3c;
float f;
```

矢量和浮点数的运算

这个例子显示了 + 操作符的作用：

```
// 示例显示了+操作符的效果，-、*、/操作符的效果也相同
v3b = v3a + f; // v3b.x = v3a.x + f;
               // v3b.y = v3a.y + f;
               // v3b.z = v3a.z + f;
```

例如，v3a=vec3(1.0, 2.0, 3.0) 而 f=1.0，那么结果就是 v3b=(2.0, 3.0, 4.0)。

矢量运算

矢量运算操作发生在矢量的每个分量上。

```
// 示例显示了+操作符的效果，-、*、/操作符的效果也相同
v3c = v3a + v3b; // v3a.x + v3b.x;
                 // v3a.y + v3b.y;
                 // v3a.z + v3b.z;
```

例如，v3a=vec3(1.0, 2.0, 3.0) 而 v3b=(4.0, 5.0, 6.0)，那么结果就是 v3c=(5.0, 7.0, 9.0)。

矩阵和浮点数的运算

矩阵与浮点数的运算发生在矩阵的每个分量上。

```
// 示例显示了+操作符的效果，-、*、/操作符的效果也相同
m3b = m3a * f;   // m3b[0].x = m3a[0].x * f; m3b[0].y = m3a[0].y * f;
                 // m3b[0].z = m3a[0].z * f;
                 // m3b[1].x = m3a[1].x * f; m3b[1].y = m3a[1].y * f;
                 // m3b[1].z = m3a[1].z * f;
                 // m3b[2].x = m3a[2].x * f; m3b[2].y = m3a[2].y * f;
                 // m3b[2].z = m3a[2].z * f;
```

矩阵右乘矢量

矩阵右乘矢量的结果是矢量，其中每个分量都是原矢量中的对应分量，乘上矩阵对应行的每个元素的积的加和。你可以回顾一下第 3 章“绘制和变换三角形”中的等式 3.5。

```
v3b = m3a * v3a;  // v3b.x = m3a[0].x * v3a.x + m3a[1].x * v3a.y
                  //                           + m3a[2].x * v3a.z;
                  // v3b.y = m3a[0].y * v3a.x + m3a[1].y * v3a.y
                  //                           + m3a[2].y * v3a.z;
                  // v3b.z = m3a[0].z * v3a.x + m3a[1].z * v3a.y
                  //                           + m3a[2].z * v3a.z;
```

矩阵左乘矢量

矩阵左乘矢量也是可以的，但是结果与右乘不同，如下所示：

```
v3b = v3a * m3a;  // v3b.x = v3a.x * m3a[0].x + v3a.y * m3a[0].y
                  //                           + v3a.z * m3a[0].z;
                  // v3b.y = v3a.x * m3a[1].x + v3a.y * m3a[1].y
                  //                           + v3a.z * m3a[1].z;
                  // v3b.z = v3a.x * m3a[2].x + v3a.y * m3a[2].y
                  //                           + v3a.z * m3a[2].z;
```

矩阵与矩阵相乘

矩阵与矩阵相乘的情形，可以参见第 4 章“变高级变换与动画基础”。

```
m3c = m3a * m3b; // m3c[0].x = m3a[0].x * m3b[0].x + m3a[1].x * m3b[0].y
                 //                                + m3a[2].x * m3b[0].z;
                 // m3c[1].x = m3a[0].x * m3b[1].x + m3a[1].x * m3b[1].y
                 //                                + m3a[2].x * m3b[1].z;
                 // m3c[2].x = m3a[0].x * m3b[2].x + m3a[1].x * m3b[2].y
                 //                                + m3a[2].x * m3b[2].z;
                 // m3c[0].y = m3a[0].y * m3b[0].x + m3a[1].y * m3b[0].y
                 //                                + m3a[2].y * m3b[0].z;
                 // m3c[1].y = m3a[0].y * m3b[1].x + m3a[1].y * m3b[1].y
                 //                                + m3a[2].y * m3b[1].z;
                 // m3c[2].y = m3a[0].y * m3b[2].x + m3a[1].y * m3b[2].y
                 //                                + m3a[2].y * m3b[2].z;
                 // m3c[0].z = m3a[0].z * m3b[0].x + m3a[1].z * m3b[0].y
                 //                                + m3a[2].z * m3b[0].z;
                 // m3c[1].z = m3a[0].z * m3b[1].x + m3a[1].z * m3b[1].y
                 //                                + m3a[2].z * m3b[1].z;
                 // m3c[2].z = m3a[0].z * m3b[2].x + m3a[1].z * m3b[2].y
                 //                                + m3a[2].z * m3b[2].z;
```

结构体

GLSL ES 支持用户自定义的类型，即**结构体**（**structures**）。使用关键字 struct，将已存在的类型聚合到一起，就可以定义为结构体。比如：

```
struct light {     // 定义了结构体类型light
  vec4 color;
  vec3 position;
}
light l1, l2;       // 声明了light类型的变量l1和l2
```

上面这段代码定义了一种新的结构体类型 light，它包含两个成员：color 变量和 position 变量。在定义结构体之后，我们又声明了两个 light 类型的变量 l1 和 l2。和 C 语言不同的是，没有必要使用 typedef 关键字来定义结构体，因为结构体的名称会自动成为类型名。

此外，为了方便，可以在同一条语句中定义结构体并声明该结构体类型的变量，如下所示：

```
struct light {    // 定义结构体和定义变量同时进行
  vec4 color;     // 光的颜色
  vec3 position;  // 广元位置
} l1;             // 该结构体类型的变量l1
```

赋值和构造

结构体有标准的构造函数，其名称与结构体名一致。构造函数的参数的顺序必须与结构体定义中的成员顺序一致。图 6.2 显示了结构体构造函数的使用方法。

```
l1 = light(vec4(0.0, 1.0, 0.0, 1.0), vec3(8.0, 3.0, 0.0));
           color                     position
```

图 6.2 结构体构造函数

访问成员

在结构体变量名后跟点运算符（.），然后再加上成员名，就可以访问变量的成员。比如：

```
vec4 color = l1.color;
vec3 position = l1.position;
```

运算符

结构体的成员可以参与其自身类型支持的任何运算，但是结构体本身只支持两种运算：赋值（=）和比较（== 和 !=），如表 6.9 所示。

表 6.9 结构体支持的运算

运算符	运算	描述
=	赋值	赋值和比较运算符不适用于含有数组与纹理成员的结构体
==, !=	比较	

当且仅当两个结构体变量所对应的所有成员都相等时，== 运算符才会返回 true，如果任意某个成员不相等，那么 != 运算符返回 true。

数组

GLSL ES 支持数组类型。与 JavaScript 中的数组不同的是，GLSL ES 只支持一维数组，而且数组对象不支持 pop() 和 push() 等操作，创建数组时也不需要使用 new 运算符。声明数组很简单，只需要在变量名后加上中括号（[]）和数组的长度。比如：

```
float floatArray[4];     // 声明含有4个浮点数元素的数组
vec4 vec4Array[2];       // 声明含有2个vec4对象的数组
```

数组的长度必须是大于 0 的**整型常量表达式**（intergral constant expression），如下定义：

- 整型字面量（如 0 或 1）。
- 用 const 限定字修饰的全局变量或局部变量（参阅“const 变量”一节），不包括函数参数。
- 由前述两条中的项组成的表达式。

因此，下面的代码将会出错：

```
int size = 4;
vec4 vec4Array[size]; // 错误。如果第1行为const int size = 4;则不会出错
```

注意，你不可以用 const 限定字来修饰数组本身。

数组元素可以通过索引值来访问，和 C 语言一样，索引值也是从 0 开始的。比如，下面这句代码就可以访问 floatArray 变量的第 3 个元素：

```
float f = floatArray[2];
```

只有整型常量表达式和 uniform 变量（见“uniform 变量”一节）可以被用作数组的索引值。此外，与 JavaScript 或 C 不同，数组不能在声明时被一次性地初始化，而必须显式地对每个元素进行初始化。如下所示：

```
vec4Array[0] = vec4(4.0, 3.0, 6.0, 1.0);
vec4Array[1] = vec4(3.0, 2.0, 0.0, 1.0);
```

数组本身只支持 [] 运算符，但数组的元素能够参与其自身类型支持的任意运算。比如，floatArray 和 vec4Array 的元素可以参与下面这些运算：

```
// 将floatArray的第2个元素乘以3.14
float f = floatArray[1] * 3.14;
// 将vec4Array的第1个元素乘以vec4(1.0, 2.0, 3.0, 4.0);
vec4 v4 = vec4Array[0] * vec4(1.0, 2.0, 3.0, 4.0);
```

取样器（纹理）

将 GLSL ES 支持的一种内置类型称为**取样器**(sampler)，我们必须通过该类型变量访问纹理（参见第 5 章“使用颜色和纹理”）。有两种基本的取样器类型：sampler2D 和 samplerCube。取样器变量只能是 uniform 变量（参见“uniform 变量”一节），或者需要访问纹理的函数，如 texture2D() 函数的参数（参见附录 B)。比如：

```
uniform sampler2D u_Sampler;
```

此外，唯一能赋值给取样器变量的就是纹理单元编号，而且你必须使用 WebGL 方法 gl.uniform1i() 来进行赋值。比如在第 5 章的 TexturedQuad.js 中，我们就使用了 gl.uniform1i(u_Sampler, 0) 将纹理单元编号 0 传给着色器。

除了 =、== 和 !=，取样器变量不可以作为操作数参与运算。

和前几节中介绍的其他类型不同，取样器类型变量受到着色器支持的纹理单元的最大数量限制，见表 6.10。该表格中，mediump 是一个精度限定字。(将在本章最后的“精度限定字”一节详细讨论。)

表 6.10 着色器中取样器类型变量的最小数量

着色器	表示最大数量的内置常量	最小数量
顶点着色器	const mediump int gl_MaxVertexTextureImageUnits	0
片元着色器	const mediump int gl_MaxTextureImageUnits	8

运算符优先级

运算符优先级顺序如表 6.11 所示，注意表中有几个运算符本书将不会解释，这里将其列出来仅供参考。

表 6.11 运算符优先级

优先级	运算符
1	圆括号（()）
2	函数调用（()），数组索引（[]），点操作符（.）
3	自增和自减（++、--），负（-），取反（!）
4	乘（*），除（/），**余（%）**
5	加（+），减（-）
6	**按位移（<<，>>）**
7	大小比较（<，<=，>，>=）
8	判断相等（==，!=）
9	**按位与（&）**
10	**按位异或（^）**
11	**按位或（|）**
12	与（&&）
13	异或（^^）
14	或（||）
15	三元判断（?:）
16	运算赋值（+=、-=、*=、/=、**%=、<<=、>>=、&=、^=、|=**）
17	顺序运算符，即逗号（,）

加粗字体表示这些运算符被保留了，供未来版本的 GLSL 使用。

程序流程控制：分支和循环

着色器中的分支与循环与 JavaScript 或 C 中的几乎无异。

if 语句和 if-else 语句

可以使用 `if` 语句或 `if-else` 语句进行分支判断，以控制程序流程。下面是使用 `if-else` 语句的格式：

```
if (条件表达式1) {
  如果条件表达式1为true，执行这里。
} else if (条件表达式2) {
  如果条件表达式1为false而条件表达式2为true，执行这里。
} else {
  如果上述两个条件都为false执行这里。
}
```

下面是一段使用 if-else 语句的代码示例：

```
if(distance < 0.5) {
  gl_FragColor = vec4(1.0, 0.0, 0.0, 1.0); // 红色
} else {
  gl_FragColor = vec4(0.0, 1.0, 0.0, 1.0); // 绿色
}
```

如例中所示，if 语句或 if-else 语句中都必须包含一个布尔值，或者是产生布尔值的表达式。此处不可以使用布尔值类型矢量，比如 bvec2。

GLSL ES 中没有 switch 语句，你也应该注意，过多的 if 或 if-else 语句会降低着色器的执行速度。

for 语句

for 语句的格式如下所示：

```
for (初始化表达式 ; 条件表达式 ; 循环步进表达式 ) {
  反复执行这里。
}
```

比如：

```
for (int i = 0; i < 3; i++) {
  sum += i;
}
```

注意，循环变量（即例中的 i）只能在初始化表达式中定义，条件表达式可以为空，如果这样做，空的条件表达式返回 true。此外，for 语句还有这样一些限制。

- 只允许有一个循环变量，循环变量只能是 int 或 float 类型。
- 循环表达式必须是以下的形式（假设 i 是循环变量）：

  i++，i--，i+= 常量表达式或 i-= 常量表达式；

- 条件表达式必须是循环变量与整型常量的比较（参见“数组”一节）。

- 在循环体内，循环变量不可被赋值。

这些限制的存在是为了使编译器就能够对 for 循环进行内联展开。

continue、break 和 discard 语句

就像在 JavaScript 和 C 语言中一样，我们只能在 for 语句中使用 continue 和 break。通常，我们将它们与 if 语句搭配使用。

- continue 中止包含该语句的最内层循环和执行循环表达式（递增 / 递减循环变量），然后执行下一次循环。

- break 中止包含该语句的最内层循环，并不再继续执行循环。

下面是使用 continue 的示例：

```
for (int i = 0; i < 10; i++) {
  if (i == 8) {
    continue; // 跳过循环体余下的部分，继续下次循环
  }
  // 当i==8时，不会执行这里
}
```

下面是使用 break 的示例：

```
for (int i = 0; i < 10; i++) {
  if (i == 8) {
    break; // 跳出for循环
  }
  // 当i>=8时，不会执行这里
}
// 当i==8时，执行这里
```

关于 discard，它只能在片元着色器中使用，表示放弃当前片元直接处理下一个片元。具体使用 discard 的方法将在第 10 章“高级技术”中的“绘制圆形点”一节详述。

函数

与 JavaScript 中函数定义的方式不同，GLSL ES 定义函数的方式更接近于 C 语言，其格式如下：

```
返回类型函数名 (type0 arg0 , type1 arg1 , ..., typen argn) {
  函数计算
  return 返回值;
}
```

参数的 type 必须为本章所述的类型之一，或者像 main() 函数这样没有参数也是允许的。如果函数不返回值，那么函数中就不需要有 return 语句。但这种情况下，返回类型必须是 void。你也可以将自己定义的结构体类型指定为返回类型，但是结构体的成员中不能有数组。

下面这段代码是一个函数，实现将 RGBA 颜色值转化为亮度值。

```
float luma (vec4 color) {
 float r = color.r;
 float g = color.g;
 float b = color.b;
 return 0.2126 * r + 0.7162 * g + 0.0722 * b;
 // 以上4行代码也可以重写成一行：
 // return 0.2126 * color.r + 0.7162 * color.g + 0.0722 * color.b;
}
```

声明了函数后，你就可以调用它了，其方法与 JavaScript 和 C 语言中的相同，通过函数名和参数序列来调用：

```
attribute vec4 a_Color; // 传了(r, g, b, a)的值
void main() {
  ...
  float brightness = luma(a_Color);
  ...
}
```

注意，如果调用函数时传入的参数类型与声明函数时指定的参数类型不一致，就会出错。比如，下面这段代码就会出错，因为函数声明时的参数是 float 类型，而调用时却传入了 int 类型的值。

```
float square(float value) {
 return value * value;
}
void main() {
  ...
  float x2 = square(10); // 错误：10是整数，应该用10.0
  ...
}
```

如你所见，函数正如你预期的那样运行了。但是，和 C 与 JavaScript 不同的是，你

不能在一个函数内部调用它本身（也就是说，递归调用是不允许的）。这项限制的目的也是为了便于编译器对函数进行内联展开。

规范声明

如果函数定义在其调用之后，那么我们必须在进行调用之前先声明该函数的规范。规范声明会预先告诉 WebGL 系统函数的参数、参数类型、返回值等等。这一点与 JavaScript 截然不同，后者不需要提前声明函数。下面这段代码对前一节示例中的 `luma()` 函数提前作了规范声明：

```
float luma(vec4); // 规范声明
main() {
...
float brightness = luma(color); // luma()在定义之前就被调用了
...
}

float luma (vec4 color) {
 return 0.2126 * color.r + 0.7162 * color.g + 0.0722 * color.b;
}
```

参数限定词

在 GLSL ES 中，可以为函数参数指定限定字，以控制参数的行为。我们可以将函数参数定义成：(1) 传递给函数的，(2) 将要在函数中被赋值的，(3) 既是传递给函数的，也是将要在函数中被赋值的。其中 (2) 和 (3) 都有点类似于 C 语言中的指针。表 6.2 显示了这些参数的限定字。

表 6.12 参数限定字

类别	规则	描述
in	向函数中传入值	参数传入函数，函数内可以使用参数的值，也可以修改其值。但函数内部的修改不会影响传入的变量
const in	向函数中传入值	参数传入函数，函数内可以使用参数的值，但不能修改
out	在函数中被赋值，并被传出	传入变量的引用，若其在函数内被修改，会影响到函数外部传入的变量
inout	传入函数，同时在函数中被赋值，并被传出	传入变量的引用，函数会用到变量的初始值，然后修改变量的值。会影响到函数外部传入的变量
<无：默认>	将一个值传给函数	和 in 一样

比如说，我们可以给 luma() 函数指定一个 out 参数，让其接收函数的计算结果。而在此之前，我们是通过返回值来向外部反馈计算结果的。

```
void luma2 (in vec3 color, out float brightness) {
  brightness = 0.2126 * color.r + 0.7162 * color.g + 0.0722 * color.b;
}
```

修改之后，函数本身不返回值，所以函数的返回类型设为 void。此外，我们还在第 1 个参数之前添加了限定词 in，实际上这可以省略，因为 in 是默认的限定字。

然后，我们可以这样调用函数：

```
luma2(color, brightness);   // 函数结果存储在brightness中
                            // 和brightness=luma(color)的效果相同
```

内置函数

除了允许用户自定义函数，GLSL ES 还提供了很多常用的内置函数。表 6.13 概括了 GLSL ES 的内置函数，如果你想更深入地了解每个函数的细节，可以参见附录 B。

表 6.13 GLSL ES 内置函数

类别	内置函数
角度函数	radians（角度制转弧度制），degrees（弧度制转角度值）
三角函数	sin（正弦），cos（余弦），tan（正切），asin（反正弦），acos（反余弦），atan（反正切）
指数函数	pow（x^y），exp（自然指数），log（自然对数），exp2（2^x），log2（以 2 为底对数），sqrt（开平方），inversesqrt（开平方的倒数）
通用函数	abs（绝对值），min（最小值），max（最大值），mod（取余数），sign（取正负号），floor（向下取整），ceil（向上取整），clamp（限定范围），mix（线性内插），step（步进函数），smoothstep（艾米内插步进），fract（获取小数部分）
几何函数	length（矢量长度），distance（两点间距离），dot（内积），cross（外积），normalize（归一化），reflect（矢量反射），faceforward（使向量“朝前”）
矩阵函数	matrixCmpMult（逐元素乘法）
矢量函数	lessThan（逐元素小于），lessThanEqual（逐元素小于等于），greaterThan（逐元素大于），greaterThanEqual（逐元素大于等于），equal（逐元素相等），notEqual（逐元素不等），any（任一元素为 true 则为 true），all（所有元素为 true 则为 true），not（逐元素取补）
纹理查询函数	texture2D（在二维纹理中获取纹素），textureCube（在立方体纹理中获取纹素），texture2DProj（texture2D 的投影版本），texture2DLod（texture2D 的金字塔版本），textureCubeLod（textureCube 的金字塔版本），texture2DProjLod（texture2DLod 的投影版本）

全局变量和局部变量

就像 JavaScript 和 C 语言，GLSL ES 中也有全局变量和局部变量的概念。全局变量可以在程序中的任意位置使用，而局部变量只能在有限的某一部分代码中使用。

在 GLSL ES 中，如果变量声明在函数的外面，那么它就是全局变量，如果声明在函数内部，那就是局部变量。这和 JavaScript 与 C 语言也是一样的。局部变量只能在函数内部使用，因此，由于需要在函数外部访问，下一节中将涉及的 attribute 变量、varying 变量和 uniform 变量都必须声明为全局变量。

存储限定字

在 GLSL ES 中，我们经常使用 attribute、varying 和 uniform 限定字来修饰变量，如图 6.3 所示。此外，我们有时也会使用 `const` 限定字，它表示着色器中的某个变量是恒定的常量。

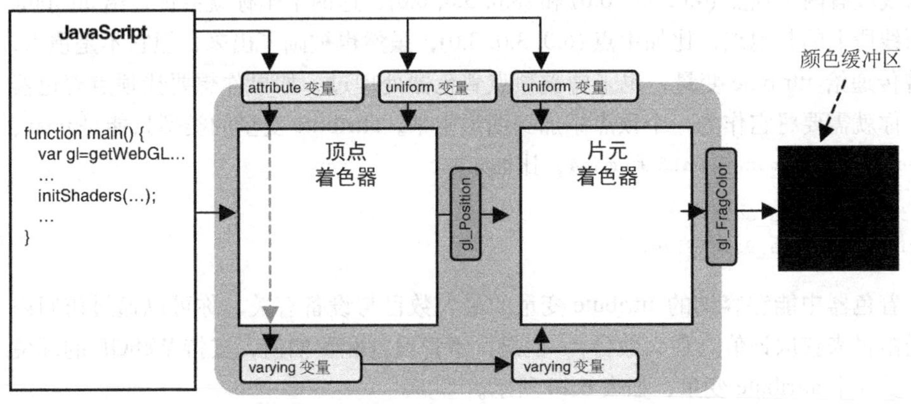

图 6.3 attribute、uniform 和 varying 变量

const 变量

JavaScript 中没有 `const` 变量的概念，但是 GLSL ES 中有。我们使用 `const` 限定字表示该变量的值不能被改变。

在声明 `const` 变量时，需要将 `const` 写在类型之前，就像声明 attribute 变量时将 `attribute` 写在前面一样。声明同时必须对它进行初始化，声明之后就不能再去改变它们的值了。比如：

```
const int lightspeed = 299792458;          // 光速(m/s)
const vec4 red = vec4(1.0, 0.0, 0.0, 1.0); // 红色
const mat4 identity = mat4(1.0);           // 单位矩阵
```

试图向 const 变量赋值会导致编译报错，比如：

```
const int lightspeed;
lightspeed = 299792458;
```

将会产生如下错误信息：

```
failed to compile shader: ERROR: 0:11: 'lightspeed' : variables with qualifier
'const' must be initialized
ERROR: 0:12: 'assign': l-value required (can't modify a const variable)
```

Attribute 变量

你一定已经很熟悉 attribute 变量了。attribute 变量只能出现在顶点着色器中，只能被声明为全局变量，被用来表示逐顶点的信息。你应该重点理解“逐顶点”的含义。比如，如果线段有两个顶点 (4.0, 3.0, 6.0) 和 (8.0, 3.0, 0.0)，这两个坐标就会传递给 attribute 变量。而线段上的其他点，比如中点 (6.0, 3.0, 3.0)，虽然也被画了出来，但它不是顶点，坐标未曾传递给 attribute 变量，也未曾被顶点着色器处理过。如果你想要让顶点着色器处理它，你就需要将它作为一个顶点添加到图形中来。attribute 变量的类型只能是 float、vec2、vec3、vec4、mat2、mat3 和 mat4。比如：

```
attribute vec4 a_Color;
attribute float a_PointSize;
```

顶点着色器中能够容纳的 attribute 变量的最大数目与设备有关，你可以通过访问内置的全局常量来获取该值（最大数目）。但是，不管设备配置如何，支持 WebGL 的环境都支持至少 8 个 attribute 变量，如表 6.14 所示。

表 6.14 attribute 变量、uniform 变量和 varying 变量的数目限制

变量类别	内置全局变量（表示最大数量）	最小值
attribute 变量	const mediump int gl_MaxVertexAttribs	8
uniform 变量（顶点着色器）	const mediump int gl_MaxVertexUniformVectors	128
uniform 变量（片元着色器）	const mediump int gl_MaxFragmentUniformVEctors	16
varying 变量	const mediump int gl_MaxVaryingVectors	8

uniform 变量

uniform 变量可以用在顶点着色器和片元着色器中，且必须是全局变量。uniform 变量是只读的，它可以是除了数组或结构体之外的任意类型。如果顶点着色器和片元着色器中声明了同名的 uniform 变量，那么它就会被两种着色器共享。uniform 变量包含了“一致”（非逐顶点 / 逐片元的，各顶点或各片元共用）的数据，JavaScript 应该向其传递此类数据。比如，变换矩阵就不是逐顶点的，而是所有顶点共用的，所以它在着色器中是 uniform 变量。

```
uniform mat4 u_ViewMatrix;
uniform vec3 u_LightPosition;
```

顶点着色器和片元着色器对其中 uniform 变量的数量限制与设备有关，且各不相同，如表 6.14 所示。

varying 变量

最后一个限定字是 `varying`。varying 变量必须是全局变量，它的任务是从顶点着色器向片元着色器传输数据。我们必须在两种着色器中声明同名、同类型的 varying 变量，如例 6.1 和例 6.2 中的 `v_Color`。下面是声明 varying 变量的两个例子：

```
varying vec2 v_TexCoord;
varying vec4 v_Color;
```

和 attribue 变量一样，varying 变量只能是以下类型：`float`、`vec2`、`vec3`、`vec4`、`mat2`、`mat3` 和 `mat4`。如第 5 章所述，顶点着色器中赋给 varying 变量的值并不是直接传给了片元着色器的 varying 变量，这其中发生了光栅化的过程：根据绘制的图形，对前者（顶点着色器 varying 变量）进行内插，然后再传递给后者（片元着色器 varying 变量）。正是因为 varying 变量需要被内插，所以我们需要限制它的数据类型。

varying 变量的数量限制也与设备有关，至少支持 8 个，如表 6.14 所示。

精度限定字

GLSL ES 新引入了精度限定字，目的是帮助着色器程序提高运行效率，削减内存开支。顾名思义，精度限定字用来表示每种数据具有的精度（比特数）。简而言之，高精度的程序需要更大的开销（包括更大的内存和更久的计算时间），而低精度的程序需要的开销则小得多。使用精度限定字，你就能精细地控制程序在效果和性能间的平衡。然而，精度限定字是可选的，如果你不确定，可以使用下面这个适中的默认值：

```
#ifdef GL_ES
precision mediump float;
#endif
```

由于 WebGL 是基于 OpenGL ES 2.0 的，WebGL 程序最后有可能运行在各种各样的硬件平台上。肯定存在某些情况需要在低精度下运行程序，以提高内存使用效率，减少性能开销，以及更重要的，降低能耗，延长移动设备的电池续航能力。

注意，在低精度下，WebGL 程序的运行结果会比较粗糙或不准确，你必须在程序效果和性能间进行平衡。

如表 6.15 所示，WebGL 程序支持三种精度，其限定字分别为 highp（高精度）、mediump（中精度）和 lowp（低精度）。

表 6.15 精度限定字

精度限定字	描述	默认数值范围和精度	
		Float	int
highp	高精度，顶点着色器的最低精度	$(-2^{62},2^{62})$ 精度 2^{-16}	$(-2^{16},2^{16})$
mediump	中精度，介于高精度与低精度之间，片元着色器的最低精度	$(-2^{14},2^{14})$ 精度 2^{-10}	$(-2^{10},2^{10})$
lowp	低精度，低于中精度，可以表示所有颜色	(-2,2) 精度 2^{-8}	$(-2^{8},2^{8})$

还有两点值得注意。首先，在某些 WebGL 环境中，片元着色器可能不支持 highp 精度，检查（其是否支持）的方法稍后再讨论；其次，数值范围和精度实际上也是与系统环境相关的，你可以使用 gl.getShaderPrecisionFormat() 来检查。

下面是声明变量精度的几个例子：

```
mediump float size;     // 中精度的浮点型变量
highp vec4 position;    // 具有高精度浮点型元素的vec4对象
lowp vec4 color;        // 具有低精度浮点型元素的vec4对象
```

为每个变量都声明精度很繁琐，我们也可以使用关键字 precision 来声明着色器的默认精度，这行代码必须在顶点着色器或片元着色器的顶部，其格式如下：

```
precision 精度限定字 类型名称;
```

这句代码表示，在着色器中，某种类型的变量其默认精度由精度限定字指定。也就是说，接下来所有不以精度限定字修饰的该类型变量，其精度就是默认精度。比如：

```
precision mediump float;     // 所有浮点数默认为中精度
```

```
precision highp int;        // 所有整型数默认为高精度
```

上面这段代码表示，所有 float 类型以及相关的 vec2 和 mat3 的变量都是中精度的，所有整型变量都是高精度的。比如，vec4 类型变量的四个分量都是中精度的。

你也许已经注意到，在前几章我们并没有限定类型的精度（除了在片元着色器中对 float 类型做出限定）。这是因为，对于这些类型，着色器已经实现了默认的精度，只有片元着色器中的 float 类型没有默认精度。如表 6.16 所示。

表 6.16 数据类型的默认精度

着色器类型	数据类型	默认精度
顶点着色器	int	highp
	float	highp
	sampler2D	lowp
	samplerCube	lowp
片元着色器	int	mediump
	float	**无**
	sampler2D	lowp
	samplerCube	lowp

事实就是，片元着色器中的 float 类型没有默认精度，我们需要手动指定。如果我们不在片元着色器中限定 float 类型的精度，就会导致如下的编译错误：

```
failed to compile shader: ERROR: 0:1 : No precision specified for (float).
```

我们说过，WebGL 是否在片元着色器中支持 highp 精度，取决于具体的设备。如果其支持的话，那么着色器就会定义内置宏 GL_FRAGMENT_PRECISION_HIGH（见下一节）。

预处理指令

GLSL ES 支持预处理指令。预处理指令用来在真正编译之前对代码进行预处理，都以井号（#）开始。下面就是我们在 ColoredPoints.js 中使用的预处理指令。

```
#ifdef GL_ES
precision mediump float;
#endif
```

这段代码检查了是否已经定义了 GL_ES 宏，如果是，那就执行 #ifdef 和 #endif 之间的部分。这个预处理指令的格式和 C 语言或 JavaScript 中的 if 语句很类似。

下面是我们在 GLSL ES 中可能用到的三种预处理指令。

```
#if 条件表达式
If 如果条件表达式为真，执行这里
#endif

#ifdef 某宏
如果定义了某宏，执行这里
#endif

#ifndef 某宏
如果没有定义某宏，执行这里
#endif
```

你可以使用 `#define` 指令进行宏定义。和 C 语言中的宏不同，GLSL ES 中的宏没有宏参数：

```
#define 宏名 宏内容
```

你可以使用 `#undef` 指令解除宏定义：

```
#undef 宏名
```

你可以使用 `#else` 指令配合 `#ifdef`（就像 C 语言或 JavaScript 中 `if` 语句中的 `else`），比如：

```
#define NUM 100
#if NUM == 100
如果宏NUM为100，执行这里
#else
否则，执行这里
#endif
```

宏的名称可以任意起，只要不和预定义的内置宏名称（表 6.17）相同即可。

表 6.17 预定义的内置宏

宏	描述
GL_ES	在 OpenGL ES 2.0 中定义为 1
GL_FRAGMENT_PRECISION_HIGH	片元着色器支持 highp 精度

所以，我们可以这样使用宏来进行精度限定：

```
#ifdef GL_ES
#ifdef GL_FRAGMENT_PRECISION_HIGH
precision highp float;      // 支持高精度，限定浮点型为高精度
```

```
#else
precision mediump float;  // 不支持高精度，限定浮点型为中精度
#endif
#endif
```

可以使用 `#version` 来指定着色器使用的 GLSL ES 版本：

```
#version number
```

可以接受的版本包括 100（GLSL ES 1.00）和 101（GLSL ES 1.01）。如果不使用 `#version` 指令，着色器将默认 GLSL ES 的版本是 1.00。指定 1.01 版本的代码如下：

```
#version 101
```

`#version` 指令必须在着色器顶部，在它之前只能有注释和空白。

总结

这一章详细介绍了 OpenGL ES 着色器语言（GLSL ES）的核心特性。

如你所见，GLSL ES 和 C 语言有很多相似之处。与 C 语言相比，GLSL ES 支持一些专为计算机图形学而设计的专属特性，包括对矢量和矩阵类型的支持，访问矢量和矩阵元素的特殊分量名，矢量和矩阵的操作等，同时简化或删除了一些不必要的特性。此外，GLSL ES 还支持许多内置的与计算机图形学相关的函数。这一切的设计都是为了帮助开发者更高效地编写着色器程序。

第7章

进入三维世界

前几章的示例程序渲染的都是二维图形。通过这些示例程序，我们了解了 WebGL 系统的工作原理、着色器的作用、矩阵变换（平移和旋转）、动画和纹理映射等等。事实上，这些知识不仅适用于绘制二维图形，也适用于绘制三维图形。在这一章中，我们将进入三维的世界，探索如何把这些知识用到三维世界中。具体地，我们将研究 ：

- 以用户视角而进入三维世界
- 控制三维可视空间
- 裁剪
- 处理物体的前后关系
- 绘制三维的立方体

以上这些内容对于如何绘制三维场景，如何将场景展现给用户非常重要。只有理解了这些内容，才能够去创建复杂的三维场景。我们将一步一步地学习，本章先帮助你快速掌握绘制三维物体的基本技能，后面几章再涉及更加复杂的问题，比如实现光照效果等一些高级技术。

立方体由三角形构成

到目前为止，前几章的示例程序绘制了各种各样的三角形。之前讨论过，三维物体也是由二维图形（特别是三角形）组成的。如图 7.1 所示，12 个三角形组成了一个立方体。

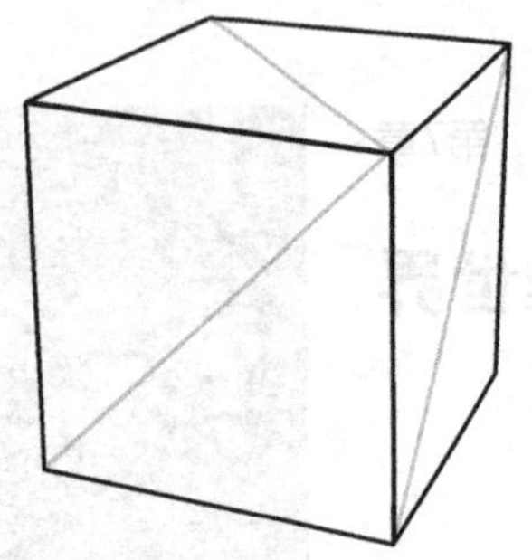

图 7.1 由三角形组成的立方体

既然三维物体是由三角形组成的，那我们只需像前几章那样，逐个绘制组成物体的每个三角形，最终就可以绘制出整个三维物体了。但是，三维与二维还有一个显著区别：在绘制二维图形时，只需要考虑顶点的 x 和 y 坐标，而绘制三维物体时，还得考虑它们的**深度信息** (depth information)。那就开始吧，首先我们来研究一下如何定义三维世界的观察者：在什么地方、朝哪里看、视野有多宽、能看多远。为了简单起见，我们暂时不去绘制立方体，还是绘制几个简单的三角形，因为不管绘制立方体还是三角形，三维空间的规则是一样的。

视点和视线

三维物体与二维图形的最显著区别就是，三维物体具有深度，也就是 Z 轴。因此，你会遇到一些之前不曾考虑过的问题。事实上，我们最后还是得把三维场景绘制到二维的屏幕上，即绘制观察者看到的世界，而观察者可以处在任意位置观察。为了定义一个观察者，你需要考虑以下两点：

- 观察方向，即观察者自己在什么位置，在看场景的哪一部分？
- 可视距离，即观察者能够看多远？

我们将观察者所处的位置称为**视点** (eye point)，从视点出发沿着观察方向的射线称作**视线** (viewing direction)。本节将研究如何通过视点和视线来描述观察者。到下一节我们再来研究“观察者能看多远”的问题。

第 2 章“WebGL 入门”中的图 2.16 显示，在 WebGL 系统中，默认情况下的视点处于原点 (0, 0, 0)，视线为 Z 轴负半轴（指向屏幕内部）。在这一节中，我们把视点从默认位置移动到另一个位置，以观察场景中的三角形。

我们创建来一个新的示例程序 `LookAtTriangles`。在程序中，视点位于 (0.20, 0.25, 0.25)，视线向着原点 (0, 0, 0) 方向，可以看到原点附近有三个三角形。程序中的这三个三角形前后错落摆放，以帮助你理解三维场景中深度的概念。图 7.2 显示了 `LookAtTriangles` 的运行结果。

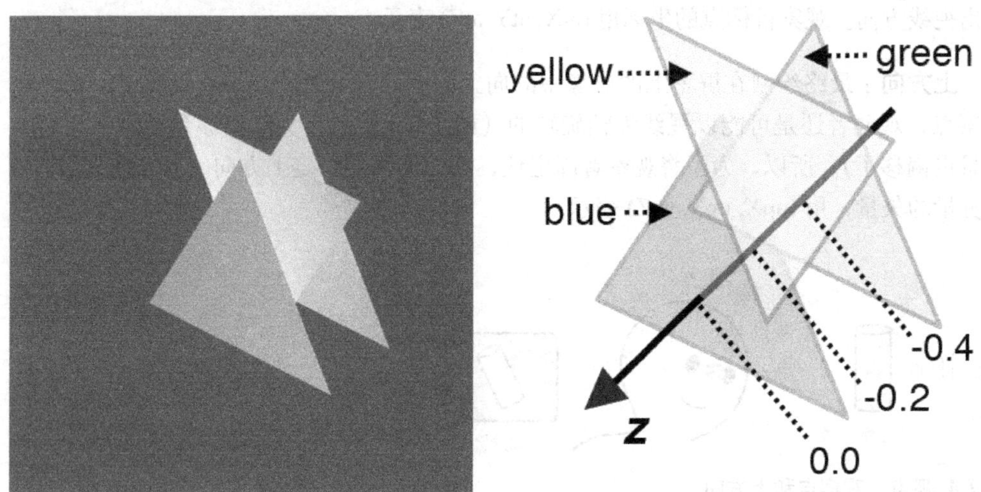

图 7.2 LookAtTriangles（左）和三角形的颜色与 z 坐标值

三角形的颜色比之前程序中的柔和了一些，这样看上去眼睛会比较舒服。

视点、观察目标点和上方向

为了确定观察者的状态，你需要获取两项信息：视点，即观察者的位置；**观察目标点** (look-at point)，即被观察目标所在的点，它可以用来确定视线。此外，因为我们最后要把观察到的景象绘制到屏幕上，还需要知道**上方向** (up direction)。有了这三项信息，就可以确定观察者的状态了。下面将逐一进行解释（见图 7.3）。

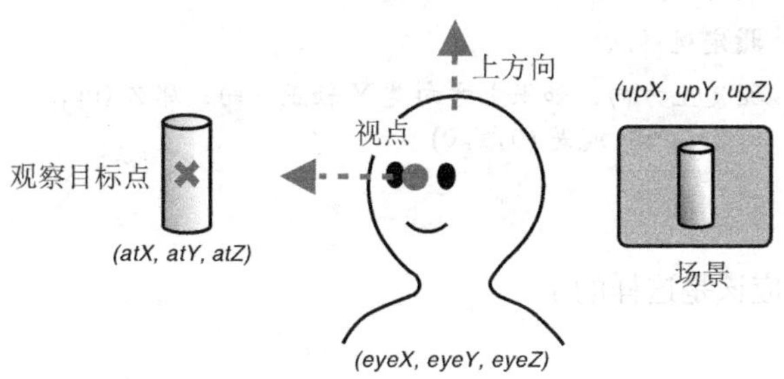

图 7.3 视点、观察目标点和上方向

视点：观察者所在的三维空间中位置，视线的起点。在接下来的几节中，视点坐标都用 (eyeX, eyeY, eyeZ) 表示。

观察目标点：被观察目标所在的点。视线从视点出发，穿过观察目标点并继续延伸。注意，观察目标点是一个点，而不是视线方向，只有同时知道观察目标点和视点，才能算出视线方向。观察目标点的坐标用 (atX, atY, atZ) 表示。

上方向：最终绘制在屏幕上的影像中的向上的方向。试想，如果仅仅确定了视点和观察点，观察者还是可能以视线为轴旋转的（如图 7.4 所示，头部偏移会导致观察到的场景也偏移了）。所以，为了将观察者固定住，我们还需要指定上方向。上方向是具有 3 个分量的矢量，用 (upX, upY, upZ) 表示。

图 7.4 视点，观察点和上方向

在 WebGL 中，我们可以用上述三个矢量创建一个**视图矩阵 (view matrix)**，然后将该矩阵传给顶点着色器。视图矩阵可以表示观察者的状态，含有观察者的视点、观察目标点、上方向等信息。之所以被称为视图矩阵，是因为它最终影响了显示在屏幕上的视图，也就是观察者观察到的场景。`cuon-matrix.js` 提供的 `Matrix4.setLookAt()` 函数可以根据上述三个矢量：视点、观察点和上方向，来创建出视图矩阵。

`Matrix4.setLookAt(eyeX, eyeY, eyeZ, atX, atY, atZ, upX, upY, upZ)`

根据视点 (*eyeX, eyeY, eyeZ*)、观察点 (*atX, atY, atZ*)、上方向 (*upX, upY, upZ*) 创建视图矩阵。视图矩阵的类型是 `Matrix4`，其观察点映射到 `<canvas>` 的中心点。

参数	eyeX, eyeY, eyeZ	指定视点
	atX, atY, atZ	指定观察点
	upX, upY, upZ	指定上方向，如果上方向是 Y 轴正方向，那么 (`upX, upY, upZ`) 就是 (`0,1,0`)
返回值	无	

在 WebGL 中，观察者的默认状态应该是这样的：

- 视点位于坐标系统原点 (0, 0, 0)。

- 视线为 Z 轴负方向，观察点为 (0, 0, −1)[1]，上方向为 Y 轴负方向，即 (0, 1, 0)。

如果将上方向改为 X 轴正半轴方向 (1, 0, 0)，你将看到场景旋转了 90 度。

创建这样一个矩阵，你只需要简单地使用如下代码（见图 7.5）。

```
var initialViewMatrix = new Matrix4();
initialViewMatrix.setLookAt(0, 0, 0, 0, 0, -1, 0, 1, 0);
```

视点　　观察目标点　　上方向

图 7.5 setLookAt () 示例

现在，你已经了解了 `setLookAt()` 函数，下面来看示例程序的代码。

示例程序（LookAtTriangles.js）

例 7.1 显示了 `LookAtTriangles.js` 的代码，我们修改了视点，然后绘制了 3 个三角形，如图 7.2 所示。虽然在黑白书上难以辨认，但实际上这 3 个三角形的颜色分别为蓝色到红色、黄色到红色和绿色到红色的渐变色。

例 7.1 LookAtTriangle.js

```
// LookAtTriangles.js
// 顶点着色器程序
var VSHADER_SOURCE =
  'attribute vec4 a_Position;\n' +
  'attribute vec4 a_Color;\n' +
  'uniform mat4 u_ViewMatrix;\n' +
  'varying vec4 v_Color;\n' +
  'void main() {\n' +
  '  gl_Position = u_ViewMatrix * a_Position;\n' +
  '  v_Color = a_Color;\n' +
  '}\n';

// 片元着色器程序
var FSHADER_SOURCE =
 ...
  'varying vec4 v_Color;\n' +
  'void main() {\n' +
  ' gl_FragColor = v_Color;\n' +
  '}\n';
```

1 实际上观察点 (0, 0, z) 的 z 可以是任意负数。用值 −1 只是举个例子，你也可以用其他的负值。

```
function main() {
  ...
  // 设置顶点坐标和颜色（蓝色三角形在最前面）
  var n = initVertexBuffers(gl);
  ...
  // 获取u_ViewMatrix变量的存储地址
  var u_ViewMatrix = gl.getUniformLocation(gl.program,'u_ViewMatrix');
  ...
  // 设置视点、视线和上方向
  var viewMatrix = new Matrix4();
  viewMatrix.setLookAt(0.20, 0.25, 0.25, 0, 0, 0, 0, 1, 0);

  // 将视图矩阵传给u_ViewMatrix变量
  gl.uniformMatrix4fv(u_ViewMatrix, false, viewMatrix.elements);
 ...
  // 绘制三角形
  gl.drawArrays(gl.TRIANGLES, 0, n);
}

function initVertexBuffers(gl) {
  var verticesColors = new Float32Array([
    // 顶点坐标和颜色
     0.0, 0.5, -0.4, 0.4 1.0, 0.4, // 绿色三角形在最后面
    -0.5, -0.5, -0.4, 0.4 1.0, 0.4,
     0.5, -0.5, -0.4, 1.0, 0.4 0.4,

     0.5, 0.4, -0.2, 1.0, 0.4 0.4, // 黄色三角形在中间
    -0.5, 0.4, -0.2, 1.0, 1.0, 0.4,
     0.0, -0.6, -0.2, 1.0, 1.0, 0.4,

     0.0, 0.5, 0.0, 0.4 0.4 1.0, // 蓝色三角形在最前面
    -0.5, -0.5, 0.0, 0.4 0.4 1.0,
  0.5, -0.5, 0.0, 1.0, 0.4 0.4
  ]);
  var n = 9;

  // 创建缓冲区对象
  var vertexColorbuffer = gl.createBuffer();
  ...
  gl.bindBuffer(gl.ARRAY_BUFFER, vertexColorbuffer);
  gl.bufferData(gl.ARRAY_BUFFER, verticesColors, gl.STATIC_DRAW);
  ...
  return n;
```

```
122 }
```

本例基于第 5 章中的 ColoredTriangle.js 改编。片元着色器、传入顶点数据的方式等与 ColoredTriangle.js 中的一样，主要有以下三点区别：

- 视图矩阵被传给顶点着色器（第 6 行），并与顶点坐标相乘（第 9 行）。
- initVertexBuffers() 函数创建了 3 个三角形的顶点坐标和颜色数据（第 72 ~ 85 行），并在 main() 函数中被调用（第 41 行）。
- main() 函数计算了视图矩阵（第 58 ~ 59 行）并传给顶点着色器中的 uniform 变量 u_viewMatrix（第 62 行）。视点坐标为 (0.25, 0.25, 0.25)，观察点坐标为 (0, 0, 0)，上方向为 (0, 1, 0)。

首先，来看一下上述第 2 点中提到 initVertexBuffers() 函数（第 71 行）。该函数与 ColoredTriangle.js 中的区别在于 verticesColors 数组。原先，该数组中只有一个三角形的顶点坐标和颜色数据，修改后该数组包含了 3 个三角形共计 9 个顶点的数据，而且顶点坐标的 z 分量也不再是 0 了。接着我们创建了缓冲区对象（第 89 行），并将数组中的数据填了进去（第 96 ~ 97 行）。此外，我们还把 gl.drawArrays() 的第 3 个参数改成了 9（第 68 行），因为这里共有 9 个顶点。

然后，根据上述第 3 点，需要建立视图矩阵（包含了视点、视线和上方向信息）并传给顶点着色器。为此，我们先创建了一个 Matrix4 对象 viewMatrix（第 58 行），然后用 setLookAt() 方法将其设置为视图矩阵（第 59 行），最后将视图矩阵中的元素传给顶点着色器中的 u_ViewMatrix 变量（第 62 行）。

```
57   // 设置视点、视线和上方向
58   var viewMatrix = new Matrix4();
59   viewMatrix.setLookAt(0.20, 0.25, 0.25, 0, 0, 0, 0, 1, 0);
60
61   // 将视图矩阵传给u_ViewMatrix变量
62   gl.uniformMatrix4fv(u_ViewMatrix, false, viewMatrix.elements);
```

JavaScript 部分的修改就到这里，下面来看着色器部分的修改：

```
2 // 顶点着色器程序
3 var VSHADER_SOURCE =
4   'attribute vec4 a_Position;\n' +
5   'attribute vec4 a_Color;\n' +
6   'uniform mat4 u_ViewMatrix;\n' +
7   'varying vec4 v_Color;\n' +
8   'void main() {\n' +
```

```
 9   '  gl_Position = u_ViewMatrix * a_Position;\n' +
10   '  v_Color = a_Color;\n' +
11   '}\n';
```

与 ColoredTriangle.js 相比，顶点着色器有两处改动（代码中已用粗体标出）：定义 uniform 变量 u_ViewMatrix(第6行)；将视图矩阵与顶点坐标相乘再赋值给 gl_Position(第 9 行)。看上去差不多，不是吗？那么这样的改动会怎样影响观察到的景象呢？接着来看。

LookAtTriangles.js 与 RotatedTriangle_Matrix4.js

仔细观察示例中的顶点着色器，你会发现它和第 4 章的 RotatedTriangle_Matrix4.js 很像。后者在顶点着色器中创建了一个 Matrix4 类型的旋转矩阵对象，用它去旋转三角形。我们来回顾一下这个着色器：

```
1 // RotatedTriangle_Matrix4.js
2 // 顶点着色器程序
3 var VSHADER_SOURCE =
4   'attribute vec4 a_Position;\n' +
5   'uniform mat4 u_rotMatrix;\n' +
6   'void main() {\n' +
7   '  gl_Position = u_rotMatrix * a_Position;\n' +
8   '}\n';
```

本例 LookAtTriangle.js 的顶点着色器程序如下所示：

```
 1 // LookAtTriangles.js
 2 // 顶点着色器程序
 3 var VSHADER_SOURCE =
 4   'attribute vec4 a_Position;\n' +
 5   'attribute vec4 a_Color;\n' +
 6   'uniform mat4 u_ViewMatrix;\n' +
 7   'varying vec4 v_Color;\n' +
 8   'void main() {\n' +
 9   '  gl_Position = u_ViewMatrix * a_Position;\n' +
10   '  v_Color = a_Color;\n' +
11   '}\n';
```

可见，后者与前者相比增加了 attribute 变量 a_Color 以存储顶点颜色值，增加了 varying 变量 v_Color 把颜色传给片元着色器，uniform 变量由 u_RotMatrix 改成了 u_ViewMatrix。尽管存在上述这些差异，但是在两个着色器中，使用 mat4 对象（在 RotatedTriangle_Matrix4.js 中是 u_rotMatrix，而在 LookAtTriangles.js 中是 u_ViewMatrix）乘以顶点坐标再赋值给 gl_Position 的行为却非常类似（第 7 行和第 9 行）。

实际上，“根据自定义的观察者状态，绘制观察者看到的景象”与“使用默认的观察状态，但是对三维对象进行平移、旋转等变换，再绘制观察者看到的景象”，这两种行为是等价的。

举个例子，默认情况下视点在原点，视线沿着 Z 轴负方向进行观察。假如我们将视点移动到 (0, 0, 1)，如图 7.6（左）所示。这时，视点与被观察的三角形在 Z 轴上的距离增加了 1.0 个单位。实际上，如果我们使三角形沿 Z 轴负方向移动 1.0 个单位，也可以达到同样的效果，因为观察者看上去是一样的，如图 7.6（右）所示。

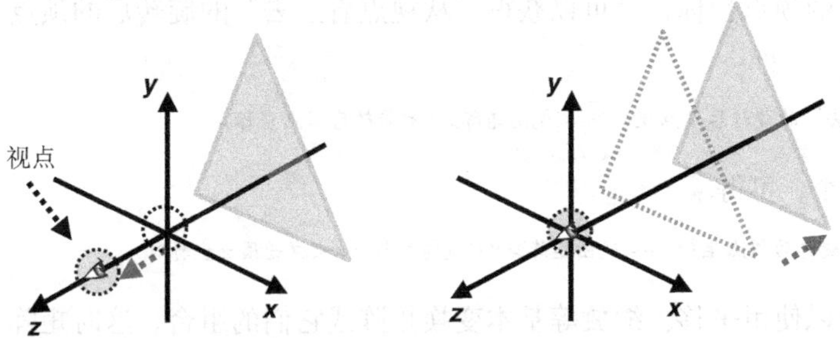

图 7.6 移动视点与移动被观察对象等效

事实上，上述过程就发生在示例程序 `LookAtTriangles.js` 中。根据视点、观察点和上方向参数，`setLookAt()` 方法计算出的视图矩阵恰恰就是“沿着 Z 轴负方向移动 1.0 个单位”的变换矩阵。所以，把这个矩阵与顶点坐标相乘，就相当于获得了“将视点设置在(0.0, 0.0, 1.0)”的效果。视点移动的方向与被观察对象(也就是整个世界)移动的方向正好相反。对于视点的旋转，也可以采用类似的方式。

“改变观察者的状态”与“对整个世界进行平移和旋转变换”，本质上是一样的，它们都可以用矩阵来描述。接下来，我们将从一个指定的视点来观察旋转后的三角形。

从指定视点观察旋转后的三角形

第 4 章 `RotatedTriangle_Matrix` 程序绘制了一个绕 Z 轴旋转一定角度后的三角形。本节将修改 `LookAtTriangles` 程序来绘制一个从指定位置看过去的旋转后的三角形。这时，我们需要两个矩阵：旋转矩阵（表示三角形的旋转）和视图矩阵（表示观察世界的方式）。首先有一个问题是，以怎样的顺序相乘这两个矩阵。

我们知道，矩阵乘以顶点坐标，得到的结果是顶点经过矩阵变换之后的新坐标。也就是说，用旋转矩阵乘以顶点坐标，就可以得到旋转后的顶点坐标。

用视图矩阵乘以顶点坐标会把顶点变换到合适的位置，使得观察者（以默认状态）观察新位置的顶点，就好像在观察者处在（视图矩阵描述的）视点上观察原始顶点一样。现在要在某个视点处观察旋转后的三角形，我们需要先旋转三角形，然后从这个视点来观察它。换句话说，我们需要先对三角形进行旋转变换，再对旋转后的三角形进行与“移动视点”等效的变换。我们按照上述顺序相乘两个矩阵。具体看一下等式。

我们知道，如果想旋转图形，就需要用旋转矩阵乘以旋转前的顶点坐标：

<旋转后顶点坐标>=<旋转矩阵>×<原始顶点坐标>

用视图矩阵乘以旋转后的顶点坐标，就可以获得“从视点看上去”的旋转后的顶点坐标：

<“从视点看上去”的旋转后顶点坐标>=<视图矩阵>×<旋转后顶点坐标>

将第 1 个式子代入第 2 个，可得：

<“从视点看上去”的旋转后顶点坐标>=<视图矩阵>×<旋转矩阵>×<原始顶点坐标>

除了旋转矩阵，你还可以使用平移、缩放等基本变换矩阵或它们的组合，这时矩阵被称为**模型矩阵** (model matrix)。这样，上式就可以写成：

式 7.1

<视图矩阵>×<模型矩阵>×<原始顶点坐标>

示例程序在着色器中实现了该式。很简单，直接照着该式修改顶点着色器。修改后的 `LootAtRotatedTriangles` 程序实现了上述变换，如图 7.7 所示。图中白色虚线为旋转前三角形的所在位置，可以看到三角形确实被旋转过了。

图 7.7 LookAtRotatedTriangles

示例程序（LookAtRotatedTriangles.js）

LookAtRotatedTriangles.js 与 LookAtTriangles.js 相比，只有几处小改动：加入了 uniform 变量 u_ModelMatrix；JavaScript 中的 main() 函数将模型矩阵传给该变量。相应的代码如例 7.2 所示。

例 7.2 LookAtRotatedTriangle.js

```
1 // LookAtRotatedTriangles.js
2 // 顶点着色器程序
3 var VSHADER_SOURCE =
4   'attribute vec4 a_Position;\n' +
5   'attribute vec4 a_Color;\n' +
6   'uniform mat4 u_ViewMatrix;\n' +
7   'uniform mat4 u_ModelMatrix;\n' +
8   'varying vec4 v_Color;\n' +
9   'void main() {\n' +
10  '  gl_Position = u_ViewMatrix * u_ModelMatrix * a_Position;\n' +
11  '  v_Color = a_Color;\n' +
12  '}\n';
   ...
24 function main() {
   ...
51     // 获取u_ViewMatrix和u_ModelMatrix的存储地址
52     var u_ViewMatrix = gl.getUniformLocation(gl.program,'u_ViewMatrix');
53     var u_ModelMatrix = gl.getUniformLocation(gl.program, 'u_ModelMatrix');
   ...
59     // 指定视点和视线
60     var viewMatrix = new Matrix4();
61   viewMatrix.setLookAt(0.20, 0.25, 0.25, 0, 0, 0, 0, 1, 0);
62
63     // 计算旋转矩阵
64     var modelMatrix = new Matrix4();
65   modelMatrix.setRotate(-10, 0, 0, 1); // Rotate around z-axis
66
67     // 将矩阵传给对应的uniform变量
68   gl.uniformMatrix4fv(u_ViewMatrix, false, viewMatrix.elements);
69   gl.uniformMatrix4fv(u_ModelMatrix, false, modelMatrix.elements);
```

首先，顶点着色器中添加了 uniform 变量 u_ModelMatrix（第 7 行），该变量从 JavaScript 中接收模型矩阵，以实现等式 7.1（第 10 行）。

```
10  '  gl_Position = u_ViewMatrix * u_ModelMatrix * a_Position;\n' +
```

JavaScript 的 main() 函数已经有了与视图矩阵相关的代码，只需添加几行计算和传入旋转矩阵的代码，将三角形绕 Z 轴旋转 10 度。第 53 行代码实现了获取 u_ModelMatrix 变量的存储地址，第 64 行实现了创建一个新的矩阵对象 modelMatrix，调用 Matrix.setRotate() 将其设为旋转矩阵（第 65 行），然后传给顶点着色器中的 u_ModelMatrix（第 69 行）。

运行示例程序，顶点坐标依次与旋转矩阵和视图矩阵相乘，最终获得了预期的效果。如图 7.6 所示，即先用 u_ModelMatrix 旋转三角形，再将旋转后的坐标用 u_ViewMatrix 变换到正确的位置，使其看上去就像是从指定视点处观察一样。

用示例程序做实验

在 LookAtRotatedTriangle.js 中，着色器实现了式 7.1（视图矩阵 × 模型矩阵 × 原始坐标）。这样，程序对每个顶点都要计算视图矩阵 × 模型矩阵。如果顶点数量很多，这一步操作就会造成不必要的开销。这是因为，无论对哪个顶点而言，式 7.1 中的两个矩阵相乘的结果都是一样的。所以我们可以在 JavaScript 中事先把这两个矩阵相乘的结果计算出来，再传给顶点着色器。这两个矩阵相乘得到的结果被称为**模型视图矩阵** (model view matrix)，如下所示：

<模型视图矩阵>=<视图矩阵>×<模型矩阵>

这样，式 7.1 可以重写为式 7.2：

式 7.2

<模型视图矩阵>×<顶点坐标>

新的示例程序 LookAtRotatedTriangles_mvMatrix.js 按照式 7.2 重写了例 3 中的代码，如下所示。

例 7.3 LookAtRotatedTriangles_mvMatrix.js

```
// LookAtRotatedTriangles_mvMatrix.js
// 顶点着色器程序
var VSHADER_SOURCE =
 ...
  'uniform mat4 u_ModelViewMatrix;\n' +
  'varying vec4 v_Color;\n' +
  'void main() {\n' +
  '  gl_Position = u_ModelViewMatrix * a_Position;\n' +
  '  v_Color = a_Color;\n' +
  '}\n';
```

```
   ...
23 function main() {
   ...
50   // 获取u_ModelViewMatrix和u_ModelMatrix的存储地址
51   var u_ModelViewMatrix = gl.getUniformLocation(gl.program, 'u_ModelViewMatrix');
   ...
59   viewMatrix.setLookAt(0.20, 0.25, 0.25, 0, 0, 0, 0, 1, 0);
   ...
63   modelMatrix.setRotate(-10, 0, 0, 1); // Calculate rotation matrix
64
65   // 两个矩阵相乘
66   var modelViewMatrix = viewMatrix.multiply(modelMatrix);
67
68   // 将模型视图矩阵传给u_ModelViewMatrix
69   gl.uniformMatrix4fv(u_ModelViewMatrix, false, modelViewMatrix.elements);
```

顶点着色器中出现了新的uniform变量 `u_mvMatrix`，它参与了对 `gl_Position` 的计算（第9行）。顶点着色器执行的流程与最初的 `LookAtTriangles.js` 中一样（除了uniform变量的名称）。

在JavaScript代码中，我们分别计算出了视图矩阵 `viewMatrix` 和模型矩阵 `modelMatrix`（第59～63行），就像在 `LookAtTriangle.js` 中一样。然后，我们调用 `Matrix4.multiply()` 方法使这两个矩阵相乘，并将结果赋值给 `modelviewMatrix`（第66行）。注意，我们是在 `modelMatrix` 上调用了 `multiply()` 方法，并传入 `viewMatrix` 为参数，所以这样做的结果实际上就是 `modelMatrix=viewMatrix*modelMatrix`。因为在JavaScript中，我们不能像在GLSL ES中那样直接使用 `*` 号来进行矩阵相乘，而需要用矩阵库所提供的方法。

得到了 `modelMatrix` 后，就将它传给着色器的 `u_ModelMatrix` 变量（第69行）。运行程序，效果如图7.6所示。

最后还需要指出，示例程序显式地把视图矩阵和模型矩阵单独计算出来，再相乘为模型视图矩阵（第59～66行），是为了更好地表达模型视图矩阵的由来。实际上，只需要一行代码就可以计算出模型视图矩阵了：

```
var modelViewMatrix = new Matrix4();
modelViewMatrix.setLookAt(0.20, 0.25, 0.25, 0, 0, 0, 0, 1, 0).rotate(-10, 0, 0, 1);
// 将模型视图矩阵传给uniform变量
gl.uniformMatrix4fv(u_ModelViewMatrix, false, modelViewMatrix.elements);
```

利用键盘改变视点

这一节将在 `LookAtTriangles` 的基础上进行修改，使得当键盘上的方向键被按下时，观察者的视点也随之移动。在新程序 `LookAtTrianglesWithKeys` 中，如果右方向键被按下，视点的 X 坐标将增大 0.01；如果左方向键被按下，视点的 X 坐标将减少 0.01。图 7.8（左）显示了示例程序的运行效果。如果按下左方向键一段时间，就会变成图 7.8（右）的样子。

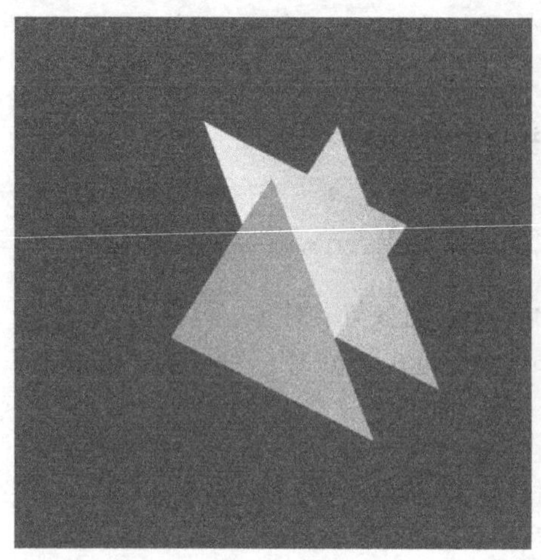
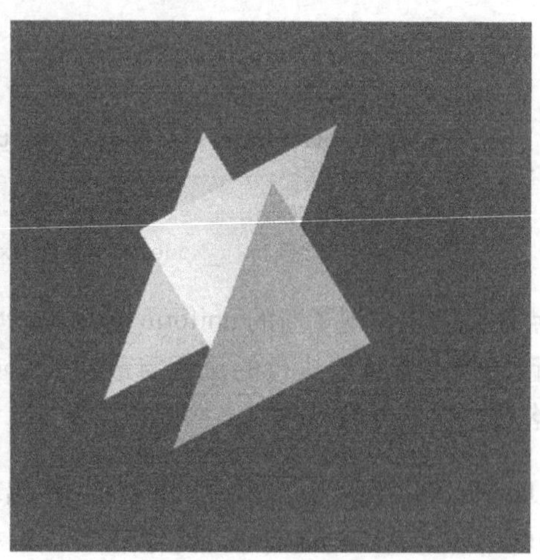

图 7.8 LookAtTrianglesWithKeys

示例程序（LookAtTrianglesWithKeys.js）

例 7.4 显示了示例程序的代码。着色器代码与 `LookAtTriangles.js` 中一样，与 JavaScript 中 `main()` 函数的流程也基本相同。不同的是，我们注册了键盘事件响应函数，并把绘制三角形的代码移到了一个单独的 `draw()` 函数中。

例 7.4 LookAtTrianglesWithKeys.js

```
// LookAtTrianglesWithKeys.js
// 顶点着色器程序
var VSHADER_SOURCE =
  'attribute vec4 a_Position;\n' +
  'attribute vec4 a_Color;\n' +
  'uniform mat4 u_ViewMatrix;\n' +
  'varying vec4 v_Color;\n' +
  'void main() {\n' +
  '  gl_Position = u_ViewMatrix * a_Position;\n' +
  '  v_Color = a_Color;\n' +
```

```
'}\n';
...
function main() {
...
  // 获取u_ViewMatrix变量的存储地址
  varu_ViewMatrix = gl.getUniformLocation(gl.program,'u_ViewMatrix');
...
  // 创建试图矩阵的Matrix4对象
  var viewMatrix = new Matrix4();
  // 注册键盘事件响应函数
  document.onkeydown = function(ev){ keydown(ev, gl, n, u_ViewMatrix,
                                                        ➥viewMatrix); };

  draw(gl, n, u_ViewMatrix, viewMatrix); // Draw a triangle
}
...
var g_eyeX = 0.20, g_eyeY = 0.25, g_eyeZ = 0.25; // 视点
function keydown(ev, gl, n, u_ViewMatrix, viewMatrix) {
    if(ev.keyCode == 39) { // 按下右键
      g_eyeX += 0.01;
    } else
    if (ev.keyCode == 37) { // 按下左键
      g_eyeX -= 0.01;
    } else { return; } // 按下的是其他键
    draw(gl, n, u_ViewMatrix, viewMatrix);
}

function draw(gl, n, u_ViewMatrix, viewMatrix) {
  // 设置视点和视线
  viewMatrix.setLookAt(g_eyeX, g_eyeY, g_eyeZ, 0, 0, 0, 0, 1, 0);

  // 将视图矩阵传递给u_ViewMatrix变量
  gl.uniformMatrix4fv(u_ViewMatrix, false, viewMatrix.elements);

  gl.clear(gl.COLOR_BUFFER_BIT); // 清除<canvas>

  gl.drawArrays(gl.TRIANGLES, 0, n); // 绘制三角形
}
```

在本例中，我们注册了键盘事件响应函数。每当左方向键或右方向键被按下时，就改变视点的位置，然后调用 draw() 函数重绘场景。在研究键盘事件响应函数前，先来看一下 draw() 函数。

draw() 函数的流程十分直接：首先根据全局变量 g_eyeX、g_eyeY、g_eyeZ 计算视

图矩阵（第 130 行），这三个变量的初始值分别是 0.2、0.25、0.25（第 117 行）；然后将计算得到的视图矩阵传给顶点着色器中的 u_ViewMatrix 变量。注意 main() 函数调用 draw() 函数时以参数的形式传入了之前获取的（第 51 行）着色器中 u_ViewMatrix 的存储地址，和一个新创建（第 58 行）的 Matrix4 对象。这样做的目的是为了提高 draw() 函数的效率，否则我们就得在每次调用 draw() 函数时都重新获取 u_ViewMatrix 的地址并新建 Matrix4 对象。最后，我们清空 <canvas>（第 135 行）并绘制三角形（第 137 行）。

全局变量 g_eyeX、g_eyeY、g_eyeZ 中存储着视点的坐标，键盘事件响应函数将更新 g_eyeX 的值。为了在按键被按下时调用该函数，我们必须把函数注册到 document 对象的 onkeydown 属性上去。我们定义了一个匿名函数作为键盘事件响应函数：

```
59   // 注册键盘事件响应函数
60   document.onkeydown = function(ev){ keydown(ev, gl, n, u_ViewMatrix,
                                                          ➥viewMatrix); };
```

匿名函数调用了 keydown() 函数，并传入了相关的参数。让我们来看一下 keydown() 函数的实现。

```
118 function keydown(ev, gl, n, u_ViewMatrix, viewMatrix) {
119   if(ev.keyCode == 39) { // 按下右方向键
120     g_eyeX += 0.01;
121   } else
122   if (ev.keyCode == 37) { // 按下左方向键
123     g_eyeX -= 0.01;
124   } else { return; } // 按下的是其他键，直接返回，不必进行绘制
125     draw(gl, n, u_ViewMatrix, viewMatrix);// 绘制三角形
126 }
```

keydown() 函数的第 1 个参数 ev 是一个事件对象，该函数的逻辑很直接，首先根据 ev.keyCode 属性检查哪个按键被按下，然后更新 g_eyeX。如果是右方向键，就令 g_eyeX 增加 0.01，如果是左方向键，就令 g_eyeX 减少 0.01。最后调用 draw() 函数绘制三角形。

运行程序，每当你按下左或右方向键时，三角形都会改变一下方向，实际上这是因为观察者的位置发生了变化。

独缺一角

如果你仔细观察示例程序的运行效果，就会注意到当视点在极右或极左的位置时，三角形会缺少一部分，如图 7.9 所示。

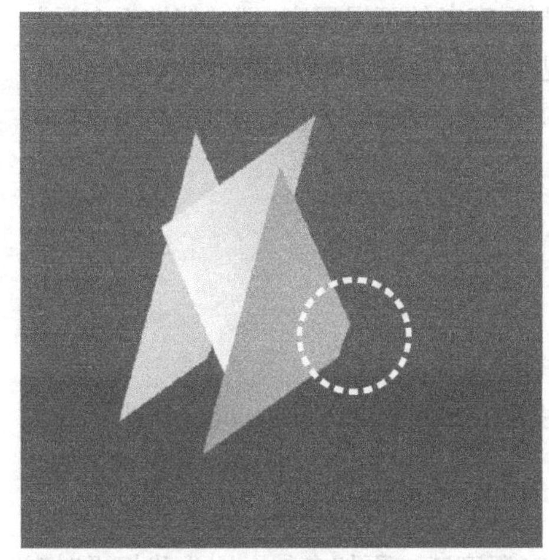

图 7.9 缺了一角的三角形

三角形缺了一角的原因是，我们没有指定**可视范围** (visible range)，即实际观察得到的区域边界。如前一章所述，WebGL 只显示可视范围内的区域。例中当我们改变视点位置时，三角形的一部分到了可视范围外，所以图 7.9 中的三角形就缺了一个角。

可视范围（正射类型）

虽然你可以将三维物体放在三维空间中的任何地方，但是只有当它在可视范围内时，WebGL 才会绘制它。事实上，不绘制可视范围外的对象，是基本的降低程序开销的手段。绘制可视范围外的对象没有意义，即使把它们绘制出来也不会在屏幕上显示。从某种程序上来说，这样做也模拟了人类观察物体的方式，如图 7.10 所示。我们人类也只能看到眼前的东西，水平视角大约 200 度左右。总之，WebGL 就是以类似的方式，只绘制可视范围内的三维对象。

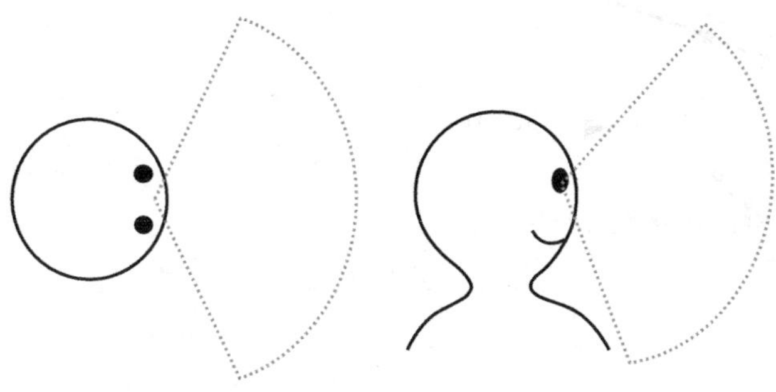

图 7.10 人类的可视范围

除了水平和垂直范围内的限制，WebGL 还限制观察者的可视深度，即"能够看多远"。所有这些限制，包括水平视角、垂直视角和可视深度，定义了**可视空间** (view volume)。由于我们没有显式地指定可视空间，默认的可视深度又不够远，所以三角形的一个角看上去就消失了，如图 7.9 所示。

可视空间

有两类常用的可视空间：

- 长方体可视空间，也称盒状空间，由**正射投影** (orthographic projection) 产生。
- 四棱锥 / 金字塔可视空间，由**透视投影** (perspective projection) 产生。

在透视投影下，产生的三维场景看上去更是有深度感，更加自然，因为我们平时观察真实世界用的也是透视投影。在大多数情况下，比如三维射击类游戏中，我们都应当采用透视投影。相比之下，正射投影的好处是用户可以方便地比较场景中物体（比如两个原子的模型）的大小，这是因为物体看上去的大小与其所在的位置没有关系。在建筑平面图等技术绘图的相关场合，应当使用这种投影。

首先介绍基于正射投影的盒状可视空间的工作原理。

盒状可视空间的形状如图 7.11 所示。可视空间由前后两个矩形表面确定，分别称**近裁剪面** (near clipping plane) 和**远裁剪面** (far clipping plane)，前者的四个顶点为 (right, top, –near)，(–left, top, –near)，(–left, –bottom, –near)，(right, –bottom, –near)，而后者的四个顶点为 (right, top, far)，(–left, top, far)，(–left, –bottom, far)，(right, –bottom, far)。

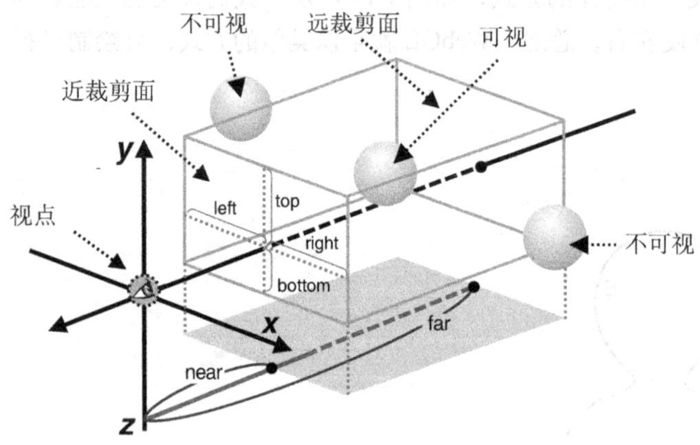

图 7.11 盒状可视空间

<canvas> 上显示的就是可视空间中物体在近裁剪面上的投影。如果裁剪面的宽高比和 <canvas> 不一样，那么画面就会被按照 <canvas> 的宽高比进行压缩，物体会被扭曲（稍后详细讨论）。近裁剪面与远裁剪面之间的盒形空间就是可视空间，只有在此空间内的物体会被显示出来。如果某个物体一部分在可视空间内，一部分在其外，那就只显示空间内的部分。

定义盒状可视空间

cuon-matrix.js 提供的 Matrix4.setOrtho() 方法可用来设置投影矩阵，定义盒装可视空间。

Matrix4.setOrtho(left, right, bottom, top, near, far)

通过各参数计算正射投影矩阵，将其存储在 Matrix4 中。注意，*left* 不一定与 *right* 相等，*bottom* 不一定与 *top* 相等，*near* 与 *far* 不相等。

参数	left, right	指定近裁剪面（也是可视空间的，下同）的左边界和右边界
	bottom, top	指定近裁剪面的上边界和下边界
	near, far	指定近裁剪面和远裁剪面的位置，即可视空间的近边界和远边界
返回值	无	

我们在这里又用到了矩阵。这个矩阵被称为**正射投影矩阵** (orthographic projection matrix)。示例程序 OrthoView 将使用这种矩阵定义盒状可视空间，并绘制 3 个与 LookAtRotatedTriangles 中一样的三角形，由此测试盒状可视空间的效果。LookAtRotatedTriangles 程序将视点放在一个指定的非原点位置上，但本例为方便，直接把视点置于原点处，视线为 Z 轴负方向。可视空间定义如图 7.12 所示，near = 0.0，far = 0.5，left = −1.0，right = 1.0，bottom = −1.0，top = 1.0，三角形处于 Z 轴 0.0 到 −0.4 区间上。

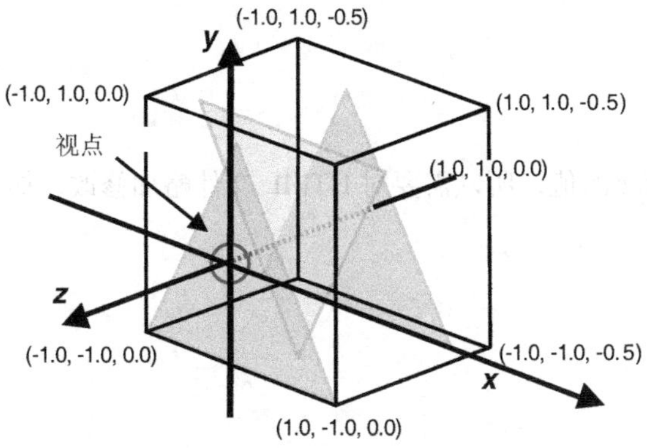

图 7.12 正射投影和盒状可视空间

此外，示例程序还允许通过键盘按键修改可视空间的 near 和 far 值。这样我们就能直观地看到这两个值具体对可视空间有什么影响。下面列出了各按键的作用。

按键	作用
右方向键	*near* 提高 0.01
左方向键	*near* 降低 0.01
上方向键	*far* 提高 0.01
下方向键	*far* 降低 0.01

我们同时在网页上的画面下方显示这两个值，如图 7.13 所示。

near.0,far.0.5

图 7.13 OrthoView

来看一下示例程序代码。

示例程序（OrthoView.html）

示例程序在画面的下方显示 near 和 far 的值，所以需要对 HTML 文件略加修改，如例 7.5 所示。

例 7.5 OrthoView.html

```
<!DOCTYPE html>
<html>
  <head lang= "ja">
    <meta charset="utf-8" />
```

```
5     <title>Set Box-shaped Viewing Volume</title>
6   </head>
7
8   <body onload="main()">
9     <canvas id="webgl" width="400" height="400">
10    Please use a browser that supports <canvas>
11    </canvas>
12    <p id="nearFar"> The near and far values are displayed here. </p>
13
14    <script src="../lib/webgl-utils.js"></script>
   ...
18    <script src="OrthoView.js"></script>
19  </body>
20 </html>
```

如你所见，HTML 文件中增加了一段说明文本“The near and far values are displayed here”（第 12 行）。我们将用 JavaScript 重写文本内容，显示当前的 near 和 far 值。

示例程序（OrthoView.js）

例 7.6 显示了 OrthoView.js 的代码，大部分和 LookAtTriangles.js 中的一样，只增加了方向键设置可视空间的功能。

例 7.7 OrthoView.js

```
// OrthoView.js
// 顶点着色器程序
var VSHADER_SOURCE =
  'attribute vec4 a_Position;\n' +
  'attribute vec4 a_Color;\n' +
  'uniform mat4 u_ProjMatrix;\n' +
  'varying vec4 v_Color;\n' +
  'void main() {\n' +
  '  gl_Position = u_ProjMatrix * a_Position;\n' +
  '  v_Color = a_Color;\n' +
  '}\n';
...
function main() {
  // 获取<canvas>元素
  var canvas = document.getElementById('webgl');
  // 获取nearFar元素
  var nf = document.getElementById('nearFar');
  ...
  // 获取u_ProjMatrix变量的存储位置
```

```
53   var u_ProjMatrix = gl.getUniformLocation(gl.program,'u_ProjMatrix');
   ...
59   // 创建矩阵以设置视点和视线
60   var projMatrix = new Matrix4();
61   // 注册键盘事件响应函数
62   document.onkeydown = function(ev) { keydown(ev, gl, n, u_ProjMatrix,
                                                      ➥projMatrix, nf); };
63
64   draw(gl, n, u_ProjMatrix, projMatrix, nf); // 绘制三角形
65 }
   ...
116 // 视点与近、远裁剪面的距离
117 var g_near = 0.0, g_far = 0.5;
118 function keydown(ev, gl, n, u_ProjMatrix, projMatrix, nf) {
119   switch(ev.keyCode) {
120     case 39: g_near += 0.01; break; // 按下右方向键
121     case 37: g_near -= 0.01; break; // 按下左方向键
122     case 38: g_far += 0.01; break;  // 按下上方向键
123     case 40: g_far -= 0.01; break;  // 按下下方向键
124     default: return; // 按下了其他按键
125   }
126
127   draw(gl, n, u_ProjMatrix, projMatrix, nf);
128 }
129
130 function draw(gl, n, u_ProjMatrix, projMatrix, nf) {
131   // 使用矩阵设置可视空间
132   projMatrix.setOrtho(-1, 1, -1, 1, g_near, g_far);
133
134   // 将投影矩阵传给u_ProjMatrix变量
135   gl.uniformMatrix4fv(u_ProjMatrix, false, projMatrix.elements);
136
137   gl.clear(gl.COLOR_BUFFER_BIT); // 清除<canvas>
138
139   // 显示当前的near和far值
140   nf.innerHTML = 'near: ' + Math.round(g_near * 100)/100 + ', far: ' +
                                              ➥Math.round(g_far*100)/100;
141
142   gl.drawArrays(gl.TRIANGLES, 0, n); // 绘制三角形
143 }
```

与 LookAtTriangleswithkeys 类似，本例也定义了 keydown() 函数（第 118 行），每当按下按键时，匿名的事件响应函数就会调用 keydown() 函数。keydown() 函数首先更新 near 和 far 的值，然后调用 draw() 函数进行绘制（第 127 行）。draw() 函数将设置可

视空间，更新页面上文本显示的 near 和 far 的值，并绘制 3 个三角形（第 130 行）。最关键的事情是设置可视空间，就发生在 draw() 函数中。但是在深入研究之前，先来看一下 JavaScript 如何修改页面上的文本。

JavaScript 修改 HTML 元素

JavaScript 修改 HTML 元素中内容的方法很简单。首先调用 getElementById() 并传入元素的 id，获取待修改的 HTML 元素。

在示例程序中，我们把下面这个 <p> 元素中的文本改成了“near:0.0, far:0.5”：

```
12      <p id="nearFar"> The near and far values are displayed here. </p>
```

在 Drthoview.js 中，我们调用 getElementById() 并传入元素的 id 值“nearfar”（见 HTML 文件第 12 行）以获取该元素（第 27 行）。如下所示：

```
26    // 获取nearFar元素
27    var nf = document.getElementById('nearFar');
```

一旦 nf 变量（实际上是一个 JavaScript 对象）获取了 <p> 元素，就可以直接通过其 innerHTML 属性来进行修改，比如，如果你写下：

```
nf.innerHTML = 'Good Morning, Marisuke-san!';
```

在执行之后，“Good Morning, Marisuke-san!”这段文本就显示在了页面上。你也可以在文本中加入 HTML 标签，比如‘Good Morning, <b>Marisuke</b>-san!’，就会以突出显示“Marisuke”。

在 OrthoView.js 中，可视空间的 near 和 far 的值会存储在全局变量 g_near 和 g_far 中（第 117 行）。第 140 行修改了 HTML 中的文本，以显示 near 和 far 的值。此外，为了打印结果的美观，还使用了 Math.round() 方法。如下所示：

```
139    // 显示当前的near和far值
140    nf.innerHTML = 'near: ' + Math.round(g_near * 100)/100 + ', far: ' +
                                                  ➥Math.round(g_far*100)/100;
```

顶点着色器的执行流程

本例中的顶点着色器与 LookAtRotatedTriangles.js 中的几乎一样，只是 uniform 变量的名称变成了 u_ProjMatrix。该变量存储了可视空间的投影矩阵，我们将投影矩阵与顶点坐标相乘，再赋值给 gl_Position（第 9 行）。

```
 2 // 顶点着色器程序
```

```
3 var VSHADER_SOURCE =
  ...
6   'uniform mat4 u_ProjMatrix;\n' +
7   'varying vec4 v_Color;\n' +
8   'void main() {\n' +
9   '  gl_Position = u_ProjMatrix * a_Position;\n' +
10  '  v_Color = a_Color;\n' +
11  '}\n';
```

当键盘的上方向键被按下时，事件响应函数就会执行（第 62 行）并调用 keydown()。注意我们将nf作为最后一个参数传入，这样keydown()函数就能够访问并修改<p>元素了。keydown() 函数最后调用了 draw() 函数绘制三角形，这样每次按键后都会重绘整个图形。

```
61  // 注册键盘事件响应函数
62  document.onkeydown = function(ev) { keydown(ev, gl, n, u_ProjMatrix,
                                                ➥projMatrix, nf); };
```

keydown() 函数首先检查哪个键被按下，然后根据按下的键，修改 g_near 和 g_far 的值（稍后这两个值将被传给 setOrtho() 函数以创建投影矩阵，设置可视空间），最后调用 draw() 函数。注意，这里 g_near 和 g_far 是全局变量（第 117 行），不管是 keydown() 还是 draw() 函数都可以访问它。

```
116 // 视点与近、远裁剪面的距离
117 var g_near = 0.0, g_far = 0.5;
118 function keydown(ev, gl, n, u_ProjMatrix, projMatrix, nf) {
119   switch(ev.keyCode) {
120     case 39: g_far += 0.01; break;  // 按下上方向键
    ...
123     case 40: g_far -= 0.01; break;  // 按下下方向键
124     default: return; // 按下了其他按键
125   }
126
127   draw(gl, n, u_ProjMatrix, projMatrix, nf);
128 }
```

再看一下 draw() 函数（第 130 行），它与 LookAtTriangle.js 中的几乎一样，唯一的区别是它修改了网页上的文本信息（第 140 行）。

```
130 function draw(gl, n, u_ProjMatrix, projMatrix, nf) {
131   // 使用矩阵设置可视空间
132   projMatrix.setOrtho(-1.0, 1.0, -1.0, 1.0, g_near, g_far);
133
134   // 将投影矩阵传给u_ProjMatrix变量
135   gl.uniformMatrix4fv(u_ProjMatrix, false, projMatrix.elements);
    ...
```

```
139    // 显示当前的near和far值
140    nf.innerHTML = 'near: ' + Math.round(g_near * 100)/100 + ', far: ' +
                                                     ➥Math.round(g_far*100)/100;
141
142    gl.drawArrays(gl.TRIANGLES, 0, n); // 绘制三角形
143 }
```

draw() 函数计算出可视空间对应的投影矩阵 projMatrix（第 132 行），将其传递给着色器中的 u_ProjMatrix 变量（第 135 行），接着在页面上更新 near 和 far 的值（第 140 行），最后绘制出三角形（第 142 行）。

修改 near 和 far 值

运行程序，按下右方向键逐渐增加 near 值，你会看到三角形逐个消失了，如图 7.14 所示。

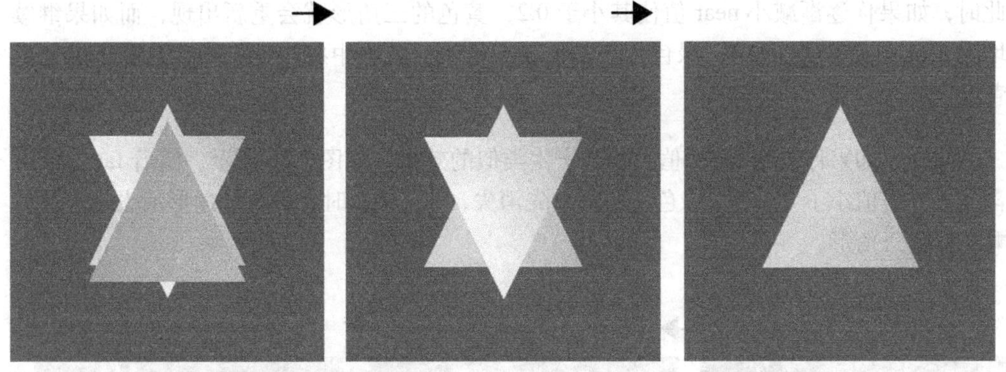

图 7.14 通过右方向键增大 near 的值

默认情况下，near 值为 0.0，此时 3 个三角形都出现了。当我们首次按下右方向键，将 near 值增加至 0.01 时，处在最前面的蓝色的三角形消失了，如图 7.14（中）所示。这是因为，蓝色三角形就在 XY 平面上，近裁剪面越过了蓝色三角形，使其处在了可视空间外，如图 7.14 所示。

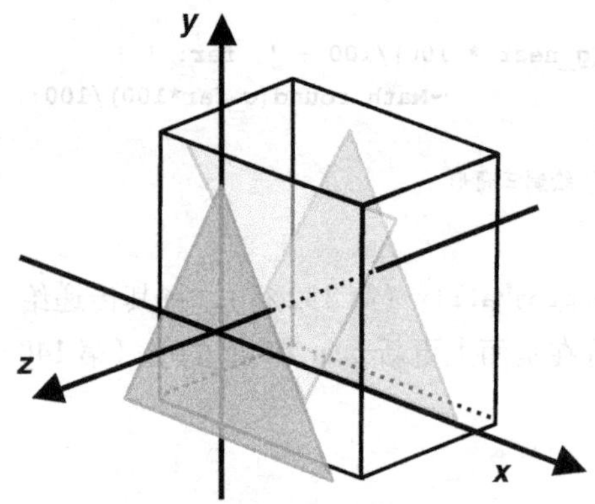

图 7.15 蓝色三角形处于可视空间外

我们接着继续增大 near 值，当 near 值大于 0.2 时，近裁剪面越过了黄色三角形，使其处在可视空间外。黄色三角形也消失了，视野中只剩下绿色三角形，如图 7.14(右)所示。此时，如果你逐渐减小 near 值使其小于 0.2，黄色的三角形就会重新出现，而如果继续增大 near 值使其大于 0.4，绿色的三角形就会消失，视野中将空无一物，只剩下黑色的背景。

同样，如果你改变 far 的值，也会产生类似的效果，如图 7.16 所示。随着 far 值的逐渐减小，当值小于 0.4 时，绿色三角形首先消失，小于 0.2 时，黄色三角形消失，最终只剩下蓝色三角形。

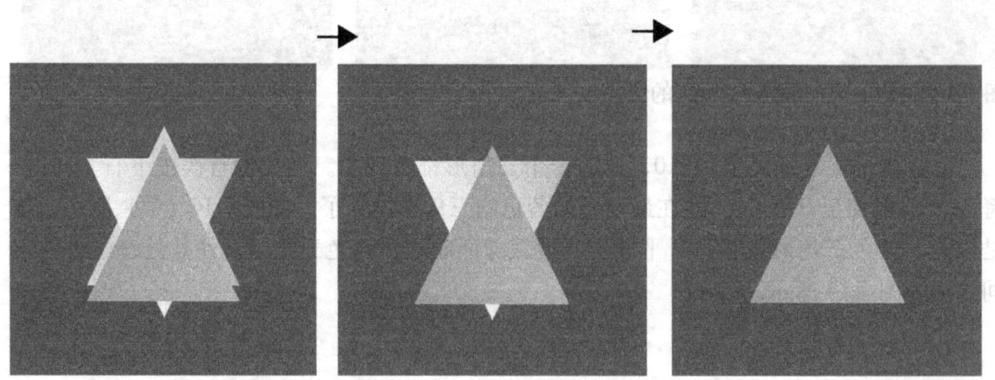

图 7.16 通过下方向键减小 far 值

这个示例程序清晰地展示了可视空间的作用。如果你想绘制任何东西，就必须把它置于可视空间中。

补上缺掉的角（LookAtTrianglesWithKeys_ViewVolume.js）

在 `LookAtTrianglesWithKeys` 中，当你多次按下左或右方向键，处于极左处或极右处观察三角形时，会发现三角形看上去缺了一个角，如图 7.17 所示。通过前一节的讨论，我们已经很明确地知道这是因为三角形的一部分位于可视区域之外，被裁剪掉了。这一节，我们就来修改程序，适当地设置可视空间，确保三角形不被裁剪。

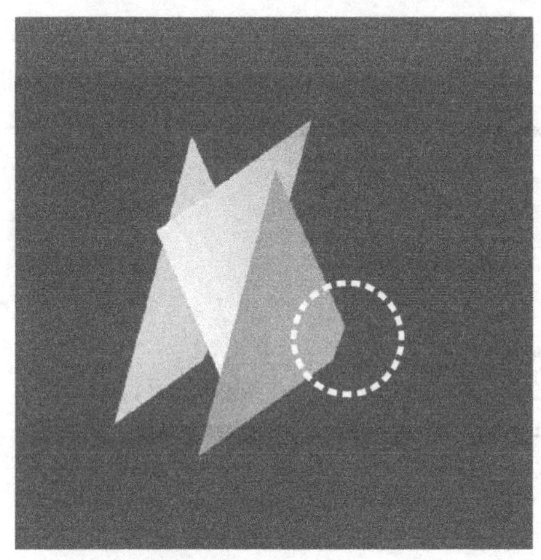

图 7.17 被裁剪的三角形

从上图中可以看出，三角形中距离视点最远的角被裁剪了。显然，这是由远裁剪面过于接近视点导致，我们只需要将远裁剪面移到距离视点更远的地方。为此，我们可以按照以下的配置来修改可视空间：left=−1.0，right=1.0，bottom=−1.0，top=1.0，near=0.0，far=2.0。

程序涉及两个矩阵：关于可视空间的正射投影矩阵，以及关于视点与视线的视图矩阵。在顶点着色器中，我们需要用视图矩阵乘以顶点坐标，得到顶点在视图坐标系下的坐标，再左乘正射投影矩阵并赋值给 `gl_Position`。计算过程如式 7.3 所示。

式 7.3

$$<正射投影矩阵> \times <视图矩阵> \times <顶点坐标>$$

例 7.7 中的顶点着色器实现了上式。

例 7.7 LookAtTrianglesWithKeys_ViewVolume.js

```
1 // LookAtTrianglesWithKeys_ViewVolume.js
2 // 顶点着色器程序
3 var VSHADER_SOURCE =
4   'attribute vec4 a_Position;\n' +
5   'attribute vec4 a_Color;\n' +
6   'uniform mat4 u_ViewMatrix;\n' +
7   'uniform mat4 u_ProjMatrix;\n' +
8   'varying vec4 v_Color;\n' +
9   'void main() {\n' +
10  '  gl_Position = u_ProjMatrix * u_ViewMatrix * a_Position;\n' +
11  '  v_Color = a_Color;\n' +
12  '}\n';
   ...
24 function main() {
   ...
51   // 获取u_ViewMatrix和u_ProjMatrix的存储地址
52   var u_ViewMatrix = gl.getUniformLocation(gl.program,'u_ViewMatrix');
53   var u_ProjMatrix = gl.getUniformLocation(gl.program,'u_ProjMatrix');
   ...
59   // 创建视图矩阵
60   var viewMatrix = new Matrix4();
61   // Register the event handler to be called on key press
62   document.onkeydown = function(ev) { keydown(ev, gl, n, u_ViewMatrix,
                                                        ➥viewMatrix); };
63
64   // 创建指定可视空间的矩阵并传给u_ProjMatrix变量
65   var projMatrix = new Matrix4();
66   projMatrix.setOrtho(-1.0, 1.0, -1.0, 1.0, 0.0, 2.0);
67   gl.uniformMatrix4fv(u_ProjMatrix, false, projMatrix.elements);
68
69   draw(gl, n, u_ViewMatrix, viewMatrix); // Draw the triangles
70 }
```

在计算正射投影矩阵 projMatrix 时，我们将 far 的值从 1.0 改成 2.0（第 66 行），将结果传给了顶点着色器中的 u_ProjMatrix（第 67 行）。投影矩阵与顶点无关，所以它是 uniform 变量。运行示例程序，然后像之前那样移动视点，你会发现三角形再也不会被裁剪了，如图 7.18 所示。

图 7.18 LookAtTrianglesWithKeys_ViewVolume

用示例程序做实验

在“可视空间”一节中曾说过，如果可视空间近裁剪面的宽高比与 <canvas> 不一致，显示出的物体就会被压缩变形。本节就来研究这一点。新的程序 OrthoView_halfSize 修改自例 7.7，它将近裁剪面的宽度和高度改为了原来的一半，但是保持了宽高比：

```
projMatrix.setOrtho(-0.5, 0.5, -0.5, 0.5, 0, 0.5);
```

结果如图 7.19（左）所示，三角形变成了之前大小的两倍。这是由于 <canvas> 的大小没有发生变化，但是它表示的可视空间却缩小了一半。注意，三角形的有些部分越过了可视空间并被裁剪了。

图 7.19 修改可视空间（近裁剪面）的宽高比

新的程序 OrthoView_halfWidth 也修改自例 7.7，它把近裁剪面的宽度缩小为原先的一半，保持其高度不变，如下所示：

```
projMatrix.setOrtho(-0.3, 0.3, -1.0, 1.0, 0.0, 0.5);
```

结果如图 7.19（右）所示，由于近裁剪面宽度缩小而高度不变，相当于把长方形的近裁剪面映射到了正方形的 <canvas> 上，所以绘制出来的三角形就在宽度上拉伸而导致变形了。

可视空间（透视投影）

在图 7.20 的场景中，道路两边都有成排的树木。树应该都是差不多高的，但是在照片上，越远的树看上去越矮。同样，道路尽头的建筑看上去比近处的树矮，但实际上那座建筑比树高很多。这种“远处的东西看上去小”的效果赋予了照片深度感，或称透视感。我们的眼睛就是这样观察世界的。有趣的是，孩童的绘画往往会忽视这一点。

图 7.20 道路与成排的树木

在正射投影的可视空间中，不管三角形与视点的距离是远是近，它有多大，那么画出来就有多大。为了打破这条限制，我们可以使用透视投影可视空间，它将使场景具有图 7.20 那样的深度感。

示例程序 `PerspectiveView` 就使用了一个透视投影可视空间，视点在 (0, 0, 5)，视线沿着 Z 轴负方向。图 7.21 显示了程序的运行效果，以及程序的场景中各三角形的位置。

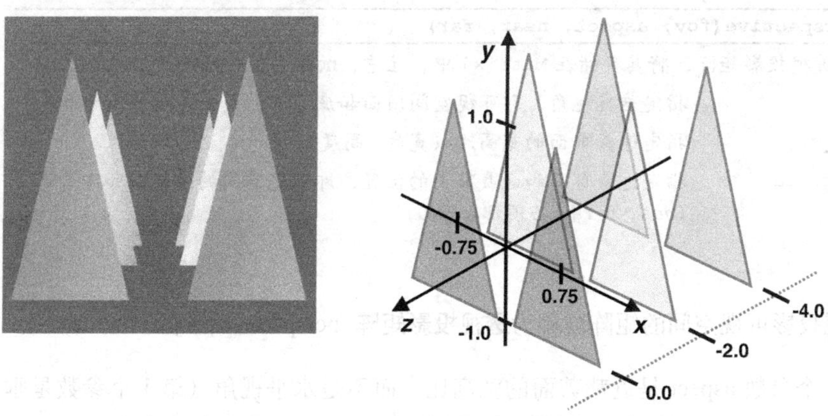

图 7.21 PerspectiveView 及场景中三角形的位置示意

如上图（右）所示，沿着 Z 轴负半轴（也就是视线方向），在轴的左右侧各依次排列着 3 个相同大小的三角形，场景与图 7.20 中的道路和树木有一点相似。在使用透视投影矩阵后，WebGL 就能够自动将距离远的物体缩小显示，从而产生上图（左）中的深度感。

定义透视投影可视空间

透视投影可视空间如图 7.22 所示。就像盒状可视空间那样，透视投影可视空间也有视点、视线、近裁剪面和远裁剪面，这样可视空间内的物体才会被显示，可视空间外的物体则不会显示。那些跨越可视空间边界的物体则只会显示其在可视空间内的部分。

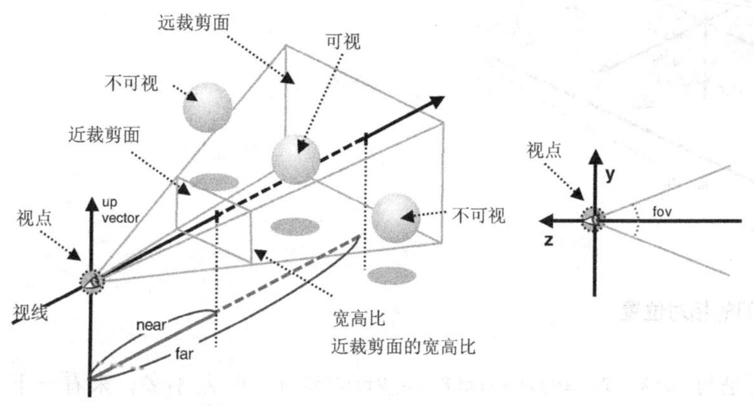

图 7.22 透视投影可视空间

不论是透视投影可视空间还是盒状可视空间，我们都用投影矩阵来表示它，但是定义矩阵的参数不同。`Matrix4` 对象的 `setPerspective()` 方法可用来定义透视投影可视空间。

Matrix4.setPerspective(fov, aspect, near, far)

通过各参数计算透视投影矩阵，将其存储在 Matrix4 中。注意，near 的值必须小于 far。

参数	fov	指定垂直视角，即可视空间顶面和底面间的夹角，必须大于 0
	aspect	指定近裁剪面的宽高比（宽度 / 高度）
	near, far	指定近裁剪面和远裁剪面的位置，即可视空间的近边界和远边界（*near* 和 *far* 必须都大于 0）
返回值	无	

定义了透视投影可视空间的矩阵被称为**透视投影矩阵** (perspective projection matrix)。

注意，第 2 个参数 aspect 是近裁剪面的宽高比，而不是水平视角（第 1 个参数是垂直视角）。比如说，如果近裁剪面的高度是 100 而宽度是 200，那么宽高比就是 2。

在本例中，各个三角形与可视空间的相对位置如图 7.23 所示。我们指定了 near = 1.0，far = 100，aspect = 1.0（宽度等于高度，与画面相同），以及 fov = 30.0。

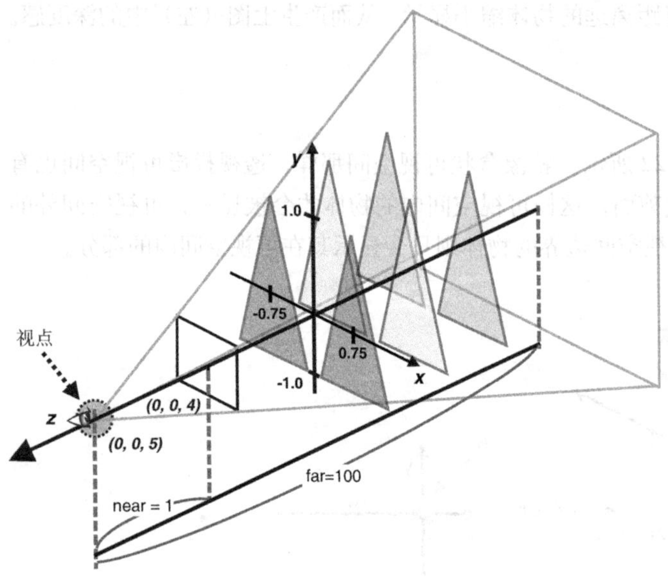

图 7.23 三角形与可视空间的相对位置

程序的基本流程还是与 `LookAtTrianglesWithKeys_ViewVolume.js` 差不多，来看一下程序代码。

示例程序（perspectiveview.js）

例 7.8 PerspectiveView.js

```
// PerspectiveView.js
// 顶点着色器程序
var VSHADER_SOURCE =
  'attribute vec4 a_Position;\n' +
  'attribute vec4 a_Color;\n' +
  'uniform mat4 u_ViewMatrix;\n' +
  'uniform mat4 u_ProjMatrix;\n' +
  'varying vec4 v_Color;\n' +
  'void main() {\n' +
  '  gl_Position = u_ProjMatrix * u_ViewMatrix * a_Position;\n' +
  '  v_Color = a_Color;\n' +
  '}\n';
...
function main() {
...
  // 设置顶点坐标和颜色（蓝色三角形在最前面）
  var n = initVertexBuffers(gl);
...
  // 获取u_ViewMatrix和u_ProjMatrix的存储地址
  var u_ViewMatrix = gl.getUniformLocation(gl.program,'u_ViewMatrix');
  var u_ProjMatrix = gl.getUniformLocation(gl.program,'u_ProjMatrix');
...
  var viewMatrix = new Matrix4(); // 视图矩阵
  var projMatrix = new Matrix4(); // 投影矩阵

  // 计算视图矩阵和投影矩阵
  viewMatrix.setLookAt(0, 0, 5, 0, 0, -100, 0, 1, 0);
  projMatrix.setPerspective(30, canvas.width/canvas.height, 1, 100);
  // 将视图矩阵和投影矩阵传递给u_ViewMatrix和u_ProjMatrix变量
  gl.uniformMatrix4fv(u_ViewMatrix, false, viewMatrix.elements);
  gl.uniformMatrix4fv(u_ProjMatrix, false, projMatrix.elements);
...
  // 绘制三角形
  gl.drawArrays(gl.TRIANGLES, 0, n);
}

function initVertexBuffers(gl) {
  var verticesColors = new Float32Array([
    // 右侧的3个三角形
    0.75, 1.0, -4.0, 0.4, 1.0, 0.4, // 绿色三角形在最后面
    0.25, -1.0, -4.0, 0.4, 1.0, 0.4,
```

```
81      1.25, -1.0, -4.0, 1.0, 0.4, 0.4,
82
83      0.75, 1.0, -2.0, 1.0, 1.0, 0.4, // 黄色三角形在中间
84      0.25, -1.0, -2.0, 1.0, 1.0, 0.4,
85      1.25, -1.0, -2.0, 1.0, 0.4, 0.4,
86
87      0.75, 1.0, 0.0, 0.4, 0.4, 1.0,  // 蓝色三角形在最前面
88      0.25, -1.0, 0.0, 0.4, 0.4, 1.0,
89      1.25, -1.0, 0.0, 1.0, 0.4, 0.4,
90
91      // 左侧的3个三角形
92     -0.75, 1.0, -4.0, 0.4, 1.0, 0.4, // 绿色三角形在最后面
93     -1.25, -1.0, -4.0, 0.4, 1.0, 0.4,
94     -0.25, -1.0, -4.0, 1.0, 0.4, 0.4,
95
96     -0.75, 1.0, -2.0, 1.0, 1.0, 0.4, // 黄色三角形在中间
97     -1.25, -1.0, -2.0, 1.0, 1.0, 0.4,
98     -0.25, -1.0, -2.0, 1.0, 0.4, 0.4,
99
100    -0.75, 1.0, 0.0, 0.4, 0.4, 1.0,  // 蓝色三角形在最前面
101    -1.25, -1.0, 0.0, 0.4, 0.4, 1.0,
102    -0.25, -1.0, 0.0, 1.0, 0.4, 0.4,
103   ]);
104   var n = 18; // 每个三角形3个顶点，共6个三角形
 ...
138   return n;
139 }
```

代码中的顶点着色器和片元着色器，与 `LookAtTriangles_ViewVolume.js` 中的变量的命名都完全一致。

`main()` 函数的执行流程也差不多：首先调用 `initVertexBuffers()` 函数，向缓冲区对象中写入这 6 个三角形的顶点坐标和颜色数据（第 42 行），在这 6 个三角形中，右侧 3 个的数据从第 78 行开始，左侧 3 个的数据从第 92 行开始。而且，需要绘制的顶点的个数为 18（第 104 行，6 个三角形，$3\times6=18$）。

接着，我们获取了着色器中视图矩阵和透视投影矩阵 uniform 变量的存储地址（第 51 行和第 53 行），并创建了两个对应的矩阵对象（第 59 和第 60 行）。

然后，我们计算了视图矩阵（第 63 行），视点设置在 (0, 0, 5)，视线为 Z 轴负方向，上方向为 Y 轴正方向。最后，我们按照金字塔状的可视空间建立了透视投影矩阵（第 64 行）。

```
64   projMatrix.setPerspective(30, canvas.width/canvas.height, 1, 100);
```

其中，第 2 个参数 aspect 宽高比（近裁剪面的宽度与高度的比值）应当与 <canvas> 保持一致，我们根据 <canvas> 的 width 和 height 属性来计算出该参数，这样如果 <canvas> 的大小发生变化，也不会导致显示出来的图形变形。

接下来，将准备好的视图矩阵和透视投影矩阵传给着色器中对应的 uniform 变量（第 66 和第 67 行）。最后将三角形绘制出来（第 73 行），就获得了如图 7.20 所示的效果。

到目前为止，还有一个重要的问题没有完全解释，那就是矩阵为什么可以用来定义可视空间。接下来，我们尽量避开其中复杂的数学过程，稍做一些探讨。

投影矩阵的作用

首先来看透视投影矩阵。图 7.24 为 PerspectiveView 的运行效果。可以看到，运用透视投影矩阵后，场景中的三角形有了两个变化。

图 7.24 PerspectiveView

首先，距离较远的三角形看上去变小了；其次，三角形被不同程度地平移以贴近中心线（即视线），使得它们看上去在视线的左右排成了两列。实际上，如图 7.25（左）所示，这些三角形的大小是完全相同的，透视投影矩阵对三角形进行了两次变换：(1) 根据三角形与视点的距离，按比例对三角形进行了缩小变换；(2) 对三角形进行平移变换，使其贴近视线，如图 7.25 右所示。经过了这两次变换之后，就产生了图 7.20 那张照片中的深度效果。

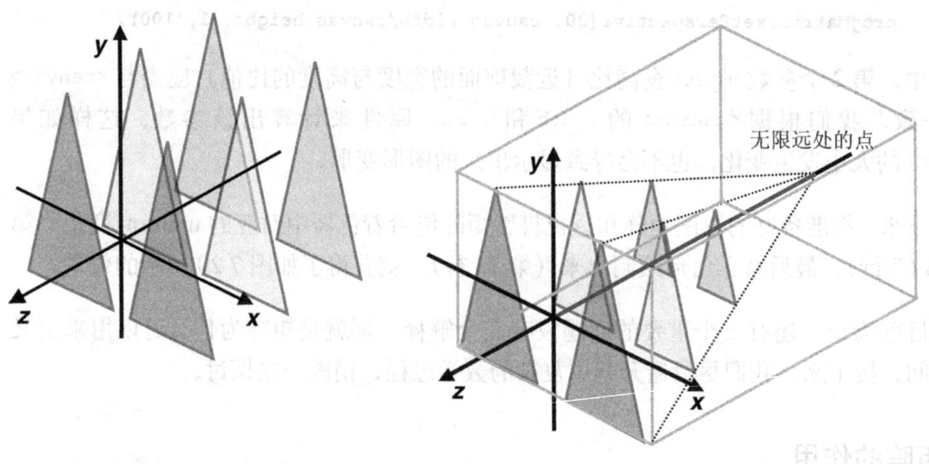

图 7.25 透视投影变换示意图

这表明，可视空间的规范（对透视投影可视空间来说，就是近、远裁剪面，垂直视角，宽高比）可以用一系列基本变换（如缩放、平移）来定义。`Matrix4` 对象的 `setPerspective()` 方法自动地根据上述可视空间的参数计算出对应的变换矩阵。矩阵中每个元素具体是如何算出来的，可以参见附录 C“投影矩阵”。如果你对可视空间变换的数学解释感兴趣，也可以参考 *Computer Graphics* 这本书。

换一个角度来看，透视投影矩阵实际上将金字塔状的可视空间变换为了盒状的可视空间，这个盒状的可视空间又称**规范立方体** (Canonical View Volume)，如图 7.25（右）所示。

注意，正射投影矩阵不能产生深度感。正射投影矩阵的工作仅仅是将顶点从盒状的可视空间映射到规范立方体中。顶点着色器输出的顶点都必须在规范立方体中，这样才会显示在屏幕上。如果你对此感兴趣，可以参见附录 D“WebGL/OpenGL：左手或右手？”。

有了投影矩阵、模型矩阵和视图矩阵，我们就能够处理顶点需要经过的所有的几何变换（平移、旋转、缩放），最终达到“具有深度感”的视觉效果。在下面几小节中，我们就将把这三个矩阵结合起来，建立一个简单的示例程序。

共冶一炉（模型矩阵、视图矩阵和投影矩阵）

`PerspectiveView.js` 的一个问题是，我们用了一大段枯燥的代码来定义所有顶点和颜色的数据。示例中只有 6 个三角形，我们还可以手动管理这些数据，但是如果三角形的数量进一步增加的话，那可真就是一团糟了。幸运的是，对这个问题，确实还有更高效的方法。

仔细观察图 7.26，你会发现左右两组三角形的大小、位置、颜色都是对应的。如果在虚线标识处也有这样 3 个三角形，那么将它们向 X 轴正方向平移 0.75 单位就可以得到右侧的三角形，向 X 轴负方向平移 0.75 单位就可以得到左侧的三角形。

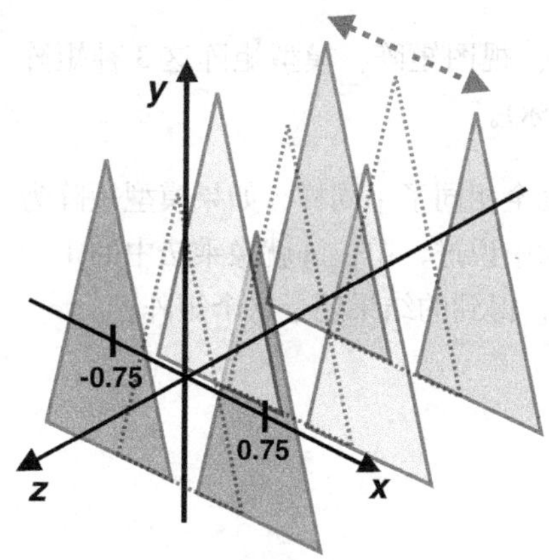

图 7.26 平移然后绘制三角形

利用这一点，我们只需按照下面的步骤，就能获得 `PerspectiveView` 的效果了：

1．在虚线处，即沿着 Z 轴准备 3 个三角形的顶点数据。

2．将其沿 X 轴正方向（以原始位置为基准）平移 0.75 单位，绘制这些三角形。

3．将其沿 X 轴负方向（以原始位置为基准）平移 0.75 单位，绘制这些三角形。

示例程序 `PerspectiveView_mvp` 就尝试这样做。

`PerspectiveView` 程序使用投影矩阵定义可视空间，使用视图矩阵定义观察者，而 `PerspectiveView_mvp` 程序又加入了模型矩阵，用来对三角形进行变换。

我们有必要复习一下矩阵变换。请看之前编写的程序 `LookAtTriangles`，该程序允许观察者从自定义的位置观察旋转后的三角形。式 7.1 描述了三角形顶点的变换过程。

<视图矩阵>×<模型矩阵>×<顶点坐标>

后来的 `LookAtTriangles_ViewVolume` 程序（该程序修复了三角形的一个角被切掉的错误）使用式 7.3 来计算最终的顶点坐标，其中投影矩阵有可能是正射投影矩阵或透视投影矩阵。

<投影矩阵>×<视图矩阵>×<顶点坐标>

可以从上述两式推断出：

式 7.4

<投影矩阵>×<视图矩阵>×<模型矩阵>×<顶点坐标>

上式表示，在 WebGL 中，你可以使用投影矩阵、视图矩阵、模型矩阵这 3 种矩阵计算出最终的顶点坐标（即顶点在规范立方体中的坐标）。

如果投影矩阵为单位阵，那么式 7.4 与式 7.1 就完全相同了；同样，如果模型矩阵为单位阵，那么式 7.4 与式 7.3 就完全相同了。在第 4 章中说过，单位阵就像乘法中的 1 一样，它乘以任意一个矩阵，或者任意一个矩阵乘以它，得到的结果还是这个矩阵。

所以，我们按照式 7.4 建立了示例程序。

示例程序（PerspectiveView_mvp.js）

`PerspectiveView_mvp.js` 如例 7.9 所示，程序的基本流程和 PerspectiveView.js 类似。唯一的区别是，顶点着色器中增加了一个矩阵 `u_ModelMatrix`，并实现了式 7.4（第 11 行）。

例 7.9 PerspectiveView_mvp.js

```
 1 // PerspectiveView_mvp.js
 2 // 顶点着色器程序
 3 var VSHADER_SOURCE =
 4   'attribute vec4 a_Position;\n' +
 5   'attribute vec4 a_Color;\n' +
 6   'uniform mat4 u_ModelMatrix;\n' +
 7   'uniform mat4 u_ViewMatrix;\n' +
 8   'uniform mat4 u_ProjMatrix;\n' +
 9   'varying vec4 v_Color;\n' +
10   'void main() {\n' +
11   '  gl_Position = u_ProjMatrix * u_ViewMatrix * u_ModelMatrix * a_Position;\n' +
12   '  v_Color = a_Color;\n' +
13   '}\n';
  ...
25 function main() {
  ...
42   // 设置顶点颜色和坐标（蓝色三角形在最前面）
43   var n = initVertexBuffers(gl);
  ...
52   // 获取u_ModelMatrix，u_ViewMatrix和u_ProjMatrix的存储地址
53   var u_ModelMatrix = gl.getUniformLocation(gl.program, 'u_ModelMatrix');
```

```
  var u_ViewMatrix = gl.getUniformLocation(gl.program,'u_ViewMatrix');
  var u_ProjMatrix = gl.getUniformLocation(gl.program,'u_ProjMatrix');
...
  var modelMatrix = new Matrix4(); // 模型矩阵
  var viewMatrix = new Matrix4();  // 视图矩阵
  var projMatrix = new Matrix4();  // 投影矩阵

  // 计算模型矩阵、视图矩阵和投影矩阵matrix
  modelMatrix.setTranslate(0.75, 0, 0); // 平移0.75单位
  viewMatrix.setLookAt(0, 0, 5, 0, 0, -100, 0, 1, 0);
  projMatrix.setPerspective(30, canvas.width/canvas.height, 1, 100);
  // 将模型矩阵、视图矩阵和投影矩阵传给相应的uniform变量
  gl.uniformMatrix4fv(u_ModelMatrix, false, modelMatrix.elements);
  gl.uniformMatrix4fv(u_ViewMatrix, false, viewMatrix.elements);
  gl.uniformMatrix4fv(u_ProjMatrix, false, projMatrix.elements);

  gl.clear(gl.COLOR_BUFFER_BIT);// clear <canvas>

  gl.drawArrays(gl.TRIANGLES, 0, n); // 绘制右侧的一组三角形

  // 为另一侧的三角形重新计算模型矩阵
  modelMatrix.setTranslate(-0.75, 0, 0); // 平移-0.75单位
  // 只修改了模型矩阵
  gl.uniformMatrix4fv(u_ModelMatrix, false, modelMatrix.elements);

  gl.drawArrays(gl.TRIANGLES, 0, n);// 绘制左侧的一组三角形
}

function initVertexBuffers(gl) {
  var verticesColors = new Float32Array([
    // Vertex coordinates and color
     0.0, 1.0, -4.0, 0.4, 1.0, 0.4, // 绿色三角形在最后面
    -0.5, -1.0, -4.0, 0.4, 1.0, 0.4,
     0.5, -1.0, -4.0, 1.0, 0.4, 0.4,

     0.0, 1.0, -2.0, 1.0, 1.0, 0.4, // 黄色三角形在中间
    -0.5, -1.0, -2.0, 1.0, 1.0, 0.4,
     0.5, -1.0, -2.0, 1.0, 0.4, 0.4,

     0.0, 1.0, 0.0, 0.4, 0.4, 1.0,  // 蓝色三角形在最前面
    -0.5, -1.0, 0.0, 0.4, 0.4, 1.0,
     0.5, -1.0, 0.0, 1.0, 0.4, 0.4,
  ]);
  ...
  return n;
```

```
136 }
```

顶点着色器中新增加的 u_ModelMatrix 变量（第 6 行）参与了对 gl_Position 的计算（第 11 行），实现了式 7.5：

```
11    ' gl_Position = u_ProjMatrix * u_ViewMatrix * u_ModelMatrix * a_Position;\n' +
```

main() 函数调用 initVertexBuffers() 函数（第 43 行），定义将要传给缓冲区对象的三角形顶点数据（第 87 行）。我们只定义了 3 个三角形，其中心都在 Z 轴上。而在 PerspectiveView.js 中，我们在 Z 轴两侧共定义了 6 个三角形。前面说过，这是因为这 3 个三角形将与平移变换结合使用。

接着，我们获取了顶点着色器中 u_ModelMatrix 变量的存储地址（第 53 行），然后新建了模型矩阵 modelMatrix 对象（第 61 行），并根据参数将其计算出来（第 66 行）。此时，该模型矩阵会将三角形向 X 轴正方向平移 0.75 单位。

```
65    // 计算模型矩阵、视图矩阵和投影矩阵matrix
66    modelMatrix.setTranslate(0.75, 0, 0); // 平移0.75单位
...
70    gl.uniformMatrix4fv(u_ModelMatrix, false, modelMatrix.elements);
...
76    gl.drawArrays(gl.TRIANGLES, 0, n); // 绘制右侧的一组三角形
```

除了计算模型矩阵（第 66 行），计算视图矩阵和投影矩阵的过程与 PerspectiveView.js 中一样。模型矩阵被传给 u_ModelMatrix（第 70 行）并进行绘制，绘制了 Z 轴右侧的 3 个三角形（第 76 行）。

下面以相似的方式来绘制左侧的三角形：首先重新计算模型矩阵（第 79 行），使之将初始的三角形沿 X 轴负方向平移 0.75 单位。算出新的模型矩阵后，传给着色器，再调用 gl.drawArrays() 进行绘制，就画出了左侧的三角形。视图矩阵和投影矩阵不需要变化，不需要管它们。

```
78    // 为另一侧的三角形重新计算模型矩阵
79    modelMatrix.setTranslate(-0.75, 0, 0); // 平移-0.75单位
80    // 只修改了模型矩阵
81    gl.uniformMatrix4fv(u_ModelMatrix, false, modelMatrix.elements);
82
83    gl.drawArrays(gl.TRIANGLES, 0, n);// 绘制左侧的一组三角形
```

如你所见，程序只使用了一套数据（3 个三角形的顶点和颜色信息）就画出了两套图形（6 个三角形）。这样做虽然减少了顶点的个数，但是增加了调用 gl.drawArrays() 的次数。哪一种方法更高效，或者如何在这两者之间平衡，依赖于程序本身和 WebGL

的实现。

用示例程序做实验

PerspectiveView_mvp 直接在着色器中计算<投影矩阵>×<视图矩阵>×<模型矩阵>。这个式子其实和顶点没有关系，没必要在处理每个顶点时都算一遍。我们可以在 JavaScript 中将这三个矩阵相乘得到单个矩阵的结果，传给顶点着色器，就像在 LookAtRotatedTriangles_mvMatrix 中一样。传入的这个矩阵被称为**模型视图投影矩阵** (model view projection matrix)，我们将其命名为 u_MvpMatrix。示例程序 ProjectiveView_mvpMatrix 完成了上述任务，顶点着色器变得简单了许多，如下所示：

```
// PerspectiveView_mvpMatrix.js
// 顶点着色器程序
var VSHADER_SOURCE =
  'attribute vec4 a_Position;\n' +
  'attribute vec4 a_Color;\n' +
  'uniform mat4 u_MvpMatrix;\n' +
  'varying vec4 v_Color;\n' +
  'void main() {\n' +
  '   gl_Position = u_MvpMatrix * a_Position;\n' +
  '   v_Color = a_Color;\n' +
  '}\n';
```

JavaScript 的 main() 函数获取了 u_ModelMatrix 存储地址（第 51 行），然后计算模型视图投影矩阵以传给该变量（第 57 行）。

```
50   // 获取u_MvpMatrix的存储地址
51   var u_MvpMatrix = gl.getUniformLocation(gl.program, 'u_MvpMatrix');
    ...
57   var modelMatrix = new Matrix4(); // 模型矩阵
58   var viewMatrix = new Matrix4();  // 视图矩阵
59   var projMatrix = new Matrix4();  // 投影矩阵
60   var mvpMatrix = new Matrix4();   // 模型视图投影矩阵
61
62   // 计算模型矩阵、试图矩阵和投影矩阵
63   modelMatrix.setTranslate(0.75, 0, 0);
64   viewMatrix.setLookAt(0, 0, 5, 0, 0, -100, 0, 1, 0);
65   projMatrix.setPerspective(30, canvas.width/canvas.height, 1, 100);
66   // 计算模型视图投影矩阵
67   mvpMatrix.set(projMatrix).multiply(viewMatrix).multiply(modelMatrxi);
68   // 将模型视图投影矩阵传给u_MvpMatrix变量
69   gl.uniformMatrix4fv(u_MvpMatrix, false, mvpMatrix.elements);
    ...
```

```
73   gl.drawArrays(gl.TRIANGLES, 0, n); // 绘制三角形
74
75   // 准备另一组三角形的模型矩阵
76   modelMatrix.setTranslate(-0.75, 0, 0);
77   // 计算模型视图投影矩阵
78   mvpMatrix.set(projMatrix).multiply(viewMatrix).multiply(modelMatrxi);
79   // 将模型视图投影矩阵传给u_MvpMatrix变量
80   gl.uniformMatrix4fv(u_MvpMatrix, false, mvpMatrix.elements);
81
82   gl.drawArrays(gl.TRIANGLES, 0, n); // 绘制三角形
83 }
```

最关键的部分发生在第 67 行：首先将模型视图投影矩阵 mvpMatrix 设为投影矩阵 projMatrix，再依次乘以视图矩阵 viewMatrix 和模型矩阵 modelMatrix；调用带有 set 前缀的方法，就使得矩阵相乘的结果又写入到 mvpMatrix 中；接着，将 mvpMatrix 传给着色器中的 u_MvpMatrix（第 69 行），再进行绘制操作（第 73 行），就画出了 Z 轴右侧的 3 个三角形。类似地，我们又计算了左侧三角形的模型视图投影矩阵（第 78 行），并传递给着色器（第 80 行），再绘制出左侧的三角形（第 82 行）。

到目前为止，你已经能够编写代码移动视点，设置可视空间，从不同的角度观察三维对象。此外，你还已经知道如何处理三角形缺了一角的情况。但是现在，仍然还存在一个问题：在移动视点的过程中，有时候前面的三角形会“躲”到后面的三角形之后。下面我们就来研究一下这个问题是如何产生的。

正确处理对象的前后关系

在真实世界中，如果你将两个盒子一前一后放在桌上，如图 7.27 所示，前面的盒子会挡住部分后面的盒子。

图 7.27 前面的盒子挡住部分后面的盒子

看一下示例程序 PerspectiveView 的效果，如图 7.21 所示。绿色三角形的一部分被黄色和蓝色三角形挡住了。看上去似乎是 WebGL 专为三维图形学设计，能够自动分析出三维对象的远近，并正确处理遮挡关系。

遗憾的是，事实没有想象得那么美好。在默认情况下，WebGL 为了加速绘图操作，是按照顶点在缓冲区中的顺序来处理它们的。前面所有的示例程序我们都是故意（不管你是否注意到）先定义远的物体，后定义近的物体，从而产生正确的效果。

比如，在 PerspectiveView_mvpMatrix.js 中，我们按照如下顺序定义了三角形的顶点和颜色数据，注意加粗显示的 Z 坐标。

```
var verticesColors = new Float32Array([
  // 顶点坐标和颜色
   0.0, 1.0, -4.0 , 0.4, 1.0, 0.4,      // 绿色三角形在最后面
  -0.5, -1.0, -4.0 , 0.4, 1.0, 0.4,
   0.5, -1.0, -4.0 , 1.0, 0.4, 0.4,
   0.0, 1.0, -2.0 , 1.0, 1.0, 0.4,      // 黄色三角形在中间
  -0.5, -1.0, -2.0 , 1.0, 1.0, 0.4,
   0.5, -1.0, -2.0 , 1.0, 0.4, 0.4,
   0.0, 1.0, 0.0 , 0.4, 0.4, 1.0,       // 蓝色三角形在最前面
  -0.5, -1.0, 0.0 , 0.4, 0.4, 1.0,
   0.5, -1.0, 0.0 , 1.0, 0.4, 0.4,
  ]);
```

WebGL 按照顶点在缓冲区中的顺序（第 1 个是最远的绿色三角形，第 2 是中间的黄色三角形，第 3 是最近的蓝色三角形）来进行绘制。后绘制的图形将覆盖已经绘制好的图形，这样就恰好产生了近处的三角形挡住远处的三角形的效果，如图 7.13 所示。

为了验证这一点，我们将缓冲区中三角形顶点数据的顺序调整一下，把近处的蓝色三角形定义在前面，然后是中间的黄色三角形，最后是远处的绿色三角形，如下所示：

```
var verticesColors = new Float32Array([
  // 顶点坐标和颜色信息
   0.0, 1.0, 0.0, 0.4, 0.4, 1.0,  // 蓝色三角形在最前面
  -0.5, -1.0, 0.0, 0.4, 0.4, 1.0,
   0.5, -1.0, 0.0, 1.0, 0.4, 0.4

   0.0, 1.0, -2.0, 1.0, 1.0, 0.4, // 黄色三角形在中间
  -0.5, -1.0, -2.0, 1.0, 1.0, 0.4,
   0.5, -1.0, -2.0, 1.0, 0.4, 0.4,

   0.0, 1.0, -4.0, 0.4, 1.0, 0.4, // 绿色三角形在最后面
  -0.5, -1.0, -4.0, 0.4, 1.0, 0.4,
```

```
    0.5, -1.0, -4.0, 1.0, 0.4, 0.4,
  ]);
```

运行程序，你就会发现本该出现在最远处的绿色三角形，不自然地挡住了近处的黄色和蓝色三角形，如图 7.28 所示。

图 7.28 远处的图形挡住了近处的图形

WebGL 在默认情况下会按照缓冲区中的顺序绘制图形，而且后绘制的图形覆盖先绘制的图形，因为这样做很高效。如果场景中的对象不发生运动，观察者的状态也是唯一的，那么这种做法没有问题。但是如果，比如说你希望不断移动视点，从不同的角度看物体，那么你不可能事先决定对象出现的顺序。

隐藏面消除

为了解决这个问题，WebGL 提供了**隐藏面消除** (hidden surface removal) 功能。这个功能会帮助我们消除那些被遮挡的表面（隐藏面），你可以放心地绘制场景而不必顾及各物体在缓冲区中的顺序，因为那些远处的物体会自动被近处的物体挡住，不会被绘制出来。这个功能已经内嵌在 WebGL 中了，你只需要简单地开启这个功能就可以了。

开启隐藏面消除功能，需要遵循以下两步：

1. 开启隐藏面消除功能。

```
gl.enable(gl.DEPTH_TEST);
```

2. 在绘制之前，清除深度缓冲区。

```
gl.clear(gl.DEPTH_BUFFER_BIT);
```

第 1 步所用的 gl.enable() 函数实际上可以开启 WebGL 中的多种功能，其规范如下：

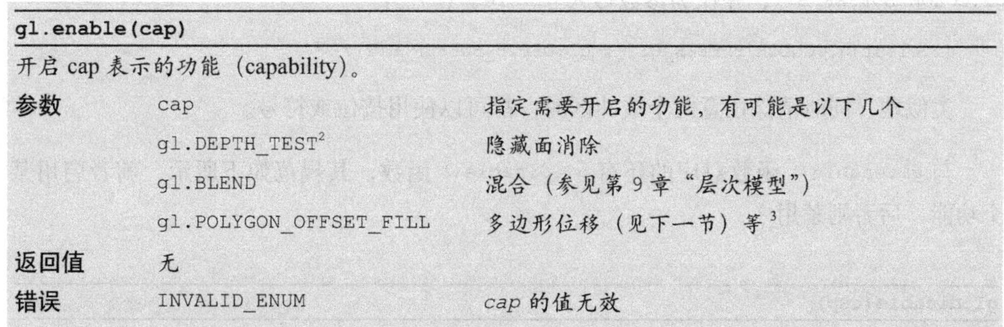

gl.enable(cap)		
开启 cap 表示的功能（capability）。		
参数	cap	指定需要开启的功能，有可能是以下几个
	gl.DEPTH_TEST[2]	隐藏面消除
	gl.BLEND	混合（参见第 9 章"层次模型"）
	gl.POLYGON_OFFSET_FILL	多边形位移（见下一节）等[3]
返回值	无	
错误	INVALID_ENUM	*cap* 的值无效

第 2 步，使用 `gl.clear()` 方法清除**深度缓冲区**（depth buffer）。深度缓冲区是一个中间对象，其作用就是帮助 WebGL 进行隐藏面消除。WebGL 在颜色缓冲区中绘制几何图形，绘制完成后将颜色缓冲区显示到 `<canvas>` 上。如果要将隐藏面消除，那就必须知道每个几何图形的深度信息，而深度缓冲区就是用来存储深度信息的。由于深度方向通常是 Z 轴方向，所以有时候我们也称它为 Z 缓冲区。

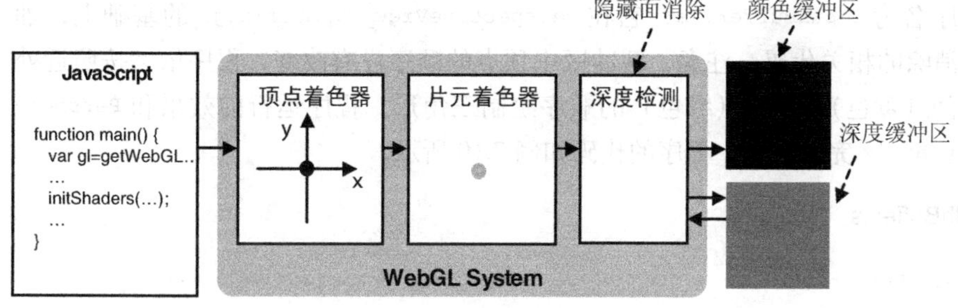

图 7.29 深度缓冲区与隐藏面消除

在绘制任意一帧之前，都必须清除深度缓冲区，以消除绘制上一帧时在其中留下的痕迹。如果不这样做，就会出现错误的结果。我们调用 `gl.clear()` 函数，并传入参数 `gl.DEPTH_BUFFER_BIT` 清除深度缓冲区：

```
gl.clear(gl.DEPTH_BUFFER_BIT);
```

2　所谓深度检测（DEPTH_TEST）听上去可能有些奇怪，实际上这么命名是因为该机制是通过检测物体（的每个像素的）的深度来决定是否将其画出来的。

3　cap 参数还有一些可能的取值，但本书不会涉及，包括 gl.CULL_FACE、gl.DITHER、gl.SAMPLE_ALPHA_TO_COVERAGE、gl.SAMPLE_COVERAFE、gl.SCISSOR_TEST、gl.STENCIL_TEST 等。如果想了解更多，可参阅 *OpenGL Programming Guide* 一书。

当然，还需要清除颜色缓冲区。用按位或符号（|）连接 gl.DEPTH_BUFFER_BIT 和 gl.COLOR_BUFFER_BIT，并作为参数传入 gl.clear() 中：

```
gl.clear(gl.COLOR_BUFFER_BIT | gl.DEPTH_BUFFER_BIT);
```

类似地，同时清除任意两个缓冲区时，都可以使用按位或符号。

与 gl.enable() 函数对应的还有 gl.disable() 函数，其规范如下所示，前者启用某个功能，后者则禁用之。

gl.disable(cap)		
关闭 cap 表示的功能（capability）。		
参数	cap	与 gl.enable() 相同
返回值	无	
错误	INVALID_ENUM	*cap* 的值无效

示例程序（DepthBuffer.js）

示例程序名为 DepthBuffer.js，它在 PerspectiveView_mvpMatrix.js 的基础上，加入了隐藏面消除的相关代码。注意，缓冲区中顶点的顺序没有改变，程序依然按照近处（蓝色），中间（黄色），远处（绿色）的顺序绘制三角形。程序运行的效果和 PerspectiveView_mvpMatrix 完全一样，程序的代码如例 7.10 所示。

例 7.10 DepthBuffer.js

```
// DepthBuffer.js
...
function main() {
...
  var n = initVertexBuffers(gl);
...
  // 指定清除<canvas>的背景色
  gl.clearColor(0, 0, 0, 1);
  // 开启隐藏面消除
  gl.enable(gl.DEPTH_TEST);
  // 清空颜色和深度缓冲区
  gl.clear(gl.COLOR_BUFFER_BIT | gl.DEPTH_BUFFER_BIT);

  gl.drawArrays(gl.TRIANGLES, 0, n); // 绘制三角形
...
  gl.drawArrays(gl.TRIANGLES, 0, n); // 绘制三角形
```

```
}

function initVertexBuffers(gl) {
  var verticesColors = new Float32Array([
    // 顶点坐标和颜色
    0.0, 1.0, 0.0, 0.4, 0.4, 1.0, // 前面的蓝色三角形
   -0.5, -1.0, 0.0, 0.4, 0.4, 1.0,
    0.5, -1.0, 0.0, 1.0, 0.4, 0.4,

    0.0, 1.0, -2.0, 1.0, 1.0, 0.4, // 中间的黄色三角形
   -0.5, -1.0, -2.0, 1.0, 1.0, 0.4,
    0.5, -1.0, -2.0, 1.0, 0.4, 0.4,

    0.0, 1.0, -4.0, 0.4, 1.0, 0.4, // 后面的绿色三角形
   -0.5, -1.0, -4.0, 0.4, 1.0, 0.4,
    0.5, -1.0, -4.0, 1.0, 0.4, 0.4,
  ]);
  var n = 9;
 ...
  return n;
}
```

运行 `DepthBuffer`，可见程序成功地消除了隐藏面，位于近处的三角形挡住了远处的三角形。该程序证明了不管视点位于何处，隐藏面都能够被消除。在任何三维场景中，你都应该开启隐藏面消除，并在适当的时刻清空深度缓冲区（通常是在绘制每一帧之前）。

应当注意的是，隐藏面消除的前提是正确设置可视空间，否则就可能产生错误的结果。不管是盒状的正射投影空间，还是金字塔状的透视投影空间，你必须使用一个。

深度冲突

隐藏面消除是 WebGL 的一项复杂而又强大的特性，在绝大多数情况下，它都能很好地完成任务。然而，当几何图形或物体的两个表面极为接近时，就会出现新的问题，使得表面看上去斑斑驳驳的，如图 7.30 所示。这种现象被称为**深度冲突** (Z fighting)。现在，我们来画两个 Z 值完全一样的三角形。

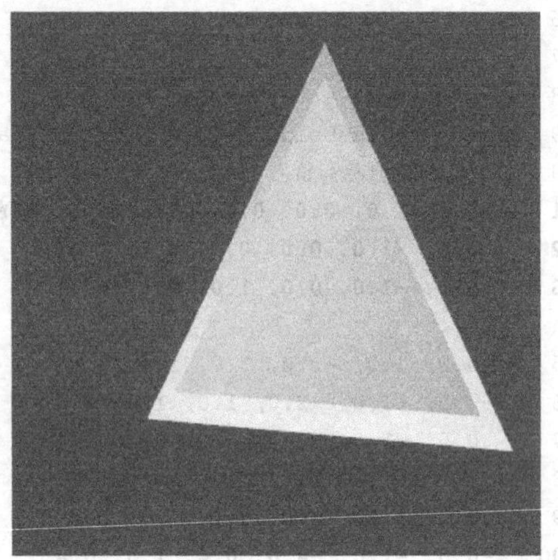

图 7.30 深度冲突的效果（左）

之所以会产生深度冲突，是因为两个表面过于接近，深度缓冲区有限的精度已经不能区分哪个在前，哪个在后了。严格地说，如果创建三维模型阶段就对顶点的深度值加以注意，是能够避免深度冲突的。但是，当场景中有多个运动着的物体时，实现这一点几乎是不可能的。

WebGL 提供一种被称为**多边形偏移**(polygon offset) 的机制来解决这个问题。该机制将自动在 Z 值加上一个偏移量，偏移量的值由物体表面相对于观察者视线的角度来确定。启用该机制只需要两行代码：

1．启用多边形偏移。

```
gl.enable(gl.POLYGON_OFFSET_FILL);
```

2．在绘制之前指定用来计算偏移量的参数。

```
gl.polygonOffset(1.0, 1.0);
```

第 1 步调用了 `gl.enable()` 启用多边形偏移，注意启用隐藏面消除用到的也是该函数，只不过两者传入了不同的参数。第 2 步中的函数 `gl.polygonOffset()` 的规范如下。

gl.polygonOffset(factor, units)

指定加到每个顶点绘制后 Z 值上的偏移量，偏移量按照公式 m*factor+r*units 计算，其中 m 表示顶点所在表面相对于观察者的视线的角度，而 r 表示硬件能够区分两个 Z 值之差的最小值。

返回值	无
错误	无

来看一下示例程序 Zfighting，该程序使用了多边形偏移来避免深度冲突。

例 7.11 Zfighting.js

```
1 // Zfighting.js
  ...
23 function main() {
  ...
69   // 启用多边形偏移
70   gl.enable(gl.POLYGON_OFFSET_FILL);
71   // 绘制三角形
72   gl.drawArrays(gl.TRIANGLES, 0, n/2);   // 绘制绿色三角形
73   gl.polygonOffset(1.0, 1.0);      // 设置多边形偏移
74   gl.drawArrays(gl.TRIANGLES, n/2, n/2); // 绘制黄色三角形
75 }
76
77 function initVertexBuffers(gl) {
78   var verticesColors = new Float32Array([
79     // 顶点坐标和颜色
80      0.0,  2.5, -5.0 , 0.0, 1.0, 0.0, // 绿色三角形
81     -2.5, -2.5, -5.0 , 0.0, 1.0, 0.0,
82      2.5, -2.5, -5.0 , 1.0, 0.0, 0.0,
83
84      0.0,  3.0, -5.0 , 1.0, 0.0, 0.0, // 黄色三角形
85     -3.0, -3.0, -5.0 , 1.0, 1.0, 0.0,
86      3.0, -3.0, -5.0 , 1.0, 1.0, 0.0,
87   ]);
88   var n = 6;
```

可见，所有顶点的 Z 坐标值都一样，为 −0.5（第 80 行），但是却没有出现深度冲突现象。

在代码的其余部分，我们开启了多边形偏移机制（第 70 行），然后绘制了一个绿色的三角形（第 72 行）和一个黄色的三角形（第 74 行）。两个三角形的数据存储在同一个缓冲区中，所以需要格外注意 gl.drawArrays() 的第 2 个和第 3 个参数。第 2 个参数表示开始绘制的顶点的编号，而第 3 个参数表示该次操作绘制的顶点个数。所以，我们先画了一个绿色三角形，然后通过 gl.polygonOffset() 设置了多边形偏移参数，使之后的绘制受到多边形偏移机制影响，再画了一个黄色三角形。运行程序，你将看到两个三角形没有发生深度冲突，如图 7.28（右）所示。注释掉第 73 行再次运行程序，深度冲突就会再次出现，如图 7.28（左）所示。

立方体

迄今为止，本书通过绘制一些简单的三角形，向你展示了 WebGL 的诸多特性。你对绘制三维对象的基础知识应该已经有了足够的了解。下面，我们就来绘制如图 7.31 所示的立方体（图右侧显示了立方体每个顶点的坐标），其 8 个顶点的颜色分别为白色、品红色（亮紫色）、红色、黄色、绿色、青色（蓝绿色）、蓝色、黑色。第 5 章中曾提到过，为每个顶点定义颜色后，表面上的颜色会根据顶点颜色内插出来，形成一种光滑的渐变效果（“色体”，相当于二维的“色轮”）。新的程序名为 HelloCube。

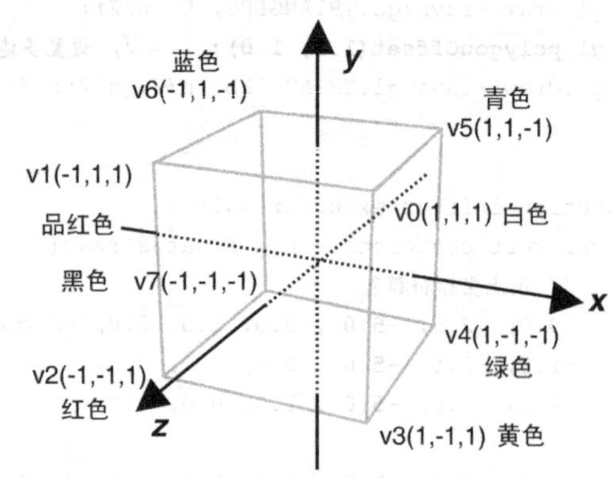

图 7.31 HelloCube 中的立方体及其顶点坐标

目前，我们都是调用 gl.drawArrays() 方法来进行绘制操作的。考虑一下，如何用该函数绘制出一个立方体呢。我们只能使用 gl.TRIANGLES、gl.TRIANGLE_STRIP 或者 gl.TRIANGLE_FAN 模式来绘制三角形，那么最简单也最直接的方法就是，通过绘制两个三角形来拼成立方体的一个矩形表面。换句话说，为了绘制四个顶点 (v0, v1, v2, v3) 组成的矩形表面，你可以分别绘制三角形 (v0, v1, v2) 和三角形 (v0, v2, v3)。对立方体的所有表面都这样做就绘制出了整个立方体。在这种情况下，缓冲区内的顶点坐标应该是这样的：

```
var vertices = new Float32Array([
     1.0, 1.0, 1.0, -1.0, 1.0, 1.0, -1.0, -1.0, 1.0, // v0, v1, v2
     1.0, 1.0, 1.0, -1.0, -1.0, 1.0, 1.0, -1.0, 1.0, // v0, v2, v3
     1.0, 1.0, 1.0, 1.0, -1.0, 1.0, 1.0, -1.0, -1.0, // v0, v3, v4
   ...
]);
```

立方体的每一个面由两个三角形组成，每个三角形有 3 个顶点，所以每个面需要用到 6 个顶点。立方体共有 6 个面，一共需要 6 × 6=36 个顶点。将 36 个顶点的数据写入缓冲区，再调用 `gl.drawArrays(gl.TRIANGLES, 0, 36)` 就可以绘制出立方体。问题是，立方体实际只有 8 个顶点，而我们却定义了 36 个之多，这是因为每个顶点都会被多个三角形共用。

或者，你也可以使用 `gl.TRIANGLE_FAN` 模式来绘制立方体。在 `gl.TRIANGLE_FAN` 模式下，用 4 个顶点 (v0, v1, v2, v3) 就可以绘制出一个四边形，所以你只需要 4×6=24 个顶点[4]。但是，如果这样做你就必须为立方体的每个面调用一次 `gl.drawArrays()`，一共需要 6 次调用。所以，两种绘制模式各有优缺点，没有一种是完美的。

如你所愿，WebGL 确实提供了一种完美的方案：`gl.drawElements()`。使用该函数替代 `gl.drawArrays()` 函数进行绘制，能够避免重复定义顶点，保持顶点数量最小。为此，你需要知道模型的每一个顶点的坐标，这些顶点坐标描述了整个模型（立方体）。

我们将立方体拆成顶点和三角形，如图 7.32（左）所示。立方体被拆成 6 个面：前、后、左、右、上、下，每个面都由两个三角形组成，与三角形列表中的两个三角形相关联。每个三角形都有 3 个顶点，与顶点列表中的 3 个顶点相关联，如图 7.32（右）所示。三角形列表中的数字表示该三角形的 3 个顶点在顶点列表中的索引值。顶点列表中共有 8 个顶点，索引值为从 0 到 7。

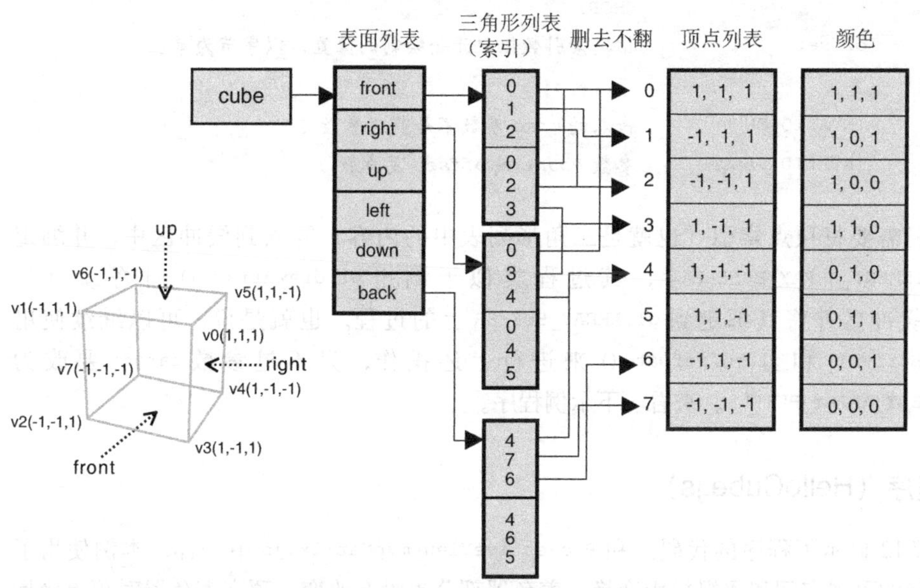

图 7.32 组成立方体的面、三角形、顶点坐标和顶点颜色

4 可以继续削减顶点的个数。比如，使用 `gl.TRIANGLE_STRIP` 模式绘制只需要 14 个顶点。

这样用一个数据结构就可以描述出立方体是怎样由顶点坐标和颜色构成的了。

通过顶点索引绘制物体

到目前为止，我们都是使用 gl.drawArrays() 进行绘制，现在我们要使用另一个方法 gl.drawElements()。两个方法看上去差不多，但后者有一些优势，我们稍后再解释。首先，我们来看一下如何使用 gl.drawElements()。我们需要在 gl.ELEMENT_ARRAY_BUFFER（而不是之前一直使用的 gl.ARRAY_BUFFER，见第 4 章）中指定顶点的索引值。所以两种方法最重要的区别就在于 gl.ELEMENT_ARRAY_BUFFER，它管理着具有索引结构的三维模型数据。

gl.drawElements(mode, count, type, offset)

执行着色器，按照 mode 参数指定的方式，根据绑定到 gl.ELEMENT_ARRAY_BUFFER 的缓冲区中的顶点索引值绘制图形。

参数	mode	指定绘制的方式（见图 3.17），可接收以下常量符号：gl.POINTS、gl.LINES、gl.LINE_STRIP、gl.LINE_LOOP、gl.TRIANGLES、gl.TRIANGLE_STRIP 或 gl.TRIANGLE_FAN
	count	指定绘制顶点的个数（整型数）
	type	指定索引值数据类型：gl.UNSIGNED_BYTE 或 gl.UNSIGNED_SHORT[5]
	offset	指定索引数组中开始绘制的位置，以字节为单位
返回值	无	
错误	INVALID_ENUM	传入的 *mode* 参数不是前述参数之一
	INVALID_VALUE	参数 *count* 或 *offset* 是负数

我们需要将顶点索引（也就是三角形列表中的内容）写入到缓冲区中，并绑定到 gl.ELEMENT_ARRAY_BUFFER 上，其过程类似于调用 gl.drawArrays() 时将顶点坐标写入缓冲区并将其绑定到 gl.ARRAY_BUFFER 上的过程。也就是说，可以继续使用 gl.bindBuffer() 和 gl.bufferData() 来进行上述操作，只不过参数 target 要改为 gl.ELEMENT_ARRAY_BUFFER。来看一下示例程序。

示例程序（HelloCube.js）

例 7.12 显示了程序的代码。和 ProjectiveView_mvpMatrix.js 中一样，本例使用了金字塔状的可视空间和透视投影变换，着色器部分也没有改变。顶点着色器对顶点坐标

5 如果传入的 type 参数和 gl.ELEMENT_ARRAY_BUFFER 中的数据类型（Uint8Array 或 Uint16Array）不一致，也并不会出现错误。但是如果两者不一致，比如缓冲区是 Uint16Array 类型的，而传入的参数为 gl.UNSIGNED_SHORT，那么程序会错误地理解缓冲区中的数据，并会绘制出一些不可预测的东西。

进行了简单的变换，片元着色器接收 varying 变量并赋值给 gl_FragColor，以对片元进行着色。使用 gl.drawElements() 或是 gl.drawArrays() 对上述这些内容没有影响，真正影响到的内容在 initVertexBuffers() 函数中。

例 7.12 HelloCubes.js

```
// HelloCube.js
// 顶点着色器程序
var VSHADER_SOURCE =
...
  'void main() {\n' +
  '  gl_Position = u_MvpMatrix * a_Position;\n' +
  '  v_Color = a_Color;\n' +
  '}\n';

// 片元着色器程序
var FSHADER_SOURCE =
...
  'void main() {\n' +
  '  gl_FragColor = v_Color;\n' +
  '}\n';

function main() {
...
  // 设置顶点坐标和颜色
  var n = initVertexBuffers(gl);
...
  // 设置背景色并开启隐藏面消除
  gl.clearColor(0.0, 0.0, 0.0, 1.0);
  gl.enable(gl.DEPTH_TEST);
...
  // 设置视点和可视空间
  var mvpMatrix = new Matrix4();
  mvpMatrix.setPerspective(30, 1, 1, 100);
  mvpMatrix.lookAt(3, 3, 7, 0, 0, 0, 0, 1, 0);

  // 将模型视图投影矩阵传给u_MvpMatrix
  gl.uniformMatrix4fv(u_MvpMatrix, false, mvpMatrix.elements);

  // 清空颜色缓冲区和深度缓冲区
  gl.clear(gl.COLOR_BUFFER_BIT | gl.DEPTH_BUFFER_BIT);

  // 绘制立方体
  gl.drawElements(gl.TRIANGLES, n, gl.UNSIGNED_BYTE, 0);
```

```
}

function initVertexBuffers(gl) {
...
  var verticesColors = new Float32Array([
    // 顶点坐标和颜色
     1.0,  1.0,  1.0,  1.0,  1.0,  1.0, // v0 白色
    -1.0,  1.0,  1.0,  1.0,  0.0,  1.0, // v1 品红色
    -1.0, -1.0,  1.0,  1.0,  0.0,  0.0, // v2 红色
   ...
    -1.0, -1.0, -1.0,  0.0,  0.0,  0.0 // v7 黑色
  ]);

  // 顶点索引
  var indices = new Uint8Array([
    0, 1, 2,   0, 2, 3,  // 前
    0, 3, 4,   0, 4, 5,  // 右
    0, 5, 6,   0, 6, 1,  // 上
    1, 6, 7,   1, 7, 2,  // 左
    7, 4, 3,   7, 3, 2,  // 下
    4, 7, 6,   4, 6, 5   // 后
 ]);

  // 创建缓冲区对象
  var vertexColorBuffer = gl.createBuffer();
  var indexBuffer = gl.createBuffer();
...
  // 将顶点坐标和颜色写入缓冲区对象
  gl.bindBuffer(gl.ARRAY_BUFFER, vertexColorBuffer);
  gl.bufferData(gl.ARRAY_BUFFER, verticesColors, gl.STATIC_DRAW);

  var FSIZE = verticesColors.BYTES_PER_ELEMENT;
  // 将缓冲区内顶点坐标数据分配给a_Position并开启之
  var a_Position = gl.getAttribLocation(gl.program, 'a_Position');
...
  gl.vertexAttribPointer(a_Position, 3, gl.FLOAT, false, FSIZE * 6, 0);
  gl.enableVertexAttribArray(a_Position);
  // 将缓冲区内顶点颜色数据分配给a_Position并开启之
  var a_Color = gl.getAttribLocation(gl.program, 'a_Color');
...
  gl.vertexAttribPointer(a_Color, 3, gl.FLOAT, false, FSIZE * 6, FSIZE * 3);
  gl.enableVertexAttribArray(a_Color);

  // 将顶点索引数据写入缓冲区对象
```

```
134   gl.bindBuffer(gl.ELEMENT_ARRAY_BUFFER, indexBuffer);
135   gl.bufferData(gl.ELEMENT_ARRAY_BUFFER, indices, gl.STATIC_DRAW);
136
137   return indices.length;
138 }
```

main() 函数的流程与 ProjectiveView_mvpMatrix.js 一样，来回顾一下。我们首先调用 initVertexBuffers() 函数将顶点数据写入缓冲区（第 41 行），然后开启隐藏面消除（第 49 行），使 WebGL 能够根据立方体各表面的前后关系正确地进行绘制。

接着，设置视点和可视空间（第 59 ~ 61 行），把模型视图投影矩阵传给顶点着色器中的 u_MvpMatrix 变量。

最后，清空颜色和深度缓冲区（第 67 行），使用 gl.drawElements() 绘制立方体（第 70 行）。该函数的使用方法和效果是本例与 ProjectiveView_mvpMatrix.js 的主要区别，来看一下。

向缓冲区中写入顶点的坐标、颜色与索引

本例的 initVertexBuffers() 函数通过缓冲区对象 verticesColors 向顶点着色器中的 attribute 变量传顶点坐标和颜色信息，这一点与之前无异。但是，本例不再按照 verticesColors 中的顶点顺序来进行绘制，所以必须额外注意每个顶点的索引值，我们要通过索引值来指定绘制的顺序。比如说，第 1 个顶点的索引为 0，第 2 个顶点的索引为 1，等等。下面是 initVertexBuffers() 函数的部分代码：

```
73 function initVertexBuffers(gl) {
   ...
82   var verticesColors = new Float32Array([
83     // 顶点坐标和颜色
84      1.0, 1.0, 1.0, 1.0, 1.0, 1.0, // v0 白色
85     -1.0, 1.0, 1.0, 1.0, 0.0, 1.0, // v1 品红色
   ...
91     -1.0, -1.0, -1.0, 0.0, 0.0, 0.0 // v7 黑色
92   ]);
93
94   // 顶点索引
95   var indices = new Uint8Array([
96     0, 1, 2, 0, 2, 3, // 前
97     0, 3, 4, 0, 4, 5, // 右
98     0, 5, 6, 0, 6, 1, // 上
99     1, 6, 7, 1, 7, 2, // 左
```

```
100      7, 4, 3, 7, 3, 2, // 下
101      4, 7, 6, 4, 6, 5  // 后
102 ]);
103
104    // 创建缓冲区对象
105    var vertexColorBuffer = gl.createBuffer();
106    var indexBuffer = gl.createBuffer();
...
136     // 将顶点索引数据写入缓冲区对象
137     gl.bindBuffer(gl.ELEMENT_ARRAY_BUFFER, indexBuffer);
138     gl.bufferData(gl.ELEMENT_ARRAY_BUFFER, indices, gl.STATIC_DRAW);
139
140     return indices.length;
141 }
```

也许你会注意到，缓冲区对象 indexBuffer（第 106 行）中的数据来自于数组 indices（第 95 行），该数组以索引值的形式存储了绘制顶点的顺序。索引值是整型数，所以数组的类型是 Uint8Array（无符号 8 位整型数）。如果有超过 256 个顶点，那么就应该使用 Uint16Array。indices 中的元素如图 7.33 中的三角形列表所示，每 3 个索引值为 1 组，指向 3 个顶点，由这 3 个顶点组成 1 个三角形。通常我们不需要手动创建这些顶点和索引数据，因为三维建模工具（将第 10 章介绍）会帮助我们创建它们。

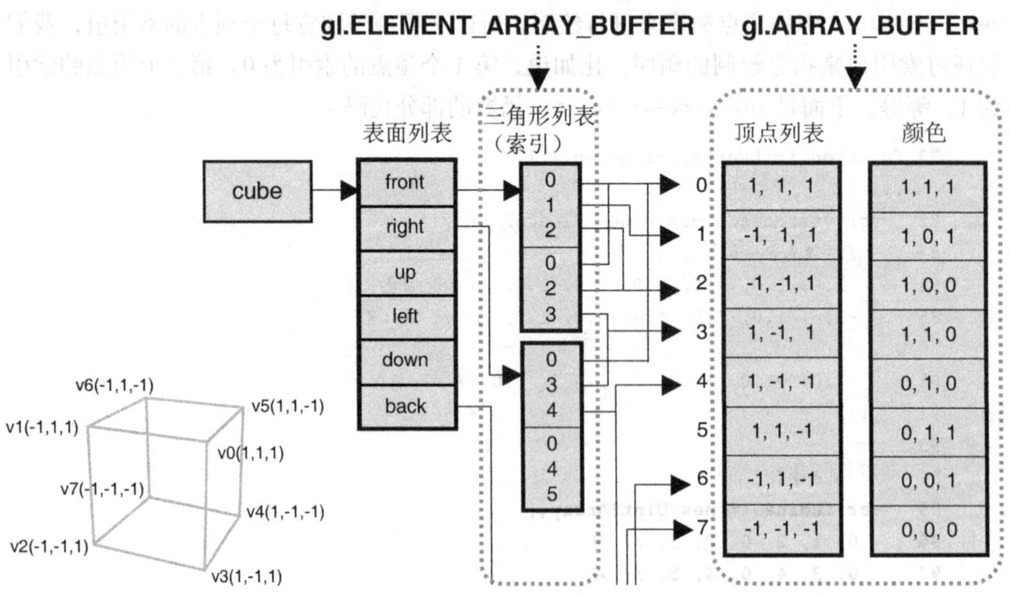

图 7.33 gl.ELEMENT_ARRAY_BUFFER 和 gl.ARRAY_BUFFER 的内容

绑定缓冲区，以及向缓冲区写入索引数据的过程（第 134 ～ 135 行）与之前示例程序中的很类似，区别就是绑定的目标由 gl.ARRAY_BUFFER 变成了 gl.ELEMENT_ARRAY_BUFFER。这个参数告诉 WebGL，该缓冲区中的内容是顶点的索引值数据。

此时，WebGL 系统的内部状态如图 7.34 所示。

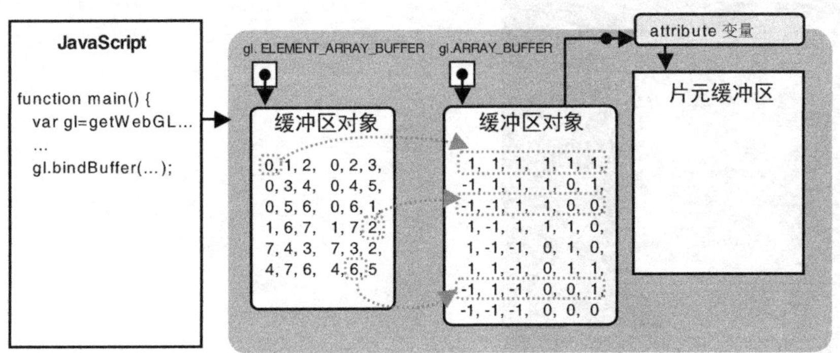

图 7.34 gl.ELEMENT_ARRAY_BUFFER 和 gl.ARRAY_BUFFER

最后，我们调用 gl.drawElements()，就绘制出了立方体（第 70 行）。

```
69    // 绘制立方体
70    gl.drawElements(gl.TRIANGLES, n, gl.UNSIGNED_BYTE, 0);
```

gl.drawElements() 方法的第 2 个参数 n 表示顶点索引数组的长度，也就是顶点着色器的执行次数。注意，n 与 gl.ARRAY_BUFFER 中的顶点个数不同。

在调用 gl.drawElements() 时，WebGL 首先从绑定到 gl.ELEMENT_ARRAY_BUFFER 的缓冲区（也就是 indexBuffer）中获取顶点的索引值，然后根据该索引值，从绑定到 gl.ARRAY_BUFFER 的缓冲区（即 vertexColorBuffer）中获取顶点的坐标、颜色等信息，然后传递给 attribute 变量并执行顶点着色器。对每个索引值都这样做，最后就绘制出了整个立方体，而此时你只调用了一次 gl.drawElements()。这种方式通过索引来访问顶点数据，从而循环利用顶点信息，控制内存的开销，但代价是你需要通过索引来间接地访问顶点，在某种程度上使程序复杂化了。所以，gl.drawElements() 和 gl.drawArrays() 各有优劣，具体用哪一个取决于具体的系统需求。

虽然我们已经证明了 gl.drawElements() 是高效的绘制三维图形的方式，但还是漏了关键的一点：我们无法通过将颜色定义在索引值上，颜色仍然是依赖于顶点的，如图 7.31 所示。

考虑这样的情况：我们希望立方体的每个表面都是不同的单一颜色（而非颜色渐变

效果）或者纹理图像，如图 7.35 所示。我们需要把每个面的颜色或纹理信息写入三角形列表、索引和顶点数据中，如图 7.33 所示。

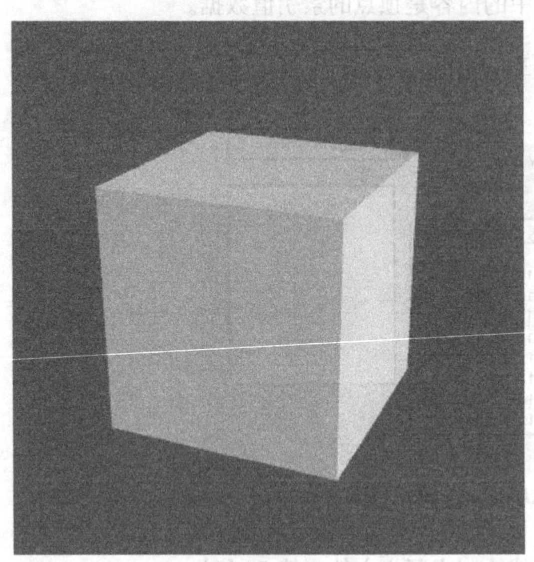

图 7.35 具有不同颜色表面的立方体

在下一节中，我们将研究如何解决这个问题，以及如何为每个面指定颜色。

为立方体的每个表面指定颜色

我们知道，顶点着色器进行的是逐顶点的计算，接收的是逐顶点的信息。这说明，如果你想指定表面的颜色，你也需要将颜色定义为逐顶点的信息，并传给顶点着色器。举个例子，你想把立方体的前表面涂成蓝色，前表面由顶点 v0、v1、v2、v3 组成，那么你就需要将这 4 个顶点都指定为蓝色。

但是你会发现，顶点 v0 不仅在前表面上，也在右表面和上表面上，如果你将 v0 指定为蓝色，那么它在另外两个表面上也会是蓝色，这不是我们想要的结果。为了解决这个问题，我们需要创建多个具有相同顶点坐标的顶点（虽然这样会造成一些冗余），如图 7.36 所示。如果这样做，你就必须把那些具有相同坐标的顶点分开处理[6]。

6　如果你将立方体全部拆成三角形，然后使用 gl.drawArrays() 绘图，就得处理 6×6=36 个顶点，而本例也用了 24 个顶点。看上使用 gl.drawElements() 并没有比 gl.drawArrays() 节省多少内存开销。实际上，这是因为立方体很特殊（或者说过于简单），每个顶点都被三个表面共用。在真正的复杂三维模型中，使用 gl.drawElements() 还是值得的。

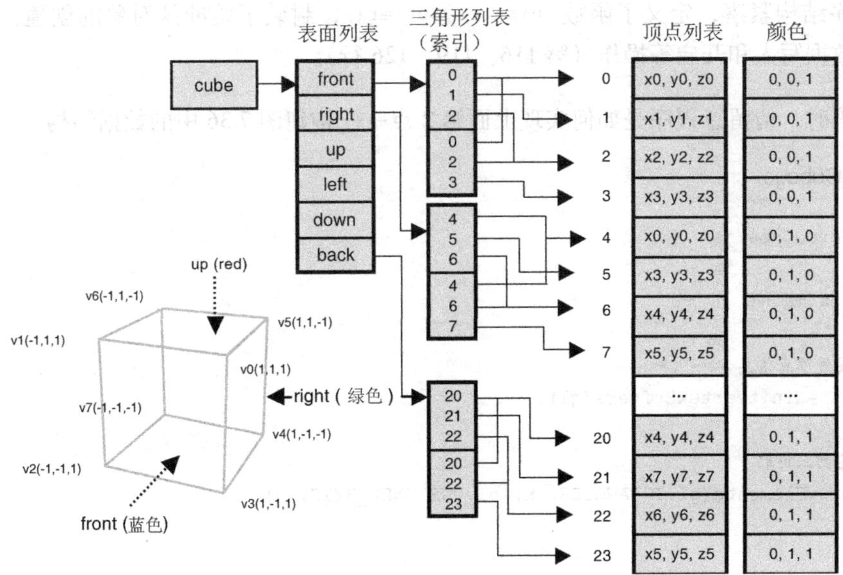

图 7.36 组成立方体的面、三角形和顶点的关系（为每个面指定不同的颜色）

此时的三角形列表，也就是顶点索引值序列，对每个面都指向一组不同的顶点，不再有前表面和上表面共享一个顶点的情况。这样一来，就可以实现前述的效果，为每个表面涂上不同的单色了。我们也可以使用类似的方法为立方体的每个表面贴上不同的纹理，只需要将图 7.36 中的颜色值换成纹理坐标即可。

现在来看一下示例程序 `ColoredCube` 的代码，它绘制出了一个立方体，其每个表面涂上了不同的颜色。程序的效果如图 7.35 所示。

示例程序（ColoredCube.js）

示例程序代码如例 7.13 所示。本例 `ColoredCube.js` 与 `HelloCube.js` 的主要区别是在于顶点数据存储在缓冲区中的形式，也就是 `initVertexBuffers()` 函数负责的内容。两者的主要区别是：

- 在 `HelloCube.js` 中，顶点的坐标和颜色数据存储在同一个缓冲区中。虽然有着种种好处，但这样做略显笨重，本例中我们将顶点的坐标和颜色分别存储在不同的两个缓冲区中。
- 顶点数组、颜色数组和索引数组按照图 7.36 的配置进行了修改（第 83、92、101 行）。

- 为了程序结构紧凑，定义了函数 `initArrayBuffer()`，封装了缓冲区对象的创建、绑定、数据写入和开启等操作（第 116、119、126 行）。

在阅读代码时，请留意程序是如何实现上面第 2 点——构建图 7.36 中的数据结构。

例 7.13 ColoredCube.js

```
  1 // ColoredCube.js
  ...
 23 function main() {
  ...
 40   // 设置顶点信息
 41   var n = initVertexBuffers(gl);
  ...
 69   // 绘制三角形
 70   gl.drawElements(gl.TRIANGLES, n, gl.UNSIGNED_BYTE, 0);
 71 }
 72
 73 function initVertexBuffers(gl) {
  ...
 83   var vertices = new Float32Array([ // 顶点坐标
 84      1.0, 1.0, 1.0, -1.0, 1.0, 1.0, -1.0,-1.0, 1.0, 1.0,-1.0, 1.0,
 85      1.0, 1.0, 1.0, 1.0,-1.0, 1.0, 1.0,-1.0,-1.0, 1.0, 1.0,-1.0,
 86      1.0, 1.0, 1.0, 1.0, 1.0,-1.0, -1.0, 1.0,-1.0, -1.0, 1.0, 1.0,
  ...
 89      1.0,-1.0,-1.0, -1.0,-1.0,-1.0, -1.0, 1.0,-1.0, 1.0, 1.0,-1.0
 90   ]);
 91
 92   var colors = new Float32Array([ // 颜色
 93     0.4, 0.4, 1.0, 0.4, 0.4, 1.0, 0.4, 0.4, 1.0, 0.4, 0.4, 1.0,
 94     0.4, 1.0, 0.4, 0.4, 1.0, 0.4, 0.4, 1.0, 0.4, 0.4, 1.0, 0.4,
 95     1.0, 0.4, 0.4, 1.0, 0.4, 0.4, 1.0, 0.4, 0.4, 1.0, 0.4, 0.4,
  ...
 98     0.4, 1.0, 1.0, 0.4, 1.0, 1.0, 0.4, 1.0, 1.0, 0.4, 1.0, 1.0
 99   ]);
100
101   var indices = new Uint8Array([       // 顶点索引
102      0, 1, 2, 0, 2, 3, // 前
103      4, 5, 6, 4, 6, 7, // 右
104      8, 9,10, 8,10,11, // 上
  ...
107     20,21,22, 20,22,23 // 后
108   ]);
109
```

```
  // 创建缓冲区对象
  var indexBuffer = gl.createBuffer();
...
  // 将顶点坐标和颜色写入缓冲区对象
  if (!initArrayBuffer(gl, vertices, 3, gl.FLOAT, 'a_Position'))
    return -1;

  if (!initArrayBuffer(gl, colors, 3, gl.FLOAT, 'a_Color'))
     return -1;
...
  // 将顶点索引写入缓冲区对象
  gl.bindBuffer(gl.ELEMENT_ARRAY_BUFFER, indexBuffer);
  gl.bufferData(gl.ELEMENT_ARRAY_BUFFER, indices, gl.STATIC_DRAW);

  return indices.length;
}

function initArrayBuffer(gl, data, num, type, attribute) {
  var buffer = gl.createBuffer(); // 创建缓冲区对象
...
  // 将数据写入缓冲区对象
  gl.bindBuffer(gl.ARRAY_BUFFER, buffer);
  gl.bufferData(gl.ARRAY_BUFFER, data, gl.STATIC_DRAW);
  // 将缓冲区对象分配给attribute变量
  var a_attribute = gl.getAttribLocation (gl.program, attribute);
...
  gl.vertexAttribPointer(a_attribute, num, type, false, 0, 0);
  // 将缓冲区对象分配给attribute变量
  gl.enableVertexAttribArray(a_attribute);

  return true;
}
```

用示例程序做实验

ColoredCube 中立方体的每个面颜色各不相同。如果所有面颜色相同会怎样？比如，将 ColoredCube.js 中数组 color 中的颜色信息全部修改为白色，如下所示。新的程序名为 ColoredCube_singleColor.js：

```
// ColoredCube_singleColor.js
...
var colors = new Float32Array([
  1.0, 1.0, 1.0, 1.0, 1.0, 1.0, 1.0, 1.0, 1.0, 1.0, 1.0, 1.0,
  1.0, 1.0, 1.0, 1.0, 1.0, 1.0, 1.0, 1.0, 1.0, 1.0, 1.0, 1.0,
```

```
...
  1.0, 1.0, 1.0, 1.0, 1.0, 1.0, 1.0, 1.0, 1.0, 1.0, 1.0, 1
]);
```

程序运行的结果如图 7.37 所示，立方体各表面颜色相同的后果就是，我们很难辨认出这是个立方体，还是什么其他东西。我们之前能够辩认出立方体，那是因为它的每个面都是不同的颜色，而现在，我们只能看到一个白色的不规则六边形。总之，如果物体各表面颜色相同，它就会失去立体感。

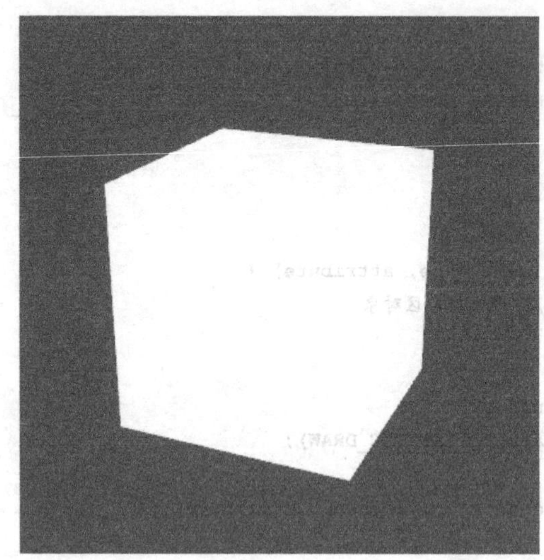

图 7.37 纯色的立方体

相反，在现实世界中，一个纯白色的立方体被放在桌上的时候，你仍然还是能够辩认出它的，如图 7.38 所示。实际上，现实中的立方体各个表面虽然是同一个颜色，但是看上去却有轻微的差异，因为各个表面的角度不同，受到环境中光照的情况也不同，而这些都没有在程序中实现。下一章将研究如何实现三维场景中的光照。

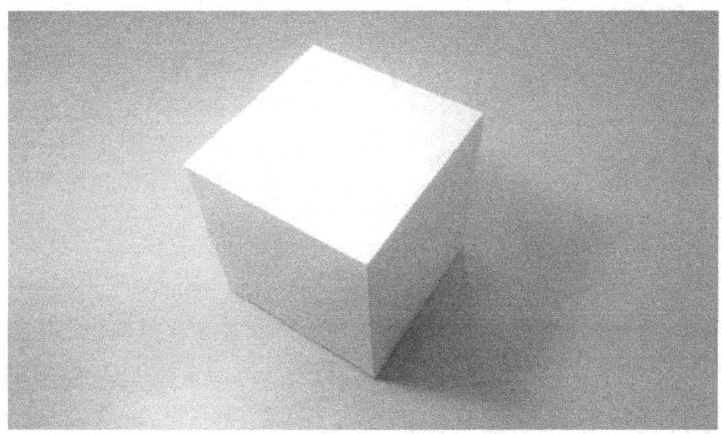

图 7.38 现实世界中的纯白色盒子

总结

这一章引入了深度的概念，将我们带进了三维世界。介绍了如何设置观察者的视点和可视空间，讨论了如何绘制三维对象，简要介绍了世界坐标系和局部坐标系。这一章的示例程序与前几章的绘制二维图形的程序的区别就在于，引入了 Z 轴以处理深度信息。

下一章将讨论如何实现三维场景的光照，如何绘制和管理复杂的三维图形。我们将重新回到 `initShaders()` 函数，因为现在的你已经具有足够的知识，可以去着色器中大显身手了。

第8章

光照

这一章主要讨论光照问题，讨论如何在三维场景中实现不同类型的光照以及其产生的效果。光照使场景更具有层次感，如果你希望建立逼真的三维场景，就应当使用光照。

这一章的主要内容如下。

- 明暗、阴影、不同类型的光：点光源光、平行光和散射光。
- 物体表面反射光线的方式：漫反射和环境反射。
- 编写代码实现光照效果，使三维模型（比如上一章的纯白色立方体）看上去更逼真。

在这一章结束时，你将具有足够多的知识去实现三维场景中的光照效果。

光照原理

现实世界中的物体被光线照射时，会反射一部分光。只有当反射光线进入你的眼睛时，你才能够看到物体并辩认出它的颜色。比如，白色的盒子会反射白光，当白光进入你的眼睛时，你才能看到盒子是白色的。

在现实世界中，当光线照射到物体上时，发生了两个重要的现象（见图 8.1）：

- 根据光源和光线方向，物体不同表面的明暗程度变得不一致。
- 根据光源和光线方向，物体向地面投下了影子。

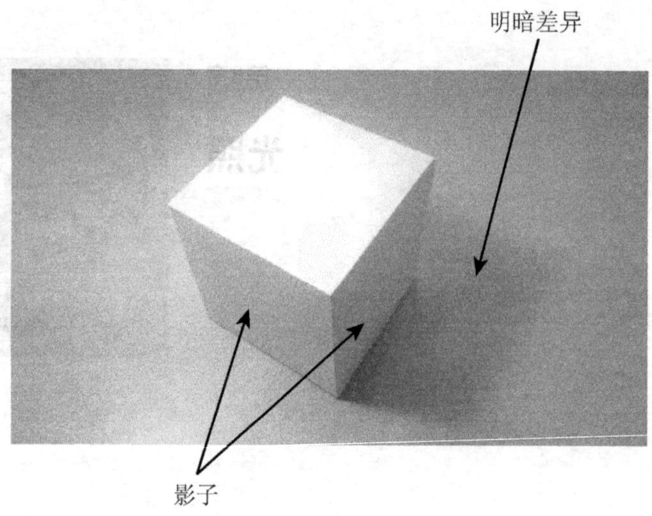

图 8.1 明暗差异和阴影

在生活中，你可能常常会注意到阴影，却很少注意到明暗差异。实际上正是明暗差异给了物体立体感，虽然难以察觉，但它始终存在。虽然图 8.1 所示的立方体是纯白色的，但我们还是能够辨认它的每个面，因为它的每个面受到光照的程度不同。如你所见，向着光的表面看上去明亮一些，而侧着光或背着光的表面看上去就暗一些。正是有了这些差异，立方体看上去才真正像一个立方体。

在三维图形学中术语**着色**[1](shading) 的真正含义就是，根据光照条件重建"物体各表面明暗不一的效果"的过程。物体向地面投下影子的现象，又被称为**阴影** (shadowing)。本节将讨论前者，而后者则留到第 10 章再讨论（那一章将基于 WebGL 的基础知识讨论一系列有用的高级技术）。

在讨论着色过程之前，考虑两件事：

- 发出光线的光源的类型。
- 物体表面如何反射光线。

在开始编写代码之前，我们先来理解一下上述两个问题。

1 对三维图形学来说，"着色"是如此重要，我们一直使用的 GLSL ES 就是"着色器"语言（OpenGL ES 着色器语言）。着色器最初被发明出来就是为了重建光照产生的明暗现象（虽然现在它有了更多、更强大的功能）。

光源类型

当物体被光线照射时，必然存在发出光线的光源。真实世界中的光主要有两种类型：**平行光** (directional light)，类似于自然中的太阳光；**点光源光** (point light)，类似于人造灯泡的光。此外，我们还用**环境光** (ambient light) 来模拟真实世界中的非直射光（也就是由光源发出后经过墙壁或其他物体反射后的光）。三维图形学还使用一些其他类型的光，比如用**聚光灯光** (spot light) 来模拟电筒、车前灯等。本书只讨论前三种基本类型的光，至于其他的更加特殊的光源类型，可以参考 *OpenGL ES 2.0 Programming Guide* 一书。

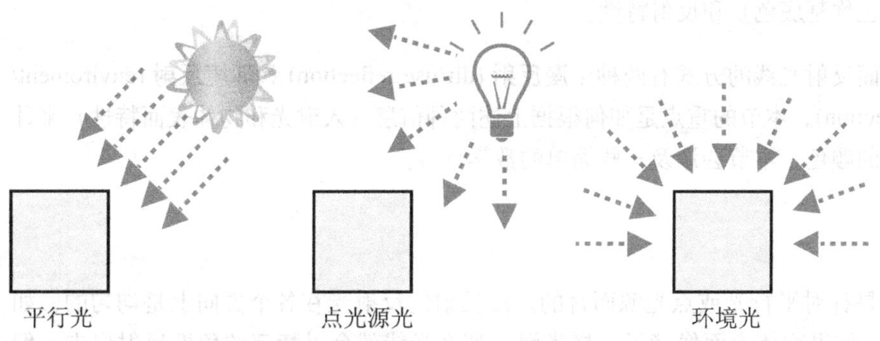

图 8.2 平行光、点光源光和环境光

本书讨论以下三种类型的光源。

平行光：顾名思义，平行光的光线是相互平行的，平行光具有方向。平行光可以看作是无限远处的光源（比如太阳）发出的光。因为太阳距离地球很远，所以阳光到达地球时可以认为是平行的。平行光很简单，可以用一个方向和一个颜色[2]来定义。

点光源光：点光源光是从一个点向周围的所有方向发出的光。点光源光可以用来表示现实中的灯泡、火焰等。我们需要指定点光源的位置和颜色[3]。光线的方向将根据点光源的位置和被照射之处的位置计算出来，因为点光源的光线的方向在场景内的不同位置是不同的。

环境光：环境光（间接光）是指那些经光源（点光源或平行光源）发出后，被墙壁等物体多次反射，然后照到物体表面上的光。环境光从各个角度照射物体，其强度都是

2 本章中提到的“光的颜色”，实际上已经包含光的强度信息。比如标准的白光为 (1, 1, 1)，那么两倍于其强度的白光就表示为 (2, 2, 2)。——译者注

3 实际上点光源的光会衰减，靠近光源的地方的光比较强，离光源越远，光线就越弱。本书的示例程序中，为了简单并未进行点光源光强的衰减，如果你想了解如何实现之，可以参考 *OpenGL ES 2.0 Programming Guide* 一书。

一致的[4]。比如说，在夜间打开冰箱的门，整个厨房都会有些微微亮，这就是环境光的作用。环境光不用指定位置和方向，只需要指定颜色即可。

现在，你已经了解了三种主要的光源类型，下面来讨论物体表面反射光线的几种方式。

反射类型

物体向哪个方向反射光，反射的光是什么颜色，取决于以下两个因素：入射光和物体表面的类型。入射光的信息包括入射光的方向和颜色，而物体表面的信息包括表面的固有颜色（也称基底色）和反射特性。

物体表面反射光线的方式有两种：**漫反射** (diffuse reflection) 和**环境反射** (enviroment/ambient reflection)。本节的重点是如何根据上述两种信息（入射光和物体表面特性）来计算出反射光的颜色。本节会涉及一些简单的数学计算。

漫反射

漫反射是针对平行光或点光源而言的。漫反射的反射光在各个方向上是均匀的，如图 8.3 所示。如果物体表面像镜子一样光滑，那么光线就会以特定的角度反射出去；但是现实中的大部分材质，比如纸张、岩石、塑料等，其表面都是粗糙的，在这种情况下反射光就会以不固定的角度反射出去。漫反射就是针对后一种情况而建立的理想反射模型。

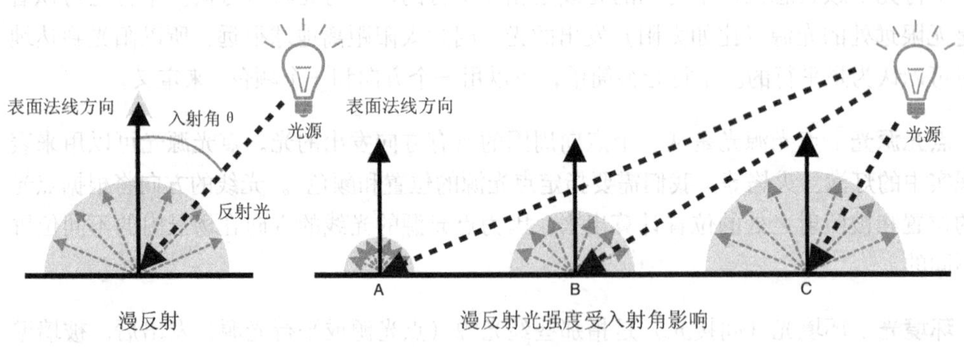

图 8.3 漫反射

在漫反射中，反射光的颜色取决于入射光的颜色、表面的基底色、入射光与表面形成的入射角。我们将入射角定义为入射光与表面的法线形成的夹角，并用 θ 表示，那么

4 实际上，环境光是各种光被各种表面多次反射后形成的。我们认为环境光是“均匀”照射到物体表面上的，因为没有必要去精确计算环境光的产生过程。

漫反射光的颜色可以根据下式计算得到：

式 8.1

＜漫反射光颜色＞=＜入射光颜色＞×＜表面基底色＞×cos θ

式子中，＜入射光颜色＞指的是点光源或平行光的颜色，乘法操作是在颜色矢量上逐分量（R、G、B）进行的。因为漫反射光在各个方向上都是“均匀”的，所以从任何角度看上去其强度都相等，如图 8.4 所示。

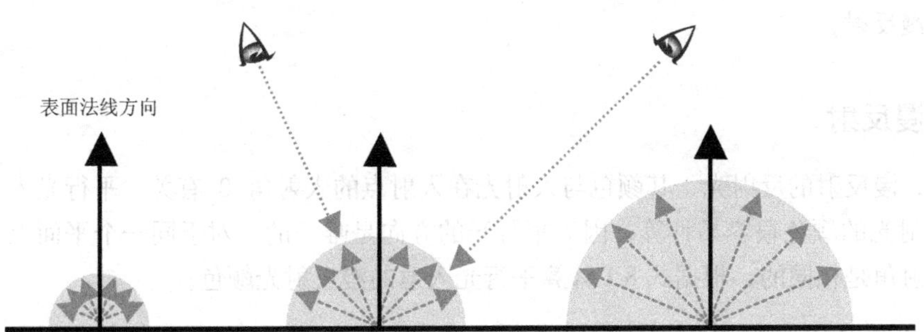

图 8.4 漫反射光各方向均匀

环境反射

环境反射是针对环境光而言的。在环境反射中，反射光的方向可以认为就是入射光的反方向。由于环境光照射物体的方式就是各方向均匀、强度相等的，所以反射光也是各向均匀的，如图 8.5 所示。我们可以这样来描述它：

式 8.2

＜环境反射光颜色＞=＜入射光颜色＞×＜表面基底色＞

这里的＜入射光颜色＞实际上也就是环境光的颜色。

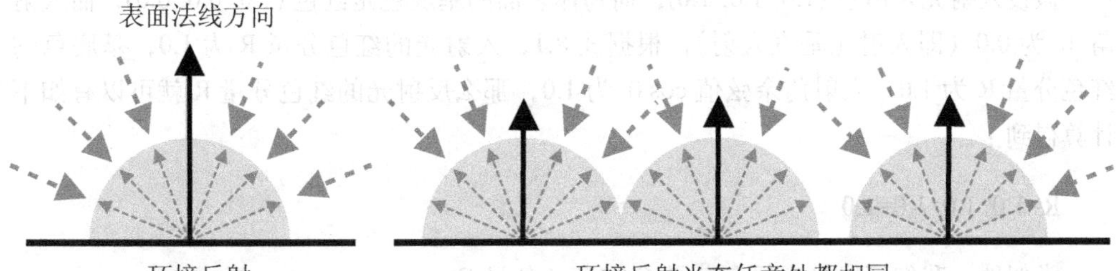

图 8.5 环境反射

当漫反射和环境反射同时存在时，将两者加起来，就会得到物体最终被观察到的颜色：

式 8.3

<表面的反射光颜色>=<漫反射光颜色>+<环境反射光颜色>

注意，两种反射光并不一定总是存在，也并不一定要完全按照上述公式来计算。渲染三维模型时，你可以修改这些公式以达到想要的效果。

下面来建立一个示例程序，在合适的位置放置一个光源，对场景进行着色。首先实现平行光下的漫反射。

平行光下的漫反射

如前所述，漫反射的反射光，其颜色与入射光在入射点的入射角 θ 有关。平行光入射产生的漫反射光的颜色很容易计算，因为平行光的方向是唯一的，对于同一个平面上的所有点，入射角是相同的。根据式 8.1 计算平行光入射的漫反射光颜色。

<漫反射光颜色>=<入射光颜色>×<表面基底色>×cosθ

上式用到了三项数据：

- 平行入射光的颜色
- 表面的基底色
- 入射光与表面形成的入射角 θ

入射光的颜色可能是白色的，比如阳光；也可能是其他颜色的，比如隧道中的橘黄色灯光。我们知道颜色可以用 RGB 值来表示，比如标准强度的白光颜色值就是 (1.0, 1.0, 1.0)。物体表面的基底色其实就是“物体本来的颜色”（或者说是“物体在标准白光下的颜色”）。按照式 8.1 计算反射光颜色时，我们对 RGB 值的三个分量逐个相乘。

假设入射光是白色 (1.0, 1.0, 1.0)，而物体表面的基底色是红色 (1.0, 0.0, 0.0)，而入射角 θ 为 0.0（即入射光垂直入射），根据式 8.1，入射光的红色分量 R 为 1.0，基底色的红色分量 R 为 1.0，入射角余弦值 cos θ 为 1.0，那么反射光的红色分量 R 就可以有如下计算得到：

R=1.0*1.0*1.0=1.0

类似地，我们可以算出绿色分量 G 和蓝色分量 B：

G=1.0*0.0*1.0=0.0

B=1.0*0.0*1.0=0.0

根据上面的计算，当白光垂直入射到红色物体的表面时，漫反射光的颜色就变成了红色 (1.0, 0.0, 0.0)。而如果是红光垂直入射到白色物体的表面时，漫反射光的颜色也会是红色。在这两种情况下，物体在观察者看来就是红色的，这很符合我们在现实世界中的经验。

那么如果入射角 θ 是 90 度，也就是说入射光与表面平行，一点都没有“照射”到表面上，在这种情况下会怎样呢？根据我们在现实世界中的经验，物体表面应该完全不反光，看上去是黑的。验证一下：当 θ 是 90 度的时候，cos θ 的值是 0，那么根据上面的式子，不管入射光的颜色和物体表面基底色是什么，最后得到的漫反射光颜色都为 (0.0, 0.0, 0.0)，也就是黑色，正如我们预期的那样。同样，如果 θ 是 60 度，也就是斜射平行光斜射到物体表面上，那么该表面应该还是红色的，只不过比垂直入射时暗一些。根据上式，cos θ 是 0.5，漫反射光颜色为 (0.5, 0.0, 0.0)，即暗红色。

这个简单的例子帮助你了解了如何计算漫反射光的颜色。但是我们并不知道入射角 θ 是多少，只知道光线的方向。下面我们就来通过光线和物体表面的方向来计算入射角 θ，将式 8.1 中的 θ 换成我们更加熟悉的东西。

根据光线和表面的方向计算入射角

在程序中，我们没法像前一节最后那样，直接说“入射角 θ 是多少多少度”。我们必须根据入射光的方向和物体表面的朝向（即法线方向）来计算出入射角。这并不简单，因为在创建三维模型的时候，我们无法预先确定光线将以怎样的角度照射到每个表面上。但是，我们可以确定每个表面的朝向。在指定光源的时候，再确定光的方向，就可以用这两项信息来计算出入射角了。

幸运的是，我们可以通过计算两个矢量的点积，来计算这两个矢量的夹角余弦值 cos θ[5]。点积运算的使用非常频繁，GLSL ES 内置了点积运算函数(详见附录B)。在公式中，我们使用点符号 · 来表示点积运算。这样，cos θ 就可以通过下式计算出来：

5 在数学上，对矢量 n 和 l 作点积运算，公式是这样的：n · l = | n | × | l | × cos θ，其中 || 符号表示取矢量的长度。可见，如果两个矢量的长度都是 1.0，那么其点积的结果就是 cos θ 值。而内置函数计算点积，实际上是用的下面这个公式：n 为 (nx, ny, nz)，l 为 (lx, ly, lz)，那么 n · l = nx * lx +ny * ly + nz * lz。该公式可由余弦定理得到。

cosθ=<光线方向>·<法线方向>

因此，式 8.1 可以改写成式 8.4，如下所示：

式 8.4

<漫反射光颜色>=<入射光颜色>×<表面基底色>×(<光线方向>·<法线方向>)

这里有两点需要注意：其一，光线方向矢量和表面法线矢量的长度必须为 1，否则反射光的颜色就会过暗或过亮[6]。将一个矢量的长度调整为 1,同时保持方向不变的过程称之为**归一化**（normalization）[7]。GLSL ES 提供了内置的归一化函数，你可以直接使用。

其二，这里（包括后面）所谓的“光线方向”，实际上是入射方向的反方向，即从入射点指向光源方向（因为这样，该方向与法线方向的夹角才是入射角），如图 8.6 所示。

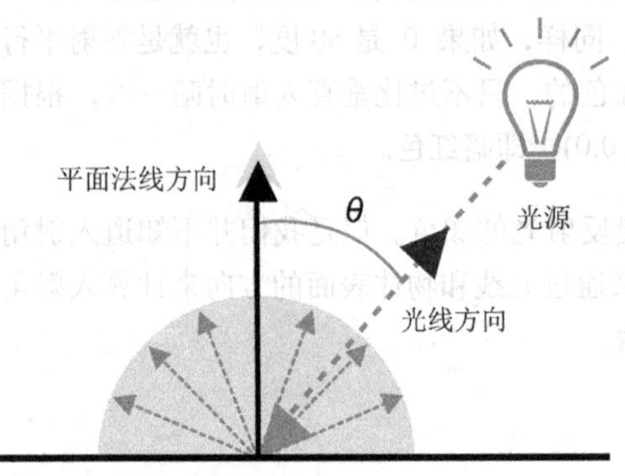

图 8.6 光线方向

这里用到了表面的法线方向来参与对 θ 的计算，可是我们还不知道法线方向，下一节就来研究如何获取表面的法线方向。

法线：表面的朝向

物体表面的朝向，即垂直于表面的方向，又称法线或法向量[8]。法向量有三个分量，向量 (nx, ny, nz) 表示从原点 (0, 0, 0) 指向点 (nx, ny, nz) 的方向。比如说，向量 (1, 0, 0) 表

6 比如矢量 n 为 (nx, ny, nz)，则其长度为 $|n| = \sqrt{n_x^2 + n_y^2 + n_z^2}$。

7 对矢量 n 进行归一化后的结果是 (nx/m, ny/m, nz/m)，式中 m 为 n 的长度。比如，矢量 (2.0, 2.0, 1.0) 的长度 | n | = sqrt(9) = 3，那么其归一化之后就是 (2.0/3.0, 2.0/3.0, 1.0/3.0)。

8 向量和矢量为同义词 vector，本书统一译为“矢量”，但指平面的法线方向时译为“法向量”。——译者注

示 x 轴正方向，向量 (0, 0, 1) 表示 z 轴正方向。涉及到表面和法向量的问题时，必须考虑以下两点：

一个表面具有两个法向量

每个表面都有两个面，“正面”和“背面”。两个面各自具有一个法向量。比如，垂直于 z 轴的 x-y 平面，其背面的法向量为 x 正半轴，即 (0, 0, 1)，如图 8.7（左）所示；而背面的法向量为 x 负半轴，即 (0, 0, −1)，如图 8.7（右）所示。

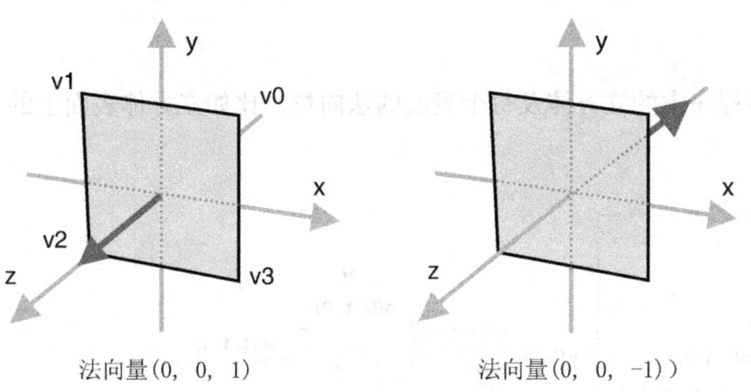

图 8.7 法向量

在三维图形学中，表面的正面和背面取决于绘制表面时的顶点顺序。当你按照 v0, v1, v2, v3 的顶点顺序[9]绘制了一个平面，那么当你从正面观察这个表面时，这 4 个顶点是顺时针的，而你从背面观察该表面，这 4 个顶点就是逆时针的（即第 3 章中用来确定旋转方向的“右手法则”）。如图 8.7 所示，该平面正面的法向量是 (0, 0, −1)。

平面的法向量唯一

由于法向量表示的是方向，与位置无关，所以一个平面只有一个法向量。换句话说，平面的任意一点都具有相同的法向量。

进一步来说，即使有两个不同的平面，只要其朝向相同（也就是两个平面平行），法向量也相同。比方说，有一个经过点 (10, 98, 9) 的平面，只要它垂直于 z 轴，它的法向量仍然是 (0, 0, 1) 和 (0, 0, −1)，和经过原点并垂直于 z 轴的平面一样，如图 8.8 所示。

9 实际上，这个平面由两个三角形组成，各自绘制的顺序是 v0，v1，v2 和 v2，v3，v4。

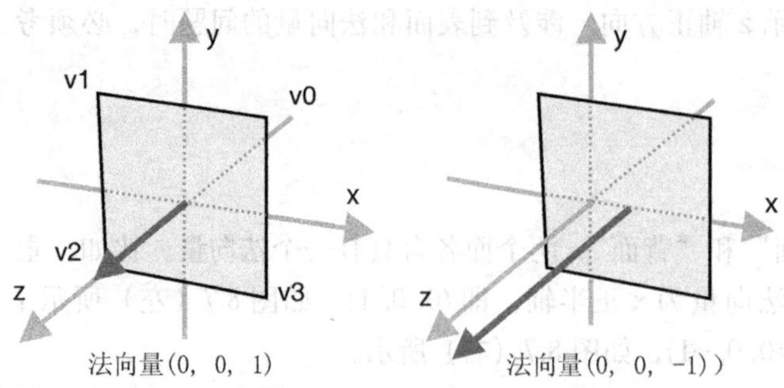

图 8.8 法向量与位置无关

图 8.9（左）显示了示例程序中的立方体及每个表面的法向量。比如立方体表面上的法向量表示为 n(0, 1, 0)。

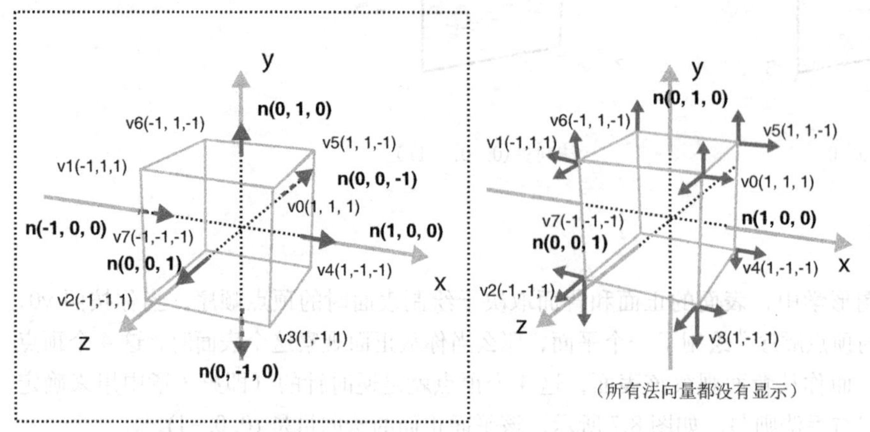

图 8.9 立方体各表面法向量

一旦计算好每个平面的法向量，接下来的任务就是将数据传给着色器程序。以前的程序把颜色作为“逐顶点数据”存储在缓冲区中，并传给着色器。对法向量数据也可以这样做。如图 8.9（右）所示，每个顶点对应 3 个法向量，就像之前每个顶点都对应 3 个颜色值一样[10]。

示例程序 `LightedCube` 显示了一个处于白色平行光照射下的红色三角形，如图 8.10 所示。

10 立方体比较特殊，各表面垂直相交，所以每个顶点对应 3 个法向量（同时在缓冲区中被拆成 3 个顶点）。但是，一些表面光滑的物体，比如游戏中的人物模型，通常其每个顶点只对应 1 个法向量。

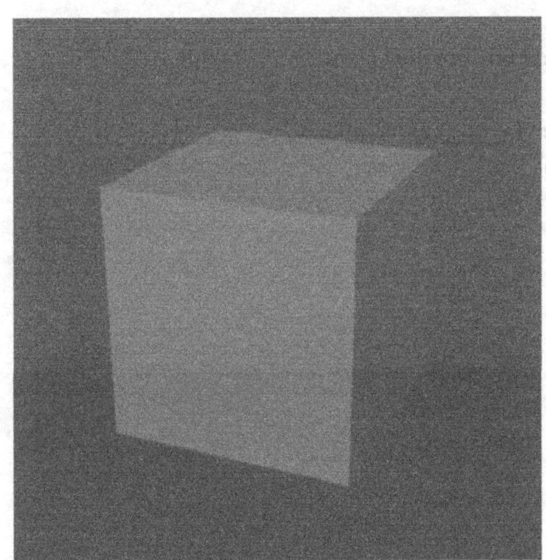

图 8.10 LightedCube

示例程序（LightedCube.js）

例 8.1 显示了示例程序的代码，它是基于前一章的 ColoredCube 改写的，基本流程与之类似。

如你所见，顶点着色器进行了较大修改以实现式 8.4。此外，initVertexBuffers() 中增加了法向量数据 normals（第 89 行），它们将被传给着色器的 a_Normal 变量。片元着色器与 ColoredCube 中完全一样。

例 8.1 LightedCube.js

```
 1 // LightedCube.js
 2 // 顶点着色器程序
 3 var VSHADER_SOURCE =
 4   'attribute vec4 a_Position;\n' +
 5   'attribute vec4 a_Color;\n' +
 6   'attribute vec4 a_Normal;\n' + // 法向量
 7   'uniform mat4 u_MvpMatrix;\n' +
 8   'uniform vec3 u_LightColor;\n' + // 光线颜色
 9   'uniform vec3 u_LightDirection;\n' + // 归一化的世界坐标
10   'varying vec4 v_Color;\n' +
11   'void main() {\n' +
12   '  gl_Position = u_MvpMatrix * a_Position ;\n' +
13      // 对法向量进行归一化
14   '  vec3 normal = normalize(vec3(a_Normal));\n' +
```

```
    // 计算光线方向和法向量的点积
  '  float nDotL = max(dot(u_LightDirection, normal), 0.0);\n' +
    // 计算漫反射光的颜色
  '  vec3 diffuse = u_LightColor * vec3(a_Color) * nDotL;\n' +
  '  v_Color = vec4(diffuse, a_Color.a);\n' +
  '}\n';

// 片元着色器程序
...
  'void main() {\n' +
  '  gl_FragColor = v_Color;\n' +
  '}\n';

function main() {
...
  // 设置顶点的坐标、颜色和法向量
  var n = initVertexBuffers(gl);
...
  var u_MvpMatrix = gl.getUniformLocation(gl.program, 'u_MvpMatrix');
  var u_LightColor = gl.getUniformLocation(gl.program, 'u_LightColor');
  var u_LightDirection = gl.getUniformLocation(gl.program, 'u_LightDirection');
...
  // 设置光线颜色（白色）
  gl.uniform3f(u_LightColor, 1.0, 1.0, 1.0);
  // 设置光线方向（世界坐标系下的）
  var lightDirection = new Vector3([0.5, 3.0, 4.0]);
  lightDirection.normalize(); // 归一化
  gl.uniform3fv(u_LightDirection, lightDirection.elements);

  // 计算模型视图投影矩阵
  var mvpMatrix = new Matrix4(); // Model view projection matrix
  mvpMatrix.setPerspective(30, canvas.width/canvas.height, 1, 100);
  mvpMatrix.lookAt(3, 3, 7, 0, 0, 0, 0, 1, 0);
  // 将模型视图投影矩阵传给u_MvpMatrix变量
  gl.uniformMatrix4fv(u_MvpMatrix, false, mvpMatrix.elements);
...
  gl.drawElements(gl.TRIANGLES, n, gl.UNSIGNED_BYTE, 0);// 绘制立方体
}

function initVertexBuffers(gl) {
...
  var vertices = new Float32Array([ // 顶点坐标
     1.0, 1.0, 1.0, -1.0, 1.0, 1.0, -1.0,-1.0, 1.0, 1.0,-1.0, 1.0,
```

```
      1.0, 1.0, 1.0, 1.0,-1.0, 1.0, 1.0,-1.0,-1.0, 1.0, 1.0,-1.0,
  ...
      1.0,-1.0,-1.0, -1.0,-1.0,-1.0, -1.0, 1.0,-1.0, 1.0, 1.0,-1.0
  ]);
  ...

  var normals = new Float32Array([ // 法向量
    0.0, 0.0, 1.0, 0.0, 0.0, 1.0, 0.0, 0.0, 1.0, 0.0, 0.0, 1.0,
    1.0, 0.0, 0.0, 1.0, 0.0, 0.0, 1.0, 0.0, 0.0, 1.0, 0.0, 0.0,
  ...
    0.0, 0.0,-1.0, 0.0, 0.0,-1.0, 0.0, 0.0,-1.0, 0.0, 0.0,-1.0
  ]);
  ...
  if(!initArrayBuffer(gl,'a_Normal', normals, 3, gl.FLOAT)) return -1;
  ...
  return indices.length;
}
```

注意，顶点着色器实现了式 8.4：

＜漫反射光颜色＞=＜入射光颜色＞×＜表面基底色＞×(＜光线方向＞·＜法线方向＞)

计算漫反射光颜色需要：(1) 入射光颜色，(2) 表面基底色，(3) 入射光方向，(4) 表面法线方向。其中后两者都必须是归一化的（即长度为 1.0）。

顶点着色器

顶点着色器中的 `a_Color` 变量表示表面基底色（第 5 行），`a_Normal` 变量表示表面法线方向（第 6 行），`u_LightColor` 变量表示入射光颜色（第 8 行），`u_LightDirection` 变量表示入射光方向（第 9 行）。注意，入射光方向 `u_LightDirection` 是在世界坐标系下的[11]，而且在传入着色器前已经在 JavaScript 中归一化了。这样，我们就可以避免在顶点着色器每次执行时都对它进行归一化。

```
4   'attribute vec4 a_Position;\n' +
5   'attribute vec4 a_Color;\n' +                          <-(2)表面基底色
6   'attribute vec4 a_Normal;\n' + // 法向量               <-(4)表面法向量
7   'uniform mat4 u_MvpMatrix;\n' +
8   'uniform vec3 u_LightColor;\n' + // 光线颜色                  <-(1)
9   'uniform vec3 u_LightDirection;\n' + // 归一化的世界坐标      <-(3)
10  'varying vec4 v_Color;\n' +
```

11 在本书中，光照效果是在世界坐标系下计算的（见附录 G，“世界坐标系和局部坐标系”）。这样做的好处是程序更加简单，代码比较直观（因为光线方向本身就是在世界坐标系下的）。当然你也可以在视图坐标系下计算光照效果，虽然这样做会使程序复杂一些。

```
11  'void main() {\n' +
12  '  gl_Position = u_MvpMatrix * a_Position ;\n' +
13     // 对法向量进行归一化
14  '  vec3 normal = normalize(vec3(a_Normal));\n' +
15     // 计算光线方向和法向量的点积
16  '  float nDotL = max(dot(u_LightDirection, normal), 0.0);\n' +
17     // 计算漫反射光的颜色
18  '  vec3 diffuse = u_LightColor * vec3(a_Color) * nDotL;\n' +
19  '  v_Color = vec4(diffuse, a_Color.a);\n' +
20  '}\n';
```

有了这些信息，就可以开始在顶点着色器中进行计算了。首先，对 a_Normal 进行归一化（第 14 行）。严格地说，本例通过缓冲区传入的法向量都是已经归一化过的，所以实际上这一步可以略去。但是顶点着色器可不知道传入的矢量是否经过了归一化，而且这里没有节省开销的理由（法向量是逐顶点的），所以，有这一步总比没有要好：

```
14  '  vec3 normal = normalize(vec3(a_Normal));\n' +
```

a_Normal 变量是 vec4 类型的，使用前三个分量 x、y 和 z 表示法线方向，所以我们将这三个分量提取出来进行归一化。对 vec3 类型的变量进行归一化就不必这样做。本例使用 vec4 类型的 a_Normal 变量是为了方便对下一个示例程序进行扩展。GLSL ES 提供了内置函数 normalize() 对矢量参数进行归一化。归一化的结果赋给了 vec3 类型的 normal 变量，供之后使用。

接下来，根据式 8.4 计算点积 < 光线方向 >·< 法线方向 >。光线方向存储在 u_LightDirection 变量中，而且已经被归一化了，可以直接使用。法线方向存储在之前进行归一化后的结果 normal 变量中（第 14 行）。使用 GLSL ES 提供的内置函数 dot() 计算两个矢量的点积 < 光线方向 >·< 法线方向 >，该函数接收两个矢量作为参数，返回它们的点积（第 16 行）。

```
16  '  float nDotL = max(dot(u_LightDirection, normal), 0.0);\n' +
```

如果点积大于 0，就将点积赋值给 nDotL 变量，如果其小于 0，就将 0 赋给该变量。使用内置函数 max() 完成这个任务，将点积和 0 两者中的较大者赋值给 nDotL。

点积值小于 0，意味着 cos θ 中的 θ 大于 90 度。θ 是入射角，也就是入射反方向（光线方向）与表面法向量的夹角，θ 大于 90 度说明光线照射在表面的背面上，如图 8.11 所示。此时，将 nDotL 赋为 0.0。

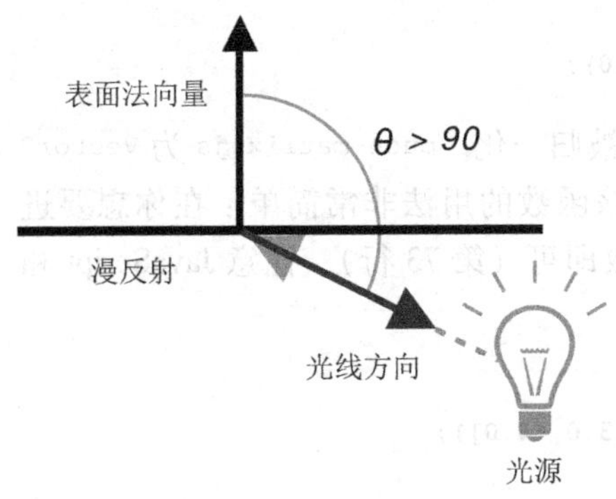

图 8.11 入射角大于 90 度

现在准备工作都已经就绪了，我们在顶点着色器中直接计算式 8.4（第 18 行）。注意 a_Color 变量即顶点的颜色，被从 vec4 对象转成了 vec3 对象，因为其第 4 个分量（透明度）与式 8.4 无关。

实际上，物体表面的透明度确实会影响物体的外观。但这时光照的计算较为复杂，现在暂时认为物体都是不透明的，这样就计算出了漫反射光的颜色 diffuse：

```
18    '  vec3 diffuse = u_LightColor * vec3(a_Color) * nDotL;\n' +
```

然后，将 diffuse 的值赋给 v_Color 变量（第 19 行）。v_Color 是 vec4 对象，而 diffuse 是 vec3 对象，需要将第 4 分量补上为 1.0。

```
19    '  v_Color = vec4(diffuse, 1.0);\n' +
```

顶点着色器运行的结果就是计算出了 v_Color 变量，其值取决于顶点的颜色、法线方向、平行光的颜色和方向。v_Color 变量将被传入片元着色器并赋值给 gl_FragColor 变量。本例中的光是平行光，所以立方体上同一个面的颜色也是一致的，没有之前出现的颜色渐变效果。

这就是顶点着色器的代码，下面来看一下 JavaScript 程序如何将数据传给顶点着色器并计算式 8.4。

JavaScript 程序流程

JavaScript 将光的颜色 u_LightColor 和方向 u_LightDirection 传给顶点着色器。首先用 gl.uniform3f() 函数将 u_LightColor 赋值为 (1.0, 1.0, 1.0)，表示入射光是白光：

```
69   // 设置光线颜色（白色）
70   gl.uniform3f(u_LightColor, 1.0, 1.0, 1.0);
```

下一步是设置光线方向，注意光线方向必须被归一化。cuon-matrix.js 为 Vector3 类型提供了 normalize() 函数，以实现归一化。该函数的用法非常简单：在你想要进行归一化的 Vector3 对象上调用 normalize() 函数即可（第 73 行）。注意 JavaScript 和 GLSL ES 中对矢量进行归一化的不同之处。

```
71   // 设置光线方向（世界坐标系下的）
72   var lightDirection = new Vector3([0.5, 3.0, 4.0]);
73   lightDirection.normalize(); // 归一化
74   gl.uniform3fv(u_LightDirection, lightDirection.elements);
```

归一化后的光线方向以 Float32Array 类型的形式存储在 lightDirection 对象的 elements 属性中，使用 gl.uniform3fv() 将其分配给着色器中的 u_LightDirection 变量（第 74 行）。

最后，在 initVertexBuffers() 函数（第 89 行）中为每个顶点定义法向量（就像以前在 ColoredCube.js 中为每个顶点定义颜色一样）。法向量数据存储在 normals 数组中（第 118 行），然后被 initArrayBuffer() 函数（第 140 行）传给了顶点着色器的 a_Normal 变量。

```
140 if(!initArrayBuffer(gl, 'a_Normal', normals, 3, gl.FLOAT)) return -1;
```

initArrayBuffer() 函数的作用是将第 3 个参数指定的数组（normals）分配给第 2 个参数指定的着色器中的变量。该函数在 ColoredCube 中已经出现过了。

环境光下的漫反射

现在，我们已经成功实现了平行光下的漫反射光，LightedCube 的效果如图 8.11 所示。但是图 8.11 和现实中的立方体还是有点不大一样，特别是右侧表面是全黑的，仿佛不存在一样。如果这个立方体动起来，你也许就能看得更清楚一些，试着运行程序 LightedCube_animation，如图 8.12 所示。

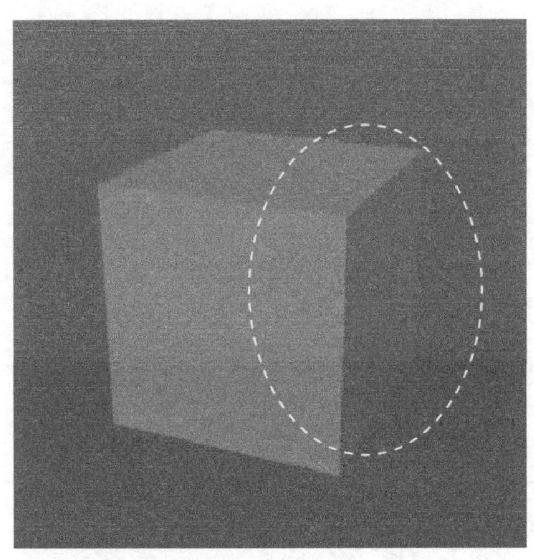

图 8.12 LightedCube_animation 效果

虽然程序是严格按照式 8.4 对场景进行光照的，但经验告诉我们肯定有什么地方不对劲。在现实世界中，光照下物体的各表面的差异不会如此分明：那些背光的面虽然会暗一些，但绝不至于黑到看不见的程度。实际上，那些背光的面是被非直射光（即其他物体，如墙壁的反射光等）照亮的，前面提到的环境光就起到了这部分非直射光的作用，它使场景更加逼真。因为环境光均匀地从各个角度照在物体表面，所以由环境光反射产生的颜色只取决于光的颜色和表面基底色，使用式 8.2 计算后我们再来看一下：

<环境反射光颜色>=<入射光颜色>×<表面基底色>

接下来，向示例程序中加入上式中的环境光所产生的反射光颜色，如式 8.3 所示：

<表面的反射光颜色>=<漫反射光颜色>+<环境反射光颜色>

环境光是由墙壁等其他物体反射产生的，所以环境光的强度通常比较弱。假设环境光是较弱的白光 (0.2, 0.2, 0.2)，而物体表面是红色的 (1.0, 0.0, 0.0)。根据式 8.2，由环境光产生的反射光颜色就是暗红色 (0.2, 0.0, 0.0)。同样，在蓝色的房间中，环境光为 (0.0, 0.0, 0.2)，有一个白色的物体，即表面基底色为 (1.0, 1.0, 1.0)，那么由环境光产生的漫反射光颜色就是淡蓝色 (0.0, 0.0, 0.2)。

示例程序 `LightedCube_ambient` 实现了环境光漫反射的效果，如图 8.13 所示。可见，完全没有被平行光照到的表面也不是全黑，而是呈现较暗的颜色，与真实世界更加相符。

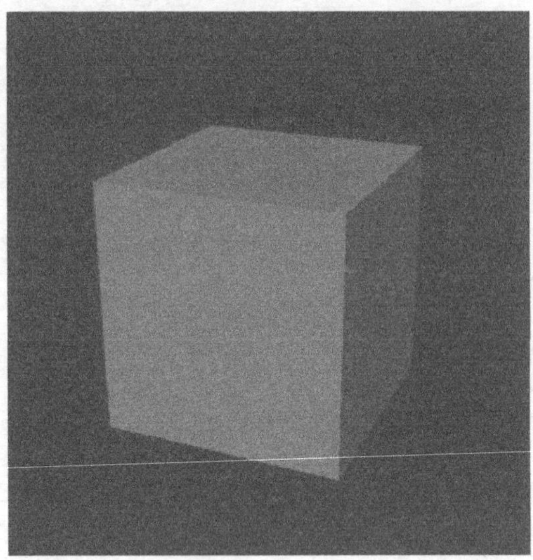

图 8.13 LightedCube_ambient

示例程序（LightedCube_ambient.js）

示例程序代码大部分与 LightedCube 一样，只有少量修改，如例 8.2 所示。

例 8.2 LightedCube_ambient.js

```
// LightedCube_ambient.js
// 顶点着色器程序
...
  'uniform vec3 u_LightColor;\n' + // 光线颜色
  'uniform vec3 u_LightDirection;\n' + // 归一化的世界坐标
  'uniform vec3 u_AmbientLight;\n' + // 环境光颜色
  'varying vec4 v_Color;\n' +
  'void main() {\n' +
...
     // 计算光线方向和法向量的点积
  '  float nDotL = max(dot(lightDirection, normal), 0.0);\n' +
     // 计算漫反射光的颜色
  '  vec3 diffuse = u_LightColor * a_Color.rgb * nDotL;\n' +
     // 计算环境光产生的反射光颜色
  '  vec3 ambient = u_AmbientLight * a_Color.rgb;\n' +
     // 将以上两者相加得到物体最终的颜色
  '  v_Color = vec4(diffuse + ambient, a_Color.a);\n' +
  '}\n';
```

```
   ...
36 function main() {
   ...
64   // 获取uniform变量等的存储地址
   ...
68   var u_AmbientLight = gl.getUniformLocation(gl.program, 'u_AmbientLight');
   ...
80   // 传入环境光颜色
81   gl.uniform3f(u_AmbientLight, 0.2, 0.2, 0.2);
   ...
95 }
```

顶点着色器中新增了 `u_AmbientLight` 变量（第 10 行）用来接收环境光的颜色值。接着根据式 8.2，使用该变量和表面的基底色 `a_Color` 计算出反射光的颜色，将其存储在 `ambient` 变量中（第 21 行）。这样我们就即有环境光反射产生的颜色 `ambient`，又有了由平行光漫反射产生的颜色 `diffuse`。最后根据式 8.3 计算物体最终的颜色（第 23 行）并存储在 `v_Color` 变量中，作为物体表面最终显示出的颜色，和 `LightedCube` 一样。

如你所见，与 `LightedCube` 相比，本例对顶点着色器的 `v_Color` 变量加上了 `ambient` 变量（第 23 行），就使得整个立方体变亮了一些，这正是环境光从各个方向均匀照射在立方体上产生的。

到目前为止，在本章的示例中，立方体都是静止不动的。事实上，场景中的物体很有可能会运动，观察者的视角也很可能会改变，我们必须考虑这种情况。在第 4 章中曾讨论过，物体平移、缩放、旋转都可以用坐标变换来表示。显然，物体的运动会改变每个表面的法向量，从而导致光照效果发生变化。下面就来研究如何实现这一点。

运动物体的光照效果

在程序 `LightedTranslatedRotatedCube` 中，立方体先绕 z 轴顺时针旋转了 90 度，然后沿着 y 轴平移了 0.9 个单位。场景中的光照情况与前一节的 `LightedCube_ambient` 一样，即有平行光又有环境光。程序运行的效果如图 8.14 所示。

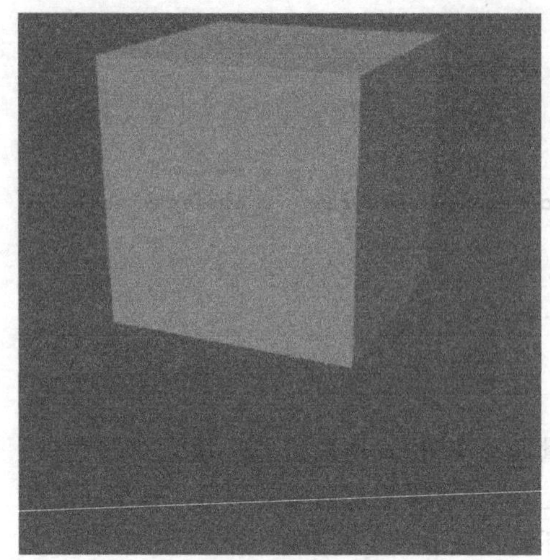

图 8.14 LightedTranslatedRotatedCube

立方体旋转时，每个表面的法向量也会随之变化。在图 8.15 中，我们沿着 z 轴负方向观察一个立方体，最左边是立方体的初始状态，图中标出了立方体右侧面的法向量 (1, 0, 0)，它指向 x 轴正方向，然后对该立方体进行变换，观察右侧面法向量随之变化的情况。

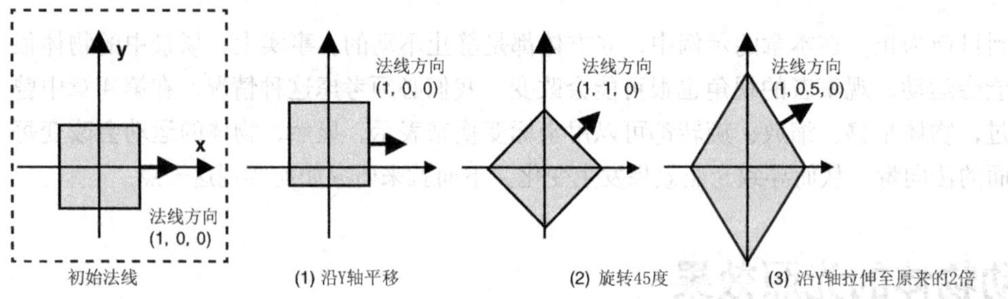

图 8.15 坐标变换引起的法向量变化

由图 8.15 可知：

- 平移变换不会改变法向量，因为平移不会改变物体的方向。
- 旋转变换会改变法向量，因为旋转改变了物体的方向。
- 缩放变换对法向量的影响较为复杂。如你所见，最右侧的图显示了立方体先旋转了 45 度，再在 y 轴上拉伸至原来的 2 倍的情况。此时法向量改变了，因为表面的朝向改变了。但是，如果缩放比例在所有的轴上都一致的话，那么法向量就不会变化。最后，即使物体在某些轴上的缩放比例并不一致，法向量也并不一定会变化，比如将最左侧图中的立方体在 y 轴方向上拉伸两倍，法向量就不会变化。

显然，在对物体进行不同变换时，法向量的变化情况较为复杂（特别是缩放变换时）。这时候，数学公式就会派上用场了。

魔法矩阵：逆转置矩阵

在第 4 章中曾讨论过，对顶点进行变换的矩阵称为模型矩阵。如何计算变换之后的法向量呢？只要将变换之前的法向量乘以模型矩阵的**逆转置矩阵** (inverse transpose matrix) 即可。所谓逆转置矩阵，就是逆矩阵的转置。

逆矩阵的含义是，如果矩阵 M 的逆矩阵是 R，那么 R*M 或 M*R 的结果都是单位矩阵。转置的意思是，将矩阵的行列进行调换（看上去就像是沿着左上 - 右下对角线进行了翻转）。更详细的内容参见附录 E“逆转置矩阵”。这里将逆转置矩阵的用法总结如下：

规则：用法向量乘以模型矩阵的逆转置矩阵，就可以求得变换后的法向量。

求逆转值矩阵的两个步骤：

1．求原矩阵的逆矩阵。

2．将上一步求得的逆矩阵进行转置。

`Matrix4` 对象提供了便捷的方法来完成上述任务，如表 8.1 所示。

表 8.1 Matrix4 对象的方法，以完成逆转置矩阵

方法	描述
`Matrix4.setInverseOf(m)`	使自身（调用本方法的 Matrix4 类型的实例）成为矩阵 *m* 的逆矩阵
`Matrix4.transpose()`	对自身进行转置操作，并将自身设为转置后的结果

假如模型矩阵存储在 `modelMatrix` 对象（`Matrix4` 类型的实例）中，那么下面这段代码将会计算它的逆转值矩阵，并将其存储在 `normalMatrix` 对象中（将其命名为 `normalMatrix` 是因为它被用来变换法向量）：

```
Matrix4 normalMatrix = new Matrix4();
// 计算模型矩阵
...
// 根据模型矩阵计算用来变换法向量的矩阵
```

```
normalMatrix.setInverseOf(modelMatrix);
normalMatrix.transpose();
```

下面来看看示例程序 LightedTranslatedRotatedCube.js 的代码。该程序使立方体绕 z 轴顺时针旋转 90 度，然后沿 y 轴平移 0.9 个单位，并且处于平行光和环境光的照射下。立方体在变换之前，与 LightedCube_ambient 中的立方体完全相同。

示例程序（LightedTranslatedRotatedCube.js）

例 8.3 显示了示例程序的代码。与 LightedCube_ambient 相比，顶点着色器新增了 u_NormalMatrix 矩阵（第 8 行）用来对顶点的法向量进行变换（第 16 行）。你需要事先在 JavaScript 中计算出该变量，再将其传入着色器。

例 8.3 LightedTranslatedRotatedCube.js

```
 1 // LightedTranslatedRotatedCube.js
 2 // 顶点着色器程序
 3 var VSHADER_SOURCE =
   ...
 6   'attribute vec4 a_Normal;\n' +
 7   'uniform mat4 u_MvpMatrix;\n' +
 8   'uniform mat4 u_NormalMatrix;\n'+      // 用来变换法向量的矩阵
 9   'uniform vec3 u_LightColor;\n' +       // 光的颜色
10   'uniform vec3 u_LightDirection;\n' + // 归一化的世界坐标
11   'uniform vec3 u_AmbientLight;\n' +     // 环境光颜色
12   'varying vec4 v_Color;\n' +
13   'void main() {\n' +
14   '  gl_Position = u_MvpMatrix * a_Position;\n' +
15      // 计算变换后的法向量并归一化
16   '  vec3 normal = normalize(vec3(u_NormalMatrix * a_Normal));\n' +
17      // 计算光线方向和法向量的点积
18   '  float nDotL = max(dot(u_LightDirection, normal), 0.0);\n' +
19      // 计算漫反射光的颜色
20   '  vec3 diffuse = u_LightColor * a_Color.rgb * nDotL;\n' +
21      // 计算环境光产生的反射光的颜色
22   '  vec3 ambient = u_AmbientLight * a_Color.rgb;\n' +
23      // 将以上两者相加作为最终的颜色
24   '  v_Color = vec4(diffuse + ambient, a_Color.a);\n' +
25   '}\n';
   ...
37 function main() {
   ...
```

```
65  // 获取uniform等变量的存储地址
66  var u_MvpMatrix = gl.getUniformLocation(gl.program, 'u_MvpMatrix');
67  var u_NormalMatrix = gl.getUniformLocation(gl.program, 'u_NormalMatrix');
 ...
85  var modelMatrix = new Matrix4(); // 模型矩阵
86  var mvpMatrix = new Matrix4(); // 模型视图投影矩阵
87  var normalMatrix = new Matrix4(); // 用来变换法向量的矩阵
88
89  // 计算模型矩阵
90  modelMatrix.setTranslate(0, 1, 0); // 沿Y轴平移
91  modelMatrix.rotate(90, 0, 0, 1); // 绕Z轴旋转
92  // 计算模型视图投影矩阵
93  mvpMatrix.setPerspective(30, canvas.width/canvas.height, 1, 100);
94  mvpMatrix.lookAt(-7, 2.5, 6, 0, 0, 0, 0, 1, 0);
95  mvpMatrix.multiply(modelMatrix);
96  // 将模型视图投影矩阵传给u_MvpMatrix变量
97  gl.uniformMatrix4fv(u_MvpMatrix, false, mvpMatrix.elements);
98
99  // 根据模型矩阵计算用来变换法向量的矩阵
100 normalMatrix.setInverseOf(modelMatrix);
101 normalMatrix.transpose();
102 // 将用来变换法向量的矩阵传给u_NormalMatrix变量
103 gl.uniformMatrix4fv(u_NormalMatrix, false, normalMatrix.elements);
 ...
110 }
```

顶点着色器的流程与 `LightedCube_ambient` 类似，区别在于，本例根据前述的规则先用模型矩阵的逆转置矩阵对 `a_Normal` 进行了变换，再赋值给 `normal`（第 16 行），而不是直接赋值：

```
15  // 计算变换后的法向量并归一化
16  '  vec3 normal = normalize(vec3(u_NormalMatrix * a_Normal));\n' +
```

`a_Normal` 是 `vec4` 类型的，`u_NormalMatrix` 是 `mat4` 类型的，两者可以相乘，其结果也是 `vec4` 类型。我们只需要知道结果的前三个分量，所以就使用 `vec3()` 函数取其前 3 个分量，转为 `vec3` 类型。你也可以使用 `.xyz` 来这样做，比如这样写：`(u_NormalMatrix*a_Normal).xyz`。现在你已经了解了在物体旋转和平移时，如何变换每个顶点的法向量了。下面来看在 JavaScript 代码中如何计算传给着色器的 `u_NormalMatrix` 变量的矩阵。

`u_NormalMatrix` 是模型矩阵的逆转置矩阵。示例中立方体先绕 z 轴旋转再沿 y 轴平移，所以首先使用 `serTranslate()` 和 `rotate()` 计算出模型矩阵（第 90 ～ 91 行）；接着求模型矩阵的逆矩阵，再对结果进行转置，得到逆转置矩阵 `normalMatrix`（第

100 ~ 101 行）；最后，将逆转置矩阵传给着色器中的 u_NormalMatrix 变量（第 103 行）。gl.uniformMatrix4fv() 函数的第 2 个参数指定是否对矩阵矩形转置，详见第 3 章。

```
99   // 根据模型矩阵计算用来变换法向量的矩阵
100  normalMatrix.setInverseOf(modelMatrix);
101  normalMatrix.transpose();
102  // 将用来变换法向量的矩阵传给u_NormalMatrix变量
103  gl.uniformMatrix4fv(u_NormalMatrix, false, normalMatrix.elements);
```

运行程序，效果如图 8.14 所示。与 LightedCube_ambient 相比，立方体各个表面的颜色没有改变，只是位置向上移动了一段距离，这是因为：(1) 平移没有改变法向量；(2) 旋转虽然改变了法向量，但这里恰好旋转了 90 度，原来的前面现在处在右侧面的位置上，所以立方体看上去没有变化；(3) 场景中的光照条件不会随着立方体位置的变化而改变；(4) 漫反射光在各方向上是均匀的。

现在，你已经了解在光照条件下对三维图形进行着色的基本原理。接下来将讨论另一种光源：点光源光。

点光源光

与平行光相比，点光源光发出的光，在三维空间的不同位置上其方向也不同，如图 8.16 所示。所以，在对点光源光下的物体进行着色时，需要在每个入射点计算点光源光在该处的方向。

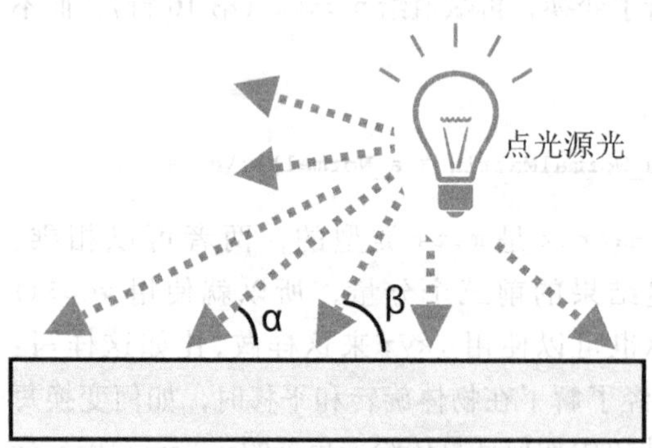

图 8.16 点光源光的方向随位置变化

前一节根据每个顶点的法向量和平行光入射方向来计算反射光的颜色。这一节还是采用该方法，只不过点光源光的方向不再是恒定不变的，而要根据每个顶点的位置逐一计算。着色器需要知道点光源光自身的所在位置，而不是光的方向。

示例程序 PointLightedCube 是前一节 LightedCube_ambient 示例程序的点光源光版本，显示了一个点光源下的红色立方体。立方体表面仍然是漫反射，环境光保持不变，程序的效果如图 8.17 所示。

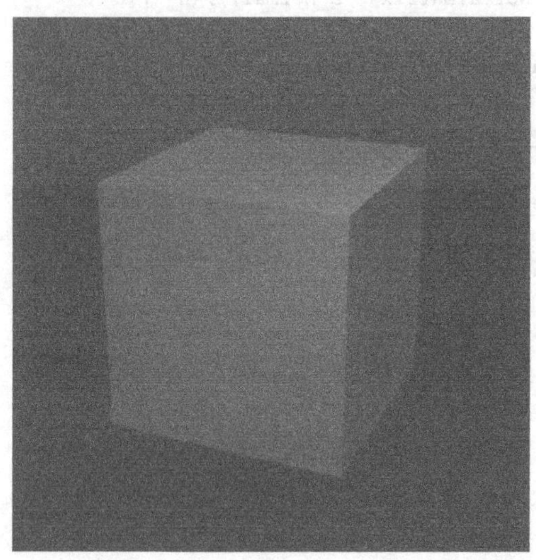

图 8.17 PointLightedCube

示例程序（PointLightedCube.js）

例 8.4 显示了示例程序的代码，与 LightedCube_ambient 相比，顶点着色器中新增加了 u_ModelMatrix 变量和 u_LightPosition 变量，前者表示模型矩阵，后者表示点光源的位置。本例中的光是点光源光而非平行光，所以我们需要用到点光源光的位置，而不是光线方向。为了让你看得更清楚，本例将立方体稍做放大。

例 8.4 PointLightedCube.js

```
// PointLightedCube.js
// 顶点着色器程序
var VSHADER_SOURCE =
  'attribute vec4 a_Position;\n' +
 ...
  'uniform mat4 u_ModelMatrix;\n' +    // 模型矩阵
  'uniform mat4 u_NormalMatrix;\n' +  // 用来变换法向量的矩阵
  'uniform vec3 u_LightColor;\n' +     // 光的颜色
  'uniform vec3 u_LightPosition;\n' + // 光源位置（世界坐标系）
  'uniform vec3 u_AmbientLight;\n' +  // 环境光颜色
```

```
'varying vec4 v_Color;\n' +
'void main() {\n' +
'  gl_Position = u_MvpMatrix * a_Position;\n' +
   // 计算变换后的法向量并归一化
'  vec3 normal = normalize(vec3(u_NormalMatrix * a_Normal));\n' +
   // 计算顶点的世界坐标
'  vec4 vertexPosition = u_ModelMatrix * a_Position;\n' +
   // 计算光线方向并归一化
'  vec3 lightDirection = normalize(u_LightPosition - vec3(vertexPosition));\n' +
   // 计算光线方向和法向量的点积
'  float nDotL = max(dot( lightDirection, normal), 0.0);\n' +
   // 计算漫反射光的颜色
'  vec3 diffuse = u_LightColor * a_Color.rgb * nDotL;\n' +
   // 计算环境光产生的反射光的颜色
'  vec3 ambient = u_AmbientLight * a_Color.rgb;\n' +
   // 将以上两者相加作为最终的颜色
'  v_Color = vec4(diffuse + ambient, a_Color.a);\n' +
'}\n';
 ...
function main() {
 ...
  // 获取uniform变量等的存储地址
  var u_ModelMatrix = gl.getUniformLocation(gl.program, 'u_ModelMatrix');
 ...
  var u_LightColor = gl.getUniformLocation(gl.program,'u_LightColor');
  var u_LightPosition = gl.getUniformLocation(gl.program, 'u_LightPosition');
 ...
  // 设置光的颜色（白色）
  gl.uniform3f(u_LightColor, 1.0, 1.0, 1.0);
  // Set the position of the light source (in the world coordinate)
  gl.uniform3f(u_LightPosition, 0.0, 3.0, 4.0);
 ...
  var modelMatrix = new Matrix4();  // 模型矩阵
  var mvpMatrix = new Matrix4();    // 模型视图投影矩阵
  var normalMatrix = new Matrix4(); // 对法线进行变换

  // 计算模型矩阵
  modelMatrix.setRotate(90, 0, 1, 0); // 绕Y轴旋转
  // 将模型矩阵传给u_ModelMatrix变量
  gl.uniformMatrix4fv(u_ModelMatrix, false, modelMatrix.elements);
 ...
```

最关键的变化发生在顶点着色器中。首先使用模型矩阵变换顶点坐标，获得顶点在世界坐标系中的坐标（即变换后的坐标），以便计算点光源光在顶点处的方向。点光

源向四周放射光线，所以顶点处的光线方向是由点光源光坐标减去顶点坐标而得到的矢量。点光源在世界坐标系中的坐标已经传给了着色器中的 u_LightPosition（第 11 行），而前面也已经算出了顶点在世界坐标系中的坐标，这样就计算出了光线方向矢量 lightDirection（第 21 行）。注意，需要使用 normalize() 函数进行归一化，以保证光线方向矢量的长度为 1.0。最后，计算光线方向矢量与法向量的点积（第 23 行），从而算出每个顶点的颜色。

运行程序，你会发现效果更加逼真了，如图 8.17 所示。但是，如果仔细观察还是能发现一个问题：立方体表面上有不自然的线条，如图 8.18 所示。尝试运行 PointLightedCube_animation（此例是动画，立方体在不停旋转），你也许能看得更清楚。

图 8.18 逐顶点处理点光源光照效果时出现的不自然现象

出现该现象的原因在第 5 章讨论过的内插过程中提到过。你应该还记得，WebGL 系统会根据顶点的颜色，内插出表面上每个片元的颜色。实际上，点光源光照射到一个表面上，所产生的效果（即每个片元获得的颜色）与简单使用 4 个顶点颜色（虽然这 4 个顶点的颜色也是由点光源产生）内插出的效果并不完全相同（在某些极端情况下甚至很不一样），所以为了使效果更加逼真，我们需要对表面的每一点（而不仅仅是 4 个顶点）计算光照效果。如果使用一个球体，二者的差异可能会更明显，如图 8.19 所示。

逐顶点计算

逐片元计算

图 8.19 点光源下的球体

如你所见，左图中球体暗部与亮部的分界不是很自然，而右侧的就自然多了。如果你还是看不出来，可以在浏览器上运行程序进行观察。左图是 PointLightedSphere，右图是 PointLightedSphere_perFragment。

更逼真：逐片元光照

乍一听，要在表面的每一点上计算光照产生的颜色，似乎是个不可能完成的任务。但实际上，我们只需要逐片元地进行计算。片元着色器总算要派上用场了。

示例程序是 PointLightedCube_perFragment，效果如图 8.20 所示。

图 8.20 PointLightedCube_perFragment

示例程序（PointLightedCube_perFragment.js）

例 8.5 显示了示例程序的代码，与 PointLightedCube.js 相比，只有着色器部分被修改了，计算光照效果的逻辑从顶点着色器移到了片元着色器中。

例 8.5 PointLightedCube_perFragment

```
// PointLightedCube_perFragment.js
// 顶点着色器程序
var VSHADER_SOURCE =
  'attribute vec4 a_Position;\n' +
  ...
  'uniform mat4 u_ModelMatrix;\n' +  // 模型矩阵
  'uniform mat4 u_NormalMatrix;\n' + // 用来变换法向量的矩阵
  'varying vec4 v_Color;\n' +
  'varying vec3 v_Normal;\n' +
  'varying vec3 v_Position;\n' +
  'void main() {\n' +
  '  gl_Position = u_MvpMatrix * a_Position;\n' +
     // 计算顶点的世界坐标
  '  v_Position = vec3(u_ModelMatrix * a_Position);\n' +
  '  v_Normal = normalize(vec3(u_NormalMatrix * a_Normal));\n' +
  '  v_Color = a_Color;\n' +
  '}\n';

// 片元着色器程序
var FSHADER_SOURCE =
  ...
  'uniform vec3 u_LightColor;\n' +    // 光的颜色
  'uniform vec3 u_LightPosition;\n' + // 光源位置
  'uniform vec3 u_AmbientLight;\n' +  // 环境光颜色
  'varying vec3 v_Normal;\n' +
  'varying vec3 v_Position;\n' +
  'varying vec4 v_Color;\n' +
  'void main() {\n' +
     // 对法线进行归一化，因为其内插之后长度不一定是1.0
  '  vec3 normal = normalize(v_Normal);\n' +
     // 计算光线方向并归一化
  '  vec3 lightDirection = normalize(u_LightPosition - v_Position);\n' +
     // 计算光线方向和法向量的点积
  '  float nDotL = max(dot( lightDirection, normal), 0.0);\n' +
     // 计算diffuse、ambient以及最终的颜色
  '  vec3 diffuse = u_LightColor * v_Color.rgb * nDotL;\n' +
  '  vec3 ambient = u_AmbientLight * v_Color.rgb;\n' +
```

```
42    '  gl_FragColor = vec4(diffuse + ambient, v_Color.a);\n' +
43    '}\n';
```

为了逐片元地计算光照，你需要知道：(1) 片元在世界坐标系下的坐标，(2) 片元处表面的法向量。可以在顶点着色器中，将顶点的世界坐标和法向量以 varying 变量的形式传入片元着色器，片元着色器中的同名变量就已经是内插后的逐片元值了。

顶点着色器使用模型矩阵乘以顶点坐标计算出顶点的世界坐标（第 16 行），将其赋值给 `v_Position` 变量。经过内插过程后，片元着色器就获得了逐片元的 `v_Position` 变量，也就是片元的世界坐标。类似地，顶点着色器将顶点的法向量赋值给 `v_Normal` 变量[12]（第 17 行），经过内插，片元着色器就获得了逐片元的 `v_Normal` 变量，即片元的法向量。

片元着色器计算光照效果的方法与 `PointLightedCube.js` 相同。首先对法向量 `v_Normal` 进行归一化（第 34 行），因为内插之后法向量可能不再是 1.0 了；然后，计算片元处的光线方向并对其归一化（第 36 行）；接着计算法向量与光线方向的点积（第 38 行）；最后分别计算点光源光和环境光产生的反射光颜色，并将两个结果加起来，赋值给 `gl_FragColor`，片元就会显示为这个颜色。

如果场景中有超过一个点光源，那么就需要在片元着色器中计算每一个点光源（当然还有环境光）对片元的颜色贡献，并将它们全部加起来。换句话说，有几个点光源，就得按照式 8.3 计算几次。

总结

这一章介绍了几种不同的光照类型和反射类型，讨论了如何为场景实现光照效果，并基于这些知识实现了几种不同类型光源下的三维场景，探索了一些着色器的技巧，以增加效果的逼真程度。如你所见，掌握光照的技巧是很重要的。在正确的光照效果下，三维场景会更加逼真，而缺了光照，它就会显得单调和枯燥。

12 实际并不需要这一步的归一化过程，因为本例中传递给 a_Normal 的法向量的长度都是 1.0。但为了保证着色器代码的通用性，我们还是对其进行了归一化。

第9章

层次模型

这一章是涉及 WebGL 的核心特性的最后一章。学习完本章后，你就基本掌握了 WebGL，并具有足够的知识来创建逼真、可交互的三维场景。这一章的重点是层次模型。有了层次模型，你可以在场景中处理复杂的三维模型，如游戏角色、机器人，甚至是人类角色（而不仅仅是三角形或立方体）。

这一章具体将涉及：

- 由多个简单的部件组成的复杂模型。
- 为复杂物体（机器人手臂）建立具有层次化结构的三维模型。
- 使用模型矩阵，模拟机器人手臂上的关节运动。
- 研究 `initShader()` 函数的实现，了解初始化着色器的内部细节。

这一章将帮助你创建由较复杂的模型组成的三维场景。

多个简单模型组成的复杂模型

我们已经知道如何平移、旋转简单的模型，比如二维的三角形或三维的立方体。但是，实际用到的很多三维模型，如 3D 游戏中的人物角色模型等，都是由多个较为简单的小模型（部件）组成。比如，图 9.1 显示了一个机器人手臂，这个模型就是由多个小的立方体模型组成的。在浏览器中运行示例程序 `MultiJointModel`，然后尝试按下各个方向键和 x、z、c、v 键，看看有什么效果。这一节就来编写一个这样的程序。

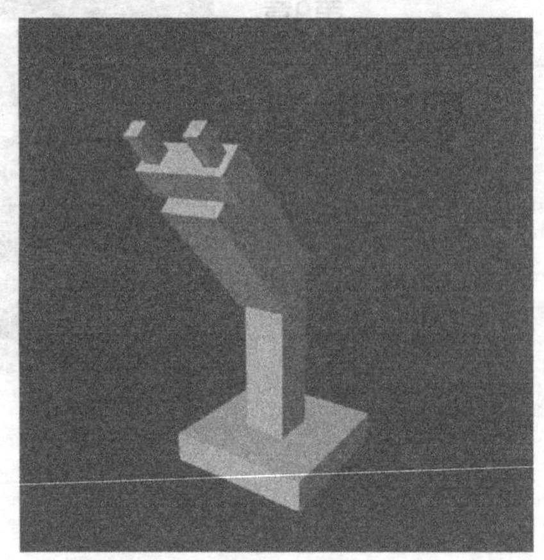

←→: arm1 rotation, ↑↓: joint1 rotation, xz: joint2(wrist) rotation, cv: finger rotation

图 9.1 由多个小立方体组成的机器人手臂

绘制由多个小部件组成的复杂模型，最关键的问题是如何处理模型的整体移动，以及各个小部件间的相对移动。这一节就来研究这个问题。首先，考虑一下人类的手臂：从肩部到指尖，包括上臂（肘以上）、前臂（肘以下）、手掌和手指，如图 9.2 所示。

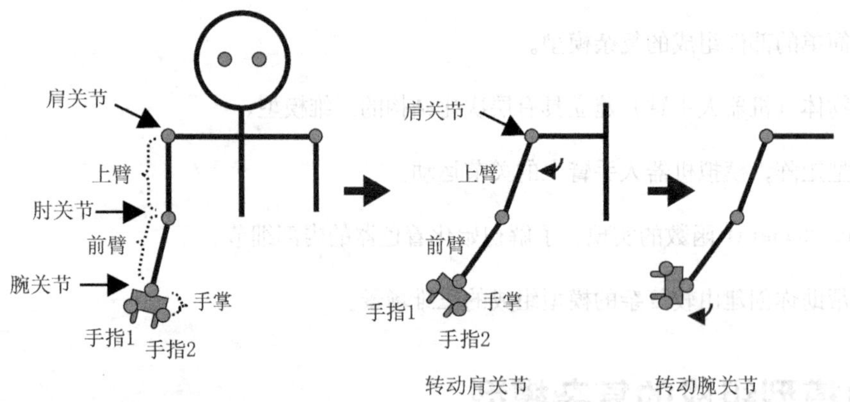

图 9.2 手臂的结构和可能的运动

手臂的每个部分可以围绕关节运动，如图 9.2 所示：

- 上臂可以绕肩关节旋转运动，并带动前臂、手掌和手指一起运动。
- 前臂可以绕肘关节运动，并带动手掌和手指一起运动，但不影响上臂。

- 手掌绕腕关节运动，并带动手指一起运动，但不影响上臂和前臂。
- 手指运动不影响上臂、前臂和手掌。

总之，当手臂的某个部位运动时，位于该部位以下的其他部位会随之一起运动，而位于该部位以上的其他部位不受影响。此外，这里的所有运动，都是围绕某个关节（肩关节、肘关节、腕关节、指关节）的转动。

层次结构模型

绘制机器人手臂这样一个复杂的模型，最常用的方法就是按照模型中各个部件的层次顺序，从高到低逐一绘制，并在每个关节上应用模型矩阵。比如，在图 9.2 中，肩关节、肘关节、腕关节，指关节都有各自的旋转矩阵。

注意，三维模型和现实中的人类或机器人不一样，它的部件并没有真正连接在一起。如果直接转动上臂，那么肘部以下的部分，包括前臂、手掌和手指，只会留在原地，这样手臂就断开了。所以，当上臂绕肩关节转动时，你需要在代码中实现“肘部以下部分跟随上臂转动”的逻辑。具体地，上臂绕肩关节转动了多少度，肘部以下的部分也应该绕肩关节转动多少度。

当情况较为简单时，实现“部件 A 转动带动部件 B 转动”可以很直接，只要对部件 B 也施以部件 A 的旋转矩阵即可。比如，使用模型矩阵使上臂绕肩关节转动 30 度，然后在绘制肘关节以下的各部位时，为它们施加同一个模型矩阵，也令其绕肩关节转动 30 度，如图 9.3 所示。这样，肘关节以下的部分就能自动跟随上臂转动了。

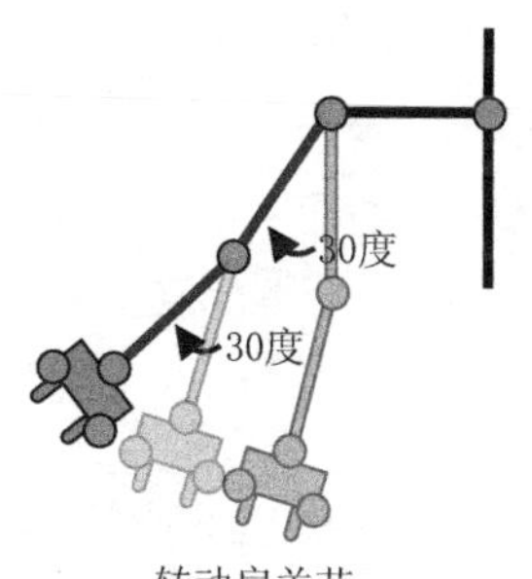

图 9.3 肘部以下部分随着上臂转动

如果情况更复杂一些，比如先使上臂绕肩关节转动 30 度，然后使前臂绕肘关节转动 10 度，那么对肘关节以下的部分，你就得先施加上臂绕肩关节转动 30 度的矩阵(可称为“肩关节模型矩阵”），然后再施加前臂绕肘关节转动 10 度的矩阵。将这两个矩阵相乘，其结果可称为“肘关节模型矩阵”，那么在绘制肘关节以下部分的时候，直接应用这个所谓的“肘关节模型矩阵”（而不考虑肩关节，因为肩关节的转动信息已经包含在该矩阵中了）作为模型矩阵就可以了。

按照上述方式编程，三维场景中的肩关节就能影响肘关节，使得上臂的运动带动前臂的运动；反过来，不管前臂如何运动都不会影响上臂。这就与现实中的情况相符合了。

现在，你已经对这种由多个小模型组成的复杂模型的运动规律有了一些了解，下面来看一下示例程序。

单关节模型

先来看一个单关节模型的例子。示例程序 JointModel 绘制了一个仅由两个立方体部件组成的机器人手臂，其运行结果如图 9.4（左）所示；手臂的两个部件为 arm1 与 arm2，arm1 接在 arm2 的上面，如图 9.4（右）所示。你可以把 arm1 想象成上臂，而把 arm2 想象成前臂，而肩关节在最下面（上臂在下而前臂在上，是为了以后加入手掌和手指后看得更清楚）。

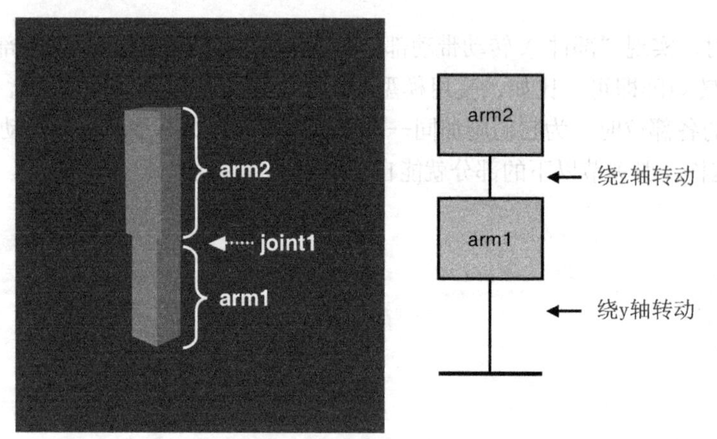

图 9.4 JointMode 程序中模型的层次结构

运行程序，用户可以使用左右方向键控制 arm1（同时带动整条手臂）水平转动，使用上下方向键控制 arm2 绕 joint1 关节垂直转动。比如，先按下方向键，arm2 逐渐向前倾斜（图 9.5 左），然后按右方向键，arm1 向右旋转（图 9.5 右）。

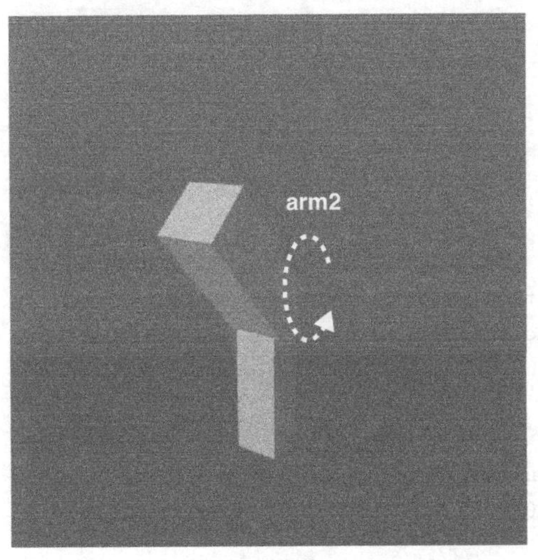

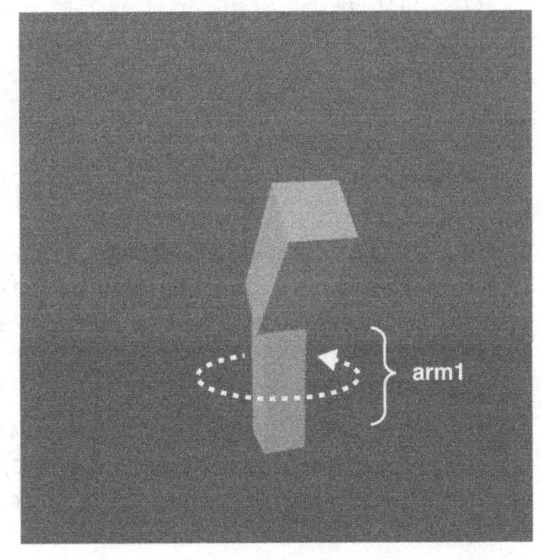

图 9.5 通过方向键控制操作 JointModel 中的模型

如你所见，arm2 绕 joint1 的转动并不影响 arm1，而 arm1 的转动会带动 arm2 一起转动。

示例程序（JointMode.js）

例 9.1 显示了 JointMode.js 的代码，为了节省空间，示例略去了顶点着色器中有关光照计算的部分。但是，如果你想巩固上一章中学到的知识，可以在浏览器中运行示例程序并阅读其源代码。场景运用了平行光和漫反射，以期看上去更加逼真。虽然模型变得更加复杂了，但是计算光照效果的代码并没有增加。所有用来绘制和控制机器人手臂的逻辑都在 JavaScript 代码中。

例 9.1 JointModel.js

```
// JointModel.js
// 顶点着色器程序
var VSHADER_SOURCE =
  'attribute vec4 a_Position;\n' +
  'attribute vec4 a_Normal;\n' +
  'uniform mat4 u_MvpMatrix;\n' +
 ...
  'void main() {\n' +
  '  gl_Position = u_MvpMatrix * a_Position;\n' +
  // 光照计算，使场景更加逼真
...
```

```
  '}\n';
...
function main() {
...
  // 设置顶点坐标
  var n = initVertexBuffers(gl);
...
  // 获取uniform变量的存储地址
  var u_MvpMatrix = gl.getUniformLocation(gl.program, 'u_MvpMatrix');
  var u_NormalMatrix = gl.getUniformLocation(gl.program, 'u_NormalMatrix');
...
  // 计算视图投影矩阵
  var viewProjMatrix = new Matrix4();
  viewProjMatrix.setPerspective(50.0, canvas.width / canvas.height, 1.0, 100.0);
  viewProjMatrix.lookAt(20.0, 10.0, 30.0, 0.0, 0.0, 0.0, 0.0, 1.0, 0.0);

  // 注册键盘事件响应函数
  document.onkeydown = function(ev){ keydown(ev, gl, n, viewProjMatrix,
                                              ➥u_MvpMatrix, u_NormalMatrix); };
  // Draw robot arm
  draw(gl, n, viewProjMatrix, u_MvpMatrix, u_NormalMatrix);
}

var ANGLE_STEP = 3.0; // 每次按键转动的角度
var g_arm1Angle = 90.0; // arm1的当前角度
var g_joint1Angle = 0.0; // joint1的当前角度（即arm2的角度）

function keydown(ev, gl, n, viewProjMatrix, u_MvpMatrix, u_NormalMatrix) {
  switch (ev.keyCode) {
    case 38: // 上方向键 -> joint1绕Z轴正向转动
      if (g_joint1Angle < 135.0) g_joint1Angle += ANGLE_STEP;
      break;
    case 40: // 下方向键 -> joint1绕Z轴负向转动
      if (g_joint1Angle > -135.0) g_joint1Angle -= ANGLE_STEP;
      break;
...
    case 37: // 左方向键 -> arm1绕Y轴负向转动
      g_arm1Angle = (g_arm1Angle - ANGLE_STEP) % 360;
      break;
    default: return;
  }
  // 绘制手臂
  draw(gl, n, viewProjMatrix, u_MvpMatrix, u_NormalMatrix);
}
```

```
 99
100 function initVertexBuffers(gl) {
101   // 顶点坐标
    ...
148 }
    ...
174 // 坐标变换矩阵
175 var g_modelMatrix = new Matrix4(), g_mvpMatrix = new Matrix4();
176
177 function draw(gl, n, viewProjMatrix, u_MvpMatrix, u_NormalMatrix) {
    ...
181   // Arm1
182   var arm1Length = 10.0; // arm1的长度
183   g_modelMatrix.setTranslate(0.0, -12.0, 0.0);
184   g_modelMatrix.rotate(g_arm1Angle, 0.0, 1.0, 0.0); // 绕Y轴旋转
185   drawBox(gl, n, viewProjMatrix, u_MvpMatrix, u_NormalMatrix); // 绘制
186
187   // Arm2
188   g_modelMatrix.translate(0.0, arm1Length, 0.0); // 移至joint1处
189   g_modelMatrix.rotate(g_joint1Angle, 0.0, 0.0, 1.0);// 绕Z轴旋转
190   g_modelMatrix.scale(1.3, 1.0, 1.3); // 使立方体粗一点
191   drawBox(gl, n, viewProjMatrix, u_MvpMatrix, u_NormalMatrix); // 绘制
192 }
193
194 var g_normalMatrix = new Matrix4(); // 法线的旋转矩阵
195
196 // 绘制立方体
197 function drawBox(gl, n, viewProjMatrix, u_MvpMatrix, u_NormalMatrix) {
198   // 计算模型视图矩阵并穿给u_MvpMatrix变量
199   g_mvpMatrix.set(viewProjMatrix);
200   g_mvpMatrix.multiply(g_modelMatrix);
201   gl.uniformMatrix4fv(u_MvpMatrix, false, g_mvpMatrix.elements);
202   // 计算法线变换矩阵并传给u_NormalMatrix变量
203   g_normalMatrix.setInverseOf(g_modelMatrix);
204   g_normalMatrix.transpose();
205   gl.uniformMatrix4fv(u_NormalMatrix, false, g_normalMatrix.elements);
206   // 绘制
207   gl.drawElements(gl.TRIANGLES, n, gl.UNSIGNED_BYTE, 0);
208 }
```

和以前的程序相比，`main()` 函数基本没有变化（第 29 行），主要的变化发生在 `initVertexBuffers()` 函数中（第 47 行），它将 arm1 和 arm2 的数据写入了相应的缓冲区。以前程序中的立方体都是以原点为中心，且边长为 2.0；本例为了更好地模拟机器人手臂，使用如图 9.6 所示的立方体，原点位于底面中心，底面是边长为 3.0 的正方形，高度

为 10.0。将原点置于立方体的底面中心，是为了便于使立方体绕关节转动（比如，肘关节就位于前臂立方体的底面中心），如图 9.5 所示。arm1 和 arm2 都使用这个立方体。

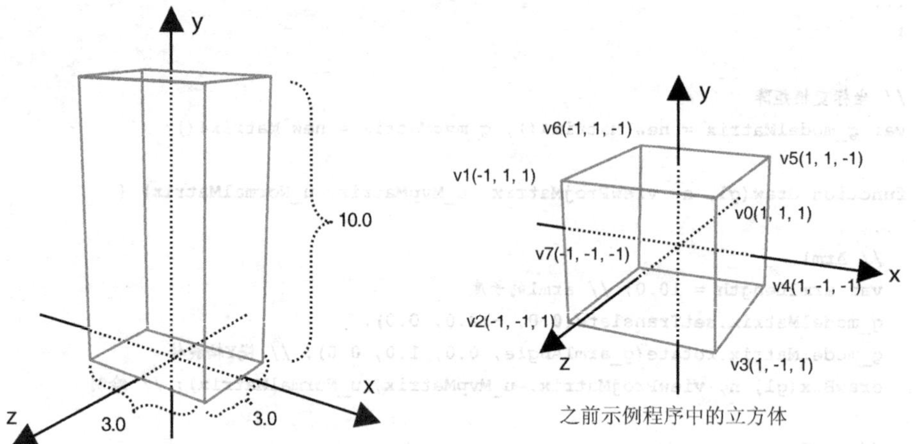

之前示例程序中的立方体

图 9.6 用来绘制机器人前臂和上臂的立方体

`main()` 函数首先根据可视空间，视点和视线方向计算出了视图投影矩阵 `viewProjMatrix`（第 66 ~ 68 行）。

然后在键盘事件响应函数中调用 `keydown()` 函数（第 71 行），通过方向键控制机器人的手臂运动。

```
70   // 注册键盘事件响应函数
71   document.onkeydown = function(ev){ keydown(ev, gl, n, viewProjMatrix,
                                         ➥u_MvpMatrix, u_NormalMatrix); };
72   // Draw the robot arm
73   draw (gl, n, viewProjMatrix, u_MvpMatrix, u_NormalMatrix);
```

接着定义 `keydown()` 函数本身（第 80 行），以及若干该函数需要用到的全局变量（第 76、77 和 78 行）。

```
76 var ANGLE_STEP = 3.0; // 每次按键转动的角度
77 var g_arm1Angle = 90.0; // arm1的当前角度
78 var g_joint1Angle = 0.0; // joint1的当前角度（即arm2的角度）
79
80 function keydown(ev, gl, n, u_MvpMatrix, u_NormalMatrix) {
81  switch (ev.keyCode) {
82  case 38: // 上方向键 -> joint1绕Z轴正向转动
83    if (g_joint1Angle < 135.0) g_joint1Angle += ANGLE_STEP;
84    break;
```

```
...
88  case 39: // 右方向键 -> joint1绕Y轴正向转动
89    g_arm1Angle = (g_arm1Angle - ANGLE_STEP) % 360;
90    break;
...
95  }
96   // 绘制手臂
97   draw(gl, n, u_MvpMatrix, u_NormalMatrix);
98 }
```

ANGLE_STEP 常量（第 76 行）表示每一次按下按键，arm1 或 joint1 转动的角度，它的值是 3.0。g_arm1Angle 变量（第 77 行）表示 arm1 的当前角度，g_joint1Angle 变量表示 joint1 的（也就是 arm2 的）当前角度，如图 9.7 所示。

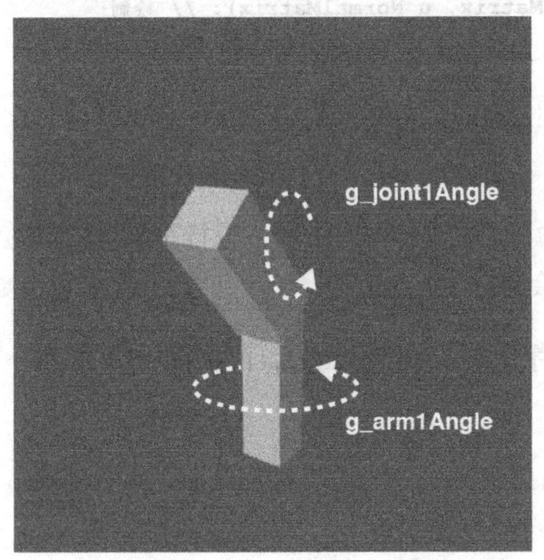

图 9.7 g_joint1Angle 和 g_arm1Angle

keydown() 函数（第 80 行）的任务是，根据按下的是哪个按键，对 g_joint1Angle 或 g_arm1Angle 变量加上或减去常量 ANGLE_STEP 的值。注意，joint1 的转动角度只能在 −135 度到 135 度之间，这是为了不与 arm1 冲突。最后，draw() 函数将整个机器人手臂绘制出来。

绘制层次模型（draw()）

draw() 函数的任务是绘制机器人手臂（第 177 行）。注意，draw() 函数和 drawBox() 函数用到了全局变量 g_modelMatrix 和 g_mvpMatrix（第 175 行）。

```
175 var g_modelMatrix = new Matrix4(), g_mvpMatrix = new Matrix4();
176
177 function draw(gl, n, viewProjMatrix, u_MvpMatrix, u_NormalMatrix) {
    ...
181   // Arm1
182   var arm1Length = 10.0; // arm1的长度
183   g_modelMatrix.setTranslate(0.0, -12.0, 0.0);
184   g_modelMatrix.rotate(g_arm1Angle, 0.0, 1.0, 0.0); // 绕Y轴旋转
185   drawBox(gl, n, viewProjMatrix, u_MvpMatrix, u_NormalMatrix); // 绘制
186
187   // Arm2
188   g_modelMatrix.translate(0.0, arm1Length, 0.0); // 移至joint1处
189   g_modelMatrix.rotate(g_joint1Angle, 0.0, 0.0, 1.0);// 绕Z轴旋转
190   g_modelMatrix.scale(1.3, 1.0, 1.3); // 使立方体粗一点
191   drawBox(gl, n, viewProjMatrix, u_MvpMatrix, u_NormalMatrix); // 绘制
192 }
```

如你所见，draw() 函数内部调用了 drawBox() 函数，每调用一次绘制一个部件，先绘制下方较细 arm1，再绘制上方较粗 arm2。

绘制单个部件的步骤是：(1) 调用 setTranslate() 或 translate() 进行平移；(2) 调用 rotate() 进行旋转；(3) 调用 drawBox() 进行绘制。

绘制整个模型时，需要按照各部件的层次顺序，先 arm1 后 arm2，再执行（1）平移，（2）旋转，（3）绘制。

绘制 arm1 的步骤如下：首先在模型矩阵 g_modelMatrix 上调用 setTranslate() 函数，使之平移 (0.0, –12.0, 0.0) 到稍下方位置（第 183 行）；然后调用 rotate() 函数，绕 y 轴旋转 g_arm1Angle 角度（第 184 行）；最后调用 drawBox() 函数绘制 arm1。

接着来绘制 arm2，它与 arm1 在 joint1 处连接，如图 9.7 所示，我们应当从该处上开始绘制 arm2。但是此时，模型矩阵还是处于绘制 arm1 的状态（向下平移并绕 y 轴旋转）下，所以得先调用 translate() 函数沿 y 轴向上平移 arm1 的高度 arm1Length（第 188 行）。注意这里调用的是 translate() 而不是 setTranslate()，因为这次平移是在之前的基础上进行的。

```
187   // Arm2
188   g_modelMatrix.translate(0.0, arm1Length, 0.0); // 移至joint1处
189   g_modelMatrix.rotate(g_joint1Angle, 0.0, 0.0, 1.0);// 绕Z轴旋转
190   g_modelMatrix.scale(1.3, 1.0, 1.3); // 使立方体粗一点
191   drawBox(gl, n, viewProjMatrix, u_MvpMatrix, u_NormalMatrix); // 绘制
```

然后,使用 g_joint1Angle 进行肘关节处的转动(第 189 行),并在 x 和 z 轴稍作拉伸(第 190 行),使前臂看上去粗一些,以便与上臂区分开。

这样一来,每当 keydown() 函数更新了 g_joint1Angle 变量和 g_arm1Angle 变量的值,然后调用 draw() 函数进行绘制时,就能绘制出最新状态的机器人手臂,arm1 的位置取决于 g_arm1Angle 变量,而 arm2 的位置取决于 g_jointAngle 变量(当然也受 g_arm1Angle 的影响)。

drawBox() 函数的任务是绘制机器人手臂的某一个立方体部件,如上臂或前臂。它首先计算模型视图投影矩阵,传递给 u_MvpMatrix 变量(第 199 ~ 200 行),然后根据模型矩阵计算法向量变换矩阵,传递给 u_NormalMatrix 变量(第 203 ~ 204 行),最后绘制立方体(第 207 行)。

绘制层次模型的基本流程就是这样了。虽然本例只有两个立方体和一个连接关节,但是绘制更加复杂的模型,其原理与本节是一致的,要做的只是重复上述步骤而已。

显然,上面这个例子中的机器人手臂与真正的人类手臂比起来,只是一个骨架。要模拟现实中的人类手臂,应该对皮肤进行建模,而这个话题已经超越了本书的讨论范围。关于皮肤建模,可以参考 *OpenGL ES 2.0 Programming Guide* 一书。

多节点模型

这一节将把 JointModel 扩展为 MultiJointModel,后者绘制一个具有多个关节的完整的机器人手臂,包括基座 (base)、上臂 (arm1)、前臂 (arm2)、手掌 (palm)、两根手指 (finger1 & finger2),全部可以通过键盘来控制。arm1 和 arm2 的连接关节 joint1 位于 arm1 顶部,arm2 和 palm 的连接关节 joint2 位于 arm2 顶部,finger1 和 finger2 位于 palm 一端,如图 9.8 所示。

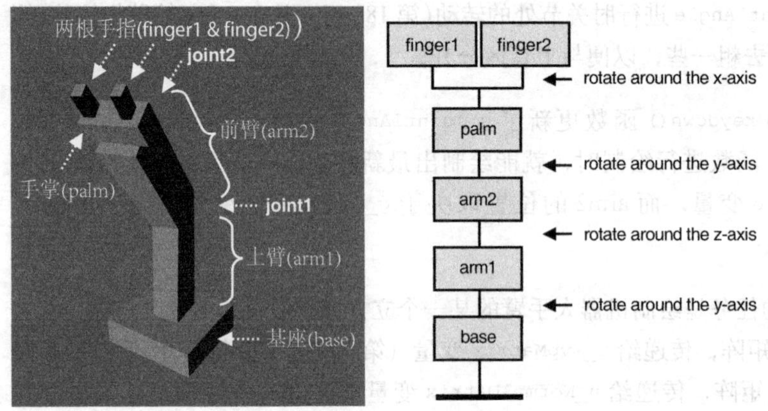

图 9.8 MultiJointModel 中的层次结构

用户可以通过键盘操纵机器人手臂，arm1 和 arm2 的操作和 JointModel 一样，此外，还可以使用 x 和 z 键旋转 joint2（腕关节），使用 C 和 V 键旋转 finger1 和 finger2。控制这些小部件旋转角度的全局变量，如图 9.9 所示。

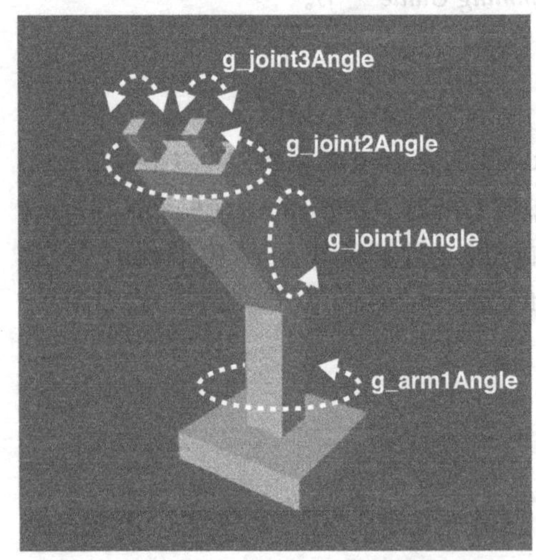

图 9.9 控制各部件旋转角度的变量

示例程序（MultiJointModel.js）

示例程序 MultiJointModel 和 JointModel 相比，主要有两处不同：keydown() 函数响应更多的按键情况，draw() 函数绘制各部件的逻辑更复杂了。首先来看 keydown() 函数，如例 9.2 所示：

例 9.2 MultiJointModel.js（按键响应部分）

```
// MultiJointModel.js
...
var ANGLE_STEP = 3.0; // 每次按键转动的角度
var g_arm1Angle = 90.0; // arm1的当前角度
var g_joint1Angle = 45.0; // joint1的当前角度
var g_joint2Angle = 0.0; // joint2的当前角度
var g_joint3Angle = 0.0; // joint3的当前角度

function keydown(ev, gl, n, viewProjMatrix, u_MvpMatrix, u_NormalMatrix) {
  switch (ev.keyCode) {
    case 40: // 上方向键 -> 使joint1绕Z轴正向旋转
...
      break;
    case 90: // Z键 -> 使joint2正向转动
      g_joint2Angle = (g_joint2Angle + ANGLE_STEP) % 360;
      break;
    case 88: // X键 -> 使joint2负向转动
      g_joint2Angle = (g_joint2Angle - ANGLE_STEP) % 360;
      break;
    case 86: // V键 -> 使joint3正向转动
      if (g_joint3Angle < 60.0) g_joint3Angle = (g_joint3Angle +
                                                  ➥ANGLE_STEP) % 360;
      break;
    case 67: // C键 -> 使joint3负向转动
      if (g_joint3Angle > -60.0) g_joint3Angle = (g_joint3Angle -
                                                  ➥ANGLE_STEP) % 360;
      break;
    default: return;
  }
  // 绘制机器人手臂
  draw(gl, n, viewProjMatrix, u_MvpMatrix, u_NormalMatrix);
}
```

本例的 keydown() 函数，除了需要在方向键被按下时作出响应，更新 g_arm1Angle 和 g_jointAngle 变量（就像 JointModel 中一样），还需要在 Z 键、X 键、V 键和 C 键被按下时做出响应（第 96、99、102 和 105 行），更新 g_joint2Angle 和 g_joint3Angle 变量。在此之后，就调用 draw() 函数，把整个模型画出来。我们将在例 9.3 中详细研究 draw() 函数。

模型的各个部件 base、arm1、arm2、palm、finger1 和 finger2 等虽然都是立方体，但是长宽高各不相同。所以本例扩展了 drawBox() 函数，添加了 3 个参数：

```
function drawBox(gl, n, width, height, depth, viewProjMatrix, u_MvpMatrix,
                                                              ➥u_NormalMatrix)
```

新增加的 3 个参数表示部件的宽度、高度和长度（深度），drawBox() 会根据这 3 个参数，将部件分毫不差地绘制出来。

例 9.3 MultiJointModel.js（绘制模型部分）

```
// 变换坐标的矩阵
var g_modelMatrix = new Matrix4(), g_mvpMatrix = new Matrix4();

function draw(gl, n, viewProjMatrix, u_MvpMatrix, u_NormalMatrix) {
  // 用以清空颜色缓冲区和深度缓冲区的背景色
  gl.clear(gl.COLOR_BUFFER_BIT | gl.DEPTH_BUFFER_BIT);

  // 绘制基座
  var baseHeight = 2.0;
  g_modelMatrix.setTranslate(0.0, -12.0, 0.0);
  drawBox(gl, n, 10.0, baseHeight, 10.0, viewProjMatrix, u_MvpMatrix,
                                                         ➥u_NormalMatrix);

  // Arm1
  var arm1Length = 10.0;
  g_modelMatrix.translate(0.0, baseHeight, 0.0); // 移至基座
  g_modelMatrix.rotate(g_arm1Angle, 0.0, 1.0, 0.0); // 旋转
  drawBox(gl, n, 3.0, arm1Length, 3.0, viewProjMatrix, u_MvpMatrix,
                                                 ➥u_NormalMatrix); // 绘制

  // Arm2
 ...
  // Apalm
  var palmLength = 2.0;
 ...
  // 移至palm一端的中点
  g_modelMatrix.translate(0.0, palmLength, 0.0);

  // 绘制finger1
```

```
222   pushMatrix(g_modelMatrix);
223     g_modelMatrix.translate(0.0, 0.0, 2.0);
224     g_modelMatrix.rotate(g_joint3Angle, 1.0, 0.0, 0.0); // 旋转
225     drawBox(gl, n, 1.0, 2.0, 1.0, viewProjMatrix, u_MvpMatrix, u_NormalMatrix);
226   g_modelMatrix = popMatrix();
227
228   //绘制finger2
229   g_modelMatrix.translate(0.0, 0.0, -2.0);
230   g_modelMatrix.rotate(-g_joint3Angle, 1.0, 0.0, 0.0); // 旋转
231   drawBox(gl, n, 1.0, 2.0, 1.0, viewProjMatrix, u_MvpMatrix, u_NormalMatrix);
232 }
233
234 var g_matrixStack = []; // 存储矩阵的栈
235 function pushMatrix(m) { // 将矩阵压入栈
236   var m2 = new Matrix4(m);
237   g_matrixStack.push(m2);
238 }
239
240 function popMatrix() { // 从栈中弹出矩阵
241   return g_matrixStack.pop();
242 }
```

`draw()` 函数的任务和 `JointModel` 中的相同，就是对每个部件进行：(1) 平移，(2) 旋转，(3) 绘制。首先，base 不会旋转，所以只需要将其移动到合适的位置（第 197 行），再调用 `drawBox()` 进行绘制。通过向 `drawBox()` 传入参数，我们指定 base 的宽度是 10，高度是 2，长度是 10，即一个扁平的基座。

然后，按照 arm1、arm2 和 palm 这些部件在模型中的层次顺序，对每一个部件都进行上述三个步骤，这与 `JointModel` 中的是一样的。

比较麻烦的是 finger1 和 finger2，因为它们并不是上下层的关系，而是都连接在 palm 上，此时要格外注意计算模型矩阵的过程。首先来看 finger1，它相对于 palm 原点沿 Z 轴平移了 2.0 单位，并且可以绕 X 轴旋转，我们执行上述三个步骤。相关代码如下所示：

```
g_modelMatrix.translate(0.0, 0.0, 2.0);
g_modelMatrix.rotate(g_joint3Angle, 1.0, 0.0, 0.0); // 旋转
drawBox(gl, n, 1.0, 2.0, 1.0, u_MvpMatrix, u_NormalMatrix);
```

接着看 finger2，如果遵循上述同样的步骤，沿 z 轴平移 –2.0 个单位并绕 X 轴旋转（这是 finger2 相对 palm 的位置）就会出现问题。在将模型矩阵“沿 z 轴平移 –2.0 个单位”之前，模型矩阵实际上处于绘制 finger1 的状态，这会导致 finger2 连接在 finger1 而不是 palm 上，

使得 finger1 转动带动 finger2。

所以，我们需要在绘制 finger1 之前，先将模型矩阵保存起来；绘制完 finger1 后，再将保存的模型矩阵取出来作为当前的模型矩阵，并继续绘制 finger2。可以使用一个栈结构来完成这项操作：调用 pushMatrix() 并将模型矩阵 g_modelMatrix 作为参数传入，将当时模型矩阵的状态保存起来（第 222 行），然后在绘制完 finger1 后，调用 popMatrix() 获取之前保存的矩阵，并赋给 g_modelMatrix（第 226 行），使模型矩阵又回到绘制 finger1 之前的状态，在此基础上绘制 finger2。

pushMatrix() 函数和 popMatrix() 函数如下所示，它们使用全局变量 g_matrixStack 来存储矩阵（第 234 行），前者向栈中压入一个矩阵，而后者从栈中弹出一个。

```
234 var g_matrixStack = []; // 存储矩阵的栈
235 function pushMatrix(m) { // 将矩阵压入栈
236   var m2 = new Matrix4(m);
237   g_matrixStack.push(m2);
238 }
239
240 function popMatrix() { // 从栈中弹出矩阵
241   return g_matrixStack.pop();
242 }
```

只要栈足够深，用这种方法就可以绘制任意复杂的层次结构模型。我们只需要按照层次顺序，从高到低绘制部件，并在绘制“具有兄弟部件”的部件前将模型矩阵压入栈，绘制完再弹出即可。

绘制部件（drawBox()）

最后看一下 drawBox() 函数，该函数的任务是绘制机器人手臂的一个部件，它接收若干个参数：

```
function drawBox(gl, n, width, height, depth, viewMatrix, u_MvpMatrix,
                                                        ➥u_NormalMatrix) {
```

参数 width、height 和 depth 分别表示待绘制部件的宽度、高度和深度。其他的参数与 JointMode.js 中无异：参数 viewMatrix 表示视图矩阵，u_MvpMatrix 表示模型试图投影矩阵，u_NormalMatrix 表示用来计算变换后的法向量矩阵，后两者将被传给顶点着色器中相应的同名 uniform 变量。

此外，与 JointMode 不同的是，本例中部件的三维模型是标准化的立方体，其边长为 1，原点位于底面。drawBox() 函数的定义如下所示：

```
244 var g_normalMatrix = new Matrix4();// 变换法线的矩阵
245
246 // 绘制立方体
247 function drawBox(gl, n, width, height, depth, viewProjMatrix,
                                              ➥u_MvpMatrix, u_NormalMatrix) {
248   pushMatrix(g_modelMatrix); // 保存模型矩阵
249     // 缩放立方体并绘制
250     g_modelMatrix.scale(width, height, depth);
251     // 计算模型视图投影矩阵并传给u_MvpMatrix变量
252     g_mvpMatrix.set(viewProjMatrix);
253     g_mvpMatrix.multiply(g_modelMatrix);
254     gl.uniformMatrix4fv(u_MvpMatrix, false, g_mvpMatrix.elements);
255     // 计算变换法线的矩阵并传给u_NormalMatrix变量
   ...
259     // 绘制
260     gl.drawElements(gl.TRIANGLES, n, gl.UNSIGNED_BYTE, 0);
261   g_modelMatrix = popMatrix(); // 获取之前保存的矩阵
262 }
```

如你所见，drawBox() 函数首先将模型矩阵乘以由 width、height 和 depth 参数生成的缩放矩阵，使绘制出的立方体尺寸与设想的一样。然后使用 pushMatrix() 函数将模型矩阵压入栈中（第 248 行），使用 popMatrix() 再重新获得之（第 261 行）。如果不这样做，当绘制 arm2 的时候，对 arm1 的拉伸效果还会仍然留在模型矩阵中，并影响 arm2 的绘制。所以，在第 261 行执行之后，模型矩阵又回到了第 248 行的状态。

虽然 pushMatrix() 函数和 popMatrix() 函数使代码变得更复杂了，但这是值得的，因为你只用了一组顶点数据就绘制了好几个大小位置各不相同的立方体部件。或者，我们也可以对每一个部件都单独使用一组顶点数据，接下来就看看如何实现。

绘制部件（drawSegments()）

这一节将换一种方式来绘制机器人手臂，那就是，对每一个部件，都定义一组顶点数据，并存储在一个单独的缓冲区对象中。通常，一个部件的顶点数据包括坐标、法向量、索引值等，但是这里的每个部件都是立方体，所以你可以让各部件共享法向量和索引值，而仅仅为各个部件单独定义顶点坐标。每个部件的顶点坐标数据分别存储在对应的缓冲区中，在绘制整条机器人手臂时轮流使用。例 9.4 显示了程序的代码。

例 9.4 MultiJointModel_segment.js

```
 1 // MultiJointModel_segment.js
   ...
```

```
function main() {
...
  var n = initVertexBuffers(gl);
...
// 获取attribute变量和uniform变量的存储地址
 var a_Position = gl.getAttribLocation(gl.program, 'a_Position');
...
  draw(gl, n, viewProjMatrix, a_Position, u_MvpMatrix, u_NormalMatrix);
}
...
var g_baseBuffer = null; // base的缓冲区对象
var g_arm1Buffer = null; // arm1的缓冲区对象
var g_arm2Buffer = null; // arm2的缓冲区对象
var g_palmBuffer = null; // palm的缓冲区对象
var g_fingerBuffer = null; // finger1和finger2的缓冲区对象

function initVertexBuffers(gl){
  // 立方体顶点坐标
  var vertices_base = new Float32Array([ // base(10x2x10)
     5.0, 2.0, 5.0, -5.0, 2.0, 5.0, -5.0, 0.0, 5.0, 5.0, 0.0, 5.0,
     5.0, 2.0, 5.0, 5.0, 0.0, 5.0, 5.0, 0.0,-5.0, 5.0, 2.0,-5.0,
...
     5.0, 0.0,-5.0, -5.0, 0.0,-5.0, -5.0, 2.0,-5.0, 5.0, 2.0,-5.0
  ]);

  var vertices_arm1 = new Float32Array([ // Arm1(3x10x3)
     1.5, 10.0, 1.5, -1.5, 10.0, 1.5, -1.5, 0.0, 1.5, 1.5,  0.0, 1.5,
     1.5, 10.0, 1.5,  1.5,  0.0, 1.5,  1.5, 0.0,-1.5, 1.5, 10.0,-1.5,
...
     1.5, 0.0, -1.5, -1.5,  0.0,-1.5, -1.5, 10.0,-1.5, 1.5,10.0,-1.5
  ]);
...
  var vertices_finger = new Float32Array([ // Fingers(1x2x1)
...
  ]);

  // 法线
  var normals = new Float32Array([
...
  ]);

  // 顶点索引
  var indices = new Uint8Array([
     0, 1, 2, 0, 2, 3,   // 前
```

```
    4, 5, 6, 4, 6, 7,    // 右
...
    20,21,22, 20,22,23   // 后
  ]);

  // 将坐标值写入缓冲区对象，但不分配给attribute变量
  g_baseBuffer = initArrayBufferForLaterUse(gl, vertices_base, 3, gl.FLOAT);
  g_arm1Buffer = initArrayBufferForLaterUse(gl, vertices_arm1, 3, gl.FLOAT);
...
  g_fingerBuffer = initArrayBufferForLaterUse(gl, vertices_finger, 3, gl.FLOAT);
...
  // 将法线坐标写入缓冲区，分配给a_Normal并开启之
  if (!initArrayBuffer(gl, 'a_Normal', normals, 3, gl.FLOAT)) return null;

  // 将顶点坐标写入缓冲区
  var indexBuffer = gl.createBuffer();
...
  gl.bindBuffer(gl.ELEMENT_ARRAY_BUFFER, indexBuffer);
  gl.bufferData(gl.ELEMENT_ARRAY_BUFFER, indices, gl.STATIC_DRAW);

  return indices.length;
}
...
function draw(gl, n, viewProjMatrix, a_Position, u_MvpMatrix, u_NormalMatrix) {
...
  // 绘制base
  var baseHeight = 2.0;
  g_modelMatrix.setTranslate(0.0, -12.0, 0.0);
  drawSegment(gl, n, g_baseBuffer, viewProjMatrix, a_Position,
                                              ➥u_MvpMatrix, u_NormalMatrix);

  // Arm1
  var arm1Length = 10.0;
  g_modelMatrix.translate(0.0, baseHeight, 0.0); // Move to the tip of the base
  g_modelMatrix.rotate(g_arm1Angle, 0.0, 1.0, 0.0); // Rotate y-axis
  drawSegment(gl, n, g_arm1Buffer, viewProjMatrix, a_Position,
                                              ➥u_MvpMatrix, u_NormalMatrix);

  // Arm2
...
  // Finger2
...
  drawSegment(gl, n, g_fingerBuffer, viewProjMatrix, a_Position,
                                              ➥u_MvpMatrix, u_NormalMatrix);
```

```
296 }
...
310 // 绘制部件
311 function drawSegment(gl, n, buffer, viewProjMatrix, a_Position,
                                                  ➥u_MvpMatrix, u_NormalMatrix) {
312   gl.bindBuffer(gl.ARRAY_BUFFER, buffer);
313   // 将缓冲区对象分配给attribute变量
314   gl.vertexAttribPointer(a_Position, buffer.num, buffer.type, false, 0, 0);
315   // 开启变量
316   gl.enableVertexAttribArray(a_Position);
317
318   // 计算模型视图投影矩阵并传给u_MvpMatrix变量
...
322   // 计算用来变换法线的矩阵并传给u_NormalMatrix变量
...
327   gl.drawElements(gl.TRIANGLES, n, gl.UNSIGNED_BYTE, 0);
328 }
```

示例程序的关键点是：(1) 为每个部件单独创建一个缓冲区，在其中存储顶点的坐标数据；(2) 绘制部件之前，将相应缓冲区对象分配给 a_Position 变量；(3) 开启 a_Position 变量并绘制该部件。

main() 函数的流程很简单，包括初始化缓冲区（第 47 行），获取 a_Position 的存储地址（第 58 行），然后调用 draw() 函数进行绘制（第 73 行）等。

接着来看 initVertxBuffers() 函数（第 121 行），该函数之前定义了若干全局变量，表示存储各个部件顶点坐标数据的缓冲区对象（第 115 ~ 119 行）。本例与 MultiJointModel.js 的主要区别在顶点坐标上（第 123 行），我们不再使用一个立方体经过不同变换来绘制不同的部件，而是将每个部件的顶点坐标分开定义在不同的数组中（比如 base 立方体的顶点坐标定义在 vertice_base 中，arm1 立方体的顶点坐标定义在 vertices_arm1 中，等等）。真正创建这些缓冲区对象是由 initArrayBufferForLaterUse() 函数完成的（第 189 ~ 193 行）。该函数定义如下：

```
211 function initArrayBufferForLaterUse(gl, data, num, type){
212   var buffer = gl.createBuffer(); // 创建缓冲区对象
...
217   // 将数据写入缓冲区对象
218   gl.bindBuffer(gl.ARRAY_BUFFER, buffer);
219   gl.bufferData(gl.ARRAY_BUFFER, data, gl.STATIC_DRAW);
220
221   // 保存一些数据供将来分配给attribute变量时使用
222   buffer.num = num;
```

```
223   buffer.type = type;
224
225   return buffer;
226 }
```

initArrayBufferForLaterUse() 函数首先创建了缓冲区对象（第 212 行），然后向其中写入数据（第 218 ～ 219 行）。注意，函数并没有将缓冲区对象分配给 attribute 变量（gl.vertexAttribPointer()）或开启 attribute 变量（gl.enableVertexAttribArray()），这两个步骤将留到真正进行绘制之前再完成。另外，为了便于将缓冲区分配给 attribute 变量，我们手动为其添加了两个属性 num 和 type（第 222 ～ 223 行）。

这里利用了 JavaScript 的一个有趣的特性，就是可以自由地为对象添加新的属性。你可以直接通过属性名为对象添加新属性，并向其赋值。如你所见，我们为缓冲区对象添加了新的 num 属性并保存其中顶点的个数（第 222 行），添加了 type 属性以保存数据类型（第 223 行）。当然，也可以通过相同的方式访问这些属性。注意，在使用 JavaScript 的这项特性时应格外小心，如果不小心拼错了属性名，浏览器也不会报错。同样你也应该记得，这样做会增加性能开销。我们将在第 10 章“高级特性”中介绍一种更好的方案——用户自定义类型。

最后，调用 draw() 函数绘制整个模型（第 311 行），与 MultiJointModel 中一样。但是调用 drawSegments() 函数的方式与前例调用 drawBox() 函数的方式有所不同，第 3 个参数是存储了顶点坐标数据的缓冲区对象，如下所示。

```
262   drawSegment(gl, n, g_baseBuffer, viewProjMatrix, u_MvpMatrix, u_NormalMatrix);
```

drawSegments() 函数的定义在第 311 行，它将缓冲区对象分配给 a_Position 变量（第 314 行）并开启之（第 316 行），然后调用 gl.drawElements() 进行绘制操作（第 327 行）。这里使用了之前为缓冲区对象添加的 num 和 type 属性。

```
310 // 绘制部件
311 function drawSegment(gl, n, buffer, viewProjMatrix, a_Position,
                                                ➥u_MvpMatrix, u_NormalMatrix) {
312   gl.bindBuffer(gl.ARRAY_BUFFER, buffer);
313   // 将缓冲区对象分配给attribute变量
314   gl.vertexAttribPointer(a_Position, buffer.num, buffer.type, false, 0, 0);
315   // 开启变量
316   gl.enableVertexAttribArray(a_Position);
317
318   // 计算模型视图投影矩阵并传给u_MvpMatrix变量
 ...
322   // 计算用来变换法线的矩阵并传给u_NormalMatrix变量
```

```
...
    gl.drawElements(gl.TRIANGLES, n, gl.UNSIGNED_BYTE, 0);
}
```

这一次，你不必再像前例中那样，在绘制每个部件时对模型矩阵进行缩放操作了，因为每个部件的顶点坐标都已经事先定义好了。同样也没必要再使用栈来管理模型矩阵，所以 pushMatrix() 函数和 popMatrix() 也不需要了。

着色器和着色器程序对象：initShaders()函数的作用

最后，本章来研究一下以前一直使用的辅助函数 initShaders()。以前的所有程序都使用了这个函数，它隐藏了建立和初始化着色器的细节。本书故意将这一部分内容留到最后，是为了确保你在学习 initShaders() 函数中的复杂细节时，对 WebGL 已经有了比较深入的了解。掌握这部分内容并不是必须的，直接使用 initShaders() 函数也能够编写出相当不错的 WebGL 程序，但如果你确实很想知道 WebGL 原生 API 是如何将字符串形式的 GLSL ES 代码编译为显卡中运行的着色器程序，那么这一节的内容将大大满足你的好奇心。

initShaders() 函数的作用是，编译 GLSL ES 代码，创建和初始化着色器供 WebGL 使用。具体地，分为以下 7 个步骤：

1. 创建着色器对象（gl.createShader()）。
2. 向着色器对象中填充着色器程序的源代码（gl.shaderSource()）。
3. 编译着色器（gl.compileShader()）。
4. 创建程序对象（gl.createProgram()）。
5. 为程序对象分配着色器（gl.attachShader()）。
6. 连接程序对象（gl.linkProgram()）。
7. 使用程序对象（gl.useProgram()）。

虽然每一步看上去都比较简单，但是放在一起显得复杂了，我们将逐条讨论。首先，你需要知道这里出现了两种对象：**着色器对象** (shader object) 和**程序对象** (program object)。

着色器对象：着色器对象管理一个顶点着色器或一个片元着色器。每一个着色器都有一个着色器对象。

程序对象：程序对象是管理着色器对象的容器。WebGL 中，一个程序对象必须包含一个顶点着色器和一个片元着色器。

着色器对象和程序对象间的关系如图 9.10 所示。

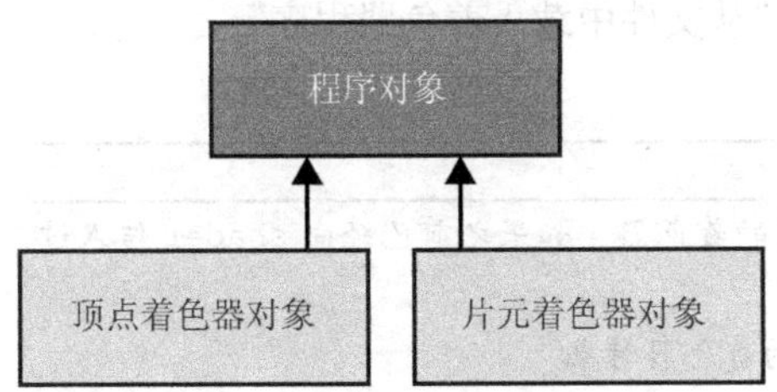

图 9.10 程序对象和着色器对象

下面就来逐个讨论上述 7 个步骤。

创建着色器对象（gl.createShader()）

所有的着色器对象都必须通过调用 `gl.createShader()` 来创建。

gl.createShader(type)		
创建由 *type* 指定的着色器对象。		
参数	type	指定创建着色器的类型，gl.VERTEX_SHADER 表示顶点着色器，gl.FRAGMENT_SHADER 表示片元着色器
返回值	non-null	创建的着色器
	null	创建失败
错误	INVALID_ENUM	type 参数既不是 gl.VERTEX_SHADER 也不是 gl.FRAGMENT_SHADER

`gl.createShader()` 函数根据传入的参数创建一个顶点着色器或者片元着色器。如果不再需要这个着色器，可以使用 `gl.deleteShader()` 函数来删除着色器。

gl.deleteShader(shader)		
删除 shader 指定的着色器对象。		
参数	shader	待删除的着色器对象
返回值	无	
错误	无	

注意，如果着色器对象还在使用（也就是说已经使用 gl.attachShader() 函数使之附加在了程序对象上，我们马上就会讨论该函数），那么 gl.deleteShader() 并不会立刻删除着色器，而是要等到程序对象不再使用该着色器后，才将其删除。

指定着色器对象的代码（gl.shaderSource()）

通过 gl.shaderSource() 函数向着色器指定 GLSL ES 源代码。在 JavaScript 程序中，源代码以字符串的形式存储，详情可参见附录 F“从文件中载入着色器程序”。

gl.shderSource(shader, source)		
将 source 指定的字符串形式的代码传入 shader 指定的着色器。如果之前已经向 shader 传入过代码了，旧的代码将会被替换掉。		
参数	shader	指定需要传入代码的着色器对象
	sourcc	指定字符串形式的代码
返回值	无	
错误	无	

编译着色器（gl.compileShader()）

向着色器对象传入源代码之后，还需要对其进行编译才能够使用。GLSL ES 语言和 JavaScript 不同而更接近 C 或 C++，在使用之前需要编译成二进制的可执行格式，WebGL 系统真正使用的是这种可执行格式。使用 gl.compileShader() 函数进行编译。注意，如果你通过调用 gl.shaderSource()，用新的代码替换掉了着色器中旧的代码，WebGL 系统中的用旧的代码编译出的可执行部分不会被自动替换，你需要手动地重新进行编译。

gl.compileShader(shader)		
编译 *shader* 指定的着色器中的源代码。		
参数	shader	待编译的着色器
返回值	无	
错误	无	

当调用 gl.compileShader() 函数时，如果着色器源代码中存在错误，那么就会出现编译错误。可以调用 gl.getShaderParameter() 函数来检查着色器的状态。

gl.getShaderParameter(shader, pname)		
获取 *shader* 指定的着色器中，*pname* 指定的参数信息。		
参数	shader	指定待获取参数的着色器
	pname	指定待获取参数的类型，可以是 gl.SHADER_TYPE、gl.DELETE_STATUS 或者 gl.COMPILE_STATUS
返回值	根据 pname 的不同，返回不同的值	
	gl.SHADER_TYPE	返回是顶点着色器（gl.VERTEX_SHADER）还是片元着色器（gl.FRAGMENT_SHADER）
	gl.DELETE_STATUS	返回着色器是否被删除成功（true 或 false）
	gl.COMPILE_STATUS	返回着色器是否被编译成功（true 或 false）
错误	INVALID_ENUM	*pname* 的值无效

调用 gl.getShaderParameter() 并将参数 pname 指定为 gl.COMPILE_STATUS，就可以检查着色器编译是否成功。

如果编译失败，gl.getShaderParameter() 会返回 false，WebGL 系统会把编译错误的具体内容写入着色器的**信息日志**(information log)，我们可以通过 gl.getShaderInfoLog() 来获取之。

gl.getShaderInfoLog(shader)		
获取 *shader* 指定的着色器的信息日志。		
参数	shader	指定待获取信息日志的着色器
返回值	non-null	包含日志信息的字符串
	null	没有编译错误
错误	无	

虽然日志信息的具体格式依赖于浏览器对 WebGL 的实现，但大多数 WebGL 系统给出的错误信息都会包含代码出错行的行号。比如，如果你试图编译如下这样的一个着色器：

```
var FSHADER_SOURCE =
  'void main() {\n' +
  '  gl.FragColor = vec4(1.0, 0.0, 0.0, 1.0);\n' +
  '}\n';
```

代码的第 2 行出错了（应该是 gl_ 而不是 gl.），Chrome 浏览器给出的编译错误信息如图 9.11 所示（cuon-utils.js 将错误信息字符串打印在控制台上）：

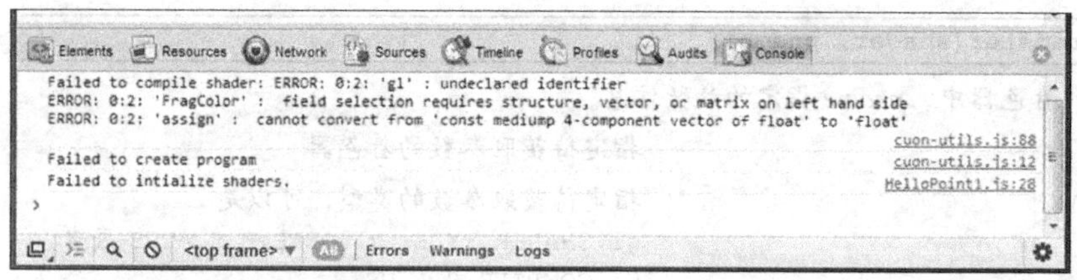

图 9.11 着色器编译错误信息

可见，错误信息告诉我们：第 2 行的变量 gl 未被定义。

```
failed to compile shader: ERROR: 0: 2 : 'gl' : undeclared identifier
                                                    cuon-utils.js:88
```

cuon-utils.js:88 表示这条错误是在 JavaScript 文件 cuon-utils.js 的第 88 行，即定义 initShaders() 函数之处检测到的，该函数调用了 gl.getShaderInfolog() 函数。

创建程序对象（gl.createProgram()）

如前所述，程序对象包含了顶点着色器和片元着色器，可以调用 gl.createProgram() 来创建程序对象。事实上，之前使用程序对象，gl.getAttribLocation() 函数和 gl.getUniformLocation() 函数的第 1 个参数，就是这个程序对象。

gl.createProgram()		
创建程序对象		
参数	无	
返回值	non-null	新创建的程序对象
	null	创建失败
错误	无	

类似地，可以使用 gl.deleteProgram() 函数来删除程序对象。

gl.deleteProgram(program)		
删除 program 指定的程序对象，如果该程序对象正在被使用，则不立即删除，而是等它不再被使用后再删除。		
参数	program	指定待删除的程序对象
返回值	无	
错误	无	

一旦程序对象被创建之后，需要向程序附上两个着色器。

为程序对象分配着色器对象（gl.attachShader()）

WebGL 系统要运行起来，必须要有两个着色器：一个顶点着色器和一个片元着色器。可以使用 gl.attachShader() 函数为程序对象分配这两个着色器。

gl.attachShader(program, shader)		
将 shader 指定的着色器对象分配给 program 指定的程序对象。		
参数	program	指定程序对象
	shader	指定着色器对象
返回值	无	
错误	INVALID_OPERATION	shader 已经被分配给了 program

着色器在附给程序对象前，并不一定要为其指定代码或进行编译（也就是说，把空的着色器附给程序对象也是可以的）。类似地，可以使用 gl.detachShader() 函数来解除分配给程序对象的着色器。

gl.detachShader(program, shader)		
取消 *shader* 指定的着色器对象对 *program* 指定的程序对象的分配。		
参数	program	指定程序对象
	shader	指定着色器对象
返回值	无	
错误	INVALID_OPERATION	*shader* 没有被分配给 *program*

连接程序对象（gl.linkProgram()）

在为程序对象分配了两个着色器对象后，还需要将（顶点着色器和片元）着色器连接起来。使用 gl.linkProgram() 函数来进行这一步操作。

gl.linkProgram(program)		
连接 *program* 指定的程序对象中的着色器。		
参数	program	指定程序对象
返回值	无	
错误	无	

程序对象进行着色器连接操作，目的是保证：(1) 顶点着色器和片元着色器的 varying 变量同名同类型，且一一对应；(2) 顶点着色器对每个 varying 变量赋了值；(3) 顶点着色器和片元着色器中的同名 uniform 变量也是同类型的（无需一一对应，即某些

uniform 变量可以出现在一个着色器中而不出现在另一个中）；(4) 着色器中的 attribute 变量、uniform 变量和 varying 变量的个数没有超过着色器的上限（见表 6.14），等等。

在着色器连接之后，应当检查是否连接成功。通过调用 gl.getProgramPara-meters() 函数来实现。

gl.getProgramParameter(program, pname)		
获取 *program* 指定的程序对象中 *pname* 指定的参数信息。返回值随着 *pname* 的不同而不同。		
参数	program	指定程序对象
	pname	指定待获取参数的类型，可以是：gl.DELETE_STATUS、gl.LINK_STATUS、gl.VALIDATE_STATUS、gl.ATTACHED_SHADERS、gl.ACTIVE_ATTRIBUTES 或 gl.ACTIVE_UNIFORMS
返回值	根据 *pname* 的不同，返回不同的值	
	gl.DELETE_STATUS	程序是否已被删除（true 或 false）
	gl.LINK_STATUS	程序是否已经成功连接（true 或 false）
	gl.VALIDATE_STATUS	程序是否已经通过验证（true 或 false）[1]
	gl.ATTACHED_SHADERS	已被分配给程序的着色器数量
	gl.ACTIVE_ATTRIBUTES	顶点着色器中 attribute 变量的数量
	gl.ACTIVE_UNIFORMS	程序中 uniform 变量的数量
错误	INVALID_ENUM	pname 的值无效

如果程序已经成功连接，我们就得到了一个二进制的可执行模块供 WebGL 系统使用。如果连接失败了，也可以通过调用 gl.getProgramInfoLog() 从信息日志中获取连接出错信息。

gl.getProgramInfoLog(program)		
获取 *program* 指定的程序对象的信息日志。		
参数	program	指定待获取信息日志的程序对象
返回值	包含日志信息的字符串	
错误	无	

1 程序对象即使连接成功了，也有可能运行失败，比如没有为取样器分配纹理单元。这些错误是在运行阶段而不是连接阶段产生的。在运行阶段进行错误检查的性能开销很大，所以通常只在调试程序时这样做。

告知 WebGL 系统所使用的程序对象（gl.useProgram()）

最后，通过调用 gl.usePorgram() 告知 WebGL 系统绘制时使用哪个程序对象。

gl.useProgram(program)

告知 WebGL 系统绘制时使用 *program* 指定的程序对象。

参数	program	指定待使用的程序对象
返回值	无	
错误	无	

这个函数的存在使得 WebGL 具有了一个强大的特性，那就是在绘制前准备多个程序对象，然后在绘制的时候根据需要切换程序对象。

这样，建立和初始化着色器的任务就算完成了。如你所见，initShaders() 函数隐藏了大量的细节，我们可以放心地使用该函数来创建和初始化着色器，而不必考虑这些细节。本质上，在该函数顺利执行后，顶点着色器和片元着色器就已经就位了，只需要调用 gl.drawArrays() 或 gl.drawElements() 来使整个 WebGL 系统运行起来。

现在，你对上述诸多 WebGL 原生 API 函数已经有了不错的理解，下面来看一下 cuon-utils.js 中 initShaders() 函数的内部流程。

initShaders() 函数的内部流程

initShaders() 函数将调用 createProgram() 函数，后者负责创建一个连接好的程序对象；createProgram() 函数则又会调用 loadShader() 函数，后者负责创建一个编译好的着色器对象；这 3 个函数被依次定义在 cuon-utils.js 文件中。initShaders() 函数定义在该文件的顶部，如例 9.5 所示，注意该文件中每个函数前面的注释是按照 JavaDoc 的格式编写，它们可以用来自动化地生成文档。

例 9.5 initShaders()

```
// cuon-utils.js
/**
 * Create a program object and make current
 * @param gl GL context
 * @param vshader a vertex shader program (string)
 * @param fshader a fragment shader program (string)
 * @return true, if the program object was created and successfully made current
 */
function initShaders(gl, vshader, fshader) {
```

```
10   var program = createProgram(gl, vshader, fshader);
     ...
16   gl.useProgram(program);
17   gl.program = program;
18
19   return true;
20 }
```

initShaders() 函数本身很简单，首先调用 createProgram() 函数创建一个连接好的程序对象（第 10 行），然后告诉 WebGL 系统来使用这个程序对象（第 16 行），最后将程序对象设为 gl 对象的 program 属性。

下面来看一下 createProgram() 函数，如例 9.6 所示。

例 9.6 createProgram()

```
/**
 * Create the linked program object
 * @param gl GL context
 * @param vshader a vertex shader program(string)
 * @param fshader a fragment shader program(string)
 * @return created program object, or null if the creation has failed.
 */
function createProgram(gl, vshader, fshader) {
  // 创建着色器对象
  var vertexShader = loadShader(gl, gl.VERTEX_SHADER, vshader);
  var fragmentShader = loadShader(gl, gl.FRAGMENT_SHADER, fshader);
  ...
  // 创建程序对象
  var program = gl.createProgram();
  ...
  // 为程序对象分配顶点着色器和片元着色器
  gl.attachShader(program, vertexShader);
  gl.attachShader(program, fragmentShader);

  // 连接着色器
  gl.linkProgram(program);

  // 检查连接
  var linked = gl.getProgramParameter(program, gl.LINK_STATUS);
  ...
  return program;
}
```

createProgram() 函数通过调用 loadShader() 函数，创建顶点着色器和片元着色器的着色器对象（第 31 和 32 行）。loadShader() 函数返回的着色器对象已经指定过源码并已经成功编译了。

createProgram() 函数自己负责创建程序对象（第 38 行），然后将前面创建的顶点着色器和片元着色器分配给程序对象（第 44 和 45 行）。

接着，该函数连接程序对象（第 48 行），并检查是否连接成功（第 51 行）。如果连接成功，就返回程序对象（第 60 行）。

最后看一下 loadShader() 函数，如例 9.7 所示。该函数被 createProgram() 函数调用。

例 9.7 loadShader()

```
63 /**
64  * Create a shader object
65  * @param gl GL context
66  * @param type the type of the shader object to be created
67  * @param source a source code of a shader (string)
68  * @return created shader object, or null if the creation has failed.
69  */
70  function loadShader(gl, type, source) {
71    // 创建着色器对象
72    var shader = gl.createShader(type);
    ...
78    // 设置着色器的源代码
79    gl.shaderSource(shader, source);
80
81    // 编译着色器
82    gl.compileShader(shader);
83
84    // 检查着色器的编译状态
85    var compiled = gl.getShaderParameter(shader, gl.COMPILE_STATUS);
   ...
93    return shader;
94 }
```

loadShader() 函数首先创建了一个着色器对象（第 72 行），然后为该着色器对象指定源代码（第 79 行），并进行编译（第 82 行），接着检查编译是否成功（第 85 行），如果成功编译，没有出错，就返回着色器对象。

总结

本章是关于 WebGL 基础的最后一章。这一章讨论了如何绘制和操作由多个部件组成的层次化模型。这项技术对于理解“如何使用立方体等简单三维物体构建复杂模型，如机器人和游戏角色”很重要。此外，本章还讨论了本书提供的最复杂的辅助函数之一：initShaders()，而此前该函数一直是一个黑盒子。现在，你了解了 WebGL 原生 API 是如何创建和操作着色器对象与程序对象，对着色器的内部结构和 WebGL 系统运行的原理有了更深的理解。

此时，你对 WebGL 极具表现力的诸多特性已有了相当全面的了解，也能够独立编写出复杂的三维场景。下一章将讨论一些三维计算机图形学的高级技术，并介绍 WebGL 是如何支持这些高级技术的。

第10章

高级技术

本章包含了诸多 WebGL 高级技术，这些技术在创建自己的 WebGL 程序时非常有用。本章每一节讨论的技术基本上是相互独立的，少量的依赖之处也被清晰地标注出来，你可以自由选择，从感兴趣的部分开始阅读。本章中关于代码的解释比较简洁，目的是为了在同样的篇幅内涉及尽可能多的内容。然而，示例代码包含了详尽的注释，在阅读本章时应该参考它们。

用鼠标控制物体旋转

有时候，WebGL 程序需要让用户通过鼠标操作三维物体。这一节来分析示例程序 `RotateObject`，该程序允许用户通过拖动（即按住左键移动）鼠标旋转三维物体。为了简单，示例程序中的三维物体是一个立方体，但拖曳鼠标旋转物体的方法却适用于所有物体。图 10.1 显示了程序的运行效果，立方体上贴有纹理图像。

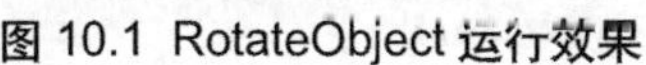
图 10.1 RotateObject 运行效果

如何实现物体旋转

我们已经知道如何旋转二维图形或三维物体了：就是使用模型视图投影矩阵来变换顶点的坐标。现在需要使用鼠标来控制物体旋转，就需要根据鼠标的移动情况创建旋转矩阵，更新模型视图投影矩阵，并对物体的顶点坐标进行变换。

我们可以这样来实现：在鼠标左键按下时记录鼠标的初始坐标，然后在鼠标移动的时候用当前坐标减去初始坐标，获得鼠标的位移，然后根据这个位移来计算旋转矩阵。显然，我们需要监听鼠标的移动事件，并在事件响应函数中计算鼠标的位移、旋转矩阵，从而旋转立方体。下面看一下示例程序。

示例程序（RotateObject.js）

例 10.1 显示了示例程序的代码，如你所见，着色器部分没什么特别的。顶点着色器使用模型视图投影矩阵变换顶点坐标（第 9 行），并向片元着色器传入纹理坐标以映射纹理（第 10 行）。

例 10.1 RotateObjetct.js

```
1  // RotateObject.js
2  // 顶点着色器程序
3  var VSHADER_SOURCE =
     ...
8    'void main() {\n' +
9    '  gl_Position = u_MvpMatrix * a_Position;\n' +
10   '  v_TexCoord = a_TexCoord;\n' +
11   '}\n';
     ...
24 function main() {
     ...
42   var n = initVertexBuffers(gl);
     ...
61   viewProjMatrix.setPerspective(30.0, canvas.width / canvas.height,
                                                          ➥1.0, 100.0);
62   viewProjMatrix.lookAt(3.0, 3.0, 7.0, 0.0, 0.0, 0.0, 0.0, 1.0, 0.0);
63
64   // 注册时间响应函数
65   var currentAngle = [0.0, 0.0]; // [绕X轴旋转角度，绕Y轴旋转角度]
66   initEventHandlers(canvas, currentAngle);
     ...
74   var tick = function() { // 开始绘制
75     draw(gl, n, viewProjMatrix, u_MvpMatrix, currentAngle);
```

```
    requestAnimationFrame(tick, canvas);
  };
  tick();
}
...
function initEventHandlers(canvas, currentAngle) {
  var dragging = false; // 是否在拖动
  var lastX = -1, lastY = -1; // 鼠标的最后位置

  canvas.onmousedown = function(ev) { // 按下鼠标
    var x = ev.clientX, y = ev.clientY;
    // 如果鼠标在<canvas>内就开始拖动
    var rect = ev.target.getBoundingClientRect();
    if (rect.left <= x && x < rect.right && rect.top <= y && y < rect.bottom) {
      lastX = x; lastY = y;
      dragging = true;
    }
  };
   // 松开鼠标
  canvas.onmouseup = function(ev) { dragging = false; };

  canvas.onmousemove = function(ev) { // 移动鼠标
    var x = ev.clientX, y = ev.clientY;
    if (dragging) {
      var factor = 100/canvas.height; // 旋转因子
      var dx = factor * (x - lastX);
      var dy = factor * (y - lastY);
      // 将沿Y轴旋转的角度控制在-90到90度之间
      currentAngle[0] = Math.max(Math.min(currentAngle[0] + dy, 90.0), -90.0);
      currentAngle[1] = currentAngle[1] + dx;
    }
    lastX = x, lastY = y;
  };
}

var g_MvpMatrix = new Matrix4(); // 模型视图投影矩阵
function draw(gl, n, viewProjMatrix, u_MvpMatrix, currentAngle) {
  // 计算模型视图投影矩阵
  g_MvpMatrix.set(viewProjMatrix);
  g_MvpMatrix.rotate(currentAngle[0], 1.0, 0.0, 0.0); // X轴
  g_MvpMatrix.rotate(currentAngle[1], 0.0, 1.0, 0.0); // Y轴
  gl.uniformMatrix4fv(u_MvpMatrix, false, g_MvpMatrix.elements);

  gl.clear(gl.COLOR_BUFFER_BIT | gl.DEPTH_BUFFER_BIT);
```

```
177   gl.drawElements(gl.TRIANGLES, n, gl.UNSIGNED_BYTE, 0);
178 }
```

首先，main() 函数计算出了初始的模型视图投影矩阵（第 61 ~ 62 行）。程序将根据鼠标位移来实时更新该矩阵。

然后，鼠标移动事件响应函数实现了用鼠标旋转三维物体的逻辑。currentAngle 变量表示当前的旋转角度，它是一个数组，因为物体的旋转需要被分解为绕 x 轴旋转和绕 y 轴旋转两步，因此需要两个角度值（第 65 行）。真正注册事件响应函数的过程发生在 initEventHandlers() 函数中(第 66 行)。真正绘制的过程发生在 tick() 函数中(第 74 行)。

initEventHandler() 函数的任务是注册鼠标响应事件函数（第 138 行），包括：鼠标左键按下事件(第 142 行)、鼠标左键松开事件(第 152 行),以及鼠标移动事件(第 154 行)。

当鼠标左键被按下时，首先检查鼠标是否在 <canvas> 元素内部（第 146 行），如果是，就将鼠标左键按下时的位置坐标保存到 lastX 和 lastY 变量中（第 147 行），并将 dragging 变量赋值为 true，表示拖曳操作（即按住鼠标左键移动）开始了。

鼠标左键被松开时,表示拖曳操作结束了,将 dragging 变量赋值为 false(第 152 行)。

鼠标移动事件响应函数最为重要（第 154 行）：首先检查 dragging 变量，判断当前是否处于拖动状态。如果不在拖曳状态，说明是鼠标的正常移动（左键松开状态下的移动），那就什么都不做。如果处于拖曳状态，就计算出当前鼠标（相对于上次鼠标移动事件触发时[1]）的移动距离,即位移值,并将结果保存在 dx 和 dy 变量中（第 158 ~ 159 行）。注意，位移值在存入变量前按比例缩小了，这样 dx 和 dy 的值就与 <canvas> 自身的大小无关了。有了鼠标当前的位移 dx 和 dy，就可以根据这两个值计算出当前三维物体（相对于上次鼠标移动事件触发时）在 x 轴和 y 轴上的旋转角度值（第 161 和 162 行）。而且，程序还将物体在 y 轴上的旋转角度限制在正负 90 度之间，这样做的原因仅仅是为了展示技巧，你也可以将其删掉。最后，把当前鼠标的位置坐标赋值给 lastX 和 lastY。

一旦成功地将鼠标的移动转化为旋转矩阵，我们就可以用旋转矩阵更新物体的状态（第 172 ~ 173 行）。当程序再次调用 tick() 函数进行绘制时，就绘制出了旋转后的物体。

1 当鼠标移动时，会连续不断地触发 move 事件，也会连续不断地调用事件响应函数。——译者注

选中物体

有些三维应用程序需要允许用户能够交互地操纵三维物体，要这样做首先就得允许用户选中某个物体。对物体进行选中操作的用处很广泛。比如，让用户选中三维用户界面上的一个按钮，或者让用户选中三维场景中的多张照片中的某一张，这些动作都具有实际意义。

选中三维物体比选中二维物体更加复杂，因为我们需要更多的数学过程来计算鼠标是否悬浮在某个图形上。但是，示例程序 `PickObject` 使用了一个简单的技巧解决了这一问题。在本例中，用户可以点击正在旋转的立方体，如果用户点击到了立方体，就显示一则消息，如图 10.2 所示。现在，请先在浏览器中运行示例程序，点击立方体试图选中它，直观地了解一下该示例程序的作用。

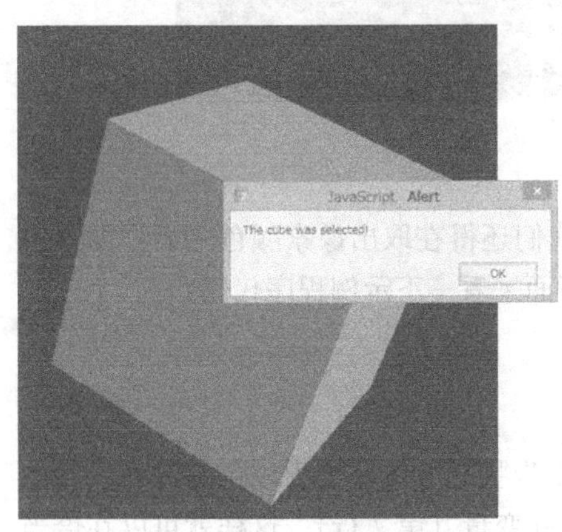

图 10.2 PickObject

图 10.2 显示了用户点击立方体时浏览器弹出的消息。这则消息说，“The cube was selected!”（立方体被选中了！）。同样，你也可以试试在黑色背景上点击会不会弹出这则消息。

如何实现选中物体

我们遵循以下步骤，检查鼠标点击是否击中了立方体：

1．当鼠标左键按下时，将整个立方体重绘为单一的红色，如图 10.3（中）所示。

2．读取鼠标点击处的像素颜色。

3．使用立方体原来的颜色对其进行重绘。

4．如果第 2 步读取到的颜色是红色，就显示消息“The cube was selected!”。

如果不加以处理，那么当立方体被重绘为红色时，就可以看到这个立方体闪烁了一下，而且闪烁的一瞬间是红色的。然后我们读取鼠标点击处的像素在这一瞬间的颜色值，就可以通过判断该颜色是否为红色来确定鼠标是否点击在了立方体上。

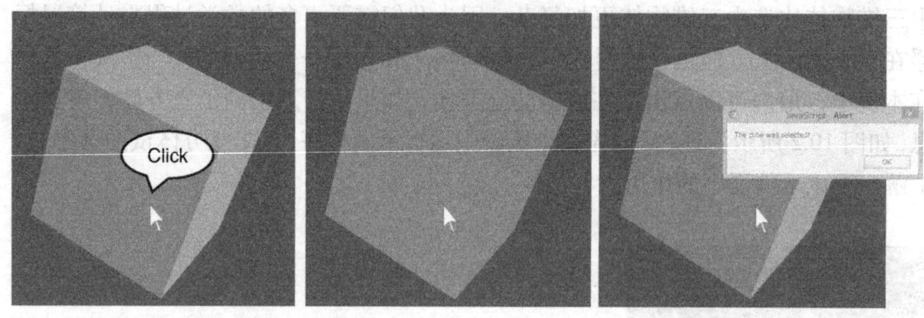

图 10.3 鼠标点击立方体的过程

为了使用户看不到立方体的这一闪烁过程，我们还得在取出像素颜色之后立即（而不是等到下一帧）将立方体重绘成原来的样子。下面来看一下示例程序代码。

示例程序（PickObject.js）

例 10.2 显示了示例程序的代码。实现上述第 1 步将立方体重绘为红色的过程，发生在顶点着色器中，我们向其中添加了一个 u_Clicked 变量（第 7 行），这样就可以在恰当的时候通过该变量通知顶点着色器将立方体绘制成红色。鼠标点击时，JavaScript 就会向 u_Click 变量传入 true 值，然后顶点着色器经过判断（第 11 行），将一个固定的颜色值 (1.0, 0.0, 0.0, 1.0) 即红色，赋值给 v_Color 变量。如果 u_Click 为 false，那么顶点着色器就照常将立方体原来的颜色 a_Color 赋值给 v_Color。这样一来，鼠标点击时，立方体就被绘制成红色。

例 10.2 PickObject.js

```
1  // PickObject.js
2  // 顶点着色器程序
3  var VSHADER_SOURCE =
     ...
6    'uniform mat4 u_MvpMatrix;\n' +
7    'uniform bool u_Clicked;\n' + // 鼠标按下
```

```
'varying vec4 v_Color;\n' +
'void main() {\n' +
'  gl_Position = u_MvpMatrix * a_Position;\n' +
'  if (u_Clicked) {\n' + // 鼠标按下时用红色进行绘制              <-(1)
'    v_Color = vec4(1.0, 0.0, 0.0, 1.0);\n' +
'  } else {\n' +
'    v_Color = a_Color;\n' +
'  }\n' +
'}\n';

// 片元着色器程序
...
  '  gl_FragColor = v_Color;\n' +
...
function main() {
  ...
  var u_Clicked = gl.getUniformLocation(gl.program, 'u_Clicked');
  ...
  gl.uniform1i(u_Clicked, 0); // 将false传给u_Clicked变量

  var currentAngle = 0.0; // 当前旋转角度
  // 注册事件响应函数
  canvas.onmousedown = function(ev) { // 鼠标按下时
    var x = ev.clientX, y = ev.clientY;
    var rect = ev.target.getBoundingClientRect();
    if (rect.left <= x && x < rect.right && rect.top <= y && y < rect.bottom) {
      // 检查是否点击在物体上
      var x_in_canvas = x - rect.left, y_in_canvas = rect.bottom - y;
      var picked = check(gl, n, x_in_canvas, y_in_canvas, currentAngle,
                              ➥u_Clicked, viewProjMatrix, u_MvpMatrix);
      if (picked) alert('The cube was selected! ');                 <-(4)
    }
  }
  ...
}
  ...
function check(gl, n, x, y, currentAngle, u_Clicked, viewProjMatrix,
                                                          ➥u_MvpMatrix) {
  var picked = false;
  gl.uniform1i(u_Clicked, 1); // 将立方体绘制为红色
  draw(gl, n, currentAngle, viewProjMatrix, u_MvpMatrix);
  // 读取点击位置的像素颜色值
  var pixels = new Uint8Array(4); // 存储像素的数组
  gl.readPixels(x, y, 1, 1, gl.RGBA, gl.UNSIGNED_BYTE, pixels);    <-(2)
```

```
154
155     if (pixels[0] == 255) // 如果pixels[0]是255则说明点击在物体上
156       picked = true;
157
158     gl.uniform1i(u_Clicked, 0); // 将false传给u_Clicked变量以重绘正常状态的立方体
159     draw(gl, n, currentAngle, viewProjMatrix, u_MvpMatrix); //         <-(3)
160
161     return picked;
162   }
```

在 main() 函数中（第 30 行），我们获取了 u_Click 变量的存储地址，并将初始值 false 值传给该变量（第 71 行）。

然后，注册事件响应函数，用户点击鼠标后立即调用之（第 75 行）。事件响应函数首先检查鼠标点击位置是否在 <canvas> 内（第 78 行）。如果是，则调用 check() 函数（第 81 行）。check() 函数的作用是，根据第 3 个和第 4 个参数传入的点击位置坐标，判断是否点击在立方体上。如果是，则返回 true，并显示消息（第 82 行）。

check() 函数执行上述的第 2 步和第 3 步（第 147 行）：首先将 true 传给顶点着色器的 u_Click 变量，以通知顶点着色器鼠标被点击了（第 149 行）；然后根据立方体的当前旋转角度重绘立方体，由于此时 u_Click 为 true，所以立方体是红色的；接着调用 gl.readPixels() 函数从颜色缓冲区中读取点击处的像素颜色（第 153 行）。下面是该函数的规范。

gl.readPixels(x, y, width, height, format, type, pixels)

从颜色缓冲区[2]中读取由 *x*、*y*、*width*、*height* 参数确定的矩形块中的所有像素值，并保存在 *pixels* 指定的数组中。

参数	x, y	指定颜色缓冲区中矩形块左上角的坐标，同时也是读取的第 1 个像素的坐标
	width, height	指定矩形块的宽度和高度，以像素为单位
	format	指定像素值的颜色格式，必须为 gl.RGBA
	type	指定像素值的数据格式，必须为 gl.UNSIGNED_BYTE
	pixels	指定用来接收像素值数据的 Uint8Array 类型化数组
返回值	无	
错误	INVALID_VALUE	pixels 为 null，或者，width 或 height 是负值
	INVALID_OPERATION	pixels 的长度不够存储所有像素值数据
	INVALID_ENUM	format 或 type 的值无效

2　如果一个帧缓冲区对象被绑定在了 gl.FRAMEBUFFER 上，那么这个方法就会去读取帧缓冲区而非颜色缓冲区中的内容。这一点在本章稍后的一节“使用绘制出的图形作为纹理”中有详细叙述。

读取到的像素颜色值被保存在 pixels 数组中，它是一个长度为 4 的数组（第 152 行），4 个元素 pixels[0]、pixels[1]、pixels[2]、pixels[3] 分别存储了像素的 R、G、B、A 的值。本例只需要读取一个像素，所以 width 和 height 参数都是 1，根据这个像素是红色还是黑色，就可以判断出鼠标点击在了立方体上还是背景上。我们检查红色分量 pixels[0]，如果是 1.0，就将 picked 变量赋值为 true。

然后，将 u_Click 变量恢复为 false（第 158 行），重新绘制立方体为原始的颜色（第 159 行）。最后将 picked 变量返回，check() 函数就结束了。

注意，如果在重绘正常状态的立方体之前，就进行某个会阻塞代码继续运行的操作，如调用 alert() 函数，那么这时，已经写入颜色缓冲区中的内容就会显示在 <canvas> 上。比如，如果我们在第 156 行执行（实际上我们并没有这么做）alert('The cube was displayed!')，那就真的会看到之前绘制的红色立方体了。

对于具有多个物体的场景，这个简单的方法也能适用，只需要为场景中的每个物体都指定不同的颜色即可。比如场景中有三个物体，那么就可以使用红色、绿色和蓝色三种颜色。如果场景中有更多的物体，那么你可以为每个物体分配一个唯一的颜色值。通常，颜色缓冲区单个像素 R、G、B、A 每个分量都是 8 比特，也就是说，仅使用 R 分量就可以区分 255 个物体。但是，如果三维模型过于复杂，或者绘图区域较大，这种方法也会很繁琐。为了解决这个问题，你也许可以使用简化的模型，或者缩小绘图区域。或者也可以使用帧缓冲区对象，本章稍后一节“使用绘制出的图形作为纹理”将详细讨论之。

选中一个表面

可以使用同样的方法来选中物体的某一个表面。这一节在 PickObject 程序的基础上编写了 PickFace 程序，后者同样包含一个立方体，但用户可以选中立方体的某一个表面，被选中的表面会变成白色。图 10.4 显示了 PickFace 的运行效果。

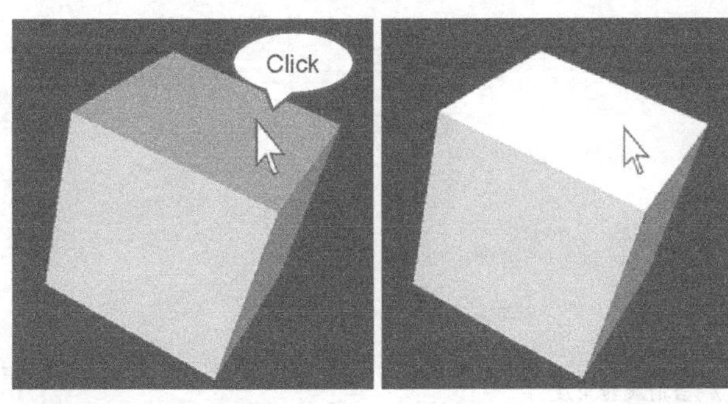

图 10.4 PickFace

如果你理解了 PickObject 的程序原理，那么 PickFace 就很简单了。PickObject 用户在点击鼠标时，将立方体重绘为红色，然后读取鼠标点击位置的像素颜色，根据其是红色或是黑色来判断点击时鼠标是否在立方体上，即是否选中了立方体。而 PickFace 则更进一步，在用户点击鼠标时重绘立方体，并将"每个像素属于哪个面"的信息写入到颜色缓冲区的 α 分量中。下面来看一下示例程序。

示例程序（PickFace.js）

PickFace.js 的代码如例 10.3 所示。为了简洁，略去了与前例相同的部分，如顶点着色器等。

例 10.3 PickFace.js

```
// PickFace.js
// 顶点着色器程序
var VSHADER_SOURCE =
  'attribute vec4 a_Position;\n' +
  'attribute vec4 a_Color;\n' +
  'attribute float a_Face;\n' +   // 表面编号（不可使用int类型）
  'uniform mat4 u_MvpMatrix;\n' +
  'uniform int u_PickedFace;\n' + // 被选中表面的编号
  'varying vec4 v_Color;\n' +
  'void main() {\n' +
  '  gl_Position = u_MvpMatrix * a_Position;\n' +
  '  int face = int(a_Face);\n' + // 转为int类型
  '  vec3 color = (face == u_PickedFace) ? vec3(1.0):a_Color.rgb;\n'+
  '  if(u_PickedFace == 0) {\n' + // 将表面编号写入α分量
  '    v_Color = vec4(color, a_Face/255.0);\n' +
  '  } else {\n' +
  '    v_Color = vec4(color, a_Color.a);\n' +
  '  }\n' +
  '}\n';
  ...
function main() {
  ...
  // 设置顶点信息
  var n = initVertexBuffers(gl);
  ...
  // 初始化被选中的表面
  gl.uniform1i(u_PickedFace, -1);

  var currentAngle = 0.0; // 当前旋转角度
  // 注册事件响应函数
```

```
canvas.onmousedown = function(ev) { // 鼠标被按下时
   var x = ev.clientX, y = ev.clientY;
   var rect = ev.target.getBoundingClientRect();
   if (rect.left <= x && x < rect.right && rect.top <= y && y < rect.bottom) {
     // 如果点击的位置在<canvas>内，则更新表面
     var x_in_canvas = x - rect.left, y_in_canvas = rect.bottom - y;
     var face = checkFace(gl, n, x_in_canvas, y_in_canvas,
                  ➥currentAngle, u_PickedFace, viewProjMatrix, u_MvpMatrix);
     gl.uniform1i(u_PickedFace, face); // 传入表面编号
     draw(gl, n, currentAngle, viewProjMatrix, u_MvpMatrix);
   }
 }
 ...
function initVertexBuffers(gl) {
  ...
  var vertices = new Float32Array([ // 顶点坐标
     1.0, 1.0, 1.0, -1.0, 1.0, 1.0, -1.0,-1.0, 1.0, 1.0,-1.0, 1.0,
     1.0, 1.0, 1.0,  1.0,-1.0, 1.0,  1.0,-1.0,-1.0, 1.0, 1.0,-1.0,
  ...
     1.0,-1.0,-1.0, -1.0,-1.0,-1.0, -1.0, 1.0,-1.0, 1.0, 1.0,-1.0
  ]);
  ...
  var faces = new Uint8Array([ // 表面编号
    1, 1, 1, 1, // v0-v1-v2-v3 前表面
    2, 2, 2, 2, // v0-v3-v4-v5 右表面
  ...
    6, 6, 6, 6, // v4-v7-v6-v5 后表面
  ]);
  ...
  if (!initArrayBuffer(gl, faces, gl.UNSIGNED_BYTE, 1,
                                        ➥'a_Face')) return -1; // 表面信息

  ...
}

function checkFace(gl, n, x, y, currentAngle, u_PickedFace, viewProjMatrix,
                                                          ➥u_MvpMatrix) {
  var pixels = new Uint8Array(4); // 存储像素值的数组
  gl.uniform1i(u_PickedFace, 0); // 将表面编号写入α分量
  draw(gl, n, currentAngle, viewProjMatrix, u_MvpMatrix);
  // 读取(x, y)处的像素颜色，pixels[3]中存储了表面编号
  gl.readPixels(x, y, 1, 1, gl.RGBA, gl.UNSIGNED_BYTE, pixels);

  return pixels[3];
}
```

首先，顶点着色器中添加了 attribute 变量 a_Face，它表示立方体各表面的编号，即当前顶点属于哪个表面（第 6 行）。鼠标被点击时，这个值就会被“编码”成颜色值的 α 分量。initVertexBuffers() 函数（第 99 行）建立了表面编号数组 faces，数组中的每个元素对应一个顶点（第 127 行）。比如，顶点 v0-v1-v2-v3 定义了 1 号表面，而顶点 v0-v3-v4-v5 定义了 2 号表面，等等。数组 faces 前 4 个元素都是 1，表示前 4 个顶点都属于 1 号表面，以此类推（第 128 行）。

当某个表面被选中时，就通过 u_PickedFace 变量来通知顶点着色器这个表面被选中了（第 8 行）。这样顶点着色器就可以将这个表面绘制成白色，用户就获得了反馈，知道这个表面确实被选中了。

在正常情况下（即不在鼠标被点击的那一刻），顶点着色器会比较当前被选中的表面编号 u_PickedFace 和当前顶点的表面编号 a_Face，如果它们相等，即当前顶点属于被选中的表面，就将 color 赋为白色，如果不相等，就将其赋为顶点原来的颜色 a_Color。此处必须将 float 类型的 a_Face 转化为 int 类型，再与 u_PickedFace 进行比较，因为 attribute 变量只能是 float 类型的（见第 6 章“OpenGL ES 着色器语言 [GLSL ES]”）。在鼠标点击的那一刻，u_PickedFace 被设为 0，我们将 a_Face 的值写入到颜色的 α 分量中。

main() 函数为 u_PickedFace 指定初始值 -1（第 75 行）。按照 faces 变量的定义（第 127 行），立方体各表面中没有哪一个编号是 -1，所以一开始没有任何表面被选中，每一个面的颜色都是初始颜色。

鼠标被点击时，u_PickedFace 变量变为了 0，顶点着色器就在颜色缓冲区中将每个面绘制成非 1 的 α 值，并且 α 的值取决于表面编号。最关键的逻辑发生在鼠标点击事件的响应函数中：在获取了鼠标点击位置后，调用 checkFace() 函数并传入 u_PickedFace 变量，也就是着色器中同名变量的存储地址（第 85 行）。

checkFace() 函数的任务是，根据点击位置返回选中表面的编号（第 166 行）。该函数首先将 u_PickedFace 变量设为 0（第 168 行），然后立刻调用 draw() 函数（在颜色缓冲区中，最终没有显示在屏幕上）进行绘制，此时每个表面的 α 值就取决于表面的编号。然后，从颜色缓冲区获取鼠标点击处的像素值（第 171 行），通过 pixels[3] 获取表面编号（即 α 分量，索引为 3）。checkFace() 函数返回选中的表面编号，执行流程回到鼠标点击事件响应函数中，用选中的表面编号重新绘制立方体（第 86 ~ 87 行），并在屏幕上显示出来，如前所述。

HUD（平视显示器）

平视显示器 (head up display) 简称 HUD，最早用于飞机驾驶。平视显示器将一些重要信息投射到飞机驾驶舱前方的一块玻璃上，飞行员能够将外界的影像和这些重要信息融合在一起，而不用频繁低头观察仪表盘。三维图形程序，尤其是游戏，也经常在三维场景上叠加文本或二维图形信息，以达到 HUD 的效果。这一节将创建一个示例程序，在三维场景上叠加一些符号和文字，如图 10.5 所示。

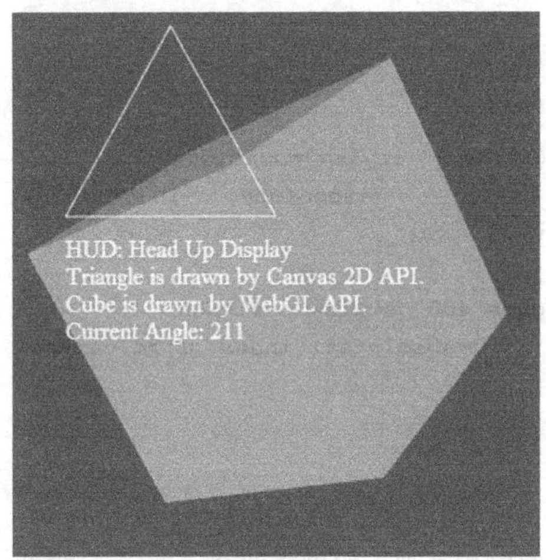

图 10.5 HUD

本例的三维部分取自 `PickObject` 程序，额外的工作就是在三维场景前方绘制一个二维的三角形，打印几行文本，显示三维程序中立方体的当前角度。当立方体旋转时，角度变化也会实时地在文本中更新。

如何实现 HUD

可以使用 HTML 和 canvas 函数来实现 HUD，具体地，我们需要：

1. 在 HTML 文件中，为 WebGL 绘制的三维图形准备一个 `<canvas>`，同时为二维的 HUD 信息再准备一个 `<canvas>`。令这两个 `<canvas>` 重叠放置，并让 HUD 的 `<canvas>` 叠在上面。

2. 在前一个 `<canvas>` 上使用 WebGL API 绘制三维场景。

3. 在后一个 `<canvas>` 上使用 canvas 2D API 绘制 HUD 信息。

如你所见，实现 HUD 效果的原理非常简单，只要两个 <canvas> 位置重叠，浏览器会自动将 WebGL 内容和 HUD 内容混合起来。我们来看一下示例程序。

示例程序（HUD.html）

对 HTML 文件做些修改，添加一个 <canvas> 标签。例 10.4 显示了 HUD.html 的代码。

例 10.4 HUD.html

```
 1  <!DOCTYPE html>
 2  <html lang="ja">
      ...
 8    <body onload="main()">
 9      <canvas id="webgl" width="400" height="400" style="position:
                                              ➥absolute; z-index: 0" >
10        Please use a browser that supports "canvas"
11      </canvas>
12      <canvas id="hud" width="400" height="400" style="position:
                                       ➥absolute;z-index: 1"></canvas>
        ...
18      <script src="HUD.js"></script>
19    </body>
20  </html>
```

<canvas> 标签的 style 属性可以用来定义其位置和外观，本例将两个 <canvas> 重叠放置，而且 HUD 的 <canvas> 叠在上层。style 属性信息由名值对组成，属性名和属性值之间用冒号（:）隔开（第 9 行），比如这样：style="position:absolute"，不同属性间用分号（;）隔开。

position 属性表示确定 <canvas> 的位置的方式，z-index 属性表示两个 <canvas> 的上下关系。

position 属性的值是 absolute，表示使用绝对坐标系确定 <canvas> 的位置。我们并没有通过具体的坐标值来指定 <canvas> 的位置，所以两个 <canvas> 都会出现在默认位置上，即页面的左上角，只要二者的大小一样，就完全重合了。z-index 属性表示，当两个元素重叠时，哪个在上面哪个在下面。规则是，具有较大的 z-index 属性值的元素在上面。本例中，HUD 的 <canvas> 的 z-index 值是 1，而 WebGL 的 <canvas> 的 z-index 值是 0，所以前者在上面。

总之，这段 HTML 代码的意思是，两个 <canvas> 元素重叠放置，HUD 的 <canvas> 在 WebGL 的 <canvas> 的上面。由于在默认情况下，<canvas> 的背景色是透明的，所以无须做其他处理，用户就能透过 HUD 的 `<canvas>` 看到 WebGL 所渲染的场景。所有在 HUD 的 `<canvas>` 中绘制的内容都会出现在 WebGL 渲染的三维场景之上，这样就产生了 HUD 效果。

示例程序（HUD.js）

接下来看一下 `HUD.js` 的代码，如例 10.5 所示。与 `PickObject` 相比，主要有两处区别：

1. 获取了 HUD 的 `<canvas>` 的绘图上下文，用来绘制三角形和文本。
2. 将鼠标点击事件响应函数注册到了 HUD 的 `<canvas>` 上，前例中是注册到 WebGL 的 `<canvas>` 上的。

第 1 步使用第 2 章讨论过的知识，在 `<canvas>` 上绘制了一个三角形。在第 2 步中，由于 HUD 的 `<canvas>` 叠在 WebGL 的 `<canvas>` 上面，所以鼠标点击事件是在前者上触发的，需要把事件响应函数注册到前者上。本例的顶点着色器和片元着色器与 `PickObject.js` 完全一样。

例 10.5 HUD.js

```
// HUD.js
 ...
function main() {
  // 获取<canvas>元素
  var canvas = document.getElementById('webgl');
  var hud = document.getElementById('hud');
  ...
  // 获取WebGL绘图上下文
  var gl = getWebGLContext(canvas);
  // 获取二维绘图上下文
  var ctx = hud.getContext('2d');
  ...
  // 注册事件响应函数
  hud.onmousedown = function(ev) { // 鼠标按下
  ...
      check(gl, n, x_in_canvas, y_in_canvas, currentAngle, u_Clicked,
                                          ➥viewProjMatrix, u_MvpMatrix);
  ...
  }

  var tick = function() { // 开始绘制
    currentAngle = animate(currentAngle);
```

```
95      draw2D(ctx, currentAngle); // 绘制二维图形
96      draw(gl, n, currentAngle, viewProjMatrix, u_MvpMatrix);
97      requestAnimationFrame(tick, canvas);
98    };
99    tick();
100 }
    ...
184 function draw2D(ctx, currentAngle) {
185   ctx.clearRect(0, 0, 400, 400);       // 清除 <hud>
186   // 用白色的线条绘制三角形
187   ctx.beginPath();                     // 开始绘制
188   ctx.moveTo(120, 10); ctx.lineTo(200, 150); ctx.lineTo(40, 150);
189   ctx.closePath();
190   ctx.strokeStyle = 'rgba(255, 255, 255, 1)'; // 设置线条颜色
191   ctx.stroke();                        // 用白色的线条绘制三角形
192   // 绘制白色的文本
193   ctx.font = '18px "Times New Roman"';
194   ctx.fillStyle = 'rgba(255, 255, 255, 1)'; // 设置文本颜色
195   ctx.fillText('HUD: Head Up Display', 40, 180);
196   ctx.fillText('Triangle is drawn by Hud API.', 40, 200);
197   ctx.fillText('Cube is drawn by WebGL API.', 40, 220);
198   ctx.fillText('Current Angle: '+ Math.floor(currentAngle), 40, 240);
199 }
```

由于程序是顺序执行的，我们先来看一下 `main()` 函数（第 30 行）。首先，获取 HUD 的 `<canvas>` 元素（第 33 行）及其绘图上下文（第 43 行）。然后，在 HUD 的 `<canvas>` 元素上注册鼠标事件响应函数，该函数在 `PickObject.js` 中是注册到 WebGL 的 `<canvas>` 上的。这是因为 HUD 的 `<canvas>` 叠在 WebGL 的 `<canvas>` 上面，鼠标点击事件是在 HUD 的 `<canvas>` 上触发的。

`tick()` 函数不仅需要调用 `draw()` 函数绘制三维场景（第 96 行），还要调用 `draw2D()` 函数绘制 HUD 信息（第 95 行）。

`draw2D()` 函数接收两个参数，二维绘图上下文 `ctx` 和立方体的当前角度 `currentAngle`（第 184 行）。该函数首先调用 `clearRect()` 方法，传入 `<canvas>` 的左上角坐标、宽度和高度，清空绘图区；然后绘制了一个空心的三角形：定义路径，指定颜色，并调用 `stroke()` 方法完成绘制（第 187 ～ 191 行）；接着，绘制了一些文本：同样指定字体和颜色，并调用 `fillText()` 方法完成绘制（第 193 ～ 198 行）。`fillText()` 函数接收三个参数，第 1 个参数是将要绘制的文本字符串，第 2 个和第 3 个参数绘制文本位置的 x 和 y 坐标。最后一行文本还显示了立方体的当前角度 `currentAngle`，我们用 `Math.floor()` 方法截去了其小数部分。注意，和 WebGL 的 `<canvas>` 一样，HUD 的 `<canvas>` 也需要

在每一帧重绘，因为当前的角度一直在变化。

在网页上方显示三维物体

如果了解了实现 HUD 效果的原理，那么在网页上方显示三维物体就非常简单了。示例程序 `3DoverWeb` 把用来实现 WebGL 绘图的 `<canvas>` 叠置于网页上方，同时设置背景色为透明，程序的运行效果如图 10.6 所示。

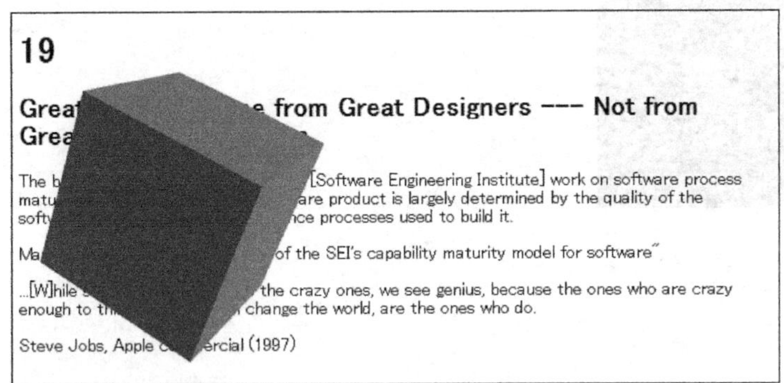

图 10.6 3DoverWeb[3]

`3DoverWeb.js` 几乎与 `PickObject.js` 完全相同，只有一处很小的改动，就是将背景色的 α 值从 1.0 改为 0.0（第 55 行）。

```
55    gl.clearColor(0.0, 0.0, 0.0, 0.0);
```

将背景色的 α 值设为 0.0，WebGL `<canvas>` 就会变成透明的，用户就可以透过它看到网页上的内容。你也可以试试将该 α 值改成 0.0 和 1.0 之间的某个值，`<canvas>` 就会变成半透明的。

雾化（大气效果）

在三维图形学中，术语**雾化**（fog）用来描述远处的物体看上去较为模糊的现象。在现实中，任何介质中的物体都可能表现出雾化现象，比如水下的物体。这一节的示例程序 `Fog` 将实现一个雾化的场景，场景中有一个立方体。程序的效果如图 10.7 所示，用户可以使用上下方向键调节雾的浓度。运行示例程序，试试上下方向键，看看雾的浓度改变的效果。

3 背景网页上的内容来自于 *The Design of Design*（by Frederick P.Brooks Jr, Pearson）一书。

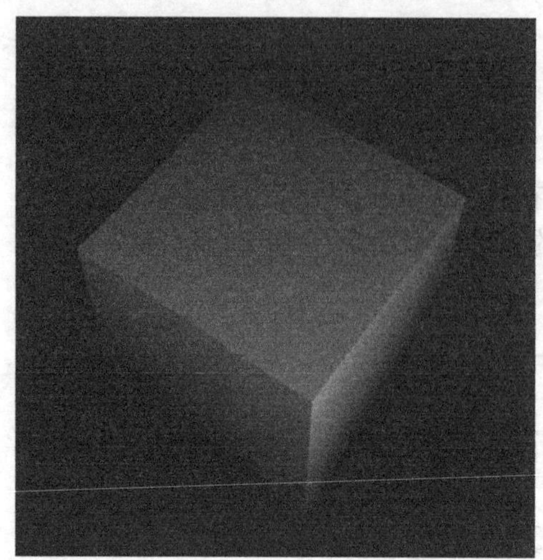

图 10.7 Fog

如何实现雾化

实现雾化的方式有很多种，这里使用最简单的一种：**线性雾化** (linear fog)。在线性雾化中，某一点的雾化程度取决于它与视点之间的距离，距离越远雾化程度越高。线性雾化有起点和终点，起点表示开始雾化之处，终点表示完全雾化之处，两点之间某一点的雾化程度与该点与视点的距离呈线性关系。注意，比终点更远的点完全雾化了，即完全看不见了。某一点雾化的程度可以被定义为**雾化因子** (fog factor)，并在线性雾化公式中被计算出来，如式 10.1 所示。

式 10.1

<雾化因子> = (<终点> - <当前点与视点间的距离>) / (<终点> - <起点>)

这里

<起点> ⩽ <当前点与视点间的距离> ⩽ <终点>

如果雾化因子为 1.0，表示该点完全没有被雾化，可以很清晰地看到此处的物体。如果其为 0.0，就表示该点完全雾化了，此处的物体完全看不见，如图 10.8 所示。在视线上，起点之前的点的雾化因子为 1.0，终点之后的点的雾化因子为 0.0。

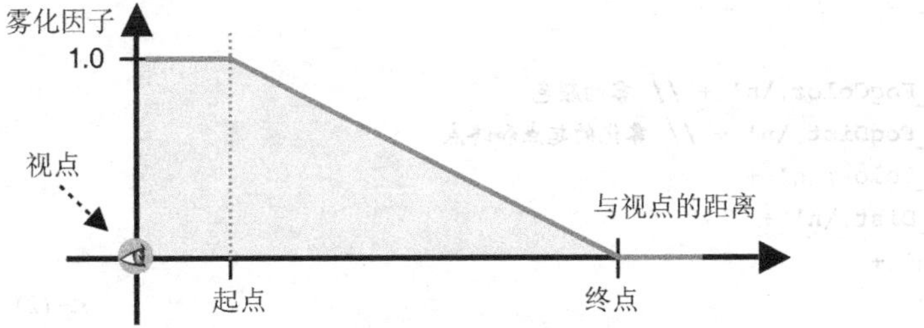

图 10.8 雾化因子

在片元着色器中根据雾化因子计算片元的颜色，如等式 10.2 所示。

式 10.2

<片元颜色> = <物体表面颜色> × <雾化因子> + <雾的颜色> × (1 − <雾化因子>)

来看一下示例程序。

示例程序（Fog.js）

例 10.6 显示了示例程序的代码。这里：(1) 顶点着色器计算出当前顶点与视点的距离，并传入片元着色器；(2) 片元着色器根据片元与视点的距离，计算雾化因子，最终计算出片元的颜色。注意，程序向着色器传入了视点在世界坐标系下的坐标（见附录 G“世界坐标系和局部坐标系”），所以雾化因子是在世界坐标系下计算的。

例 10.6 Fog.js

```
// Fog.js
// 顶点着色器程序
var VSHADER_SOURCE =
  ...
  'uniform mat4 u_ModelMatrix;\n' +
  'uniform vec4 u_Eye;\n' + // The eye point (world coordinates)
  'varying vec4 v_Color;\n' +
  'varying float v_Dist;\n' +
  'void main() {\n' +
  '  gl_Position = u_MvpMatrix * a_Position;\n' +
  '  v_Color = a_Color;\n' +
     // 计算顶点与视点的距离 <-(1)
  '  v_Dist = distance(u_ModelMatrix * a_Position, u_Eye);\n' +
  '}\n';

// 片元着色器程序
```

```
19 var FSHADER_SOURCE =
     ...
23   'uniform vec3 u_FogColor;\n' + // 雾的颜色
24   'uniform vec2 u_FogDist;\n' + // 雾化的起点和终点
25   'varying vec4 v_Color;\n' +
26   'varying float v_Dist;\n' +
27   'void main() {\n' +
28     // 计算雾化因子                                                     <-(2)
29   '  float fogFactor = clamp((u_FogDist.y - v_Dist) / (u_FogDist.y,
                                                 ➥u_FogDist.x), 0.0, 1.0);\n' +
30     // u_FogColor * (1 - fogFactor) + v_Color * fogFactor
31   '  vec3 color = mix(u_FogColor, vec3(v_Color), fogFactor);\n' +
32   '  gl_FragColor = vec4(color, v_Color.a);\n' +
33   '}\n';
34
35 function main() {
     ...
53   var n = initVertexBuffers(gl);
     ...
59   // 雾的颜色
60   var fogColor = new Float32Array([0.137, 0.231, 0.423]);
61   // 雾化的起点和终点与视点间的距离 [起点距离, 终点距离]
62   var fogDist = new Float32Array([55, 80]);
63   // 视点在世界坐标系下的坐标
64   var eye = new Float32Array([25, 65, 35]);
     ...
76   // 将雾的颜色，起点与终点，视点坐标传给对应的uniform变量
77   gl.uniform3fv(u_FogColor, fogColor); // 雾的颜色
78   gl.uniform2fv(u_FogDist, fogDist); // 起点和终点
79   gl.uniform4fv(u_Eye, eye); // 视点
80
81   // 设置背景色，并开启隐藏面消除功能
82   gl.clearColor(fogColor[0], fogColor[1], fogColor[2] , 1.0);
     ...
93   mvpMatrix.lookAt(eye[0], eye[1], eye[2] , 0, 2, 0, 0, 1, 0);
     ...
97   document.onkeydown = function(ev){ keydown(ev, gl, n, u_FogDist, fogDist); };
     ...
```

顶点着色器计算了顶点与视点间的距离：首先将顶点坐标转换到世界坐标系下，然后调用内置函数 distance() 并将视点坐标（也是在世界坐标系下）和顶点坐标作为参数传入，distance() 函数算出二者间的距离，并赋值给 v_Dist 变量以传入片元着色器（第 15 行）。

片元着色器根据式 10.1 和式 10.2 计算出雾化后的片元颜色。我们分别通过 u_FogColor 变量和 u_FogDist 变量来传入雾的颜色（第 23 行）和范围（第 24 行），其中 u_FogDist.x 和 u_FogDist.y 分别是起点和终点与视点间的距离。

在根据式 10.1 计算雾化因子时（第 29 行），我们用到了内置函数 clamp()，这个函数的作用是将第 1 个参数的值限制在第 2 个和第 3 个参数的构成区间内。如果值在区间中，函数就直接返回这个值，如果值小于区间的最小值或大于区间的最大值，函数就返回区间的最小值或最大值。比如，本例将雾化因子限制在了 0 到 1 之间，因为视线上起点前的点和终点后的点直接根据式 10.1 计算出的雾化因子会是负数或大于 1 的数，需要将其修正成 0 和 1。

然后，片元着色器根据式 10.2，利用雾化因子和雾的颜色计算雾化后的片元颜色（第 31 行）。这里用到了内置函数 mix()，该函数会计算 x*(1-z)+y*z，其中 x、y 和 z 分别是第 1、2 和 3 个参数。

JavaScript 中的 main() 函数将创建计算雾化效果需要的那些值，并通过相应的 uniform 变量传入着色器（第 35 行）。

你应当知道，除了线性雾化，还有多种其他雾化算法，如 OpenGL 中常用的指数雾化（见 *OpenGL Programming Guide* 一书）。使用其他的雾化算法也很简单，只需在着色器中修改雾化指数的计算方法即可。

使用 w 分量（Fog_w.js）

在顶点着色器中计算顶点与视点的距离，会造成较大的开销，也许会影响性能。我们可以使用另外一种方法来近似估算出这个距离，那就是使用顶点经过模型视图投影矩阵变换后的坐标的 w 分量。在在本例中，顶点变换后的坐标就是 gl_Position。之前，我们并未显式使用过 gl_Position 的 w 分量，实际上，这个 w 分量的值就是顶点的视图坐标的 z 分量乘以 −1。在视图坐标系中，视点在原点，视线沿着 Z 轴负方向，观察者看到的物体其视图坐标系值 z 分量都是负的，而 gl_Position 的 w 分量值正好是 z 分量值乘以 −1，所以可以直接使用该值来近似顶点与视点的距离。

在顶点着色器中，将计算顶点与视点距离的部分替换成例 10.7 种那样，雾化效果基本不变。

例 10.7 Fog_w.js

```
// Fog_w.js
// 顶点着色器程序
var VSHADER_SOURCE =
  ...
  'varying vec4 v_Color;\n' +
  'varying float v_Dist;\n' +
  'void main() {\n' +
  '  gl_Position = u_MvpMatrix * a_Position;\n' +
  '  v_Color = a_Color;\n' +
     // 使用视图坐标系的负Z值
  '  v_Dist = gl_Position.w;\n' +
  '}\n';
```

绘制圆形的点

在第 2 章中曾经讨论了一个最简单的示例程序，它绘制了三个点。当时，为了使你专注于理解着色器的基本原理，示例程序绘制的点是方的，而不是圆的，因为前者更简单。本节将讨论示例程序 RoundedPoint，该程序绘制了圆形的点，如图 10.9 所示。

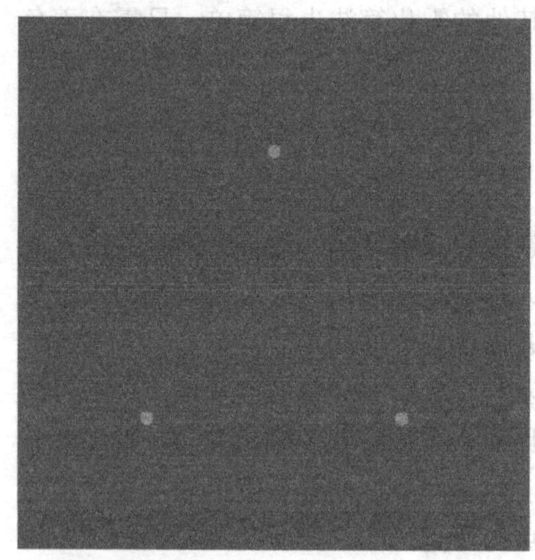

图 10.9 RoundedPoint

如何实现圆形的点

为了绘制一个圆点，我们需要将原先的方点“削”成圆形的。在第 5 章“颜色和纹理”中说过，顶点着色器和片元着色器之间发生了光栅化过程，一个顶点被光栅化为了多个片元，每一个片元都会经过片元着色器的处理。如果直接进行绘制，画出的就是方形的点；而如果在片元着色器中稍作改动，只绘制圆圈以内的片元，这样就可以绘制出圆形的点了，如图 10.10 所示。

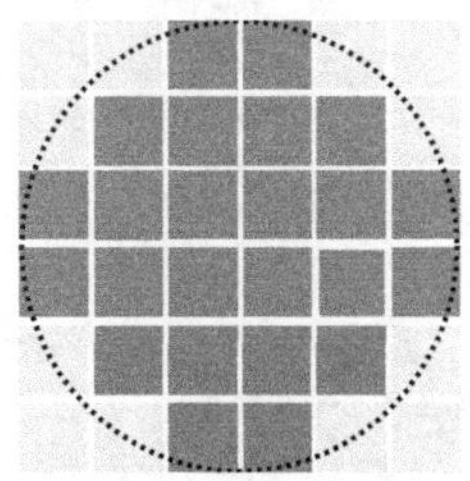

图 10.10 将矩形的点"削"成圆形

为了将矩形削成圆形，需要知道每个片元在光栅化过程中的坐标。在第 5 章的一个示例程序中，在片元着色器中通过内置变量 gl_FragCoord 来访问片元的坐标。实际上，片元着色器还提供了另一个内置变量 gl_PointCoord，如表 10.1 所示。这个变量可以帮助我们绘制圆形的点。

表 10.1 片元着色器内置变量（输入）

变量类型和名称	描述
vec4 gl_FragCoord	片元的窗口坐标
vec4 gl_PointCoord	片元在被绘制的点内的坐标（从 0.0 到 1.0）

gl_PointCoord 变量表示当前片元在所属的点内的坐标，坐标值的区间是从 0.0 到 1.0，如图 10.11 所示。为了将矩形削成圆形，需要将与点的中心 (0.5, 0.5) 距离超过 0.5，也就是将圆圈外的的片元剔除掉。在片元着色器中，我们可以使用 discard 语句来放弃当前片元。

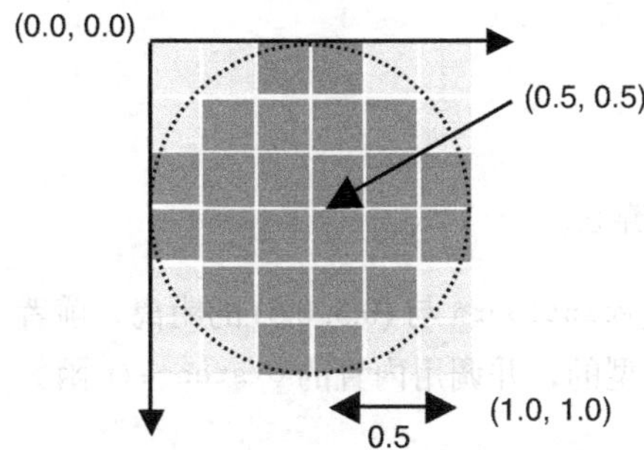

图 10.11 gl_PointCoord 的含义

示例程序（RoundedPoint.js）

例 10.8 显示了示例程序的代码，该程序以第 4 章的 MultiPoint.js 为基础修改了片元着色器，将原先的方点绘制成圆点。顶点着色器虽然没有改动，但仍然列出来以供参考。

例 10.8 RoundedPoint.js

```
1  // RoundedPoints.js
2  // 顶点着色器程序
3  var VSHADER_SOURCE =
4    'attribute vec4 a_Position;\n' +
5    'void main() {\n' +
6    '  gl_Position = a_Position;\n' +
7    '  gl_PointSize = 10.0;\n' +
8    '}\n';
9
10 // 片元着色器程序
11 var FSHADER_SOURCE =
   ...
15   'void main() {\n' +          // 点中心的坐标是(0.5, 0.5)
16   '  float dist = distance(gl_PointCoord, vec2(0.5, 0.5));\n' +
17   '  if(dist < 0.5) {\n' +      // 点的半径是0.5
18   '  gl_FragColor = vec4(1.0, 0.0, 0.0, 1.0);\n' +
19   ' } else { discard; }\n' +
20    '}\n';
21
22 function main() {
   ...
53  gl.drawArrays(gl.POINTS, 0, n);
54 }
```

绘制圆点的逻辑发生在片元着色器中，它根据当前片元和点的中心的距离来决定是否舍弃当前片元。gl_PointCoord 变量保存了片元在点内的坐标，而点的中心坐标是 (0.5, 0.5)，所以片元着色器：

1．计算片元距离所属点的中心的距离。

2．如果距离小于 0.5，则绘制该片元，否则舍弃它。

在 **RoundedPoint.js** 中，实际上只需要计算 gl_PointCoord 与 (0.5, 0.5) 的距离，前者是 vec2 变量，所以我们也令（0.5，0.5）为 vec2 类型的，并调用内置的 distance() 函数 (第 16 行)。

计算出片元与所属点中心的距离后，就判断该距离是否小于 0.5，即是否在“圆点”之内。如果片元在圆点之内，就照常为 gl_FragColor 赋值以绘制该片元（第 18 行），否则就使用 discard 语句，WebGL 会自动地舍弃该片元，直接处理下一个片元。

α混合

颜色中的 α 分量（即 RGBA 中的 A）控制着颜色的透明度。如果一个物体颜色的 α 分量值为 0.5，该物体就是半透明的，透过它可以看到该物体背后的其他物体。如果一个物体颜色的 α 分量值为 0，那么它就是完全透明的，我们将完全看不到它。在这一节的示例程序中，随着 α 分量的降低，整个绘图区域会逐渐成为白色，因为在默认情况下，α 混合不仅影响绘制的物体，也会影响背景色，最后你看到的白色实际上是 <canvas> 后空白的网页。

我们建立一个示例程序来实现半透明效果，实现这种效果需要用到颜色的 α 分量。该功能被称为 **α 混合** (alpha blending) 或**混合** (blending)，WebGL 已经内置了该功能，只需要开启即可。

如何实现 α 混合

需要遵循以下两个步骤来开启 α 混合。

1. 开启混合功能：

```
gl.enable(gl.BLEND);
```

2. 指定混合函数：

```
gl.blendFunc(gl.SRC_ALPHA, gl.ONE_MINUS_SRC_ALPHA);
```

开启 α 混合的函数稍后解释，先试着运行一下示例程序 LookAtBlendedTriangles，该程序是在第 7 章“进入三维世界”中的 LookAtTriangleWithKeys_ViewVolume 的基础上修改而来的，后者的运行效果如图 10.12 所示，图中绘制了 3 个三角形并允许使用方向键来控制视点的位置。

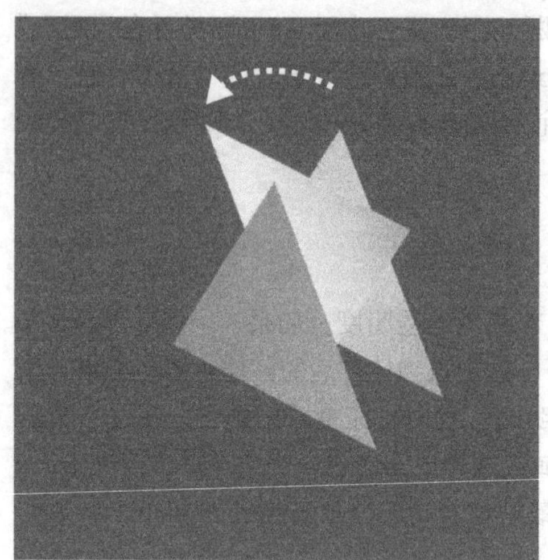

图 10.12 LookAtTriangleWithKeys_ViewVolume 截图

本例添加了上述两个步骤的代码，并且将这 3 个三角形的 α 值从 1.0 改成 0.4。图 10.13 显示了本例运行的效果。如你所见，三角形变成了半透明的，可以透过前面的三角形看到后面的三角形。使用方向键移动视点，可见半透明效果一直存在。

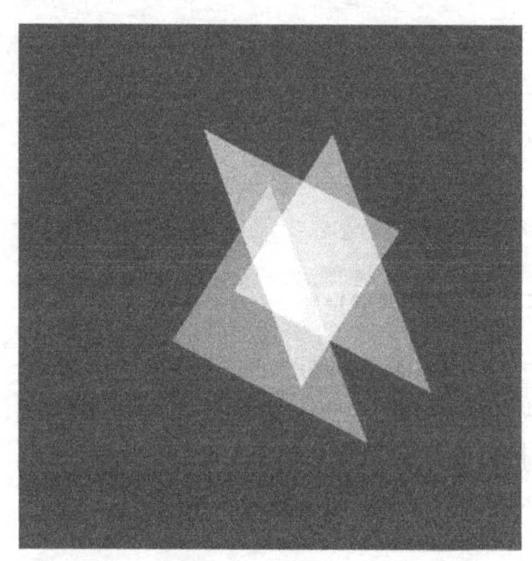

图 10.13 LookAtBlendedTriangles 截图

下面来看示例程序。

示例程序（LookAtBlendedTriangles.js）

例 10.9 显示了 `LookAtBlendedTriangles.js` 的代码。我们开启了混合功能(第 52 行)，指定了混合函数（第 54 行），并在 `initVertexBuffer()` 函数中修改三角形颜色的 α 分量值（第 81 ~ 91 行），`gl.vertexAttribPointer()` 函数的 `size` 和 `stride` 参数也相应地作了修改。

例 10.9 LookAtBlendedTriangles.js

```
  1 // LookAtBlendedTriangles.js
  2 // 在LookAtTrianglesWithKey_ViewVolume.js基础上修改而来
      ...
 25 function main() {
      ...
 43   var n = initVertexBuffers(gl);
      ...
 51   // 开启混合
 52   gl.enable (gl.BLEND);
 53   // 设置混合函数
 54   gl.blendFunc(gl.SRC_ALPHA, gl.ONE_MINUS_SRC_ALPHA);
      ...
 75   draw(gl, n, u_ViewMatrix, viewMatrix);
 76 }
 77
 78 function initVertexBuffers(gl) {
 79   var verticesColors = new Float32Array([
 80     // 顶点坐标和颜色(RGBA)
 81      0.0,  0.5, -0.4,  0.4, 1.0, 0.4, 0.4 ,
 82     -0.5, -0.5, -0.4,  0.4, 1.0, 0.4, 0.4 ,
      ...
 91      0.5, -0.5,  0.0,  1.0, 0.4, 0.4, 0.4 ,
 92   ]);
 93   var n = 9;
      ...
127   return n;
128 }
```

混合函数

下面来研究 `gl.blendFunc()` 函数的作用。在进行 α 混合时，实际上 WebGL 用到了两个颜色，即**源颜色** (source color) 和**目标颜色** (destination color)，前者是“待混合进去”的颜色，后者是“待被混合进去的颜色”。比如说，我们先绘制了一个三角形，然后在这个三角形之上又绘制了一个三角形，那么在绘制后一个三角形（中与前一个三角形重叠区域的像素）的时候，就涉及混合操作，需要把后者的颜色“混入”前者中，后者的颜色就是源颜色，而前者的颜色就是目标颜色。

gl.blendFunc(src_factor, dst_factor)

通过参数 src_factor 和 dst_factor 指定进行混合操作的函数，混合后的颜色如下计算：
<混合后颜色> = <源颜色>×src_factor + <目标颜色>×dst_factor

参数	src_factor	指定源颜色在混合后颜色中的权重因子，如表 10.2 所示
	dst_factor	指定目标颜色在混合后颜色中的权重因子，如表 10.2 所示
返回值	无	
错误	INVALID_ENUM	*src_factor* 或 *dst_factor* 的值不在表 10.2 种，无效

表 10.2 可以指定给 src_factor 和 dst_factor 的常量

常量	R 分量的系数	G 分量的系数	B 分量的系数
gl.ZERO	0.0	0.0	0.0
gl.ONE	1.0	1.0	1.0
gl.SRC_COLOR	Rs	Gs	Bs
gl.ONE_MINUS_SRC_COLOR	(1-Rs)	(1-Gs)	(1-Bs)
gl.DST_COLOR	Rd	Gd	Bd
gl.ONE_MINUS_DST_COLOR	(1-Rd)	(1-Gd)	(1-Bd)
gl.SRC_ALPHA	As	As	As
gl.ONE_MINUS_SRC_ALPHA	(1-As)	(1-As)	(1-As)
gl.DST_ALPHA	Ad	Ad	Ad
gl.ONE_MINUS_DST_ALPHA	(1-Ad)	(1-Ad)	(1-Ad)
gl.SRC_ALPHA_SATURATE	min(As, Ad)	min(As, Ad)	min(As, Ad)

WebGL 移除了 OpenGL 中的 gl.CONSTANT_COLOR、gl.ONE_MINUS_CONSTANT_COLOR、gl.CONSTANT_ALPHA、gl.ONE_MINUS_CONSTANT_ALPHA

上表中，(Rs, Gs, Bs, As) 和 (Rd, Gd, Bd, Ad) 表示源颜色和目标颜色的各个分量。

示例程序使用：

```
54      gl.blendFunc(gl.SRC_ALPHA, gl.ONE_MINUS_SRC_ALPHA);
```

这样，如果源颜色是半透明的绿色（0.0, 1.0, 0.0, 0.4），目标颜色是普通（完全不透明）的黄色(1.0, 1.0, 0.0, 1.0)，那么 src_factor 即源颜色的 α 分量为 0.4，而 dst_factor 则是(1–0.4) = 0.6，计算出混合后的颜色就是 (0.6, 1.0, 0.0)，如图 10.14 所示。

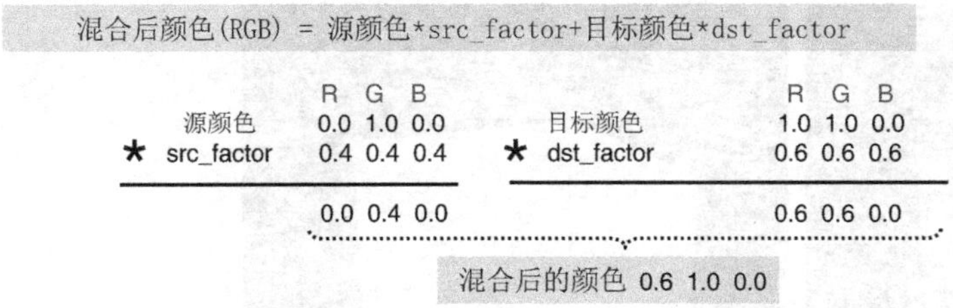

混合后颜色(RGB) = 源颜色*src_factor+目标颜色*dst_factor

	R G B		R G B
源颜色	0.0 1.0 0.0	目标颜色	1.0 1.0 0.0
★ src_factor	0.4 0.4 0.4	★ dst_factor	0.6 0.6 0.6
	0.0 0.4 0.0		0.6 0.6 0.0

混合后的颜色 0.6 1.0 0.0

图 10.14 计算混合后的颜色

你可以试试将 *src_factor* 和 *dst_factor* 参数指定为其他的常量，比如，有一种常用的混合方式——**加法混合** (additive blending)，如下所示。加法混合会使被混合的区域更加明亮，通常被用来实现爆炸的光照效果，或者游戏中需要引起玩家注意的任务物品等。

```
glBlendFunc(Gl_SRC_ALHPA, Gl_ONE);
```

半透明的三维物体（BlendedCube.js）

在这一节中，我们将利用 α 混合功能，在一个典型的三维物体——立方体上实现半透明效果。示例程序 `BlendedCube` 在第 7 章中的 `ColoredCube` 的基础上，向代码中加入了使用 α 混合的两个步骤，如例 10.10 所示。

例 10.10 BlendedCube.js

```
// BlendedCube.js
 ...
// 设置背景色并开启深度检测
gl.clearColor(0.0, 0.0, 0.0, 1.0);
gl.enable(gl.DEPTH_TEST);
// 开启α混合
gl.enable (gl.BLEND);
// 设置混合函数
gl.blendFunc(gl.SRC_ALPHA, gl.ONE_MINUS_SRC_ALPHA);
```

运行程序，你会发现并没出现图 10.15（右）中预期的效果，实际的效果如图 10.15（左）所示，和第 7 章的 `ColoredCube` 没有什么区别。

图 10.15 BlendedCube

这是因为，程序开启了隐藏面消除功能（第 49 行）。我们知道，α 混合发生在绘制片元的过程，而当隐藏面消除功能开启时，被隐藏的片元不会被绘制，所以也就不会发生混合过程，更不会有半透明的效果。实际上，只需要注释掉这一行开启隐藏面消除的代码即可。

```
48  gl.clearColor(0.0, 0.0, 0.0, 1.0);
49  // gl.enable(gl.DEPTH_TEST);
50  // 开启α混合
51  gl.enable (gl.BLEND);
```

透明与不透明物体共存

关闭隐藏面消除功能只是一个粗暴的解决方案，并不能满足实际的需求。在绘制三维场景时，场景中往往既有不透明的物体，也有半透明的物体。如果关闭隐藏面消除功能，那些不透明物体的前后关系就会乱套了。

实际上，通过某种机制，可以同时实现隐藏面消除和半透明效果，我们只需要：

1. 开启隐藏面消除功能。

```
gl.enable(gl.DEPTH_TEST);
```

2. 绘制所有不透明的物体（α 为 1.0）。

3. 锁定用于进行隐藏面消除的深度缓冲区（第 7 章）的写入操作，使之只读。

```
gl.depthMask(false);
```

4. 绘制所有半透明的物体（α小于 1.0），注意它们应当按照深度排序，然后从后向前绘制。

5. 释放深度缓冲区，使之可读可写。

```
gl.depthMask(true);
```

gl.depthMask() 函数用来锁定和释放深度缓冲区，其规范如下所示：

gl.depthMask(mask)		
锁定或释放深度缓冲区的写入操作。		
参数	mask	指定是锁定深度缓冲区的写入操作（false），还是释放之（true）
返回值	无	
错误	无	

在第 7 章中曾简要介绍了深度缓冲区。我们知道，深度缓冲区存储了每个像素的 z 坐标值（归一化为 0.0 到 1.0 之间）。假设场景中有两个前后重叠的三角形 A 和 B。首先，在绘制三角形 A 的时候，将它的每个片元的 z 值写入深度缓冲区，然后在绘制三角形 B 的时候，将 B 中与 A 重叠的片元和深度缓冲区中对应像素的 z 值作比较：如果深度缓冲区中的 z 值小，就说明三角形 A 在前面，那么 B 的这个片元就被舍弃了，不会写入颜色缓冲区；如果深度缓冲区中的 z 值大，就说明三角形 B 在前面，就把 B 的这个片元写入颜色缓冲区中，将之前 A 的颜色覆盖掉。这样，当绘制完成时，颜色缓冲区中的所有像素都是最前面的片元，而且每个像素的 z 值都存储在深度缓冲区中。这就是隐藏面消除的原理。注意，所有这些操作都是在片元层面上进行的，所以如果两个面相交，也可以正常显示。

当我们按照上述步骤同时绘制透明和不透明物体时，在第 1 步和第 2 步结束后，所有不透明的物体都正确地绘制在了颜色缓冲区中，深度缓冲区记录了每个像素（最前面的片元）的深度。然后进行第 3、4 和 5 步，绘制所有半透明的物体。由于深度缓冲区的存在，不透明物体后面的物体，即使是半透明的也不会显示。这是因为深度缓冲区的写操作被锁定了，所以在绘制不透明物体前面的透明物体时，也不会更新深度缓冲区。

切换着色器

到目前为止，本书中的程序都只是用了一个着色器（顶点着色器和片元着色器）。如果一个着色器就能绘制出场景中所有的物体，那就没有问题了。然而事实是，对不同的物体经常需要使用不同的着色器来绘制，每个着色器中可能有非常复杂的逻辑以实现各种不同的效果。我们可以准备多个着色器，然后根据需要来切换使用它们。这一节的示例程序 ProgramObject 就使用了两个着色器绘制了两个立方体，一个是纯色的，另一个贴有纹理。图 10.16 显示了程序的运行效果。

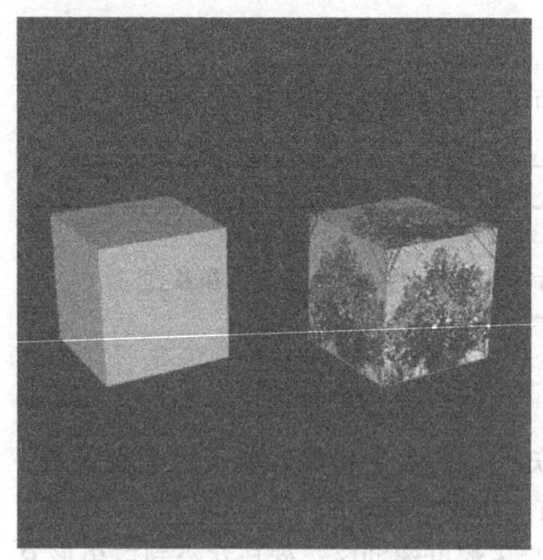

图 10.16 ProgramObject 截图

该程序也可以帮你复习一下如何在物体表面贴上纹理。

如何实现切换着色器

为了切换着色器，需要先创建多个着色器程序对象，然后在进行绘制前选择使用的程序对象。第 8 章“光照”介绍了如何创建程序对象，如果你忘记了，可以去复习一下。我们使用 gl.useProgram() 函数来进行切换。由于现在需要显式地操作着色器和程序对象，所以不能再使用 initShaders() 函数了。但是，可以使用定义在 cuon-utils.js 中的 createProgram() 函数，实际上 initShaders() 函数内部也是调用该函数来创建着色器对象的。

下面是示例程序的流程步骤，由于它创建了两个程序对象，做了两轮相同的操作，所以看上去有点长。关键的代码实际上很简单。

1．准备用来绘制单色立方体的着色器。

2．准备用来绘制纹理立方体的着色器。

3．调用 createProgram() 函数，利用第 1 步创建出的着色器，创建着色器程序对象。

4．调用 createProgram() 函数，利用第 2 步创建出的着色器，创建着色器程序对象。

5．调用 gl.useProgram() 函数，指定使用第 3 步创建出的着色器程序对象。

6．通过缓冲区对象向着色器中传入 attribute 变量并开启之。

7．绘制单色立方体。

8．调用 gl.useProgram() 函数，指定使用第 4 步创建出的着色器程序对象。

9．通过缓冲区对象向着色器传入 attribute 变量并开启之。

10．绘制纹理立方体。

下面来看一下示例程序。

示例程序（ProgramObject.js）

例 10.11 显示了示例程序中的上述第 1 步到第 4 步。我们准备了顶点着色器和片元着色器各两种：SOLID_VSHADER_SOURCE（第 3 行），SOLID_FSHADER_SOURCE（第 19 行），TEXTURE_VSHADER_SOURCE（第 29 行），TEXTURE_FSHADER_SOURCE（第 46 行）。前两者用来绘制单色的立方体，而后两者绘制贴有纹理的立方体。由于本节的重点是如何切换着色器程序对象，所以着色器的具体内容被省略了。

例 10.11 ProgramObject（第 1 步到第 4 步）

```
1   // ProgramObject.js
2   // 顶点着色器，绘制单色立方体                                  <- (1)
3   var SOLID_VSHADER_SOURCE =
      ...
18  // 片元着色器绘制单色立方体
19  var SOLID_FSHADER_SOURCE =
      ...
28  // 顶点着色器绘制纹理立方体                                    <- (2)
29  var TEXTURE_VSHADER_SOURCE =
      ...
45  // 片元着色器绘制纹理立方体
46  var TEXTURE_FSHADER_SOURCE =
      ...
58  function main() {
      ...
69    // 初始化着色器
```

```
  var solidProgram = createProgram (gl, SOLID_VSHADER_SOURCE,
                                      ➥SOLID_FSHADER_SOURCE);   <- (3)
  var texProgram = createProgram (gl, TEXTURE_VSHADER_SOURCE,
                                      ➥TEXTURE_FSHADER_SOURCE); <- (4)
  ...
  // 获取绘制单色立方体着色器的变量
  solidProgram.a_Position = gl.getAttribLocation(solidProgram, 'a_Position');
  solidProgram.a_Normal = gl.getAttribLocation(solidProgram, 'a_Normal');
  ...
  // 获取attribute/uniform变量的存储地址
  texProgram.a_Position = gl.getAttribLocation(texProgram, 'a_Position');
  texProgram.a_Normal = gl.getAttribLocation(texProgram, 'a_Normal');
  ...
  texProgram.u_Sampler = gl.getUniformLocation(texProgram, 'u_Sampler');
  ...
  // 设置顶点信息
  var cube = initVertexBuffers(gl, solidProgram);
  ...
  // 设置纹理
  var texture = initTextures(gl, texProgram);
  ...
  // 开始绘制
  var currentAngle = 0.0; // 当前角度
  var tick = function() {
    currentAngle = animate(currentAngle); // 更新旋转角度
  ...
    // 绘制单色立方体
    drawSolidCube(gl, solidProgram, cube, -2.0, currentAngle, viewProjMatrix);
    // 绘制纹理立方体
    drawTexCube(gl, texProgram, cube, texture, 2.0, currentAngle,
                                                      ➥viewProjMatrix);

    window.requestAnimationFrame(tick, canvas);
  };
  tick();
}

function initVertexBuffers(gl, program) {
  ...
var vertices = new Float32Array([ // 顶点坐标
  1.0, 1.0, 1.0, -1.0, 1.0, 1.0, -1.0,-1.0, 1.0, 1.0,-1.0, 1.0,
  1.0, 1.0, 1.0, 1.0,-1.0, 1.0, 1.0,-1.0,-1.0, 1.0, 1.0,-1.0,
  ...
  1.0,-1.0,-1.0, -1.0,-1.0,-1.0, -1.0, 1.0,-1.0, 1.0, 1.0,-1.0
```

```
155   ]);
156
157   var normals = new Float32Array([ // 法线
      ...
164   ]);
165
166   var texCoords = new Float32Array([ // 纹理坐标
      ...
173   ]);
174
175   var indices = new Uint8Array([ // 顶点索引
      ...
182   ]);
183
184   var o = new Object(); // 使用该对象返回多个缓冲区对象
185
186   // 将顶点信息写入缓冲区对象
187   o.vertexBuffer = initArrayBufferForLaterUse(gl, vertices, 3, gl.FLOAT);
188   o.normalBuffer = initArrayBufferForLaterUse(gl, normals, 3, gl.FLOAT);
189   o.texCoordBuffer = initArrayBufferForLaterUse(gl, texCoords, 2, gl.FLOAT);
190   o.indexBuffer = initElementArrayBufferForLaterUse(gl, indices,
                                                          ➥gl.UNSIGNED_BYTE);
      ...
193   o.numIndices = indices.length;
      ...
199   return o;
200 }
```

main() 函数首先调用 gl.createProgram() 创建了两个着色器程序对象（第 70、71 行），该函数接收的参数和 initShaders() 一样，即字符串形式的顶点着色器和片元着色器代码，返回值就是着色器程序对象。两个着色器程序对象分别命名为 solidProgram 和 texProgram。然后，获取每个着色器中各 attribute 变量的存储地址，保存在相应着色器程序对象的同名属性上，就像在 MultiJointModel.js 中一样。我们又一次用到了 JavaScript 的“可以随意向对象添加属性”的特性。

接着，将顶点的数据存储在由 initVertexBuffers() 函数创建的缓冲区对象中。对单色立方体而言，顶点的数据包括 (1) 顶点的坐标，(2) 法线，(3) 索引。对贴有纹理的立方体而言，还得加上纹理坐标。这些缓冲区对象将在绘制立方体和切换着色器时分配给着色器中的 attribute 变量。

具体的，initVertexBuffers() 函数首先定义了顶点坐标数组（第 148 行）、法线数组（第 157 行）、纹理坐标数组（第 166 行）和顶点索引数组（第 175 行），然后定义了一个空的 Object 类型的对象 o,将创建的各个缓冲区对象全部添加为 o 的属性(第 184 ~ 190 行),最后返回 o 对象。你也通过向全局变量赋值的方式来传出缓冲区对象，但是全局变量就太多了，程序的可读性也会降低。利用函数返回对象的属性来返回多个缓冲区对象，可以帮助我们更好地管理这些缓冲区对象。

我们使用 `initArrayBufferForLaterUse()` 函数来创建单个缓冲区对象（第 187 ~ 190 行)，这个函数曾经在 `MultiJointModel_segment.js` 中出现过，它将数组中的数据写入缓冲区，但不将缓冲区分配给 attribute 变量。

回到 `main()` 函数，我们接着调用 `initTextures()` 函数建立好纹理图像（第 107 行)，然后一切就准备好了，只等绘制两个立方体对象。首先调用 `drawSolidCube()` 函数绘制单色的立方体（第 129 行),然后调用 `drawTexCube()` 函数绘制贴有纹理图像的立方体（第 131 行)。例 10.12 显示了接下来的这第 5 ~ 10 步。

例 10.12 ProgramObject.js（第 5 ~ 10 步)

```
function drawSolidCube(gl, program, o, x, angle, viewProjMatrix) {
  gl.useProgram(program); //告诉WebGL使用这个程序对象                    <-(5)

  // 分配缓冲区对象并开启attribute变量                                  <-(6)
  initAttributeVariable(gl, program.a_Position, o.vertexBuffer);
  initAttributeVariable(gl, program.a_Normal, o.normalBuffer);
  gl.bindBuffer(gl.ELEMENT_ARRAY_BUFFER, o.indexBuffer);

  drawCube(gl, program, o, x, angle, viewProjMatrix); // 绘制            <-(7)
}

function drawTexCube(gl, program, o, texture, x, angle, viewProjMatrix) {
  gl.useProgram(program); // 告诉WebGL使用这个程序对象                   <-(8)

  // 分配缓冲区对象并开启attribute变量                                  <-(9)
  initAttributeVariable(gl, program.a_Position, o.vertexBuffer);
  initAttributeVariable(gl, program.a_Normal, o.normalBuffer);
  initAttributeVariable(gl, program.a_TexCoord, o.texCoordBuffer);
  gl.bindBuffer(gl.ELEMENT_ARRAY_BUFFER, o.indexBuffer);

  // 将纹理对象绑定到0号纹理单元
  gl.activeTexture(gl.TEXTURE0);
  gl.bindTexture(gl.TEXTURE_2D, texture);

  drawCube(gl, program, o, x, angle, viewProjMatrix); // 绘制            <-(10)
}

```

```
263 // Assign the buffer objects and enable the assignment
264 function initAttributeVariable(gl, a_attribute, buffer) {
265   gl.bindBuffer(gl.ARRAY_BUFFER, buffer);
266   gl.vertexAttribPointer(a_attribute, buffer.num, buffer.type, false, 0, 0);
267   gl.enableVertexAttribArray(a_attribute);
268 }
      ...
275 function drawCube(gl, program, o, x, angle, viewProjMatrix) {
276   // 计算模型矩阵
      ...
281   // 计算法线变换矩阵
      ...
286   // 计算模型视图投影矩阵
      ...
291   gl.drawElements(gl.TRIANGLES, o.numIndices, o.indexBuffer.type, 0);
292 }
```

drawSolidCube() 函数绘制单色立方体：首先调用 gl.useProgram() 并将着色器程序 solidProgram 作为参数传入，即告诉 WebGL 使用这个程序。然后，调用 initAttributeVariable() 函数将顶点的坐标、法线分配给相应的 attribute 变量（第 240 ~ 241 行）。接着，将索引缓冲区对象绑定到 gl.ELEMENT_ARRAY_BUFFER 上，一切就准备好了。最后，调用 gl.drawElements() 函数，完成绘制操作。

drawTexCube() 函数与 drawSolidCube() 函数的流程基本一致。额外的步骤是将纹理坐标的缓冲区分配给 attribute 变量(第 253 行)，以及将纹理对象绑定到 0 号纹理单元上(第 257 ~ 258 行)。实际的绘制操作仍是由 gl.drawElements() 完成的，和 drawSolidCube() 函数一样。

一旦掌握了切换着色器的基本方法，你就可以在任意多个着色器程序中进行切换，在同一个场景中绘制出各种不同的效果的组合。

渲染到纹理

另一项简单而又强大的技术是，使用 WebGL 渲染三维图形，然后将渲染结果作为纹理贴到另一个三维物体上去。实际上，把渲染结果作为纹理使用，就是动态地生成图像，而不是向服务器请求加载外部图像。在纹理图像被贴上图形之前，我们还可以对其做一些额外的处理，比如生成如动态模糊或景深效果。下一节还将用这项技术来实现影子。这一节创建了一个新的示例程序 FramebufferObject，将一个旋转的立方体作为纹理贴在一个矩形上，如图 10.17 所示。

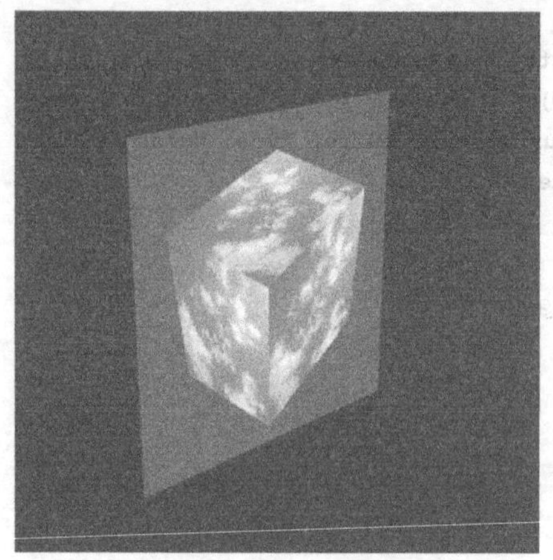

图 10.17 FramebufferObject

运行程序，你会看到场景中有一个矩形，矩形的纹理中有一个正在旋转的立方体，立方体的纹理是蓝天白云。最重要的是，矩形的纹理并不是事先准备好的，而是 WebGL 实时绘制出来的。这项技术很有用，所以我们来研究一下究竟怎样做才能达到这样的效果。

帧缓冲区对象和渲染缓冲区对象

在默认情况下，WebGL 在颜色缓冲区中进行绘图，在开启隐藏面消除功能时，还会用到深度缓冲区。总之，绘制的结果图像是存储在颜色缓冲区中的。

帧缓冲区对象 (framebuffer object) 可以用来代替颜色缓冲区或深度缓冲区，如图 10.18 所示。绘制在帧缓冲区中的对象并不会直接显示在 `<canvas>` 上，你可以先对帧缓冲区中的内容进行一些处理再显示，或者直接用其中的内容作为纹理图像。在帧缓冲区中进行绘制的过程又称为**离屏绘制** (offscreen drawing)。

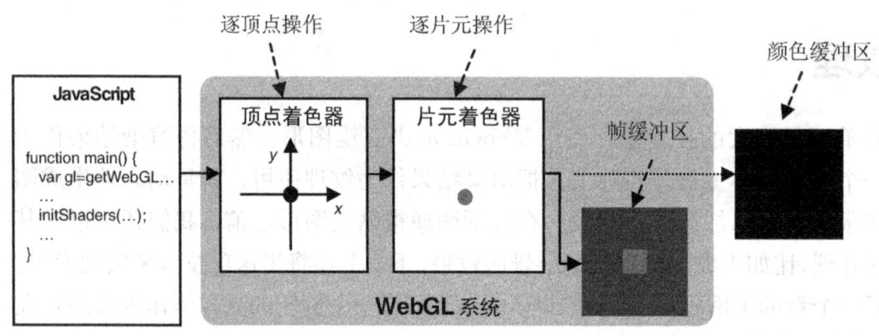

图 10.18 帧缓冲区对象

图 10.19 显示了帧缓冲区对象的结构，它提供了颜色缓冲区和深度缓冲区的替代品。如你所见，绘制操作并不是直接发生在帧缓冲区中的，而是发生在帧缓冲区**所关联的对象** (attachment) 上。一个帧缓冲区有 3 个关联对象：**颜色关联对象** (color attachment)、**深度关联对象** (depth attachment) 和**模板关联对象** (stencil attachment)，分别用来替代颜色缓冲区、深度缓冲区和模板缓冲区。

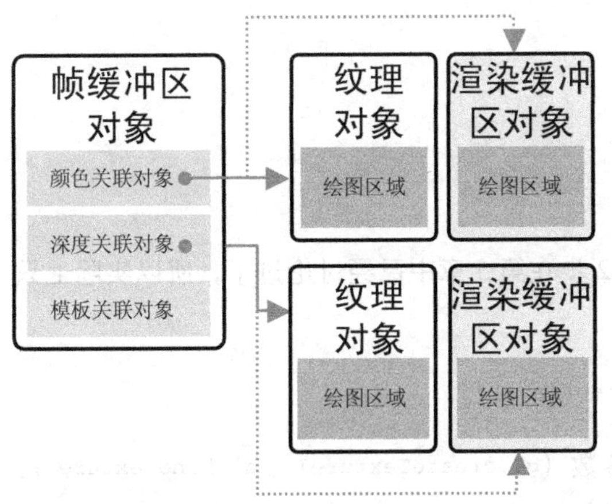

图 10.19 帧缓冲区对象、纹理对象和渲染缓冲区对象

经过一些设置，WebGL 就可以向帧缓冲区的关联对象中写入数据，就像写入颜色缓冲区或深度缓冲区一样。每个关联对象又可以是两种类型的：纹理对象或**渲染缓冲区对象** (renderbuffer object)。纹理对象已经在第 5 章中讨论过了，它存储了纹理图像。当我们把纹理对象作为颜色关联对象关联到帧缓冲区对象后，WebGL 就可以在纹理对象中绘图。渲染缓冲区对象表示一种更加通用的绘图区域，可以向其中写入多种类型的数据。

如何实现渲染到纹理

如上所述，我们希望把 WebGL 渲染出的图像作为纹理使用，那么就需要将纹理对象作为颜色关联对象关联到帧缓冲区对象上，然后在帧缓冲区中进行绘制，此时颜色关联对象（即纹理对象）就替代了颜色缓冲区。此时仍然需要进行隐藏面消除，所以我们又创建了一个渲染缓冲区对象来作为帧缓冲区的深度关联对象，以替代深度缓冲区。帧缓冲区的设置如图 10.20 所示。

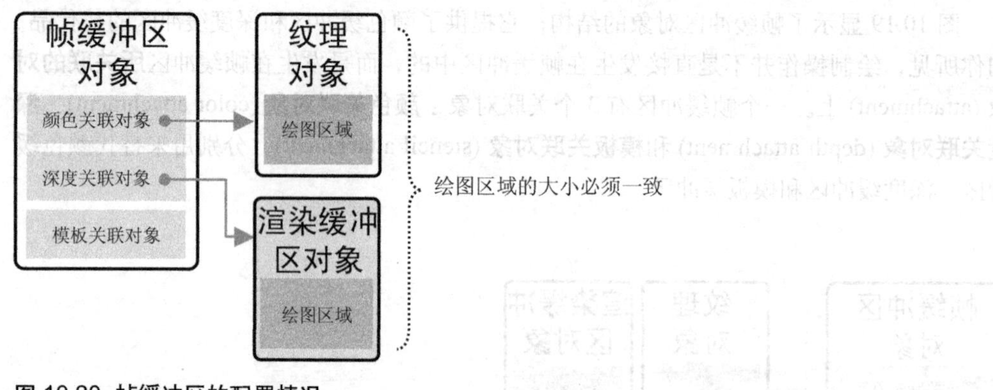

图 10.20 帧缓冲区的配置情况

以下是实现上述配置的 8 个步骤。第 2 步在第 5 章中已经讨论过了，所以实际上只有 7 个新的步骤。

1. 创建帧缓冲区对象（`gl.createFramebffer()`）。

2. 创建纹理对象并设置其尺寸和参数（`gl.createTexture()`、`gl.bindTexture()`、`gl.texImage2D()`、`gl.Parameteri()`）。

3. 创建渲染缓冲区对象（`gl.createRenderbuffer()`）。

4. 绑定渲染缓冲区对象并设置其尺寸（`gl.bindRenderbuffer()`、`gl.renderbuffer-Storage()`）。

5. 将帧缓冲区的颜色关联对象指定为一个纹理对象（`gl.frambufferTexture2D()`）。

6. 将帧缓冲区的深度关联对象指定为一个渲染缓冲区对象（`gl.framebufferRenderbuffer()`）。

7. 检查帧缓冲区是否正确配置（`gl.checkFramebufferStatus()`）。

8. 在帧缓冲区中进行绘制（`gl.bindFramebuffer()`）。

现在来看一下示例程序，代码中用数字标出了上述的步骤。

示例程序（FramebufferObject.js）

例 10.13 显示了示例程序 `FramebufferObject.js` 中上述第 1 步到第 7 步的代码。

例 10.13 FramebufferObject.js（第 1 步到第 7 步）

```
// FramebufferObject.js
  ...
// 离屏绘制的尺寸
var OFFSCREEN_WIDTH = 256;
var OFFSCREEN_HEIGHT = 256;

function main() {
  ...
// 设置顶点信息
  var cube = initVertexBuffersForCube(gl);
  var plane = initVertexBuffersForPlane(gl);
  ...
  var texture = initTextures(gl);
  ...
  // 初始化帧缓冲区(FBO)
  var fbo = initFramebufferObject(gl);
  ...
  var viewProjMatrix = new Matrix4(); // 为颜色缓冲区所准备
  viewProjMatrix.setPerspective(30, canvas.width/canvas.height, 1.0, 100.0);
  viewProjMatrix.lookAt(0.0, 0.0, 7.0, 0.0, 0.0, 0.0, 0.0, 1.0, 0.0);

  var viewProjMatrixFBO = new Matrix4(); // 为帧缓冲区所准备
  viewProjMatrixFBO.setPerspective(30.0, OFFSCREEN_WIDTH/OFFSCREEN_HEIGHT,
                                                                  ➥1.0, 100.0);
  viewProjMatrixFBO.lookAt(0.0, 2.0, 7.0, 0.0, 0.0, 0.0, 0.0, 1.0, 0.0);
  ...
    draw(gl, canvas, fbo, plane, cube, currentAngle, texture, viewProjMatrix,
                                                          ➥viewProjMatrixFBO);
  ...
}
...
function initFramebufferObject(gl) {
  var framebuffer, texture, depthBuffer;
  ...
  // 创建帧缓冲区(FBO)                                                   <-(1)
  framebuffer = gl.createFramebuffer();
  ...
  // 创建纹理对象并设置其尺寸和参数                                       <-(2)
  texture = gl.createTexture(); // 创建纹理对象
  ...
  gl.bindTexture(gl.TEXTURE_2D, texture);
```

```
288   gl.texImage2D(gl.TEXTURE_2D, 0, gl.RGBA, OFFSCREEN_WIDTH,
                                  ➥OFFSCREEN_HEIGHT, 0, gl.RGBA, gl.UNSIGNED_BYTE, null);
289   gl.texParameteri(gl.TEXTURE_2D, gl.TEXTURE_MIN_FILTER, gl.LINEAR);
290   framebuffer.texture = texture;           // 保存纹理对象
291
292   // 创建渲染缓冲区对象并设置其尺寸和参数
293   depthBuffer = gl.createRenderbuffer(); // 创建渲染缓冲区                    <-(3)
      ...
298   gl.bindRenderbuffer(gl.RENDERBUFFER, depthBuffer);                        <-(4)
299   gl.renderbufferStorage(gl.RENDERBUFFER, gl.DEPTH_COMPONENT16,
                                         ➥OFFSCREEN_WIDTH, OFFSCREEN_HEIGHT);
300
301   // 将纹理和渲染缓冲区对象关联到帧缓冲区对象上
302   gl.bindFramebuffer(gl.FRAMEBUFFER, framebuffer);
303   gl.framebufferTexture2D(gl.FRAMEBUFFER, gl.COLOR_ATTACHMENT0,
                                         ➥gl.TEXTURE_2D, texture, 0);  <-(5)
304   gl.framebufferRenderbuffer(gl.FRAMEBUFFER, gl.DEPTH_ATTACHMENT,
                                        ➥gl.RENDERBUFFER, depthBuffer); <-(6)
305
306   // 检查帧缓冲区是否被正确设置                                              <-(7)
307   var e = gl.checkFramebufferStatus(gl.FRAMEBUFFER);
308   if (e !== gl.FRAMEBUFFER_COMPLETE) {
309     console.log('Framebuffer object is incomplete: ' + e.toString());
310     return error();
311   }
312
      ...
319   return framebuffer;
320 }
```

示例中略去了顶点着色器和片元着色器，本例中的着色器与第 5 章 TexturedQuad.js 程序中的完全一样。示例程序绘制了一个立方体和一个矩形。和 ProgramObject.js 中一样，程序为立方体和矩形各创建了若干个缓冲区以存储顶点数据，并将缓冲区对象保存在 Object 类型的对象 cube 和 plane 中。这些缓冲区对象将在真正进行绘制前分配给着色器中的 attribute 变量。

main() 函数首先调用了 initFramebufferObject() 函数并新建了一个帧缓冲区对象 fbo（第 71 行），然后将其作为参数传给 draw() 函数（第 92 行）。我们稍后再讨论 draw() 函数中的内容，先来逐步地研究一下 initFramebufferObject() 函数中的内容（第 263 行）。该函数实现了上述的第 1 步到第 7 步。注意，我们单独定义了帧缓冲区对象的视图投影矩阵（第 84 行），因为绘制立方体时的视图投影矩阵与绘制矩形时的并不一样。

创建帧缓冲区对象（gl.createFramebuffer()）

在使用帧缓冲区对象之前，必须先创建它（第 275 行）。

```
275 framebuffer = gl.createFramebuffer();
```

`gl.createFramebuffer()` 函数可以创建帧缓冲区对象。

gl.createFramebuffer()		
创建帧缓冲区对象。		
参数	无	
返回值	non-null	新创建的帧缓冲区对象
	null	创建帧缓冲区对象失败
错误	无	

同样，可以使用 `gl.deleteFramebuffer()` 函数来删除一个帧缓冲区对象。

gl.deleteFramebuffer(framebuffer)		
删除帧缓冲区对象。		
参数	framebuffer	指定被删除的帧缓冲区对象
返回值	无	
错误	无	

创建出帧缓冲区对象后，还需要将其颜色关联对象指定为一个纹理对象，将其深度关联对象指定为一个渲染缓冲区对象。首先，我们来创建一个纹理对象。

创建纹理对象并设置其尺寸和参数

在第 5 章中已经讨论过如何创建纹理对象，如何设置纹理对象的参数（gl.TEXTURE_MIN_FILTER）。注意，本例将纹理的宽度和长度分别存储在了 OFFSETSCREEN_WIDTH 和 OFFSETSCREEN_HEIGHT 中。我们将纹理的尺寸设置得比 <canvas> 略小一些，以加快绘制的速度。

```
282   texture = gl.createTexture(); // 创建纹理对象
       ...
287   gl.bindTexture(gl.TEXTURE_2D, texture);
288   gl.texImage2D(gl.TEXTURE_2D, 0, gl.RGBA, OFFSCREEN_WIDTH, OFFSCREEN_HEIGHT, 0,
                                          ➥gl.RGBA, gl.UNSIGNED_BYTE, null);
289   gl.texParameteri(gl.TEXTURE_2D, gl.TEXTURE_MIN_FILTER, gl.LINEAR);
290   framebuffer.texture = texture; // 保存纹理对象
```

gl.texImage2D() 函数可以为纹理对象分配一块存储纹理图像的区域，供 WebGL 在其中进行绘制（第 288 行）。调用该函数时，将最后一个参数设为 null，就可以新建一块空白的区域。第 5 章中这个参数是传入的纹理图像 Image 对象。将创建出的纹理对象存储在 framebuffer.texture 属性上，以便稍后访问（第 290 行）。

这样，我们就完成了第 2 步——创建纹理对象并设置其尺寸和参数。接着来创建渲染缓冲区对象。

创建渲染缓冲区对象（gl.createRenderbuffer()）

在使用渲染缓冲区对象之前，我们必须先创建它（第 293 行）。

```
293    depthBuffer = gl.createRenderbuffer(); // 创建渲染缓冲区                 <-(3)
```

调用 gl.createRenderbuffer() 函数创建渲染缓冲区对象。

gl.createRenderbuffer()		
创建渲染缓冲区对象。		
参数	无	
返回值	non-null	新创建的渲染缓冲区对象
	null	创建渲染缓冲区对象失败
错误	无	

同样，可以使用 gl.deleteRenderbuffer() 函数来删除渲染缓冲区对象。

gl.deleteRenderbuffer(renderbuffer)		
删除帧缓冲区对象。		
参数	renderbuffer	指定被删除的帧缓冲区对象
返回值	无	
错误	无	

创建出来的渲染缓冲区对象将被指定为帧缓冲区的深度关联对象，我们将其保存在 depthbuffer 变量中。

绑定渲染缓冲区并设置其尺寸 (gl.bindRenderbuffer()，gl.renderbufferStorage())

在使用创建出的渲染缓冲区之前，还需要先将其绑定到目标上，然后通过对目标做一些额外的操作来设置渲染缓冲区的尺寸等参数。

```
gl.bindRenderbuffer(gl.RENDERBUFFER, depthBuffer);
gl.renderbufferStorage(gl.RENDERBUFFER, gl.DEPTH_COMPONENT16,
                                   ➥OFFSCREEN_WIDTH, OFFSCREEN_HEIGHT);
```

我们使用 `gl.bindRenderbuffer()` 函数绑定渲染缓冲区。

gl.bindRenderbuffer(target, renderbuffer)

将 *renderbuffer* 指定的渲染缓冲区对象绑定在 *target* 目标上。如果 *renderbuffer* 为 null，则将已经绑定在 *target* 目标上的渲染缓冲区对象解除绑定。

参数	target	必须为 gl.RENDERBUFFER
	renderbuffer	指定被绑定的渲染缓冲区
返回值	无	
错误	INVALID_ENUM	*target* 不是 gl.RENDERBUFFER

绑定完成后，我们就可以使用 `gl.renderbufferStorage()` 函数来设置渲染缓冲区的格式、宽度、高度等。注意，作为深度关联对象的渲染缓冲区，其宽度和高度必须与作为颜色关联对象的纹理缓冲区一致。

gl.renderbufferStorage(target, internalformat, width, height)

创建并初始化渲染缓冲区的数据区。

参数	target	必须为 gl.RENDERBUFFER
	internalformat	指定渲染缓冲区中的数据格式：
	gl.DEPTH_COMPONENT16	表示渲染缓冲区将替代深度缓冲区
	gl.STENCIL_INDEX8	表示渲染缓冲区将替代模板缓冲区
	gl.RGBA4 gl.RGB5_A1 gl.RGB565	表示渲染缓冲区将替代颜色缓冲区。gl.RGBA4 表示 RGBA 这 4 个分量各占据 4 个比特，gl.RGB5_A1 表示 RGB 各占据 5 个比特，A 占据 1 个比特，gl.RGB565 表示 RGB 分别占据 5、6、5 个比特
	width 和 height	指定渲染缓冲区的宽度和高度，以像素为单位
返回值	无	
错误	INVALID_ENUM	*target* 不是 gl.RENDERBUFFER
	INVALID_OPERATION	*target* 上没有绑定渲染缓冲区

这样，我们就准备好了纹理对象和渲染缓冲区。接下来，我们就需要将它们关联到帧缓冲区上，并进行离屏绘图。

将纹理对象关联到帧缓冲区对象 (gl.bindFramebuffer(), gl.framebufferTexture2D())

使用帧缓冲区对象的方式与使用渲染缓冲区类似：先将缓冲区绑定到目标上，然后通过操作目标来操作缓冲区对象，而不能直接操作缓冲区对象。

```
gl.bindFramebuffer(gl.FRAMEBUFFER, framebuffer); // 绑定帧缓冲区
gl.framebufferTexture2D(gl.FRAMEBUFFER, gl.COLOR_ATTACHMENT0, gl.TEXTURE_2D,
                                                              ➥texture, 0);
```

首先，调用 `gl.bindFramebuffer()` 函数绑定帧缓冲区对象。

gl.bindFramebuffer(target, framebuffer)

将 framebuffer 指定的帧缓冲区对象绑定到 *target* 目标上。如果 framebuffer 为 null，那么已经绑定到 *target* 目标上的帧缓冲去对象将被解除绑定。

参数	target	必须是 gl.FRAMEBUFFER
	framebuffer	指定被绑定的帧缓冲区对象
返回值	无	
错误	INVALID_ENUM	*target* 不是 gl.FRAMEBUFFER

一旦帧缓冲区对象被绑定到 *target* 目标上，就可以通过 *target* 来使之与纹理对象进行关联。本例中，我们用一个纹理对象来代替颜色缓冲区，所以就将这个纹理对象指定为帧缓冲区的颜色关联对象。

调用 `gl.framebufferTexture2D()` 来完成这个任务。

gl.framebufferTexture2D(target, attachment, textarget, texture, level)

将 *texture* 指定的纹理对象关联到绑定在 *target* 目标上的帧缓冲区。

参数	target	必须为 gl.FRAMEBUFFER
	attachment	指定关联的类型
	gl.COLOR_ATTACHMENT0	表示 *texture* 是颜色关联对象
	gl.DEPTH_ ATTACHMENT	表示 *texture* 是深度关联对象
	textarget	同 textureImage2D() 函数的第 1 个参数（gl.TEXTURE_2D 或 gl.TEXTURE_CUBE）
	texture	指定关联的纹理对象
	level	指定为 0（在使用 MIPMAP 纹理时指定纹理的层级）
返回值	无	

错误	INVALID_ENUM	*target* 不是 gl.FRAMEBUFFER，或者 *attachment* 或 *textarget* 的值无效
	INVALID_VALUE	*level* 的值无效
	INVALID_OPERATION	*target* 上没有绑定帧缓冲区

注意，attachment 参数的取值之一 gl.COLOR_ATTACHMENT0，其名称中出现了一个 0。这是因为在 OpenGL 中，帧缓冲区可以具有多个颜色关联对象（gl.COLOR_ATTACHMENT0、gl.COLOR_ATTACHMENT1 等等），但是 WebGL 中只可以有 1 个。

现在我们已经把纹理对象指定为帧缓冲区的颜色关联对象了，下面来把渲染缓冲区对象指定为帧缓冲区的深度关联对象。其过程是类似的。

将渲染缓冲区对象关联到帧缓冲区对象（gl.framebufferRenderbuffer()）

使用 gl.framebufferRenderbuffer() 函数来把渲染缓冲区对象关联到帧缓冲区对象上。这里，渲染缓冲区对象的作用是帮助进行隐藏面消除，所以我们将其指定为深度关联对象。

```
304    gl.framebufferRenderbuffer(gl.FRAMEBUFFER, gl.DEPTH_ATTACHMENT,
gl.RENDERBUFFER, depthBuffer);
```

gl.framebufferRenderbuffer(target, attachment, renderbuffertarget, renderbuffer)

将 *renderbuffer* 指定的渲染缓冲区对象关联到绑定在 *target* 上的帧缓冲区对象。

参数	target	必须为 gl.FRAMEBUFFER
	attachment	指定关联的类型
	gl.COLOR_ATTACHMENT0	表示 renderbuffer 是颜色关联对象
	gl.DEPTH_ATTACHMENT	表示 renderbuffer 是深度关联对象
	gl.STENCIL_ATTACHMENT	表示 renderbuffer 是模板关联对象
	renderbuffertarget	必须是 gl.RENDERBUFFER
	renderbuffer	指定被关联的渲染缓冲区对象
返回值	无	
错误	INVALID_ENUM	target 不是 gl.FRAMEBUFFER，或者 renderbuffertarget 不是 gl.RENDERBUFFER，或者 attachment 的值无效

现在，我们已经完成了帧缓冲区上的所有关联操作，只等 WebGL 在其中进行绘制了。但是在此之前，先检查一下帧缓冲区是否真的正确配置了。

检查帧缓冲区的配置（gl.checkFramebufferStatus()）

显然，如果帧缓冲区对象没有被正确配置，就会发生错误。如你所见，前几节为帧缓冲区关联纹理对象和渲染缓冲区对象，它们的过程很复杂，有时会出现错误。我们可以使用 gl.checkFramebufferStatus() 函数来进行检查。

```
var e = gl.checkFramebufferStatus(gl.FRAMEBUFFER);                    <-(7)
if (gl.FRAMEBUFFER_COMPLETE !== e ) {
  console.log('Framebuffer object is incomplete: ' + e.toString());
  return error();
}
```

该函数的规范如下所示。

gl.checkFramebufferStatus(target)

检查绑定在 *target* 上的帧缓冲区对象的配置状态。

参数	target	必须为 gl.FRAMEBUFFER
返回值	0	*target* 不是 gl.FRAMEBUFFER
	其他	
	gl.FRAMEBUFFER_ COMPLETE	帧缓冲区对象已正确配置
	gl.FRAMEBUFFER_ INCOMPLETE_ ATTACHMENT	某一个关联对象为空，或者关联对象不合法
	gl.FRAMEBUFFER_ INCOMPLETE_ DIMENSIONS	颜色关联对象和深度关联对象的尺寸不一致
	gl.FRAMEBUFFER_ INCOMPLETE_ MISSING_ATTACHMENT	帧缓冲区尚未关联任何一个关联对象
错误	INVALID_ENUM	*target* 不是 gl.FRAMEBUFFER

这样，我们就完成了对帧缓冲区的检查。下面来看一下 draw() 函数。

在帧缓冲区进行绘图

例 10.14 显示了 draw() 函数的代码。该函数首先把绘制目标切换为帧缓冲区对象 fbo，并在其颜色关联对象，即在纹理对象中绘制了立方体。然后，我们把绘制目标切换回 <canvas>，调用 drawTextureddPlane() 函数在颜色缓冲区中绘制矩形，同时把上一步在纹理对象中绘制的图像贴到矩形表面上。

例 10.14 FramebufferObject.js（第 8 步）

```
function draw(gl, canvas, fbo, plane, cube, angle, texture, viewProjMatrix,
                                                   ➥viewProjMatrixFBO) {
```

```
322    gl.bindFramebuffer(gl.FRAMEBUFFER, fbo);                              <-(8)
323    gl.viewport(0, 0, OFFSCREEN_WIDTH, OFFSCREEN_HEIGHT); // 为帧缓冲区准备
324
325    gl.clearColor(0.2, 0.2, 0.4, 1.0); // 颜色被轻微改变
326    gl.clear(gl.COLOR_BUFFER_BIT | gl.DEPTH_BUFFER_BIT); // 清空帧缓冲区
327    // 绘制立方体
328    drawTexturedCube(gl, gl.program, cube, angle, texture, viewProjMatrixFBO);
329    // 切换绘制目标为颜色缓冲区
330    gl.bindFramebuffer(gl.FRAMEBUFFER, null);
331    // 将视窗设置回<canvas>的尺寸
332    gl.viewport(0, 0, canvas.width, canvas.height);
333    gl.clearColor(0.0, 0.0, 0.0, 1.0);
334    gl.clear(gl.COLOR_BUFFER_BIT | gl.DEPTH_BUFFER_BIT);
335    // 绘制矩形平面
336    drawTexturedPlane(gl, gl.program, plane, angle, fbo.texture , viewProjMatrix);
337  }
```

首先调用 gl.bindFramebuffer() 函数绑定帧缓冲区对象，这样 gl.drawArrays() 和 drawElements() 函数就会在帧缓冲区中进行绘制了（第 322 行）。接着调用 gl.viewport() 函数定义离线绘图的绘图区域。

gl.viewport(x, y, width, height)

设置 gl.drawArrays() 和 gl.drawElements() 函数的绘图区域。在 <canvas> 上绘图时，x 和 y 就是 <canvas> 中的坐标。

参数	x, y	指定绘图区域的左上角，以像素为单位
	width, height	指定绘图区域的宽度和高度
返回值	无	
错误	无	

然后，清除帧缓冲区的中的颜色关联对象和深度关联对象（第 326 行），就像我们清除颜色缓冲区和深度缓冲区一样。接着绘制了立方体，其纹理是一幅蓝天白云的图像（第 328 行）。我们将背景色从黑色改成了紫蓝色，以突出显示矩形。这样，绘制在纹理缓冲区中的立方体就可以被当作纹理图像贴到矩形上去。接下来绘制矩形 plane，这时需要在颜色缓冲区中绘制了，所以还得把绘制目标切换回来。调用 gl.bindFramebuffer() 函数并将第 2 个参数指定为 null，解除了帧缓冲区的绑定（第 330 行），然后调用 drawTexturedPlane() 函数绘制了矩形（第 336 行）。注意，我们将存储了离屏绘制结果的纹理对象 fbo.texture 作为参数传入了该函数，供绘制矩形时使用。运行示例程序，你会发现矩形的正反两个表面都被贴上了纹理，这是因为 WebGL 默认绘制图形的正反两个表面（虽然你同时只能看到一个）。我们可以使用 gl.enable(gl.CULL_FACE) 来开启

消隐功能 (culling function)，让 WebGL 不再绘制图形的背面，以提高绘制速度（理想情况下达到两倍）。

绘制阴影

第 8 章讨论了着色过程，即实现物体在光照下各表面明暗不一的效果。当时我们还简单提及了阴影，即物体在光照下向背光处投下影子的现象，但并未详述。这一节，我们就来研究如何实现阴影。首先，实现阴影有若干种不同的方法，本节所介绍的方法采用的是**阴影贴图** (shadow map)，或称**深度贴图** (depth map)。该方法具有较好的表现力，在多种计算机图形学的场合，甚至电影特效中都有所使用。

如何实现阴影

实现阴影的基本思想是：太阳看不见阴影。如果在光源处放置一位观察者，其视线方向与光线一致，那么观察者也看不到阴影。他看到的每一处都在光的照射下，而那些背后的，他没有看到的物体则处在阴影中。这里，我们需要用到光源与物体之间的距离（实际上也就是物体在光源坐标系下的深度 z 值）来决定物体是否可见。如图 10.21 所示，同一条光线上有两个点 P1 和 P2，由于 P2 的 z 值大于 P1，所以 P2 在阴影中。

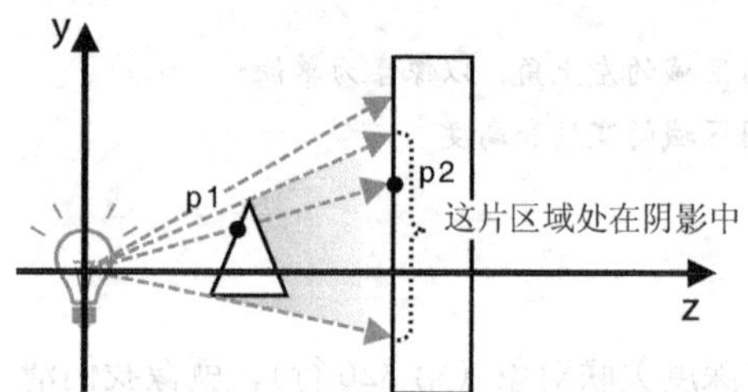

图 10.21 阴影贴图的原理

我们需要使用两对着色器以实现阴影：(1) 一对着色器用来计算光源到物体的距离，(2) 另一对着色器根据 (1) 中计算出的距离绘制场景。使用一张纹理图像把 (1) 的结果传入 (2) 中，这张纹理图像就被称为**阴影贴图** (shadow map)，而通过阴影贴图实现阴影的方法就被称为**阴影映射** (shadow mapping)。阴影映射的过程包括以下两步：

1. 将视点移到光源的位置处，并运行 (1) 中的着色器。这时，那些“将要被绘出”的片元都是被光照射到的，即落在这个像素上的各个片元中最前面的。我们并不实际地绘制出片元的颜色，而是将片元的 z 值写入到阴影贴图中。

2. 将视点移回原来的位置，运行 (2) 中的着色器绘制场景。此时，我们计算出每个片元在光源坐标系（即 (1) 中的视点坐标系）下的坐标，并与阴影贴图中记录的 z 值比较，如果前者大于后者，就说明当前片元处在阴影之中，用较深暗的颜色绘制。

第 1 步中使用帧缓冲区对象记录片元到光源的距离，配置帧缓冲区对象的过程和 `FramebufferObject.js` 中一样，如图 10.20 所示。此外，第 1 步和第 2 步使用两对不同的着色器，所以还需要切换着色器，本章之前已经讨论过相关的内容。下面来看一下示例程序 `Shadow`，图 10.22 显示了该程序的运行效果，红色的三角形在倾斜的矩形平面上投下了阴影。

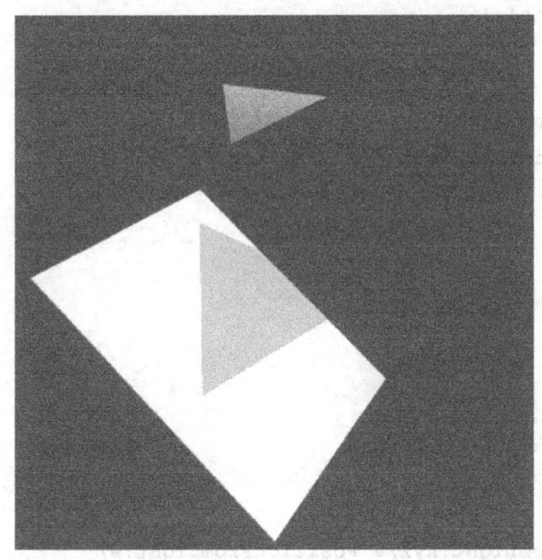

图 10.22 Shadow

示例程序（Shadow.js）

实现阴影的关键步骤发生在着色器中，如例 10.15 所示。

例 10.15 Shadow.js（着色器部分）

```
// Shadow.js
// 生成阴影贴图的顶点缓冲区
var SHADOW_VSHADER_SOURCE =
  ...
  'void main() {\n' +
  '  gl_Position = u_MvpMatrix * a_Position;\n' +
  '}\n';
```

```
9
10 // 生成阴影贴图的片元缓冲区
11 var SHADOW_FSHADER_SOURCE =
     ...
15   'void main() {\n' +
16   '  gl_FragColor = vec4(gl_FragCoord.z, 0.0, 0.0, 0.0);\n' +          <-(1)
17   '}\n';
18
19 // 正常绘制时用到的顶点缓冲区
20 var VSHADER_SOURCE =
     ...
23   'uniform mat4 u_MvpMatrix;\n' +
24   'uniform mat4 u_MvpMatrixFromLight;\n' +
25   'varying vec4 v_PositionFromLight;\n' +
26   'varying vec4 v_Color;\n' +
27   'void main() {\n' +
28   '  gl_Position = u_MvpMatrix * a_Position;\n' +
29   '  v_PositionFromLight = u_MvpMatrixFromLight * a_Position;\n' +
30   '  v_Color = a_Color;\n' +
31   '}\n';
32
33 // 正常绘制时用到的片元缓冲区
34 var FSHADER_SOURCE =
     ...
38   'uniform sampler2D u_ShadowMap;\n' +
39   'varying vec4 v_PositionFromLight;\n' +
40   'varying vec4 v_Color;\n' +
41   'void main() {\n' +
42   '  vec3 shadowCoord =(v_PositionFromLight.xyz/v_PositionFromLight.w)
                                                          ➥/ 2.0 + 0.5;\n' +
43   '  vec4 rgbaDepth = texture2D(u_ShadowMap, shadowCoord.xy);\n' +
44   '  float depth = rgbaDepth.r;\n' + // 从R分量中获取Z值
45   '  float visibility = (shadowCoord.z > depth + 0.005) ? 0.7:1.0;\n'+ <-(2)
46   '  gl_FragColor = vec4(v_Color.rgb * visibility, v_Color.a);\n' +
47   '}\n';
```

顶点着色器 SHADOW_VSHADER_SOURCE 和片元着色器 SHADOW_FSHADER_SOURCE 负责生成阴影贴图（第 3 ~ 17 行）。我们需要将绘制目标切换到帧缓冲区对象，把视点在光源处的模型视图投影矩阵传给 u_MvpMatrix 变量，并运行着色器。着色器会将每个片元的 z 值写入帧缓冲区关联的阴影贴图中。顶点着色器的任务很简单，将顶点坐标乘以模型视图投影矩阵，而片元着色器略复杂一些，它将片元的 z 值写入了纹理贴图中。为此，我们使用了片元着色器的内置变量 gl_FragCoord，在第 5 章中曾经使用过它。

gl_FragCoord 的内置变量是 vec4 类型的，用来表示片元的坐标。gl_FragCoord.x 和 gl_FragCoord.y 是片元在屏幕上的坐标，而 gl_FragCoord.z 是深度值。它们是通过 (gl_Position.xyz/gl_Position.w)/2.0+0.5 计算出来的（参阅 *OpenGL ES 2.0 specification*），都被归一化到 [0.0, 1.0] 区间。如果 gl_FragCoord.z 是 0.0，则表示该片元在近裁剪面上，如果是 1.0，则表示片元在远裁剪面上。我们将该值写入到阴影贴图的 R 分量中（第 16 行）。当然，你也可以使用其他分量。

```
16    '  gl_FragColor = vec4(gl_FragCoord.z, 0.0, 0.0, 0.0);\n' + <-(1)
```

这样，着色器就将视点位于光源时每个片元的 z 值存储在阴影贴图中。阴影贴图将被作为纹理对象传给另一对着色器中的 u_ShadowMap 变量（第 38 行）。

顶点着色器 VSHADER_SOURCE 和片元着色器 FSHADER_SOURCE 实现了第 2 步（第 20 ~ 47 行）。将绘制目标切换回颜色缓冲区，把视点移回原位，开始真正地绘制场景。此时，我们需要比较片元在光源坐标系下的 z 值和阴影贴图中对应的值来决定当前片元是否处在阴影之中。u_MvpMatrix 变量是视点在原处的模型视图投影矩阵，而 u_MvpMatrixFromLight 变量是第 1 步中视点位于光源处时的模型视图投影矩阵。顶点着色器计算每个顶点在光源坐标系（即第 1 步中的视图坐标系）中的坐标 v_PositionFromLight（等价于第 1 步中的 gl_Position），并传入片元着色器（第 29 行）。

片元着色器的任务是根据片元在光源坐标系中的坐标 v_positionFromLight 计算出可以与阴影贴图相比较的 z 值。前面说过，阴影贴图中的 z 值是通过 (gl_Position.z/gl_Position.w)/2.0+0.5 计算出来的，为使这里的结果能够与之比较，我们也需要通过 (v_PositionFromLight.z/ v_PositionFromLight.w)/2.0+0.5 来进行归一化。然后，为了将 z 值与阴影贴图中的相应纹素值比较，需要通过 v_PositionFromLight 的 x 和 y 坐标从阴影贴图中获取纹素。但我们知道，WebGL 中的 x 和 y 坐标都是在 [−1.0, 1.0] 区间中的，如图 2.18 所示，而纹理坐标 s 和 t 是在 [0.0, 1.0] 的区间中的，如图 5.20 所示。所以我们还需要将 x 和 y 坐标转化为 s 和 t 坐标：

```
s=(v_PositionFromLight.x/v_PositionFromLight.w)/2.0+0.5
t=(v_PositionFromLight.y/v_PositionFromLight.w)/2.0+0.5
```

其归一化的方式与恰巧[4] 与 z 值的归一化方式一致。所以我们在一行代码中完成 xyz 的归一化（第 42 行），计算出 shadowCoord 变量，其 x 和 y 分量为当前片元在阴影贴图中对应纹素的纹理坐标，而 z 分量表示当前片元在光源坐标系中的归一化 z 值，可与阴

4 事实上这并非巧合，而是 WebGL 可视空间中的 xyz 坐标区间都是 [−1.0, 1.0]，而纹理坐标值和纹理像素值的区间都为 [0.0, 1.0] 所致。——译者注

影贴图中的纹素值比较。关于这段内容，可以参阅 *OpenGL ES 2.0 specification*[5]。

```
42  '  vec3 shadowCoord =(v_PositionFromLight.xyz/v_PositionFromLight.w)
                                                  ➥/ 2.0 + 0.5;\n' +
43  '  vec4 rgbaDepth = texture2D(u_ShadowMap, shadowCoord.xy);\n' +
44  '  float depth = rgbaDepth.r;\n' + // 从R分量中获取Z值
```

然后，我们通过 `shadowCoord.xy` 从阴影贴图中抽取出纹素（第 43、44 行），你应该还记得，这并非单纯抽取纹理的像素，而涉及内插过程。由于之前 z 值被写在了 R 分量中（第 16 行），所以这里也只需提取 R 分量，并保存在 `depth` 变量中。接着，我们通过比较 `shadowCoord.z` 和 `depth` 来决定片元是否是在阴影中，如果前者较大，说明当前片元在阴影中，就为 `visibility` 变量赋值为 0.7，否则就赋为 1.0。该变量参与了计算片元最终颜色的过程，如果其为 0.7，那么片元就会深暗一些，以表示在阴影中（第 46 行）。

```
45  '  float visibility = (shadowCoord.z > depth + 0.005) ? 0.7:1.0;\n'+
46  '  gl_FragColor = vec4(v_Color.rgb * visibility, v_Color.a);\n' +
```

你可能注意到，我们在进行比较时，加了一个 0.005 的偏移量（第 45 行）。如果你在示例程序中删去这个偏移量，再运行程序，就会发现矩形平面上会出现如图 10.23 所示的条带，又称**马赫带** (Mach band)。

图 10.23 马赫带

偏移量 0.005 的作用是消除马赫带。出现马赫带的原因虽然有些复杂，但三维图形学中经常会出现类似的问题，这个问题值得弄明白。我们知道，纹理图像的 RGBA 分量中，每个分量都是 8 位，那么存储在阴影贴图中的 z 值精度也只有 8 位，而与阴影贴图

5 www.khronos.org/registry/gles/specs/2.0/es_full_spec_2.0.25.pdf。

进行比较的值 shadowCoord.z 是 float 类型的，有 16 位。比如说，假设 z 值是 0.1234567，8 位的浮点数的精度是 1/256，也就是 0.00390625。根据：

```
0.1234567/(1/256)=31.6049152
```

在 8 位精度下，0.1234567 实际上是 31 个 1/256，即 0.12109375。同理，在 16 位精度下，0.1234567 实际上是 8090 个 1/65536，即 0.12344360。前者比后者小。这意味着，即使是完全相同的坐标，在阴影贴图中的 z 值可能会比 shadowCoord.z 中的值小，这就造成了矩形平面的某些区域被误认为是阴影了。我们在进行比较时，为阴影贴图添加一个偏移量 0.005，就可以避免产生马赫带。注意，偏移量应当略大于精度，比如这里的 0.005 就略大于 1/256。

下面，我们就来看一下本例的 JavaScript 代码，如例 10.16 所示。JavaScript 代码部分负责将变换矩阵等各种数据传入着色器。为了使阴影更清晰，本例使用的阴影贴图的尺寸比 <canvas> 还要大一些。

例 10.16 Shadow.js（JavaScript 部分）

```
var OFFSCREEN_WIDTH = 1024, OFFSCREEN_HEIGHT = 1024;
var LIGHT_X = 0, LIGHT_Y = 7, LIGHT_Z = 2;

function main() {
  ...
  // 初始化以生成阴影贴图的着色器
  var shadowProgram = createProgram(gl, SHADOW_VSHADER_SOURCE,
                                                 ➥SHADOW_FSHADER_SOURCE);
  ...
  // 初始化正常绘制的着色器
  var normalProgram = createProgram(gl, VSHADER_SOURCE, FSHADER_SOURCE);
  ...
  // 设置顶点信息
  var triangle = initVertexBuffersForTriangle(gl);
  var plane = initVertexBuffersForPlane(gl);
  ...
  // 初始化帧缓冲区(FBO)
  var fbo = initFramebufferObject(gl);
  ...
  gl.activeTexture(gl.TEXTURE0); // 将纹理对象绑定到纹理单元上
 gl.bindTexture(gl.TEXTURE_2D, fbo.texture);
  ...
  var viewProjMatrixFromLight = new Matrix4(); // 为阴影贴图准备
  viewProjMatrixFromLight.setPerspective(70.0,
                              ➥OFFSCREEN_WIDTH/OFFSCREEN_HEIGHT, 1.0, 100.0);
```

```
108  viewProjMatrixFromLight.lookAt(LIGHT_X, LIGHT_Y, LIGHT_Z, 0.0, 0.0, 0.0, 0.0,
                                                                    ➥1.0, 0.0);
109
110    var viewProjMatrix = new Matrix4(); // 为正常绘制准备
111    viewProjMatrix.setPerspective(45, canvas.width/canvas.height, 1.0, 100.0);
112    viewProjMatrix.lookAt(0.0, 7.0, 9.0, 0.0, 0.0, 0.0, 0.0, 1.0, 0.0);
113
114    var currentAngle = 0.0; // 当前旋转角度
115    var mvpMatrixFromLight_t = new Matrix4(); // 三角形
116    var mvpMatrixFromLight_p = new Matrix4(); // 矩形平面
117    var tick = function() {
118      currentAngle = animate(currentAngle);
119      // 将绘制目标切换为帧缓冲区
120      gl.bindFramebuffer(gl.FRAMEBUFFER, fbo);
     ...
124      gl.useProgram(shadowProgram); // 准备生成纹理贴图
125      // 进行绘制操作以生成纹理贴图
126      drawTriangle(gl, shadowProgram, triangle, currentAngle,
                                                       ➥viewProjMatrixFromLight);
127      mvpMatrixFromLight_t.set(g_mvpMatrix); // Used later
128      drawPlane(gl, shadowProgram, plane, viewProjMatrixFromLight);
129      mvpMatrixFromLight_p.set(g_mvpMatrix); // Used later
130      // 将绘制目标切换为颜色缓冲区
131      gl.bindFramebuffer(gl.FRAMEBUFFER, null);
...
135      gl.useProgram(normalProgram); // 准备正常绘制
136      gl.uniform1i(normalProgram.u_ShadowMap, 0); // 传递gl.TEXTURE0
137      // 进行正常的绘制操作，绘出三角形和矩形平面
138      gl.uniformMatrix4fv(normalProgram.u_MvpMatrixFromLight, false,
                                                ➥mvpMatrixFromLight_t.elements);
139      drawTriangle(gl, normalProgram, triangle, currentAngle, viewProjMatrix);
140      gl.uniformMatrix4fv(normalProgram.u_MvpMatrixFromLight, false,
                                                ➥mvpMatrixFromLight_p.elements);
141      drawPlane(gl, normalProgram, plane, viewProjMatrix);
142
143      window.requestAnimationFrame(tick, canvas);
144    };
145    tick();
146  }
```

main() 函数首先初始化了两个着色器程序（第 64、73 行），然后初始化三角形和矩形顶点的数据（第 86 ~ 87 行），接着调用 initFramebufferObject() 函数创建帧缓冲区对象（第 94 行），一切都与 FramebufferObject.js 中一样。再接着，将帧缓冲区的纹理

关联对象，即阴影贴图绑定到 0 号纹理单元，将单元编号传给 u_ShadowMap 变量。

接下来，我们建立了视点在光源处的视图投影矩阵，以生成纹理贴图（第 106 ~ 108 行），关键之处在于需要将光源的位置作为视点的位置传入 lookAt() 函数（第 108 行）。我们还建立了用来正常绘制场景的视图投影矩阵（第 110 ~ 112 行）。

最后，我们绘制了整个场景：三角形、矩形和阴影。首先将绘制目标切换为帧缓冲区（第 120 行），执行着色器 shadowProgram 以生成阴影贴图（第 126 ~ 128 行）。你应该注意到，在生成阴影贴图的过程中，我们将模型视图投影矩阵保存了下来（第 127、129 行），因为稍后执行 normalProgram() 以完成常规绘制时，片元着色器也需要该矩阵，它是其中的 u_MvpMatrixFromLight 变量（第 138、140 行）。

提高精度

虽然我们已经成功地实现了场景中的阴影效果，但这仅适用于光源距离物体很近的情况。如果我们将光源拿远一些，比如将其 y 坐标改为 40：

```
50  var LIGHT_X = 0, LIGHT_Y = 40, LIGHT_Z = 2;
```

再次运行程序，你会发现阴影消失了，如图 10.24（左）所示。我们当然希望阴影能够回来，如图 10.24（右）所示。

阴影消失的原因是，随着光源与照射物体间的距离变远，gl_FragCoord.z 的值也会增大，当光源足够远时，gl_FragCoord.z 就大到无法存储在只有 8 位的 R 分量中了。简单的解决方法是，使用阴影贴图中的 R、G、B、A 这 4 个分量，用 4 个字节共 32 位来存储 z 值。实际上，已经有例行的方法来完成这项任务了，让我们来看看示例程序。注意，只有片元着色器有改动。

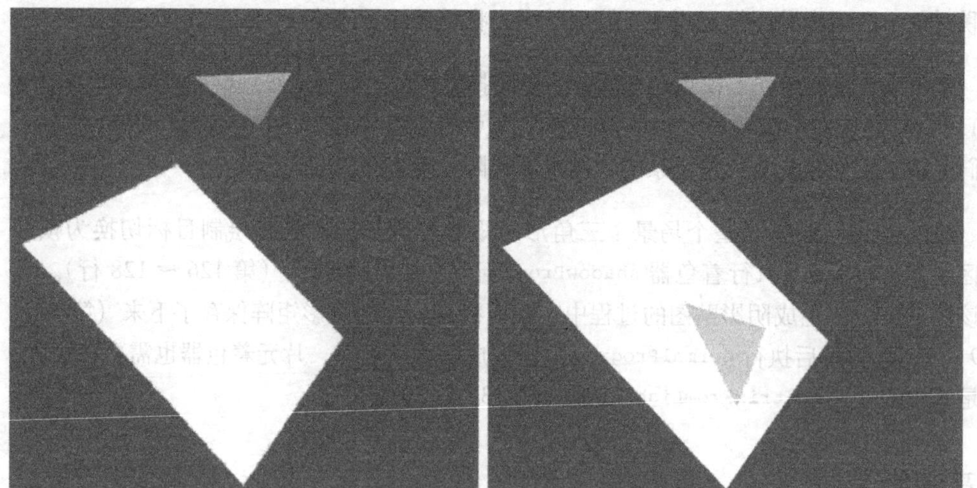

图 10.24 纹理消失

示例程序（Shadow_highp.js）

例 10.17 显示了 Shadow_highp.js 的片元着色器。可见，处理 z 值的部分比 Shadow.js 更加复杂了。

例 10.17 Shadow_high.js

```
// Shadow_highp.js
   ...
// 片元着色器以生成纹理贴图
var SHADOW_FSHADER_SOURCE =
   ...
  'void main() {\n' +
  '  const vec4 bitShift = vec4(1.0, 256.0, 256.0 * 256.0, 256.0 * 256.0 *
                                                              ➥256.0);\n' +
  '  const vec4 bitMask = vec4(1.0/256.0, 1.0/256.0, 1.0/256.0, 0.0);\n' +
  '  vec4 rgbaDepth = fract(gl_FragCoord.z * bitShift);\n' +
  '  rgbaDepth -= rgbaDepth.gbaa * bitMask;\n' +
  '  gl_FragColor = rgbaDepth;\n' +
  '}\n';
   ...
// 片元着色器以进行正常绘制
var FSHADER_SOURCE =
   ...
  // 从rgba这4个分量中重新计算出Z值
  'float unpackDepth(const in vec4 rgbaDepth) {\n' +
```

```
47    '  const vec4 bitShift = vec4(1.0, 1.0/256.0, 1.0/(256.0 * 256.0),
                                              ➥1.0/(256.0 * 256.0 * 256.0));\n' +
48    '  float depth = dot(rgbaDepth, bitShift);\n' +
49    '  return depth;\n' +
50    '}\n' +
51    'void main() {\n' +
52    '  vec3 shadowCoord = (v_PositionFromLight.xyz /
                                         ➥v_PositionFromLight.w)/2.0 + 0.5;\n' +
53    '  vec4 rgbaDepth = texture2D(u_ShadowMap, shadowCoord.xy);\n' +
54    '  float depth = unpackDepth(rgbaDepth);\n' + // 重新计算出Z值
55    '  float visibility = (shadowCoord.z > depth + 0.0015)? 0.7:1.0;\n'+
56    '  gl_FragColor = vec4(v_Color.rgb * visibility, v_Color.a);\n' +
57    '}\n';
```

片元着色器 `SHADOW_FSHADER_SOURCE` 将 `gl_FragCoord.z` 拆为了 4 个字节 R、G、B、A(第 16 ~ 19 行)。因为 1 个字节的精度是 1/256，所以我们将大于 1/256 的部分存储在 R 分量中，将 1/256 到 1/(256*256) 的部分存储在 G 分量中，将 1/(256*256) 到 1/(256*256*256) 存储在 B 分量中，并将小于 1/(256*256*256) 的部分存储在 A 分量中。我们使用内置函数 `fract()` 来计算上述分量的值（第 18 行)，该函数舍弃参数的整数部分，返回小数部分。此外，由于 `rgbaDepth` 是 `vec4` 类型的，精度高于 8 位，还需要将多余的部分砍掉（第 19 行)。最后，将 `rgbaDepth` 赋值给 `gl_FragColor`，这样就将 z 值保存在阴影贴图的 4 个分量中，获得了更高的精度。

片元着色器 `FSHADER_SOURCE` 调用 `unpackDepth()` 函数获取 z 值（第 54 行)。该函数是自定义函数，该函数根据如下公式从 RGBA 分量中还原出高精度的原始 z 值。此外，由于该公式与点积公式的形式一样，所以我们借用了 `dot()` 函数完成了计算。

$$depth = rgbDepth.r \times 1.0 + \frac{rgbaDepth.g}{256.0} + \frac{rgbaDepth.b}{(256.0 \times 256.0)} + \frac{rgbaDepth.a}{(256.0 \times 256.0 \times 256.0)}$$

这样，我们就还原了原始的 z 值，并将它与 `shadowCoord.z` 相比较（第 55 行)。我们仍然添加了一个偏移量 0.0015 来消除马赫带，因为此时 z 值的精度已经提高到了 `float`，在 `medium` 精度下，精度为 2^{-10}=0.000976563，如表 6.15 所示。这样，就又能够正确地绘制出阴影了。

加载三维模型

迄今为止，本书的示例程序都是在代码中显式定义三维模型的顶点坐标，并保存在 `Float32Array` 类型的数组中。然而，大部分三维程序都是从模型文件中读取三维模型的顶点坐标和颜色数据，而模型文件是由三维建模软件生成的。

这一节的示例程序将从模型文件中读取三维模型，模型文件由三维建模软件 Blender[6] 生成。Blender 是一款非常流行的建模软件，而且有一个免费的版本。Blender 可以将三维模型导出为著名的 OBJ 格式。OBJ 格式是基于文本的，易于阅读和理解，也易于转化为其他格式。OBJ 格式最初由 Wavefront Technologies 公司开发，由于其开放的特性，已被各大三维图形软件商所接受。这意味着，虽然 OBJ 格式应用广泛，但也存在着不同的变体。为了保持代码的简单，这一节的示例程序作了一些假定，如不使用纹理等，它将教会你如何着手从 OBJ 格式的模型文件中加载模型并使用 WebGL 绘制出来。此外，本例的代码被设计得尽量通用，如果你希望使用其他文本格式的模型文件，也可以参考本例的代码。

打开 Blender 并创建一个立方体，其顶面是橘黄色的，其他的面都是红色的，如图 10.25 所示。将模型导出为 `cube.obj` 文件（你可以在示例代码的 `resources` 文件夹下找到它）。现在就来研究一下 `cube.obj` 文件，它是文本文件，可以直接用文本编辑器打开。

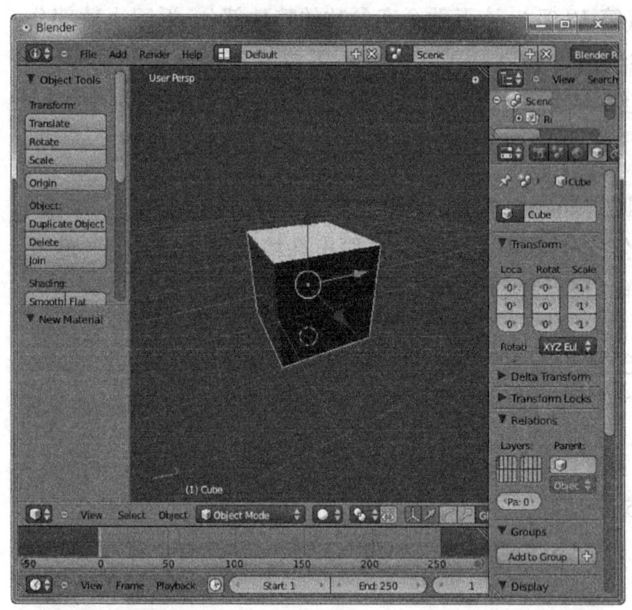

图 10.25 三维建模软件 Blender

图 10.26 显示了 `cube.obj` 的内容，为了叙述方便，图中加上了行号，在实际的文本中是没有行号的。

6 www.blender.org/。

```
# Blender v2.60 (sub 0) OBJ File: ''
# www.blender.org
mtllib cube.mtl
o Cube
v 1.000000 -1.000000 -1.000000
v 1.000000 -1.000000 1.000000
v -1.000000 -1.000000 1.000000
v -1.000000 -1.000000 -1.000000
v 1.000000 1.000000 -1.000000
v 1.000000 1.000000 1.000001
v -1.000000 1.000000 1.000000
v -1.000000 1.000000 -1.000000
usemtl Material
f 1 2 3 4
f 5 8 7 6
f 2 6 7 3
f 3 7 8 4
f 5 1 4 8
usemtl Material.001
f 1 5 6 2
```

图 10.26 cube.obj

程序需要从模型文件中读取数据，并保存在之前使用的那些数组和缓冲区中。具体地，程序需要：

1. 准备 `Float32Array` 类型的数组 `vertices`，从文件中读取模型的顶点坐标数据并保存到其中。

2. 准备 `Floar32Array` 类型的数组 `colors`，从文件中读取模型的顶点颜色数据并保存到其中。

3. 准备 `Float32Array` 类型的数组 `normals`，从文件中读取模型的顶点法线数据并保存到其中。

4. 准备 `Uint16Array`（或 `Uint8Array`）类型的数组 `indices`，从文件中读取顶点索引数据并保存在其中，顶点索引数据定义了组成整个模型的三角形序列。

5. 将前 4 步获取的数据写入缓冲区中，调用 `gl.drawElements()` 以绘制出整个立方体。

如上所述，程序将图 10.26 所示的 `cube.obj` 中描述的模型数据读入相应的数组中，并在第 5 步绘制它。首先，我们需要理解 OBJ 文件格式中每一行的含义。

OBJ 文件格式

OBJ 格式的文件由若干个部分组成[7]，包括顶点坐标部分、表面定义部分、材质[8]定义部分等。每个部分定义了多个顶点、法线、表面等等。

- 以井号 (#) 开头的行表示注释，如图 10.26 中的第 1 行到第 2 行就是 Blender 软件根据其自身版本创建出来的注释。

- 第 3 行引用了一个外部材质文件。OBJ 格式将模型的材质信息存储在外部的 MTL 格式的文件中。

  ```
  mtllib < 外部材质文件名 >
  ```

  这里，外部材质文件是 cube.mtl。

- 第 4 行按照如下格式指定了模型的名称：

  ```
  < 模型名称 >
  ```

  示例程序没有用到这条信息。

- 第 5 行到第 12 行按照如下格式定义了顶点的坐标，其中 w 是可选的，如果没有就默认为 1.0。

  ```
  v x y z [w]
  ```

  本例中的模型是一个标准的立方体，共有 8 个顶点。

- 第 13 行到第 20 行先指定了某个材质，然后列举了使用这个材质的表面。第 13 行指定了材质名称，该材质被定义在第 3 行引用的 MTL 文件中。

  ```
  usemtl < 材质名 >
  ```

- 接下来的第 14 行到第 18 行定义了使用这个材质的表面。每个表面是由顶点、纹理坐标和法线的索引序列定义的。

  ```
  f v1 v2 v3 v4 …
  ```

  其中 v1、v2、v2、v4 是之前定义的顶点的索引值。注意，这里顶点的索引值从 1 开始，而不是从 0 开始。本例为了简单，没有包含法线，如果包含了法线向量，就需要

7 http://en.wikipedia.org/wiki/Wavefront_.obj_file。

8 材质 (material) 即表面的样式，有可能是单色或渐变色，也有可能贴有纹理。——译者注

遵照如下格式：

```
f v1//vn1 v2//vn2 v3//vn3 …
```

其中，vn1、vn2 等是法线向量的索引值，也是从 1 开始。

- 第 19 行到第 20 行定义了使用了另一个材质的表面，即橘黄色的表面。

MTL 文件格式

MTL 文件定义了多个文件，图 10.27 显示了 `cube.mtl` 中的内容。

```
1 # Blender MTL File: ''
2 # Material Count: 2
3 newmtl Material
4 Ka 0.000000 0.000000 0.000000
5 Kd 1.000000 0.000000 0.000000
6 Ks 0.000000 0.000000 0.000000
7 Ns 96.078431
8 Ni 1.000000
9 d 1.000000
10 illum 0
11 newmtl Material.001
12 Ka 0.000000 0.000000 0.000000
13 Kd 1.000000 0.450000 0.000000
14 Ks 0.000000 0.000000 0.000000
15 Ns 96.078431
16 Ni 1.000000
17 d 1.000000
18 illum 0
```

图 10.27 cube.mtl

- 第 1 行和第 2 行是注释。
- 第 3 行使用 `newmtl` 定义一个新材质，格式如下：

  `newmtl` ＜*材质名*＞

  材质名被 OBJ 文件引用，如材质 `Material` 就在 `cube.obj` 的第 13 行被引用了。
- 第 4 行到第 6 行，分别使用 `Ka`、`Kd` 和 `Ks` 定义了表面的环境色、漫射色和高光色。颜色使用 RGB 格式定义，每个分量值的区间为 [0.0, 1.0]，本例只用到漫射色，也就是物体表面本来的颜色。我们不用管其他两个颜色的含义。
- 第 7 行使用 `Ns` 指定了高光色的权重，第 8 行用 `Ni` 指定了表面光学密度，第 9 行使用 d 指定了透明度，第 10 行用 illum 指定了光照模型。本例没有用到这些信息。

- 第 11 行到第 18 行以同样的方法定义了另一种材质 Material.001。

理解了 OBJ 文件格式和 MTL 文件格式，就可以从文件中读取模型各表面顶点坐标、颜色、法向量和索引信息，组织成数组写入缓冲区对象，调用 gl.drawElements() 以绘制出模型。这里，OBJ 对象没有定义法线方向，但我们可以根据顶点坐标，通过叉乘操作计算出法线方向[9]。

下面来看一下示例程序。

示例程序（OBJViewer.js）

例 10.18 显示了示例程序 OBJView.js 的代码，程序主要分为 5 个步骤：(1) 准备一个空的缓冲区对象，(2) 读取 OBJ 文件中的内容，(3) 解析之，(4) 将解析出的顶点数据写入缓冲区，(5) 进行绘制。

例 10.18 OBJViewer.js

```
// OBJViewer.js (
...
function main() {
...
  if (!initShaders(gl, VSHADER_SOURCE, FSHADER_SOURCE)) {
    console.log('Failed to initialize shaders.');
    return;
  }
...
  // 获取attribute变量和uniform变量的存储地址
  var program = gl.program;
  program.a_Position = gl.getAttribLocation(program, 'a_Position');
  program.a_Normal = gl.getAttribLocation(program, 'a_Normal');
  program.a_Color = gl.getAttribLocation(program, 'a_Color');
...
  // 为顶点坐标、颜色和法线准备空缓冲区对象
  var model = initVertexBuffers(gl, program);
...
  // 开始读取OBJ文件
  readOBJFile('../resources/cube.obj', gl, model, 60, true);
```

9 比如，三角形的顶点为 v0、v1、v2，从 v0 指向 v1 的矢量是 (x1, y1, z1)，而从 v0 指向 v2 的矢量是 (x2, y2, z2)，那么这两个矢量的叉乘结果为矢量 (y1*z2*z1*y2, z1*x2*x1*z2, x1*y2*y1*x2)，也就是三角形的法向量。可参考 *3D Math Primer for Graphics and Game Development* 一书。

```
...
    draw(gl, gl.program, currentAngle, viewProjMatrix, model);
...
}

// 创建缓冲区对象并进行初始化
function initVertexBuffers(gl, program) {
  var o = new Object();
  o.vertexBuffer = createEmptyArrayBuffer(gl, program.a_Position, 3, gl.FLOAT);
  o.normalBuffer = createEmptyArrayBuffer(gl, program.a_Normal, 3, gl.FLOAT);
  o.colorBuffer = createEmptyArrayBuffer(gl, program.a_Color, 4, gl.FLOAT);
  o.indexBuffer = gl.createBuffer();
...
  return o;
}

// 创建缓冲区对象，将其分配给相应的attribute变量，并开启之
function createEmptyArrayBuffer(gl, a_attribute, num, type) {
  var buffer = gl.createBuffer(); // 创建缓冲区对象
  ...
  gl.bindBuffer(gl.ARRAY_BUFFER, buffer);
  gl.vertexAttribPointer(a_attribute, num, type, false, 0, 0);
  gl.enableVertexAttribArray(a_attribute); // 开启attribute变量

  return buffer;
}

// 读取文件
function readOBJFile(fileName, gl, model, scale, reverse) {
  var request = new XMLHttpRequest();

  request.onreadystatechange = function() {
    if (request.readyState === 4 && request.status !== 404) {
      onReadOBJFile(request.responseText, fileName, gl, model, scale, reverse);
    }
  }
  request.open('GET', fileName, true); // 创建请求
  request.send(); // 发起请求
}

var g_objDoc = null;       // OBJ文件中的文本
var g_drawingInfo = null; // 用以绘制三维模型的信息

```

```
// 完成对OBJ文件的读取
function onReadOBJFile(fileString, fileName, gl, o, scale, reverse) {
  var objDoc = new OBJDoc(fileName); // 创建OBJDoc对象
  var result = objDoc.parse(fileString, scale, reverse);
  if (!result) {
    g_objDoc = null; g_drawingInfo = null;
    console.log("OBJ file parsing error.");
    return;
  }
  g_objDoc = objDoc;
}
```

在之前的示例程序中，initVertexBuffers() 函数通常用来初始化顶点数据，建立缓冲区。而在本例中，main() 函数调用 initVertexBuffers() 函数（第 60 行）仅仅是为三维模型的顶点坐标、颜色、法线向量各创建一个空的缓冲区。稍后，程序将从 OBJ 文件的内容中解析出这些数据，并写入这些缓冲区。

initVertexBuffers() 函数使用 createEmptyArrayBuffer() 函数创建了若干个空缓冲区（第 90 ～ 92 行）。实际上，该函数不仅创建了缓冲区对象（第 103 行），还将缓冲区分配给了相应的 attribute 变量（第 109 行）并开启之（第 110 行），只是没有向其中写入数据。第 64 行将缓冲区保存为 model 的属性，这样准备工作就完成了。接下来，程序调用 readOBJFile() 函数读取 OBJ 文件中的内容，并解析成数据写入缓冲区（第 76 行）。readOBJFile() 函数的第 1 个参数是 OBJ 文件的 URL，第 2 个参数是 WebGL 上下文 gl，第 3 个参数是含有多个缓冲区的 model 对象。该函数的流程与之前加载纹理图像时有些类似，如下所示：

(2.1) 创建一个 XMLHttpRequest 对象（第 117 行）。

(2.2) 注册事件响应函数，当加载模型文件完成时调用（第 119 行）。

(2.3) 使用 open() 方法创建一个请求，以加载模型文件（第 124 行）。

(2.4) 发起请求，开始加载模型文件（第 125 行）。

XMLHttpRequest 对象可以向服务器发起 HTTP 请求以获取模型文件（第 117 行）。该对象的 open() 方法将定义一次请求的细节，这里我们请求获取一个文件，所以第 1 个参数是 GET，第 2 个参数是文件的 URL，第 3 个参数指定请求是否异步。最后，send() 方法真正发起请求（第 125 行）。事先注册的 onreadystatechange 事件响应函数将在浏览器接收到模型文件后执行（第 119 行）。[10]

一旦浏览器完成了对模型文件的加载，之前注册的事件响应函数就被调用了（第 119 行）。该函数首先检查加载请求是否发生了错误，如果 readyState 属性为 4，就表示加载完成了，而如果 readyState 属性不是 4，同时 status 属性是 404，就说明待加载的文件不存在。这个 404 和试图打开一个不存在的网页时浏览器显示的“404 Not Found”是一个意思。如果成功加载了模型文件，那么事件响应函数就会调用 onReadOBJFile() 函数来解析模型文件中的内容。onReadOBJFile() 函数接收 5 个参数（第 132 行），其中第 1 个参数 responseText 是字符串形式的模型文件的文本。该函数首先新建一个 OBJDoc 文件（第 133 行），然后调用其 parse() 方法将字符串文本解析成 WebGL 易用的格式，最后将解析好的 objDoc 对象赋值给全局对象 g_objDoc。下一节将详细讨论解析文本的细节。

自定义类型对象

在继续解释 OBJView.js 代码之前，你需要知道如何在 JavaScript 中自定义类型。OBJView.js 使用了自定义的 OBJDoc 类型的对象实例 objDoc，调用其 parse() 方法进行解析。使用自定义类型的方法，与使用内置类型如 Array、Date 等几乎一样。

比如，下面是 OBJView.js 中的自定义类型 StringParser。自定义一个类型的关键是，(1) 定义**构造函数** (constructor)，(2) 为该类型定义方法。构造函数是一种特殊的函数，需要使用 new 关键字来调用构造函数，以创建该类型的实例。StringParser 的构造函数如下所示：

```
595 // 构造函数
596 var StringParser = function(str) {
597   this.str; // 将参数字符串保存下来
598   this.index; // 当前处理位置
599   this.init(str);
600 }
```

可以定义匿名构造函数（第 2 章）。构造函数的参数必须在使用 new 调用时同时传入。StringParser 的构造函数声明了该类型的两个成员属性 str 和 index（第 597 ~ 598 行）。所谓成员属性，就是该类型的所有实例都具有的属性，比如 Array 类型实例的 length 属

10 注意，当你在 Chrome 浏览器中运行示例程序并试图加载外部文件时，必须打开 --allow-file-access-from-files 选项。这是因为 Chrome 浏览器默认不允许脚本访问本地文件，如 ../resource/cube.obj。同样，在 Firefox 中，需要通过 account:config 将 security.fileuri.strict_origin_policy 选项置为 false。记住用过之后将其改回来，否则就留下了安全漏洞。

性就是该类型的成员属性。构造函数中的 this 表示调用构造函数时新生成的实例，所以构造函数在 this 上添加的属性就是成员属性。StringParser 最后调用成员方法 init() 进行初始化。

让我们来看一下 StringParser 类型的成员函数 init()，它定义在构造函数 StringParser 的 prototype 属性上。如下所示：

```
601 // 初始化StringParser类型的对象
602 StringParser.prototype.init = function(str) {
603   this.str = str;
604   this.index = 0;
605 }
```

由于某种机制，使用 new 调用构造函数生成的自定义类型的实例就可以访问 init() 方法了，就像该方法定义在实例上一样（实际上不是）。成员函数中的 this 表示调用该函数的示例，所以第 603 行的 this.str 就是第 597 行的 this.str，第 604 行的 this.index 就表示第 598 行的 this.index。下面来看看如何使用 StringParser 对象。

```
var sp = new StringParser('Tomorrow is another day.');
alert(sp.str); //  显示消息"Tomorrow is another day."
sp.str = 'Quo Vadis'; // str中的内容被改为了"Quo Vadis".
alert(sp.str); // 显示消息"Quo Vadis"
sp.init('Cinderella, tonight?');
alert(sp.str); // 显示消息"Cinderella, tonight?"
```

StringParser 的另一个成员函数 skipDelimiters() 如下所示，该函数将跳过分隔符（制表符、空格符、括号或引号），将 index 属性置为 str 字符串中，下一个非空格符的字符位置。

```
608 StringParser.prototype.skipDelimiters = function() {
609   for(var i = this.index, len = this.str.length; i < len; i++) {
610     var c = this.str.charAt(i);
611     // 跳过制表符，空格符，括号和双引号
612     if (c == '\t'|| c == ' ' || c == '(' || c == ')' || c == '"') continue;
613     break;
614   }
615   this.index = i;
616 }
```

注意，charAt(i) 是内置类型 String 的成员函数（第 610 行），它返回字符串中索引值为 i 的字符。

下面来看一下 OBJView.js 中解析数据的部分。

示例程序（OBJViewer.js 解析数据部分）

`OBJViewer.js` 将 OBJ 文件中的文本逐行解析为如图 10.28 所示的结构。图 10.28 中每一个方框是一个自定义对象。虽然这部分代码看上去比较复杂，但实际上进行数据解析的核心部分却很简单。下面来看一下核心部分的代码，一旦你理解了这部分，你就理解了解析数据的整个过程。

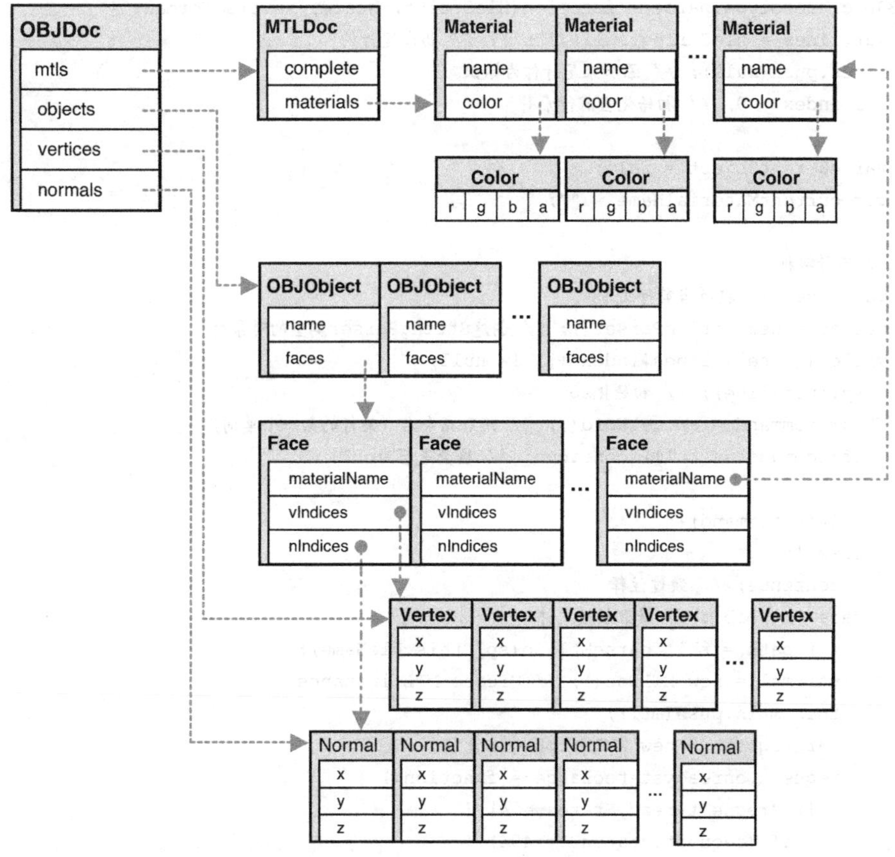

图 10.28 解析出的内部结构

例 10.19 显示了 `OBJViewer.js` 的基本代码。

例 10.19 OBJViewr.js（数据解析部分）

```
// OBJDoc object
// 构造函数
var OBJDoc = function(fileName) {
```

```
  this.fileName = fileName;
  this.mtls = new Array(0); // 材质MTL列表
  this.objects = new Array(0); // 对象Object列表
  this.vertices = new Array(0); // 顶点Vertex列表
  this.normals = new Array(0); // 法线Normal列表
}

// 解析OBJ文件中的文本
OBJDoc.prototype.parse = function(fileString, scale, reverseNormal) {
  var lines = fileString.split('\n'); // 拆成逐行的
  lines.push(null); // 添加末尾行作为标识
  var index = 0; // 初始化当前行索引

  var currentObject = null;
  var currentMaterialName = "";

  // 逐行解析
  var line; // 接收当前行文本
  var sp = new StringParser(); // 创建StringParser类型的对象sp
  while ((line = lines[index++]) != null) {
    sp.init(line); // 初始化sp
    var command = sp.getWord(); // 获取指令名（某行的第一个单词）
    if(command == null) continue; // 检查是否为null

    switch(command){
    case '#':
      continue; // 跳过注释
    case 'mtllib': // 读取材质文件
      var path = this.parseMtllib(sp, this.fileName);
      var mtl = new MTLDoc(); // Create MTL instance
      this.mtls.push(mtl);
      var request = new XMLHttpRequest();
      request.onreadystatechange = function() {
        if (request.readyState == 4) {
          if (request.status != 404) {
            onReadMTLFile(request.responseText, mtl);
          }else{
            mtl.complete = true;
          }
         }
        }
        request.open('GET', path, true); // 创建（定义）请求
        request.send(); // 发送请求
        continue; // 解析下一行
```

```
261         case 'o':
262         case 'g': // 读取对象名称
263           var object = this.parseObjectName(sp);
264           this.objects.push(object);
265           currentObject = object;
266           continue; // 解析下一行
267         case 'v': // 读取顶点
268           var vertex = this.parseVertex(sp, scale);
269           this.vertices.push(vertex);
270           continue; // 解析下一行
271         case 'vn': // 读取法线
272           var normal = this.parseNormal(sp);
273           this.normals.push(normal);
274           continue; // 解析下一行
275         case 'usemtl': // 读取材质名
276           currentMaterialName = this.parseUsemtl(sp);
277           continue; // 解析下一行
278         case 'f': // 读取表面
279         var face = this.parseFace(sp, currentMaterialName, this.vertices,
                                                                     ➥reverse);
280         currentObject.addFace(face);
281         continue; // 解析下一行
282       }
283     }
284 
285   return true;
286 }
```

自定义类型 OBJDoc 的构造函数创建了 5 个成员属性（第 216 ~ 222 行），用以保存解析出的数据。进行解析的过程在其成员函数 parse() 中（第 225 行）。该函数的参数 fileString 接收字符串形式的模型文件文本，并调用 split() 方法将其分割成若干个部分。split() 函数可以将字符串分割成若干个子串，接收的参数就是分隔符。比如本例就使用换行符"\n"将文本分割成一行一行的，并保存在 lines 数组中（第 226 行）。然后，向 lines 数组添加最后一个元素 null，作为显式的数组结尾（第 227 行）。index 变量表示模型文件文本的总行数，初始化为 0（第 228 行）。

前一节介绍了 StringParser 对象，本节的 OBJDoc 对象将使用它来帮助解析文本内容（第 235 行）。

现在，OBJ 文件中的文本内容已经逐行存储在了 lines 数组中，我们需要遍历其中的每一行来对其进行解析。首先，将一行文本传入 sp（即 StringParser）对象中（第 237 行），然后使用 sp.getWord() 方法获取这一行的首个单词，并存在 command 中。注意，这里的“单词”并非通常意义上的单词，而是任意两个分隔符（制表符、空格符、括号、引号）之间的部分。StringParser 支持的方法如表 10.3 所示。

表 10.3 StringParser 支持的方法

方法	描述
StringParser.init(str)	初始化 StringParser 对象，使其开始解析 str
StringParser.getWord()	获取单词
StringParser.skipToNextWord()	调至下一个单词
StringParser.getInt()	获取单词并将其转化为整型数
StringParser.getFloat()	获取单词并将其转化为浮点数

然后，使用 switch 表述，根据一行的首个单词 command 决定如何解析这一行文本（第 241 行）。

如果 command 是 #（第 242 行），说明这一行是注释，使用 continue 语句跳过（第 243 行）。

如果 command 是 mtllib（第 241 行），说明这一行引用了 MTL 文件。那就获取该文件的地址（第 245 行），创建 MTLDoc 对象以获取材质信息（第 246 行），并将其存储在 this.mtls 中（第 247 行）。接着以相同的方式加载 MTL 文件（第 248 到 259 行），并将其中的文本数据传给 onReadMTL() 函数。

如果 command 是 o（第 261 行）或者 g（第 262 行），说明这一行开始了一个或一组模型。此时就新建一个 OBJObject 对象 currentObject，并添加到 this.objects 数组中。

如果 command 是 v，说明这一行是顶点坐标。此时将该行解析为 3 个坐标值 (x, y, z) 并保存在 Vertex 类型的 vertex 对象中（第 268 行），同时将其添加到 this.vertices 数组中（第 269 行）。

如果 command 是 f，说明这一行定义了一个表面。此时将该行解析为 1 个表面，并存储到 Face 类型的对象 face 中，并将其添加到 currentObject（第 279 行）。下面来看一下 parseVertex() 函数，如例 10.20 所示。

例 10.20 OBJViewer.js（parseVertex()）

```
OBJDoc.prototype.parseVertex = function(sp, scale) {
  var x = sp.getFloat() * scale;
  var y = sp.getFloat() * scale;
  var z = sp.getFloat() * scale;
  return (new Vertex(x, y, z));
```

```
307 }
```

该函数利用 sp.getFloat() 函数获取 x、y、z 坐标值，并将其乘以一个缩放系数（第 303 ~ 305 行），最后利用这 3 个值新建 Vertex 类型的对象并返回之（第 306 行）。

一旦 OBJ 文件和 MTL 文件解析完成，顶点坐标、颜色、法线向量和索引的数组就都准备就绪，如图 10.28 所示。此时，onReadComplete() 函数就会被调用，并将这些数据写入缓冲区对象，如例 10.21 所示。

例 10.21 OBJViewer.js（onReadComplete()）

```
176 // OBJ文件已被读取并解析
177 function onReadComplete(gl, model, objDoc) {
178   // 从OBJ文件中获取顶点你坐标、颜色等用于绘制的信息
179   var drawingInfo = objDoc.getDrawingInfo();
180
181   // 将数据写入各自的缓冲区
182   gl.bindBuffer(gl.ARRAY_BUFFER, model.vertexBuffer);
183   gl.bufferData(gl.ARRAY_BUFFER, drawingInfo.vertices,gl.STATIC_DRAW);
184
185   gl.bindBuffer(gl.ARRAY_BUFFER, model.normalBuffer);
186   gl.bufferData(gl.ARRAY_BUFFER, drawingInfo.normals, gl.STATIC_DRAW);
187
188   gl.bindBuffer(gl.ARRAY_BUFFER, model.colorBuffer);
189   gl.bufferData(gl.ARRAY_BUFFER, drawingInfo.colors, gl.STATIC_DRAW);
190
191   // 将顶点索引写入缓冲区对象
192   gl.bindBuffer(gl.ELEMENT_ARRAY_BUFFER, model.indexBuffer);
193   gl.bufferData(gl.ELEMENT_ARRAY_BUFFER, drawingInfo.indices, gl.STATIC_DRAW);
194
195   return drawingInfo;
196 }
```

这个函数很直接，从 objDoc 对象中获取由 OBJ 文件解析而来顶点坐标（第 183 行）、法线（第 186 行）、颜色（第 189 行）和索引（第 193 行）的数据，并将其写入合适的缓冲区。

getDrawingInfo() 函数将从 objDoc 对象中获取顶点坐标、法线向量、颜色和索引数据以供绘图使用，如例 10.22 所示。

例 10.22 OBJViewer.js（获取绘图数据）

```
450 // 获取待绘制的三维模型的信息
451 OBJDoc.prototype.getDrawingInfo = function() {
452   // 创建顶点坐标、法线、颜色和索引值的数组
```

```
var numIndices = 0;
for (var i = 0; i < this.objects.length; i++){
  numIndices += this.objects[i].numIndices;
}
var numVertices = numIndices;
var vertices = new Float32Array(numVertices * 3);
var normals = new Float32Array(numVertices * 3);
var colors = new Float32Array(numVertices * 4);
var indices = new Uint16Array(numIndices);

// 设置顶点、法线和颜色
var index_indices = 0;
for (var i = 0; i < this.objects.length; i++){
  var object = this.objects[i];
  for (var j = 0; j < object.faces.length; j++){
     var face = object.face[j];
    var color = this.findColor(face.materialName);
    var faceNormal = face.normal;
    for (var k = 0; k < face.vIndices.length; k++){
      // 设置索引
      indices[index_indices] = index_indices;
      // 复制顶点
      var vIdx = face.vIndices[k];
      var vertex = this.vertices[vIdx];
      vertices[index_indices * 3 + 0] = vertex.x;
      vertices[index_indices * 3 + 1] = vertex.y;
      vertices[index_indices * 3 + 2] = vertex.z;
      // 复制颜色
      colors[index_indices * 4 + 0] = color.r;
      colors[index_indices * 4 + 1] = color.g;
      colors[index_indices * 4 + 2] = color.b;
      colors[index_indices * 4 + 3] = color.a;
      // 复制法线
      var nIdx = face.nIndices[k];
      if(nIdx >= 0){
        var normal = this.normals[nIdx];
        normals[index_indices * 3 + 0] = normal.x;
        normals[index_indices * 3 + 1] = normal.y;
        normals[index_indices * 3 + 2] = normal.z;
      }else{
        normals[index_indices * 3 + 0] = faceNormal.x;
        normals[index_indices * 3 + 1] = faceNormal.y;
        normals[index_indices * 3 + 2] = faceNormal.z;
      }
```

```
497             index_indices ++;
498         }
499       }
500     }
501
502     return new DrawingInfo(vertices, normals, colors, indices);
503 };
```

我们首先通过一个 for 循环计算出顶点索引的数量（第 454 行），然后创建数个类型化数组以分别存储顶点坐标、法线向量、颜色和索引值的数据，并写入相应的缓冲区对象。注意，类型化数组的长度取决于顶点的数量或顶点索引的数量，前者可以直接获取，而后者需要计算出来。

程序将图 10.28 中的 OBJObject 类型的对象及其 Face 类型的对象转化为存储在 vertices、colors 和 indices 数组中的数据。

第 465 行的外层 for 循环从之前解析出的结果中逐个抽取出 OBJObject 类型的对象，而第 467 行的内层 for 循环则从 OBJObject 类型的对象中逐个抽取出 Face 类型的对象，对于每个 Face 对象：

1. 使用 materialName 获取表面的颜色，保存在 color 中（第 469 行）。获取表面的法线向量，保存在 faceNormal 中。

2. 最内层的 for 循环，抽取表面的每个顶点索引，将顶点坐标存入 vertices（第 477 ~ 479 行），将颜色值存入 colors（第 482 ~ 484 行）。从第 486 行开始的代码是处理法线向量的，法线向量存储在 normals 中，因为 OBJ 文件中有可能不包含法线信息，所以程序事先进行了检查（第 487 行）。如果 OBJ 文件不包含法线信息，那么就使用之前解析数据时自动生成的法线（第 492 ~ 494 行）。

一旦完成了上述这些步骤，就可以开始进行绘制操作了。绘制操作需要用到的数据都存储在 getDrawingInfo() 函数返回的 DrawingInfo 类型的对象中，可以直接写入缓冲区，如前所述。

虽然这一节只是简单的解释，但此时你应该对如何加载、读取、解析 OBJ 模型文件并使用 WebGL 将其绘制出来有了一些理解。重复上述过程，就可以将多个模型文件读取到场景中。除了 cube.obj，在 resource 文件夹下还有若干个其他的模型文件，你可以修改程序，将它们加载进来，看看效果，加深对程序的理解。

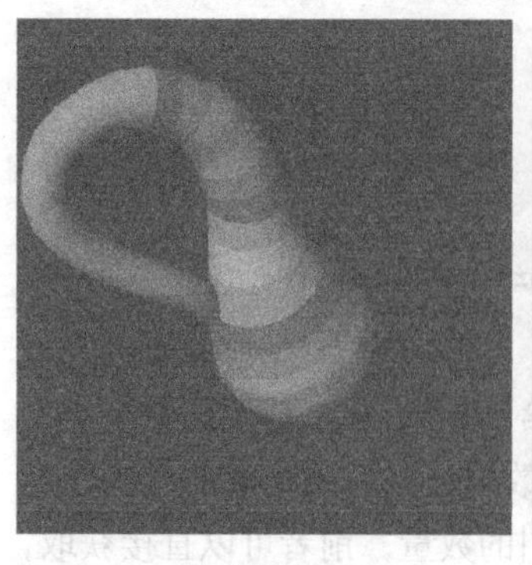

图 10.29 其他模型文件

响应上下文丢失

WebGL 使用了计算机的图形硬件，而这部分资源是被操作系统管理，由包括浏览器在内的多个应用程序共享。在某些特殊情况下，如另一个程序接管了图形硬件，或者操作系统进入休眠，浏览器就会失去使用这些资源的权利，并导致存储在硬件中的数据丢失。在这种情况下，WebGL 绘图上下文就会丢失。比如，如果你正在一台笔记本电脑或智能手机上运行 WebGL 程序，如图 10.30（左）所示，然后使其进入休眠状态，通常此时浏览器的控制台会显示一条错误新消息。当你将电脑或手机重新唤醒后，操作系统确实回到了休眠前的状态，但是浏览器中运行的 WebGL 程序却不见了，如图 10.30（右）所示。网页的背景色是白色，所以浏览器上一片空白。

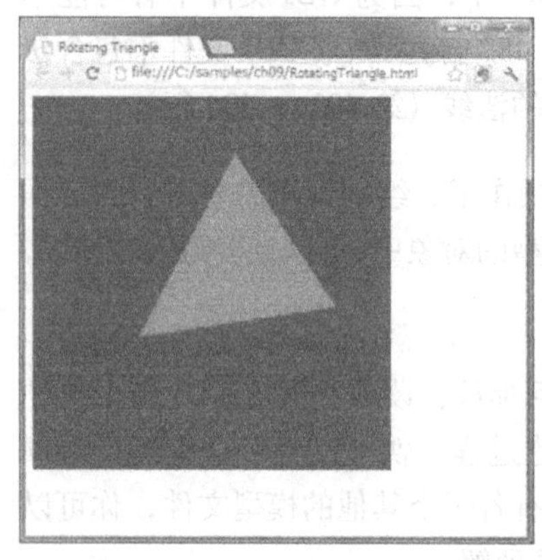

休眠前

休眠被唤醒后

图 10.30 计算机被从休眠模式唤醒后 WebGL 程序停止

比如，当你运行 RotatingTriangle 程序并使计算机进入休眠，控制台上可能会显示：

```
WebGL error CONTEXT_LOST_WEBGL in uniformMatrix4fv([object WebGLUniformLocation,
false, [object Float32Array]]
```

这条信息表示，系统进入休眠状态前或被唤醒后[11]，浏览器正在调用 gl.uniformMatrix4fv() 函数并出错了。这条消息的具体内容依赖于进入上下文丢失时程序正在做什么。这一节就来解释如何处理上下文丢失的问题。

如何响应上下文丢失

如前所述，在某些情况下，上下文可能会丢失。实际上，WebGL 提供了两个事件来表示这种情况，**上下文丢失事件**(webglcontextlost) 和**上下文恢复事件**(webglcontextrestored)。如表 10.4 所示。

表 10.4 上下文事件

事件	描述
webglcontextlost	当 WebGL 上下文丢失时触发
webglcontextrestored	当浏览器完成 WebGL 系统的重置后触发

当上下文事件丢失的时候，由 getWebGLContext() 函数获得的渲染上下文对象 gl 就失效了，而之前在 gl 上的所有操作，如创建缓冲区对象和纹理对象、初始化着色器、设置背景色等等，也都失效了。浏览器重置 WebGL 系统后，就触发了上下文恢复事件，这时我们需要重新完成上述步骤。在 JavaScript 中保存的变量不会受到影响，可以照常使用。

研究示例代码前，我们需要使用 <canvas> 的 addEventListener() 函数注册上下文丢失事件和上下文恢复事件的响应函数。你应该还记得，之前我们直接通过 <canvas> 元素的 onmousedown 属性来注册鼠标事件响应函数，但是 <canvas> 并不支持某个特殊的属性来注册关于上下文事件的响应函数，所以必须使用 addEventListener() 函数。

11 如果上下文丢失后，浏览器还没有发现出错，系统就已经休眠了，那么系统被唤醒后浏览器就会继续执行程序，发现并报告错误。——译者注

canvas.addEventListener(type, handler, useCapture)		
将 *handler* 作为 type 事件的响应函数注册到 <canvas> 元素上去。		
参数	type	指定监听事件的名称、字符串
	handler	指定事件触发时调用的响应函数，函数只有一个参数即事件对象
	useCapture	指定事件触发后是否捕获。如果为 true，就捕获事件，canvas 的父元素就不会触发该事件；而如果为 false，事件触发后向上层传递
返回值	无	

示例程序（RotatingTriangle_contextLost.js）

在这一节中，我们建立了示例程序 RotatingTriangle_contextLost，该示例程序修改了 RotatingTriangle，使其能够处理上下文丢失事件，如图 10.30 所示。例 10.23 显示了程序的代码。

例 10.23 RotatingTriangle_contextLost.js

```
// RotatingTriangle_contextLost.js
   ...
function main() {
  // 获取<canvas>元素
  var canvas = document.getElementById('webgl');

  // 注册事件响应函数以处理上下文丢失和恢复事件
  canvas.addEventListener('webglcontextlost', contextLost, false);
  canvas.addEventListener('webglcontextrestored', function(ev)
                                        ➥{ start(canvas); }, false);

  start(canvas); // 开始与WebGL相关的过程
}
   ...
// 当前旋转角度
var g_currentAngle = 0.0; // 从局部变量改为了全局变量
var g_requestID; // requestAnimationFrame()函数的返回值

function start(canvas) {
  // 获取WebGL渲染上下文
  var gl = getWebGLContext(canvas);
   ...
  // 初始化着色器
  if (!initShaders(gl, VSHADER_SOURCE, FSHADER_SOURCE)) {
```

```
      ...
45    }
46
47    var n = initVertexBuffers(gl); // Set vertex coordinates
      ...
55    // 获取u_ModelMatrix的存储位置
56    var u_ModelMatrix = gl.getUniformLocation(gl.program, 'u_ModelMatrix');
      ...
62    var modelMatrix = new Matrix4(); // 创建模型矩阵
63
64    var tick = function() { // 开始绘制
65      g_currentAngle = animate(g_currentAngle); // 更新旋转角度
66      draw(gl, n, g_currentAngle, modelMatrix, u_ModelMatrix);
67      g_requestID = requestAnimationFrame(tick, canvas);
68    };
69    tick();
70 }
71
72 function contextLost(ev) { //上下文丢失事件响应函数
73   cancelAnimationFrame(g_requestID); // 停止动画
74   ev.preventDefault(); // 阻止默认行为
75 }
```

处理上下文丢失的过程与着色器没有关系，而发生在 main() 函数中。本例的 main() 函数非常简单：首先分别注册上下文丢失和上下文恢复事件响应函数（第 21、22 行），然后调用 start() 方法（第 24 行），就结束了。

start() 函数执行了 RotatingTriangle.js 中 main() 函数的大部分逻辑（第 33 行），当上下文丢失又恢复后，应当再次调用该函数。为了处理上下文恢复时重新初始化 WebGL 程序，start() 函数有两处重要的改变。

首先，程序将三角形的当前角度存储在全局变量 g_currentAngle 而不是局部变量中（第 30 行），这样当上下文恢复之后，就能从中获取角度以绘制三角形。其次，为了在上下文丢失后停止动画（即停止反复调用 tick() 函数），程序还将 requestAnimationFrame() 函数的返回值保存在全局变量 g_requestID 中（第 31 行）。

下面来看上下文事件响应函数。上下文丢失事件响应函数 contextLost() 只有两行，停止调用产生动画的函数以保证在上下文恢复之前不再尝试重绘（第 73 行），以及阻止浏览器对该事件的默认处理行为（第 74 行）。浏览器对上下文丢失事件的默认处理行为是，不再触发上下文恢复事件，而本例需要触发该事件，所以我们要阻止浏览器的默认行为。

上下文恢复事件响应函数很简单，直接调用 `start()` 函数以重置 WebGL 系统，所以我们将其定义为匿名函数（第 22 行）。

注意，当触发上下文丢失事件时，浏览器总会在控制台显示下面这样一行警告：

```
WARNING: WebGL content on the page might have caused the graphics card to reset
```

通过响应上下文丢失事件，WebGL 程序就能够在上下文丢失的情况下也能正常运行。

总结

这一章介绍了编写 WebGL 程序时可能用到的若干高级技术。虽然由于篇幅所限，每一节的内容都比较简要，但也已经包括了足够的信息，使你能够在自己的 WebGL 程序中使用这些技术。事实上，还有更多的技术等待着你去学习和掌握，但本章选择的这几项技术，是连接课程内容和真实 WebGL 程序的桥梁，一定能够对你有所帮助。

WebGL 是一项强大的创建三维程序的工具，能够创建出精美和令人震撼的三维场景。本书的目的是一步一步地带你学习 WebGL 的基础知识。一旦打牢了基础，你就可以开始创建自己的三维图形程序，并进行更深入的学习。我相信，在此过程中，你一定会经常回来查阅和参考本书，那将大有裨益。

附录A

WebGL中无须交换缓冲区

如果你具有使用 OpenGL 开发桌面程序的经验，你也许会注意到，本书中的 WebGL 示例中从来不进行“交换缓冲区”的操作，这一步操作在大多数 OpenGL 实现中都是必要的。

我们知道，OpenGL 使用两个颜色缓冲区：“前台”颜色缓冲区和“后台”颜色缓冲区，前台颜色缓冲区中的内容将直接显示在屏幕上。通常，具体绘图操作的对象实际上是后台颜色缓冲区，在绘图操作完成后，需要将其中的内容复制到前台颜色缓冲区中去[1]，使之显示在屏幕上。如果直接在前台颜色缓冲区中绘图，屏幕上就会出现一些视觉假象（如闪烁），因为在你完成一帧的绘制之前，前台颜色缓冲区中的内容就会被更新到屏幕上。

为了支持双缓冲区方法，OpenGL 提供了切换前台与后台缓冲区的机制。在某些系统中，切换缓冲区是自动的。而在另一些系统中，需在后台缓冲区中绘制完一帧后，显式地调用切换缓冲区的方法，如 glutSwapBuffers() 或 eglSwapBuffers()。比如说，一个典型的 OpenGL 程序中自定义的“显示”函数可能会是这样的：

```
void display(void) {
 // 清除颜色缓冲区和深度缓冲区
  glClear(GL_COLOR_BUFFER_BIT | GL_DEPTH_BUFFER_BIT);
  draw();         // 绘制
  glutSwapBuffers(); // 交换颜色
}
```

1　实质上是交换指针，使前台缓冲区成为后台缓冲区，后台缓冲区成为前台缓冲区。——译者注相比之下，WebGL 是运行在浏览器中的，能够自动地将绘制好的内容完美地更新到屏幕上，你无须在自己的程序中显式地交换缓冲区。参见图 A.1（即图 2.10），WebGL 程序向缓冲区中绘图时，浏览器会自动侦测到绘制操作并在屏幕上显示内容。因此，WebGL 中只有一个颜色缓冲区。

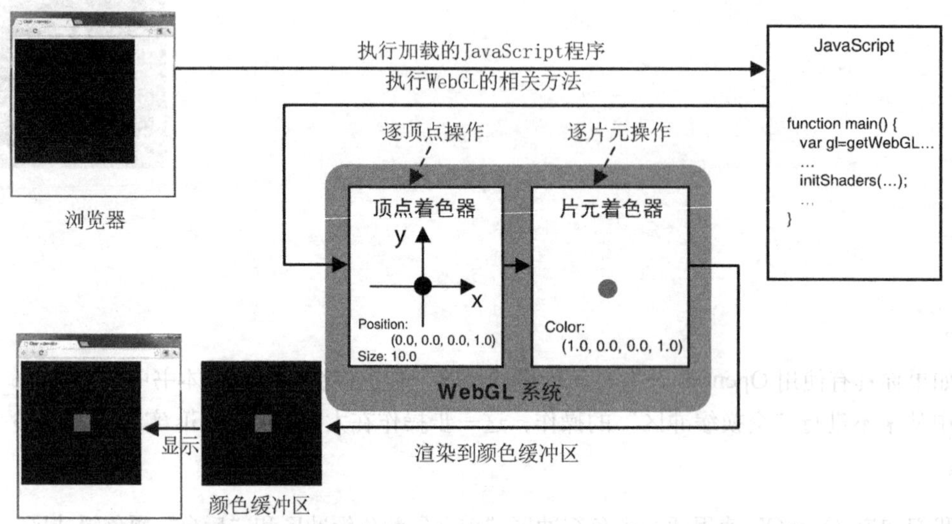

图 A.1 从 JavaScript 程序执行到浏览器显示图形的过程

单缓冲区之所以可行，是因为由 JavaScript 编写的 WebGL 程序对于浏览器来说，只是一次更底层方法的调用。

由于 WebGL 程序并非独立运行，而是依赖于浏览器的，所以当 JavaScript 执行结束并退出后，浏览器就能够对颜色缓冲区进行检查。如果其中的内容被修改过了，浏览器就会负责将其显示到屏幕上。

比如，在 `HelloPoint1` 中，我们在 HTML 文件 `HelloPoint1.html` 中执行了 `main()` 函数，如下所示：

```
<body onload="main()">
```

这样，当 `body` 元素加载完成后，就会执行 `main()` 函数，`main()` 函数进行了绘制操作，改变了颜色缓冲区。

```
main(){
  ...
  // 绘制一个点
  gl.drawArrays(gl.POINTS, 0, 1);
```

```
}
```

当 main() 函数执行退出后，对 WebGL 系统的控制权回到了浏览器手中，它将检查颜色缓冲区中的内容，如果有所改变，浏览器就会将其显示到屏幕上。这样做的一个好处在于，浏览器既能够控制颜色缓冲区，也能够控制网页上的其他内容，允许你将三维图像和网页组合起来显示。注意 HelloPoint1 中只显示了 <canvas> 元素，这是因为 HelloPoint1.html 中只有一个 <canvas> 元素。

注意，如果在程序中调用 alert() 或 confirm() 等函数，这些函数也会将控制权交给浏览器，所以浏览器会把颜色缓冲区中的内容显示出来，这往往不是我们所期待的。所以，在 WebGL 程序中使用这些函数时需要格外小心。

如果在事件响应函数中进行绘制操作，那么浏览器的行为是相同的，浏览器在事件触发后调用事件响应函数，函数执行完之后控制权回到浏览器，浏览器负责将颜色缓冲区中的内容输出到屏幕上。

附录B

GLSL ES 1.0内置函数

附录 B 包含了 GLSL ES 1.0 支持的所有内置函数，其中很多在本书中尚未介绍，但在实际的着色器编程中很有用。

注意，除了纹理查询函数，在其他函数中，矢量或矩阵参数的运算都是逐分量的，比如：

```
vec2 deg = vec2(60, 80);
vec2 rad = radians(deg);
```

在该例子中，rad 的两个分量值 60 和 80 分别被从角度值转为了弧度值。

角度和三角函数

语法	描述
float radians(float *degree*) vec2 radians(vec2 *degree*) vec3 radians(vec3 *degree*) vec4 radians(vec4 *degree*)	将角度值转化为弧度值，即 π**degree*/180
float degrees(float *radian*) vec2 degrees(vec2 *radian*) vec3 degrees(vec3 *radian*) vec4 degrees(vec4 *radian*)	将弧度值转化为角度值，即 180**radian*/π
float sin(float *angle*) vec2 sin(vec2 *angle*) vec3 sin(vec3 *angle*) vec4 sin(vec4 *angle*)	标准三角正弦函数，*angle* 是弧度值 返回值在 [-1, 1] 区间内
float cos(float *angle*) vec2 cos(vec2 *angle*) vec3 cos(vec3 *angle*) vec4 cos(vec4 *angle*)	标准三角余弦函数，*angle* 是弧度值 返回值在 [-1, 1] 区间内
float tan(float *angle*) vec2 tan(vec2 *angle*) vec3 tan(vec3 *angle*) vec4 tan(vec4 *angle*)	标准三角正切函数，*angle* 是弧度值
float asin(float *x*) vec2 asin(vec2 *x*) vec3 asin(vec3 *x*) vec4 asin(vec4 *x*)	反正弦函数，返回角度（弧度值）的正弦值为 x。返回值在 [-π/2, π/2] 区间内，如果 x<-1 或者 x>+1 则返回未定义的值
float acos(float *x*) vec2 acos(vec2 *x*) vec3 acos(vec3 *x*) vec4 acos(vec4 *x*)	反余弦函数，返回角度（弧度值）的余弦值为 x。返回值在 [-π/2, π/2] 区间内，如果 x<-1 或者 x>+1 则返回未定义的值
float atan(float *y*, float *x*) vec2 atan(vec2 *y*, vec2 *x*) vec3 atan(vec3 *y*, vec3 *x*) vec4 atan(vec4 *y*, vec4 *x*)	反正切函数，返回角度（弧度值）的正切值为 *y*/*x*。*x* 和 *y* 的符号决定了角度在哪个象限，返回角度在 [-π, π] 区间中。如果 *x* 和 *y* 都是 0，则返回未定义的值。 注意，对于矢量而言，这是一个逐分量的运算
float atan(float *y_over_x*) vec2 atan(vec2 *y_over_x*) vec3 atan(vec3 *y_over_x*) vec4 atan(vec4 *y_over_x*)	反正切函数，返回角度（弧度值）的正切值为 *y*/*x*。*x* 和 *y* 的符号决定了角度在哪个象限，返回角度在 [-π, π] 区间中。如果 *x* 和 *y* 都是 0，则返回未定义的值。 注意，对于矢量而言，这是一个逐分量的运算

指数函数

语法	描述
float pow(float *x*, float *y*) vec2 pow(vec2 *x*, vec2 *y*) vec3 pow(vec3 *x*, vec3 *y*) vec4 pow(vec4 *x*, vec4 *y*)	返回 x 的 y 次幂，即 x^y。 如果 $x<0$，则返回未定义值。 如果 $x=0$ 而 $y<0$，则返回未定义值。 注意，对于矢量而言，这是一个逐分量的运算
float exp(float *x*) vec2 exp(vec2 *x*) vec3 exp(vec3 *x*) vec4 exp(vec4 *x*)	返回 x 的自然指数幂，即 e^x
float log(float *x*) vec2 log(vec2 *x*) vec3 log(vec3 *x*) vec4 log(vec4 *x*)	返回 x 的自然对数，即返回 y 使得满足 $x=e^y$。如果 $x<0$，则返回未定义值
float exp2(float *x*) vec2 exp2(vec2 *x*) vec3 exp2(vec3 *x*) vec4 exp2(vec4 *x*)	返回 2 的 x 次幂，即 2^x
float log2(float *x*) vec2 log2(vec2 *x*) vec3 log2(vec3 *x*) vec4 log2(vec4 *x*)	返回以 2 为底的对数值，即返回 y 使得满足 $x=2^y$。 如果 $x\leq0$，则返回未定义值
float sqrt(float *x*) vec2 sqrt(vec2 *x*) vec3 sqrt(vec3 *x*) vec4 sqrt(vec4 *x*)	返回$\sqrt{x}$。 如果 $x<0$，则返回未定义值
float inversesqrt(float *x*) vec2 inversesqrt(vec2 *x*) vec3 inversesqrt(vec3 *x*) vec4 inversesqrt(vec4 *x*)	返回$1/\sqrt{x}$。 如果 $x<0$，则返回未定义值

通用函数

语法	描述
float abs(float *x*) vec2 abs(vec2 *x*) vec3 abs(vec3 *x*) vec4 abs(vec4 *x*)	返回 *x* 的无符号绝对值，即如果 $x \geq 0$，返回 *x*，否则返回 -*x*
float sign(float *x*) vec2 sign(vec2 *x*) vec3 sign(vec3 *x*) vec4 sign(vec4 *x*)	如果 $x>0$ 返回 1.0，如果 $x=0$ 返回 0.0，否则返回 -1.0
float floor(float *x*) vec2 floor(vec2 *x*) vec3 floor(vec3 *x*) vec4 floor(vec4 *x*)	返回小于等于 *x* 且最接近 *x* 的整数
float ceil(float *x*) vec2 ceil(vec2 *x*) vec3 ceil(vec3 *x*) vec4 ceil(vec4 *x*)	返回大于等于 *x* 且最接近 *x* 的整数
float fract(float *x*) vec2 fract(vec2 *x*) vec3 fract(vec3 *x*) vec4 fract(vec4 *x*)	返回 *x* 的小数部分，即返回 x-floor(*x*)
float mod(float *x*, float *y*) vec2 mod(vec2 *x*, vec2 *y*) vec3 mod(vec3 *x*, vec3 *y*) vec4 mod(vec4 *x*, vec4 *y*) vec2 mod(vec2 *x*, float *y*) vec3 mod(vec3 *x*, float *y*) vec4 mod(vec4 *x*, float *y*)	模数（模），返回 *x* 除以 *y* 的余数，即 (*x*-*y**floor(*x*/*y*))。给定两个正整数 *x* 和 *y*，mod(*x*, *y*) 可以求得 *x* 除以 *y* 的余数。 注意，对于矢量而言，这是一个逐分量的运算
float min(float *x*, float *y*) vec2 min(vec2 *x*, vec2 *y*) vec3 min(vec3 *x*, vec3 *y*) vec4 min(vec4 *x*, vec4 *y*) vec2 min(vec2 *x*, float *y*) vec3 min(vec3 *x*, float *y*) vec4 min(vec4 *x*, float *y*)	返回最小值，即如果 $y<x$ 则返回 *y*，否则返回 *x*。 注意，对于矢量而言，这是一个逐分量的运算

语法	描述
float max(float *x*, float *y*) vec2 max(vec2 *x*, vec2 *y*) vec3 max(vec3 *x*, vec3 *y*) vec4 max(vec4 *x*, vec4 *y*) vec2 max(vec2 *x*, float *y*) vec3 max(vec3 *x*, float *y*) vec4 max(vec4 *x*, float y)	返回最小值，即如果 *x*<*y* 则返回 *y*，否则返回 *x*。 注意，对于矢量而言，这是一个逐分量的运算
float clamp(float *x*, float *minVal*,float *maxVal*) vec2 clamp(vec2 *x*, vec2 *minVal*, vec2 *maxVal*) vec3 clamp(vec3 *x*, vec3 *minVal*, vec3 *maxVal*) vec4 clamp(vec4 *x*, vec4 *minVal*, vec4 *maxVal*) vec2 clamp(vec2 *x*, float *minVal*, float *maxVal*) vec3 clamp(vec3 *x*, float *minVal*, float *maxVal*) vec4 clamp(vec4 *x*, float *minVal*, float *maxVal*)	将 x 限制在 minVal 和 maxVal 之间，即返回 min(max(x, minVal), maxVal)。 如果 minVal>maxVal，则返回未定义值
float mix(float *x*, float *y*, float *a*) vec2 mix(vec2 *x*, vec2 *y*, float *a*) vec3 mix(vec3 *x*, vec3 *y*, float *a*) vec4 mix(vec4 *x*, vec4 *y*, float *a*) vec2 mix(vec2 *x*, float *y*, vec2 *a*) vec3 mix(vec3 *x*, float *y*, vec3 *a*) vec4 mix(vec4 *x*, float *y*, vec4 *a*) vec2 mix(vec2 *x*, vec2 *y*, vec2 *a*) vec3 mix(vec3 *x*, vec3 *y*, vec3 *a*) vec4 mix(vec4 *x*, vec4 *y*, vec4 *a*)	返回 *x* 和 *y* 的线性混合，即 *x**(1-a)+*y**a

语法	描述
float step(float *edge*, float *x*) vec2 step(vec2 *edge*, vec2 *x*) vec3 step(vec3 *edge*, vec3 *x*) vec4 step(vec4 *edge*, vec4 *x*) vec2 step(float *edge*, vec2 *x*) vec3 step(float *edge*, vec3 *x*) vec4 step(float *edge*, vec4 *x*)	根据两个数值生成阶梯函数，即，如果 *x*<*edge* 则返回 0.0，否则返回 1.0

float smoothstep(float *edge0*, float *edge1*, float *x*)
vec2 smoothstep(vec2 *edge0*, vec2 *edge1*, vec2 *x*)
vec3 smoothstep(vec3 *edge0*, vec3 *edge1*, vec3 *x*)
vec4 smoothstep(vec4 *edge0*, vec4 *edge1*, vec4 *x*)
	经过 Hermite 插值的阶梯函数。如果 *x*≤*edge0* 则返回 0.0，如果 *x*≥*edge1* 则返回 1.0，否则按照如下方法插值出一个值并返回
	// genType is float、vec2、vec3 或 vec4
	genType t;
	t=clamp((*x*-*edge0*)/(*edge1*-*edge0*), 0, 1);
	return t*t*(3-2*t);
	如果 *egde0*≥*edge1* 则返回未定义值

接下来的函数将根据函数的功能，有区别地使用参数矢量的各个分量，而不再是简单数值运算函数的逐分量版本。

几何函数

语法	描述
float length(float *x*) float length(vec2 *x*) float length(vec3 *x*) float length(vec4 *x*)	返回矢量 *x* 的长度
float distance(float *p0*, float *p1*) float distance(vec2 *p0*, vec2 *p1*) float distance(vec3 *p0*, vec3 *p1*) float distance(vec4 *p0*, vec4 *p1*)	返回 *p0* 和 *p1* 之间的距离，即 length(*p0*-*p1*)
float dot(float *x*, float *y*) float dot(vec2 *x*, vec2 *y*) float dot(vec3 *x*, vec3 *y*) float dot(vec4 *x*, vec4 *y*)	返回 *x* 和 y 的点积，对于 vec3 而言，就是 *x*[0]**y*[0]+*x*[1]**y*[1]+*x*[2]**y*[2]
vec3 cross(vec3 *x*, vec3 *y*)	返回 *x* 和 *y* 的叉积，对于 vec3 而言，就是 reslut[0]=*x*[1]**y*[2]-*y*[1]**x*[2] result[1]=*x*[2]**y*[0]-*y*[2]**x*[0] result[2]=*x*[0]**y*[1]-*y*[0]**x*[1]
float normalize(float *x*) vec2 normalize(vec2 *x*) vec3 normalize(vec3 *x*) vec4 normalize(vec4 *x*)	对 *x* 进行归一化,保持矢量方向不变但长度为 1，即 *x*/length(*x*)
float faceforward(float *N*, float *I*, float *Nref*) vec2 faceforward(vec2 *N*, vec2 *I*, vec2 *Nref*) vec3 faceforward(vec3 *N*, vec3 *I*, vec3 *Nref*) vec4 faceforward(vec4 *N*, vec4 *I*, vec4 *Nref*)	法向量反向（如果需要）操作，根据入射矢量 *N* 和参考矢量 Nref 来调整法向量。 如果 dot(*Nref*, *I*)<0 则返回 N，否则返回 -*N*
float reflect(float *I*, float *N*) vec2 reflect(vec2 *I*, vec2 *N*) vec3 reflect(vec3 *I*, vec3 *N*) vec4 reflect(vec4 *I*, vec4 *N*)	计算反射矢量。入射矢量为 *I*，表面法向量为 *N*，返回 *I*-2*dot(*N*, *I*)**N*。 注意，*N* 必须已经被归一化

语法	描述

float refract(float *I*, float N, float *eta*)
vec2 refract(vec2 *I*, vec2 N, float *eta*)
vec3 refract(vec3 *I*, vec3 N, float *eta*)
vec4 refract(vec4 *I*, vec4 N, float *eta*)
	根据入射光和介质特性计算折射现象。入射光方向为*I*，表面法向量为*N*，介质的折射率为*eta*，返回被折射后的光线方向
	k=1.0-eta*eta*(1.0-dot(*N*,*I*)*dot(*N*,*I*))
	if(k<0.0)
	// genTyp 包括 float、vec2、vec3 或 vec4，
	返回 genType(0.0)
	或者
	返回 eta**I*-(eta*dot(*N*,*I*)+sqrt(k))**N*
	注意，入射光矢量*I*和表面法向量*N*必须已经被归一化

矩阵函数

语法	描述
mat2 matrixCompMult(mat2 *x*, mat2 *y*) mat3 matrixCompMult(mat3 *x*, mat3 *y*) mat4 matrixCompMult(mat4 *x*, mat4 *y*)	将矩阵*x*和矩阵*y*逐元素相乘，也就是说， result=matrixCompMatrix(*x*, *y*) 则 result[i][j]=x[i][j]*y[i][j]

矢量函数

语法	描述
bvec2 lessThan(vec2 *x*, vec2 y) bvec3 lessThan(vec3 *x*, vec3 y) bvec4 lessThan(vec4 *x*, vec4 y) bvec2 lessThan(ivec2 *x*, ivec2 y) bvec3 lessThan(ivec3 *x*, ivec3 y) bvec4 lessThan(ivec4 *x*, ivec4 y)	逐分量比较 $x<y$ 是否成立
bvec2 lessThanEqual(vec2 *x*, vec2 y) bvec3 lessThanEqual(vec3 *x*, vec3 y) bvec4 lessThanEqual(vec4 *x*, vec4 y) bvec2 lessThanEqual(ivec2 *x*, ivec2 y) bvec3 lessThanEqual(ivec3 *x*, ivec3 y) bvec4 lessThanEqual(ivec4 *x*, ivec4 y)	逐分量比较 $x \leq y$ 是否成立
bvec2 greaterThan(vec2 *x*, vec2 y) bvec3 greaterThan(vec3 *x*, vec3 y) bvec4 greaterThan(vec4 *x*, vec4 y) bvec2 greaterThan(ivec2 *x*, ivec2 y) bvec3 greaterThan(ivec3 *x*, ivec3 y) bvec4 greaterThan(ivec4 *x*, ivec4 y)	逐分量比较 $x>y$ 是否成立
bvec2 greaterThanEqual(vec2 *x*, vec2 y) bvec3 greaterThanEqual(vec3 *x*, vec3 y) bvec4 greaterThanEqual(vec4 *x*, vec4 y) bvec2 greaterThanEqual(ivec2 *x*, ivec2 y) bvec3 greaterThanEqual(ivec3 *x*, ivec3 y) bvec4 greaterThanEqual(ivec4 *x*, ivec4 y)	逐分量比较 $x \geq y$ 是否成立
bvec2 equal(vec2 *x*, vec2 y) bvec3 equal(vec3 *x*, vec3 y) bvec4 equal(vec4 *x*, vec4 y) bvec2 equal(ivec2 *x*, ivec2 y) bvec3 equal(ivec3 *x*, ivec3 y) bvec4 equal(ivec4 *x*, ivec4 y)	逐分量比较 $x==y$ 是否成立
bvec2 notEqual(vec2 *x*, vec2 y) bvec3 notEqual(vec3 *x*, vec3 y) bvec4 notEqual(vec4 *x*, vec4 y) bvec2 notEqual(ivec2 *x*, ivec2 y) bvec3 notEqual(ivec3 *x*, ivec3 y) bvec4 notEqual(ivec4 *x*, ivec4 y)	逐分量比较 $x!=y$ 是否成立

语法	描述
bool any(bvec2 *x*) bool any(bvec3 *x*) bool any(bvec4 *x*)	矢量的任意分量为 true，则返回 true
bool all(bvec2 *x*) bool all(bvec3 *x*) bool all(bvec4 *x*)	矢量的所有分量都为 true，则返回 true
bvec2 not(bvec2 *x*) bvec3 not(bvec3 *x*) bvec4 not(bvec4 *x*)	矢量逐分量的逻辑补运算

纹理查询函数

语法	描述
vec4 texture2D(sampler2D *sampler*, vec2 *coord*) vec4 texture2D(sampler2D *sampler*, vec2 *coord*, float *bias*) vec4 texture2DProj(sampler2D *sampler*, vec3 *coord*) vec4 texture2DProj(sampler2D *sampler*, vec3 *coord*, float *bias*) vec4 texture2DProj(sampler2D *sampler*, vec4 *coord*) vec4 texture2DProj(sampler2D *sampler*, vec4 *coord*, float *bias*) vec4 texture2DLod(sampler2D *sampler*, vec2 coord, float *lod*) vec4 texture2DProjLod(sampler2D *sampler*, vec3 coord, float *lod*) vec4 texture2DProjLod(sampler2D *sampler*, vec4 coord, float *lod*)	使用纹理坐标 *coord*，从当前绑定到 *sampler* 的二维纹理中读取相应的纹素。对于投影版本（带有 Proj 的），纹理坐标将从 *coord* 的最后一个分量中解析出来，而 vec4 类型的 *coord* 的第 3 个分量将被忽略。参数 *bias* 只可在片元着色器中使用，它表示在 *sampler* 是 MIPMAP 纹理时，加在当前 *lod* 上的值
vec4 textureCube(samplerCube *sampler*, vec3 *coord*) vec4 textureCube(samplerCube *sampler*, vec3 *coord*, float *bias*) vec4 textureCubeLod(samplerCube *sampler*, vec3 *coord*, float *lod*)	使用纹理坐标 coord，从绑定到 *sampler* 的立方体纹理中读取响应纹素。coord 的方向可用来指定立方体纹理的表面

附录C

投影矩阵

正射投影矩阵

由 `Matrix4.setOrtho(left,right,bottom,top,near,far)` 创建的矩阵如下所示。

$$\begin{bmatrix} \frac{2}{right-left} & 0 & 0 & -\frac{right+left}{right-left} \\ 0 & \frac{2}{top-bottom} & 0 & -\frac{top+bottom}{top-bottom} \\ 0 & 0 & -\frac{2}{far-near} & -\frac{far+near}{far-near} \\ 0 & 0 & 0 & 1 \end{bmatrix}$$

透视投影矩阵

由 `Matrix4.setPerspective(fov,aspect,near,far)` 创建的矩阵如下所示。

$$\begin{bmatrix} \frac{1}{aspect*\tan(\frac{fov}{2})} & 0 & 0 & 0 \\ 0 & \frac{1}{\tan(\frac{fov}{2})} & 0 & 0 \\ 0 & 0 & -\frac{far+near}{far-near} & -\frac{2*far*near}{far-near} \\ 0 & 0 & -1 & 0 \end{bmatrix}$$

附录D

WebGL/OpenGL：左手还是右手坐标系?

在第 2 章“WebGL 入门”中，我们引入了右手坐标系统，将其作为 WebGL 的坐标系统。然而，你可能会在互联网上发现一些其他的教程或材料，它们并不是这样说的。在这一节附录中，我们将通过观察在 WebGL 默认设定下的绘制效果，以探索 WebGL“真正”使用坐标系统的原理。因为 WebGL 是基于 OpenGL 的，所以这一节的内容同样适用于 OpenGL。本节附录适合在学习完第 7 章“进入三维世界”后阅读，因为其中引用了一些第 7 章的示例程序。

让我们从这一切的源头开始说起：在由 Khronos 小组[1] 发布的 OpenGL ES 2.0（也是 WebGL 的基础）的官方手册中，附录 B 中有如下的表述：

7. The GL does not force left- or right-handedness on any of its coordinate systems.

（GL 图形语言不强制使用左手坐标系或右手坐标系。）

也就是说，WebGL 对使用左手或右手坐标系这个问题上是中立的，那为什么诸多书籍和教程，包括本书，都将 WebGL 的坐标系统描述为右手的呢？这是因为，使用右手坐标系是个传统。当你开发自己的程序时，你需要确定自己使用的坐标系统，然后不再改变。这一点对你自己的程序成立，对那些已经开发出来的、帮助开发者使用 WebGL（和 OpenGL）的各种图形库也成立。早期图形库中的大部分都采用了右手坐标系。时至今日，右手坐标系统已经成为了传统，以致似乎成了 GL 图形语言的一部分，这就导致人们都认为 GL 图形语言就是右手坐标系的。

1 www.khronos.org/registry/gles/specs/2.0/es_cm_spec_2.0.24.pdf。

那为什么会有疑问呢？如果所有人都接受同一个传统，就没有问题了。这么说虽然没错，但在某些特定的场景下需要让 WebGL（和 OpenGL）选择一种坐标系统以完成运算，我们就需要知道它的默认设定，而默认设定并不总是右手坐标系！

这一节附录我们将探索 WebGL 的默认行为，来帮助你好好理解关于坐标系的问题，以及如何在自己的程序中处理该问题。

为了探索 WebGL 的默认行为，我们首先构建一个示例程序 `CoordinateSystem` 作为试验台。这个程序将回到最初的情形下来绘制最简单的三角形，然后我们再逐渐加上新的东西以测验 WebGL 的绘图机制。本示例程序的任务是，在 Z 轴 –0.1 处绘制一个蓝色三角形，在 Z 轴 –0.5 处绘制一个红色三角形，图 D.1 显示了这两个三角形的位置、Z 坐标值和颜色。

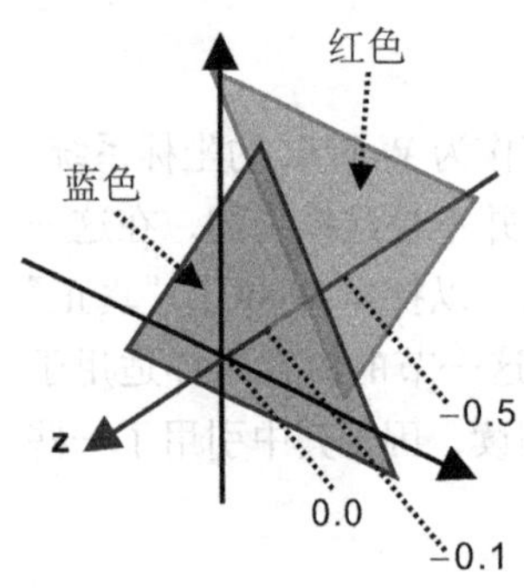

图 D.1 本节附录绘制的三角形及其颜色

在本节附录中，你将看到，为了达到最终的目的，我们分别深入研究了三个不同特性：基本绘图操作、隐藏面消除、可视空间设定。只有这三者都正确设定了，WebGL 才会正确地进行绘制，而研究这些特性的过程，能够解开你心中关于“左手或右手坐标系”的疑惑。

示例程序(CoordinateSystem.js)

例 D.1 显示了 `CoordinateSystem.js` 的代码，为了在较短的篇幅内显示所有代码，本例删去了错误处理代码和一些不必要的注释，但如你所见，这还是一个完整的程序。

例 D.1 CoordinateSystem

```
// CoordinateSystem.js
// 顶点着色器程序
var VSHADER_SOURCE =
```

```
  'attribute vec4 a_Position;\n' +
  'attribute vec4 a_Color;\n' +
  'varying vec4 v_Color;\n' +
  'void main() {\n' +
  '  gl_Position = a_Position;\n' +
  '  v_Color = a_Color;\n' +
  '}\n';

// 片元着色器程序
var FSHADER_SOURCE =
  '#ifdef GL_ES\n' +
  'precision mediump float;\n' +
  '#endif\n' +
  'varying vec4 v_Color;\n' +
  'void main() {\n' +
  '  gl_FragColor = v_Color;\n' +
  '}\n';

function main() {
  var canvas = document.getElementById('webgl'); // 获取<canvas>
  var gl = getWebGLContext(canvas); // 获取WebGL上下文
  initShaders(gl, VSHADER_SOURCE, FSHADER_SOURCE);// 初始化着色器
  var n = initVertexBuffers(gl); // 设置顶点坐标和颜色

  gl.clearColor(0.0, 0.0, 0.0, 1.0); // 设置背景色
  gl.clear(gl.COLOR_BUFFER_BIT); // 清空<canvas>
  gl.drawArrays(gl.TRIANGLES, 0, n); // 绘制三角形
}

function initVertexBuffers(gl) {
  var pc = new Float32Array([ // 顶点坐标和颜色
     0.0, 0.5, -0.1, 0.0, 0.0, 1.0, // 蓝色三角形在前
    -0.5, -0.5, -0.1, 0.0, 0.0, 1.0,
     0.5, -0.5, -0.1, 1.0, 1.0, 0.0,

     0.5, 0.4, -0.5, 1.0, 1.0, 0.0, // 红色三角形在后
    -0.5, 0.4, -0.5, 1.0, 0.0, 0.0,
     0.0, -0.6, -0.5, 1.0, 0.0, 0.0,
  ]);
  var numVertex = 3; var numColor = 3; var n = 6;

  // 创建缓冲区对象并向其中写入数据
  var pcbuffer = gl.createBuffer();
  gl.bindBuffer(gl.ARRAY_BUFFER, pcbuffer);
```

```
48  gl.bufferData(gl.ARRAY_BUFFER, pc, gl.STATIC_DRAW);
49
50  var FSIZE = pc.BYTES_PER_ELEMENT; // 字节数
51  var STRIDE = numVertex + numColor; // 计算步进量
52
53  // 将顶点坐标分配给attribute变量并开启之
54  var a_Position = gl.getAttribLocation(gl.program, 'a_Position');
55  gl.vertexAttribPointer(a_Position, numVertex, gl.FLOAT, false, FSIZE *
                                                              ➥STRIDE, 0);
56  gl.enableVertexAttribArray(a_Position);
57
58  // 将顶点颜色分配给attribute变量并开启之
59  var a_Color = gl.getAttribLocation(gl.program, 'a_Color');
60  gl.vertexAttribPointer(a_Color, numColor, gl.FLOAT, false, FSIZE *
                                         ➥STRIDE, FSIZE * numVertex);
61  gl.enableVertexAttribArray(a_Color);
62
63  return n;
64 }
```

运行示例程序，其效果如图 D.2 所示，虽然在黑白书页上难以辨认出颜色（记住，你可以在自己的浏览器上运行从本书网站上下载的代码），但事实就是，红色三角形出现在了蓝色三角形的前面。这和我们预期的相反，因为在指定顶点坐标的时候，蓝色三角形是在红色三角形前面的（第 32 ~ 42 行）。

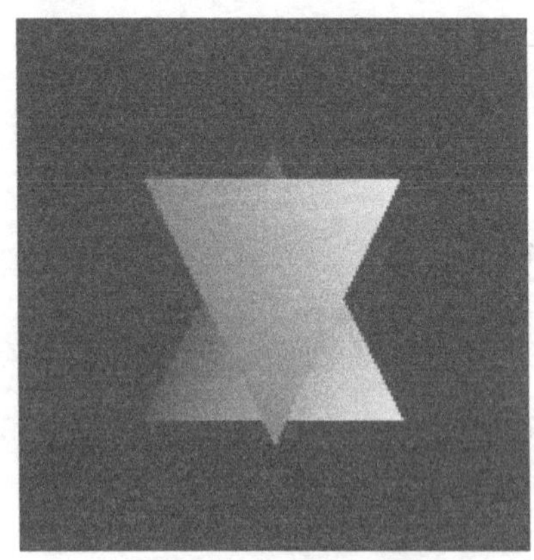

图 D.2 CoordinateSystem

然而，第 7 章曾经解释过出现这样结果的原因。因为我们定义顶点数组时，蓝色三角形在前而红色三角形在后，所以 WebGL 先绘制蓝色三角形再绘制红色三角形，后者就重写了前者的像素颜色值。这有点像油画：先涂上的油漆总是会被后涂上去的覆盖。

对很多 WebGL 的初学者来说，这是违反直觉的。因为 WebGL 本身就是进行三维绘图的系统，所以你可能会期待它自觉地"做正确的事"，即把蓝色三角形绘制到红色三角形前面。但是，在默认情况下，WebGL 只是按照顶点定义的次序绘图，而不在乎每个顶点的 z 坐标值。如果希望 WebGL 能够"做正确的事"，你就需要开启隐藏面消除。正如在第 7 章中讨论的，隐藏面消除将告诉 WebGL 正确地绘制三维场景，将物体被挡住的部分隐藏起来。本例中隐藏面消除的对象是红色三角形（的一部分），因为红色三角形的大部分都被蓝色三角形挡住了。

隐藏面消除和裁剪坐标系统

让我们在示例程序中开启隐藏面消除，并检查其效果。通过调用 `gl.enable(gl.DEPTH_TEST)` 以开启隐藏面消除，清空深度缓冲区，并绘制三角形。首先，在第 27 行加入：

```
27    gl.enable(gl.DEPTH_TEST)
```

然后修改第 29 行：

```
29    gl.clear(gl.COLOR_BUFFER_BIT | gl.DEPTH_BUFFER_BIT);
```

然后我们回到修改过的程序。你希望程序能够成功地解决这个问题，把蓝色三角形绘制在红色三角形前面。但是，程序的运行结果并不是这样，红色三角形依然在前面。图 D.3 显示了这个效果。书页上可能难以分辨，你可以自己运行一下程序。

图 D.3 开启了隐藏面消除的 CoordinateSystem

真是出人意料。要解释这个问题，就涉及到 WebGL 的左手或右手坐标系的问题了，因为看上去 WebGL 的意思是：在 z 轴上，-0.5 出现在 -0.1 的前面，或者说 WebGL 本身是使用左手坐标系的，在左手坐标系中，z 轴是指向屏幕内部的（如图 D.4 所示）。

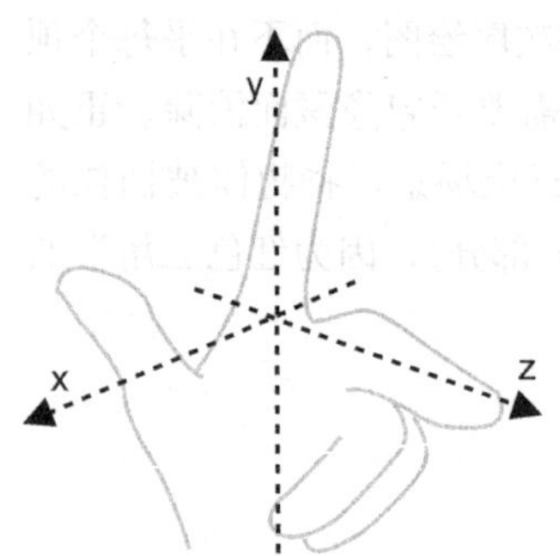

图 D.4 左手坐标系

裁剪坐标系和可视空间

之前，我们的示例程序遵循的是使用右手坐标系的传统，而刚刚那个程序却清晰地显示了 WebGL 用的是左手坐标系。这是怎么一回事？事实上，当我们开启隐藏面消除的时候，用到了**裁剪坐标系** (clip coordinate system)（见附录 G 中的图 G.5），而裁剪坐标系本身是左手坐标系而非右手的。

在 WebGL（和 OpenGL）中，隐藏面消除功能依赖于顶点着色器产生的 `gl_Position`，也就是顶点的坐标。在例 D.1 `CoordinateSystem.js` 中，我们将 `a_Position` 直接赋值给了 `gl_Position`（第 8 行），那么红色三角形的 z 值 -0.5 和蓝色三角形的 z 值 -0.1 就被传给了 `gl_Position` 并进入了裁剪坐标系（左手坐标系）。我们知道，左手坐标系中 z 轴的正方向是指向屏幕内部的，所以 z 坐标值较小（-0.5）的位置就在 z 坐标值较大（-0.1）的位置之前了。因此，WebGL 把红色三角形绘制在蓝色三角形之前，是正确的。

这与我们在第 3 章（哪里 WebGL 使用的右手坐标系）中的解释相反。那么，究竟如何做才能回到之前的状态，使蓝色三角形显示在前呢？到目前为止，示例程序都没有考虑过可视空间的问题，只有设定了可视空间，隐藏面消除功能才能够正常工作。在设置可视空间时，会指定近裁剪面和远裁剪面，而近裁剪面会出现在远裁剪面的前面（*near*<*far*），*near* 和 *far* 的值就是裁剪面在视线上相对于视点的距离，所以实际上我们可以指定一个 *far* 的值是小于 *near* 的，甚至是负值（负值表示裁剪面在视线反方向处）。这样一来，*near* 和 *far* 的值该如何设置就依赖于我们使用的是左手还是右手坐标系了。

回到示例程序，在正确设置可视空间后，再开启隐藏面消除功能。例 D.2 显示了本例与 CoordinateSystem.js 的不同之处。

例 D.2 **CoordinateSystem_viewVolume.js**

```
// CoordinateSystem_viewVolume.js
// 顶点着色器程序
var VSHADER_SOURCE =
'attribute vec4 a_Position;\n' +
'attribute vec4 a_Color;\n' +
'uniform mat4 u_MvpMatrix;\n' +
'varying vec4 v_Color;\n' +
'void main() {\n' +
'gl_Position = u_MvpMatrix * a_Position;\n' +
'v_Color = a_Color;\n' +
'}\n';
...
function main() {
...
  gl.enable(gl.DEPTH_TEST); // 开启隐藏面消除功能
  gl.clearColor(0.0, 0.0, 0.0, 1.0); // 设置背景色
  // 获取u_MvpMatrix变量的存储地址
  var u_MvpMatrix = gl.getUniformLocation(gl.program, 'u_MvpMatrix');

  var mvpMatrix = new Matrix4();
  mvpMatrix.setOrtho(-1, 1, -1, 1, 0, 1); // Set the viewing volume
  // 将视图矩阵传递给u_MvpMatrix
  gl.uniformMatrix4fv(u_MvpMatrix, false, mvpMatrix.elements);

  gl.clear(gl.COLOR_BUFFER_BIT | gl.DEPTH_BUFFER_BIT);
  gl.drawArrays(gl.TRIANGLES, 0, n); // 绘制三角形
}
```

运行示例程序，结果如图 D.5 所示，蓝色三角形显示在了红色三角形前面。

图 D.5 CoordinateSystem_viewVolume

本例与前例相比最大的变化就是在顶点着色器中添加了 u_MvpMatrix 变量来表示视图矩阵。它与 a_Position 相乘，其结果被赋值给 gl_Position。本例我们使用了 setOrtho() 函数来定义可视空间，setPerspective() 函数（在处理左手或右手坐标系这个问题上）也有同样的效果。

什么是对的？

我们来比较一下 CoordinateSystem.js 和 CoordinateSystem_viewVolume.js 二者的顶点着色器。

在 CoordinateSystem.js 的第 8 行：

```
8 ' gl_Position = a_Position;\n' +
```

而在 CoordinateSystem_viewVolume.js 的第 9 行：

```
9 'gl_Position = u_MvpMatrix * a_Position;\n' +
```

如你所见，在正确显示三角形次序的 CoordinateSystem_viewVolume.js 中，顶点坐标与变换矩阵（此处就是视图矩阵）相乘了。为了更好地理解这一步的意义，我们模仿 CoordinateSystem_viewVolume.js 的第 9 行，按照 <矩阵>×<顶点坐标> 的形式重写 CoordinateSystem.js 的第 8 行。

之前，第 8 行直接将顶点坐标 a_Position 赋值给了 gl_Position，为了不影响原来的效果，<矩阵> 暂时设为单位矩阵，如下所示：

$$\begin{bmatrix} 1 & 0 & 0 & 0 \\ 0 & 1 & 0 & 0 \\ 0 & 0 & 1 & 0 \\ 0 & 0 & 0 & 1 \end{bmatrix}$$

所以，如果 CoordinateSystem_viewVolume.js 第 9 行的 u_MvpMatrix 是一个单位矩阵，就和 CoordinateSystem.js 中的第 8 行完全一样了。在本质上，就是这个矩阵控制了 WebGL 的默认行为。

为了更好地理解，让我们来看看如果投影矩阵就是单位阵，情形是怎样的。我们可以在附录 C 找到投影矩阵的公式（如图 D.6 所示）。假设它是一个单位阵，求出 *left*、*right*、*top*、*buttom*、*near* 和 *far*。

$$\begin{bmatrix} \frac{2}{right-left} & 0 & 0 & -\frac{right+left}{right-left} \\ 0 & \frac{2}{top-bottom} & 0 & -\frac{top+bottom}{top-bottom} \\ 0 & 0 & -\frac{2}{far-near} & -\frac{far+near}{far-near} \\ 0 & 0 & 0 & 1 \end{bmatrix}$$

图 D.6 setOrtho() 产生的投影矩阵

此时，$right - left = 2$ 而 $right + left = 0$，可以求出 $left = -1$ 而 $right = 1$。同样 $near - far = 2$ 而 $near + far = 0$，可以求出 $near = -1$ 而 $far = 1$。也就是说：

```
left = -1, right = 1, bottom = -1, top = 1, near = 1, far = -1
```

所以我们可以这样调用 setPOrtho()：

```
mvpMatrix.setOrtho(-1, 1, -1, 1, 1, -1);
```

可见，*near* 的值比 *far* 大，这表示在视线方向上，远裁剪面实际上在近裁剪面的前面，而且已经在视点后方了。

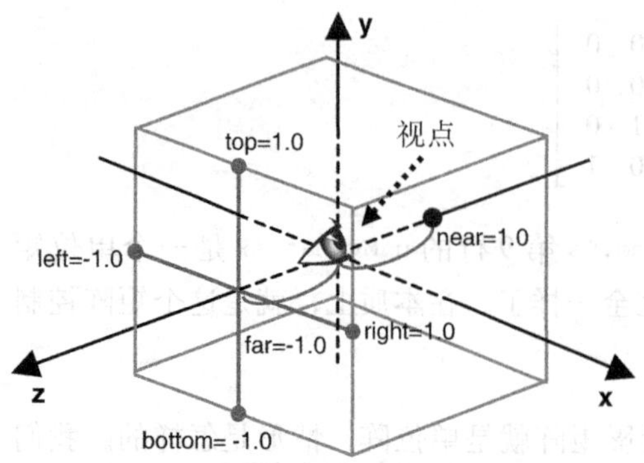

图 D.7 单位矩阵表示的可视空间

如果你自己设置可视空间，而且指定 *near* > *far*，那么就会产生同样的效果。当你这样做时，WebGL（OpenGL）就会使用左手坐标系统。

我们来看一下，正确设置可视空间并能够正确绘图的矩阵是怎样的：

```
mvpMatrix.setOrtho(-1, 1, -1, 1, -1, 1);
```

这样生成的矩阵是：

$$\begin{bmatrix} 1 & 0 & 0 & 0 \\ 0 & 1 & 0 & 0 \\ 0 & 0 & -1 & 0 \\ 0 & 0 & 0 & 1 \end{bmatrix}$$

你会发现这个矩阵就是第 4 章“高级变换与动画基础”中的缩放矩阵，可以通过 `setScale(1, 1, -1)` 来获得。你应该注意到，其在 Z 轴上的缩放因子是 -1，也就是改变了 z 坐标值的符号，所以这个矩阵通过翻转 z 坐标值，将本书（以及大部分 WebGL 库）使用的传统的右手坐标系，转变为了裁剪坐标系需要的左手坐标系。

总结

总之，我们知道 WebGL 并不强制使用右手或左手坐标系。我们了解了，大部分 WebGL 库和 WebGL 程序都采用了传统的右手坐标系，本书也是这样做的。但是 WebGL 的默认行为（比如，在裁剪空间中使用左手坐标系）却与此冲突。为了解决这个冲突，我们可以通过翻转 z 坐标值进行补偿，这样就能够继续使用传统的右手坐标系了。但是，如前所述，这只是一个传统，只是大多数人遵守而已。如果你不了解 WebGL 的默认行为，以及处理它的过程，搞不好什么时候这个问题就会出来难为你了。

附录E

逆转置矩阵

我们曾经在第 8 章“光照”中介绍过逆转置矩阵，它是将一个矩阵求逆，然后转置得到的。如图 E.1 所示，一个物体表面的法向量如何随着物体的坐标变换而改变，取决于变换的类型。使用逆转置矩阵，可以安全地解决该问题，而无须陷入过度复杂的计算中。

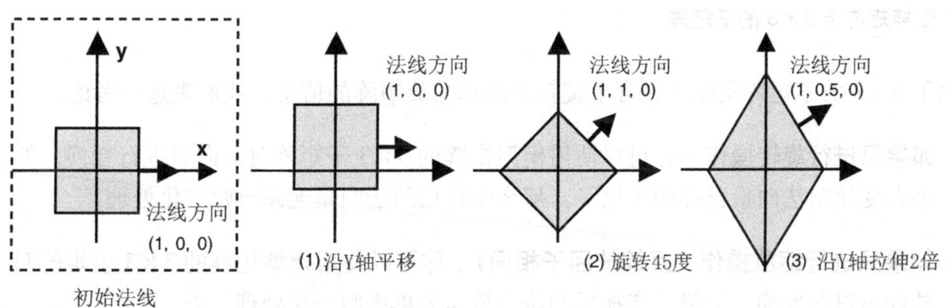

图 E.1 坐标变换时物体法向量的改变

在第 8 章中已经了解到，模型视图矩阵的逆转值矩阵可以用来变换法向量。实际上，在某些特殊情况下，可以通过模型矩阵来确定物体变换后的法向量。比如说，当物体在旋转时，可以用旋转矩阵直接乘以法向量，就能获得旋转后的法向量。总之，计算变换后的物体表面的法向量方向时，是求诸于模型矩阵自身，还是模型矩阵的逆转值矩阵，取决于模型矩阵中已经包含的变换类型（平移、旋转或缩放）。

如果模型矩阵中已经包含了平移变换，法向量就会被当作顶点坐标平移，从而导致法向量与原有的表面朝向不一致。比如说，一个法向量是 (1, 0, 0)，沿 Y 轴平移 2.0 个单位后，就变成了 (1, 2, 0)。事实上，如果你从 4 × 4 的模型矩阵的左上角抽出 3 × 3 的子矩阵，然后乘以法向量，就可以避免该问题。如下所示：

```
attribute vec4 a_Normal; // 法向量
uniform mat4 u_ModelMatrix; // 模型矩阵

void main() {
  ...
  vec3 normal = normalize(mat3(u_ModelMatrix) * a_Normal.xyz);
  ...
}
```

在模型矩阵中，位于最右侧的一列元素取决于平移矩阵中的位移，如图 E.2 所示。

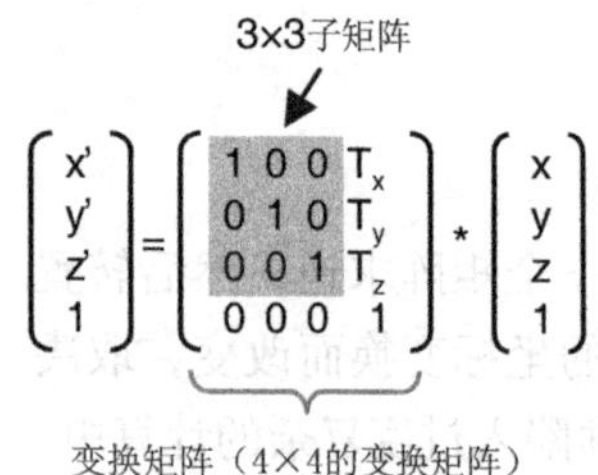

图 E.2 变换矩阵及 3×3 的子矩阵

由于 3 × 3 的子矩阵实际上包含了旋转矩阵和缩放矩阵的信息，我们来逐一考虑。

- **如果只进行旋转操作**：你可以使用模型矩阵的 3 × 3 子矩阵对法向量进行变换。如果在变换前法向量已经归一化了，那么变换后的法向量无须再归一化处理。
- **如果只进行缩放操作（且缩放因子相同）**：你可以使用模型矩阵的 3 × 3 子矩阵对法向量进行变换。但是，变换后的法向量需要再次归一化处理。
- **如果进行了缩放操作（但缩放因子不同）**：你必须使用模型矩阵的逆转值矩阵对法向量进行变换。变换后的法向量必须再次归一化处理。

在第 2 种情形下，当你只进行缩放操作且缩放因子相同时，这意味着 X 轴、Y 轴和 Z 轴的缩放因子是一致的。比如，你希望以一致的缩放因子 2.0 进行缩放，那么就需要在调用 `Matrix4.scale()` 函数时传入统一的参数，也就是这样：`Matrix4.scale(2.0, 2.0, 2.0)`。这时，即使物体的尺寸发生了变化，但是其形状并未改变。与此相对，缩放因子不同的缩放操作，表示缩放因子在 X 轴、Y 轴和 Z 轴上不一致，比如仅仅在 Y 轴上放大 2.0 倍，即是用 `Matrix4.scale(1.0, 2.0, 1.0)`。

在上述第 3 种情形下，你必须求诸模型矩阵的逆转置矩阵，因为如果缩放因子不一致，使用模型矩阵乘以法向量得到的新向量，并不是缩放之后的法向量。图 E.3 显示了一个例子。

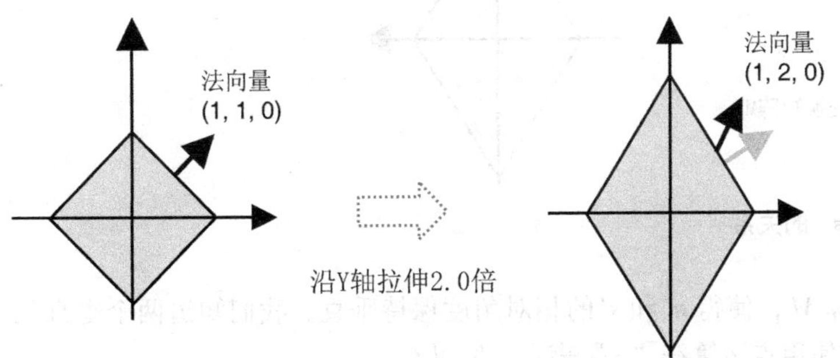

图 E.3 使用模型矩阵子矩阵乘以法向量获得的新向量与缩放后的法向量不同

上图使一个矩形物体（左图）沿 Y 轴拉伸 2.0 倍，拉伸后的形状如右图所示。这里，为了获得变换后的法向量，我们试图使用模型矩阵乘以原先的法向量 (1, 1, 0)。但是，得到的结果是 (1, 2, 0)，并不垂直于拉伸后的物体表面了。

解决该问题需要一些数学知识。我们令模型矩阵为 M，令初始的法向量为 n，令变换矩阵为 M'，也就是用来正确变换法向量 n 的矩阵，令垂直于 n 的向量为 s。此外，我们还定义了 n' 和 s'，如式 E.1 和式 E.2 所示。

式 E.1

$$n' = M' \times n$$

式 E.2

$$s' = M \times s$$

如图 E.4 所示。

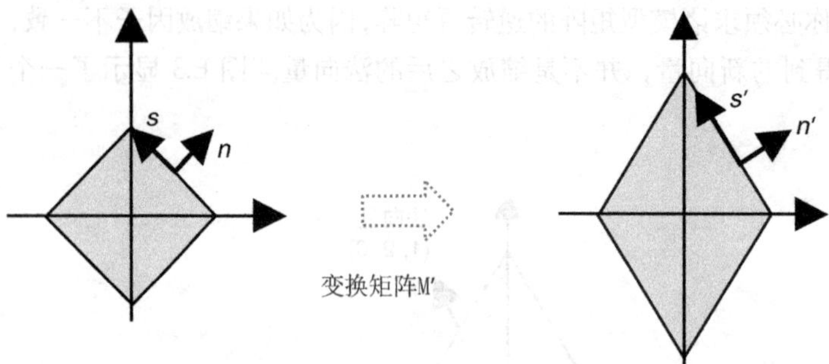

图 E.4 n 和 s，以及 n' 和 s' 的关系

现在，我们就来计算 M'，使得 n' 和 s' 的相对角度保持垂直。我们知道两个垂直矢量的点积是 0，点乘操作使用点运算符“ · ”表示，所以有：

$$n'.s' = 0$$

我们将式 E.1 和式 E.2 带入并重写上式（M^T 是 M 的转置矩阵）。

式 E.3

$$(M' \times n) \cdot (M \times s) = 0$$

$$(M' \times n)^T \times (M \times s) = 0 \quad (\text{因为} A.\ B = A^T \times B)$$

$$n^T \times M'^T \times M \times s = 0 \quad (\text{因为} (A \times B)^T = B^T \times A^T)$$

因为 n 和 s 互相垂直，所以它们的点积是 0，即 $n \cdot s = 0$，而又因为 $A \cdot B = A^T \times B$，用 n 替换 A 而用 s 替换 B，就可以得到 $n \cdot s = n^T \times s = 0$，将此式与式 E.3 相比，为了使其成立，在 n^T 和 s 之间的 $M'^T \times M$ 必须是单位矩阵 I，也就是说：

$$M'^T \times M^T = I$$

解这个方程，可以得到如下结果（M^{-1} 表示 M 的逆矩阵）：

$$M' = (M^{-1})^T$$

从上式中可以看出，M' 就是通过转置 M 的逆矩阵得到的，或者说，M' 就是 M 的逆转置矩阵。因为 M 已经可能包含了之前列举过的（1）（2）（3）三种情况，所以计算 M 的逆转置矩阵并乘以法向量，就可以获得正确的结果。因此，这才是对法向量进行变换的最佳方法。

显然，计算逆转置矩阵可能会比较耗时，如果你非常确定物体的变换只包含上述（1）（2）的情形，你也可以简单地使用模型矩阵的 3 × 3 子矩阵来对处理法向量。

附录F

从文件中加载着色器

在本书中，所有示例程序的着色器代码都是以字符串的形式内嵌在 JavaScript 中的，虽然这能够增加程序的可读性，但也增加了创建和维护着色器程序的难度。

或者，我们也可以利用第 10 章“高级技术”中的“加载和显示三维模型”一节中加载三维模型文件的方法来加载着色器程序的代码。我们来修改第 5 章“颜色和纹理”中的 ColoredTriangle 程序，添加从文件中加载着色器代码的支持。新的程序为 LoadShaderFromFiles，代码如例 F.1 所示。

例 F.1 从文件加载着色器

```
// LoadShaderFromFiles.js based on ColoredTriangle.js
// 顶点着色器程序
var VSHADER_SOURCE = null;
// 片元着色器程序
var FSHADER_SOURCE = null;

function main() {
  // 获取<canvas>元素
  var canvas = document.getElementById('webgl');

  // 获取WebGL绘图上下文
  var gl = getWebGLContext(canvas);
...
  // 从文件中加载着色器
  loadShaderFile(gl, 'ColoredTriangle.vert', gl.VERTEX_SHADER);
  loadShaderFile(gl, 'ColoredTriangle.frag', gl.FRAGMENT_SHADER);
```

```
20 }
21
22 function start(gl) {
23   // 初始化着色器
24   if (!initShaders(gl, VSHADER_SOURCE, FSHADER_SOURCE)) {
...
43   gl.drawArrays(gl.TRIANGLES, 0, n);
44 }
...
88 function loadShaderFile(gl, fileName, shader) {
89   var request = new XMLHttpRequest();
90
91   request.onreadystatechange = function() {
92     if (request.readyState === 4 && request.status !== 404) {
93       onLoadShader(gl, request.responseText, shader);
94     }
95   }
96   request.open('GET', fileName, true);
97   request.send(); // 发送请求
98 }
99
100 function onLoadShader(gl, fileString, type) {
101   if (type == gl.VERTEX_SHADER) { // 加载了顶点着色器
102     VSHADER_SOURCE = fileString;
103   } else
104   if (type == gl.FRAGMENT_SHADER) { // 加载了片元着色器
105     FSHADER_SOURCE = fileString;
106   }
107   // 加载着色器之后，开始进行渲染
108   if (VSHADER_SOURCE && FSHADER_SOURCE) start(gl);
109 }
```

与 ColoredTriangle.js 不同，本例将 VSHADER_SOURCE（第 3 行）和 FSHADER_SOURCE（第 5 行）初始化为 null，允许程序稍后从文件中加载着色器。定义在第 7 行的 main() 函数调用了 loadShaderFile() 函数（第 18、19 行），后者定义在第 88 行，函数的第 2 个参数是包含着色器程序代码的文件名（URL），第 3 个参数表示着色器的类型。

函数 loadShaderFile() 创建了一个 XMLHttpRequest 类型的对象 request 来加载名为 filename 的指定文件，并注册了事件响应函数 onLoadShader() 以继续处理文件内容（第 91 行）。然后，我们请求浏览器开始加载文件（第 97 行），一旦文件加载完成，onLoadShader() 函数就会被调用，该函数被定义在第 100 行。

onLoadShader() 函数首先检查第 3 个参数 type，然后据其将参数 fileString，即文件中的文本字符串存储在 VSHADER_SOURCE 或 FSHADER_SOURCE 中。一旦两个着色器都加载完成，就调用 start(gl) 使用着色器绘制三角形。

附录G

世界坐标系和本地坐标系

在第 7 章“进入三维世界”中，我们创建并显示了第一个三维物体（一个立方体），示例程序开始变得像一个“真正”的三维程序了。我们亲手设置了立方体的顶点坐标和索引信息，这很耗时间。虽然整本书我们都是这样做的，但是在构建你自己的，真正的 WebGL 程序时往往不会这样做。我们通常使用专用的三维建模工具，因为建模工具允许我们通过对各种基本的三维图形（立方体、圆柱体、球体等）进行各种操作（组合、形变、顶点数量调整、顶点间隔优化等）来创建精美复杂的三维模型。三维建模工具 Blender(www.blender.org/) 的界面如图 G.1 所示。

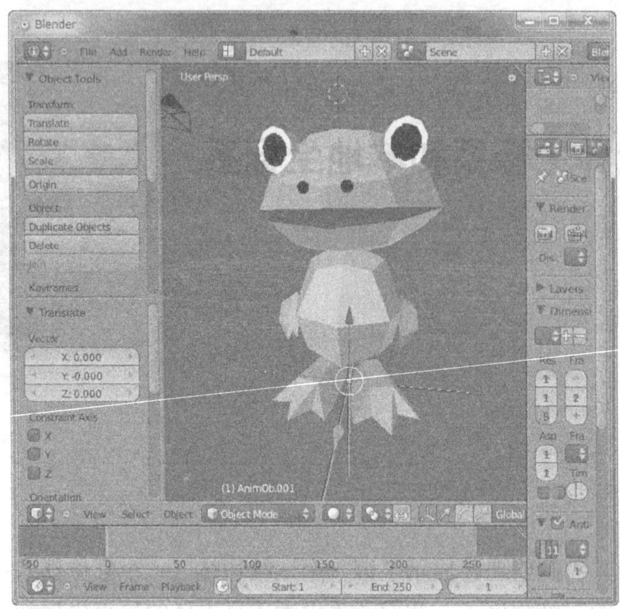

图 G.1 使用三维建模工具制作三维模型

本地坐标系

当我们创建三维模型时，需要知道原点 (0.0, 0.0, 0.0) 在何处。你可以自由选择原点的位置，所以三维模型的建立就比较容易，或者说很容易确定三维模型在场景中的位置。之前我们创建的立方体，原点就在立方体的中心。球状物体如太阳和月亮等，通常也将原点设置在球心。

另一方面，大部分如图 G.1 所示的游戏角色模型，其原点大部分都是位于脚部，Y 轴垂直向上穿过身体的中线。这样，如果我们将角色放置在 y 坐标为 0 的位置（也就是地面），角色看上去就像站立在地面上一样——既没有悬浮在空中，也没有沉入地面以下。这时，如果我们沿 Z 轴或 X 轴移动角色，看上去就好像角色在地面上跑动或滑动。或者，你也可以对令角色沿 Y 轴的旋转，看上去就好像在转向一样。

此时，组成场景中的模型或角色的顶点，其坐标是相对于角色本身的原点的，这样的坐标系被称为本地坐标系 (local coordinate system)。使用建模工具如 Blender 创建的模型（包括顶点坐标、颜色、索引等）可以被导出为文件，而我们可以将文件中的顶点数据导入到缓冲区中，并使用 `gl.drawElements()` 方法将这个建模工具创建的模型绘制出来。

世界坐标系

下面来考虑在某个三维游戏中，同一个空间内出现多个角色的情况。比如，我们需要将图 G.2（右）中的 3 个角色放置在图 G.2（左）中的游戏场景中。每个角色都有自己的原点，场景也有原点。

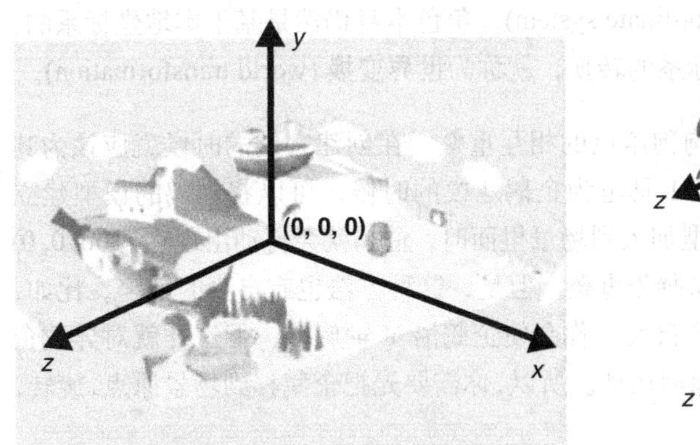

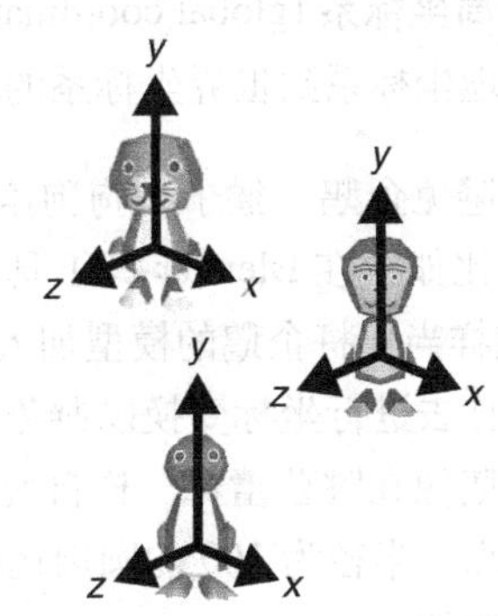

图 G.2 将几个角色放入一个游戏场景中

当我们想要在场景中显示角色时，就会遇到一个问题。因为所有角色模型都是基于自身的原点（位于脚部）制作的，它们会重叠出现在场景的同一个位置上，那就是场景自身的原点，如图 G.3 所示[1]。这可不是通常会发生的情况，你也一定不希望这样。

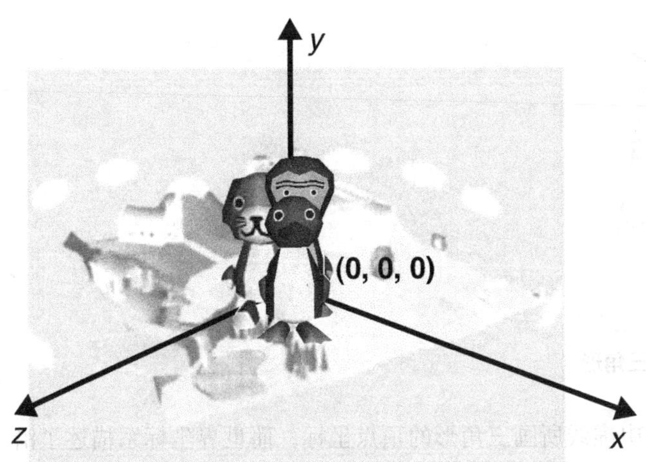

图 G.3 所有的角色重叠在场景的原点处

1 为了看上去更清楚，角色被稍稍偏移了。

为了解决这个问题，你需要调整每个角色的位置使之不再互相重叠。为此，我们需要使用第 3 章“绘制和变换三角形”和第 4 章“高级变换与动画基础”中的知识。为了避免角色互相重叠，可以把企鹅移动到 (100, 0, 0)，把猴子移动到 (200, 10, 20)，把狗狗移动到 (10, 0, 200)。

根据上述，我们用来移动和放置角色的坐标系就称为**世界坐标系** (world coordinate system)，或称**全局坐标系** (global coordinate system)。角色本身仍然是基于本地坐标系的，而上述这种从本地坐标系到世界坐标系的转换，就称为**世界变换** (world transformation)。

当然，为了避免企鹅、猴子和狗狗角色的相互重叠，在创建它们的时候就应该为其指定世界坐标。比如，在 Blender 等工具里为企鹅建模的时候，可以将企鹅的模型建立在 (100, 0, 0)，这样当你将企鹅的模型加入到场景里面时，企鹅就会自动出现在 (100, 0, 0) 的位置，而不用你去进行坐标变换以避免重叠。但是，这种方法也有自身的缺陷。比如，你可能会想让企鹅像在跳芭蕾舞一样自旋，你会使企鹅沿 Y 轴旋转，但这样就对导致企鹅沿着场景的原点作半径为 100 的圆周运动。所以，你需要先把企鹅移到场景原点，旋转，再移回来，真够麻烦的。

事实上，这时的情形与第 7 章中的 `PerspectiveView_mvp` 示例程序很像。我们使用一组三角形的顶点（其坐标是相对于场景的原点定义的）绘制了两组三角形，如图 G.4 所示。

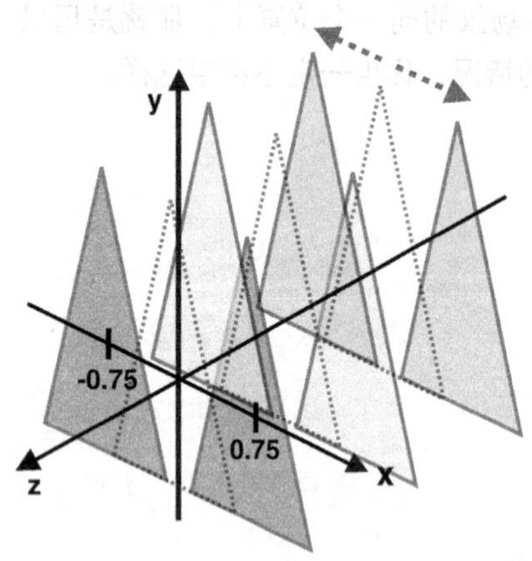

图 G.4 PerspectiveView_mvp 中的三角形

这里，本地坐标系描述了图中虚线所画三角形的顶点坐标，而世界坐标系描述了沿着 X 轴平移后的两组三角形。

变换与坐标系

目前，我们还是没有讨论过本地坐标系和世界坐标系之间的变换，这样你就可以专注于上面每个例子中的内容。作为参考，图 G.5 给出了 WebGL 中的多种坐标系及其之间的变换关系，希望这张图能够加深你对三维图形学的认识，并帮助你在建模工具中进行实验。

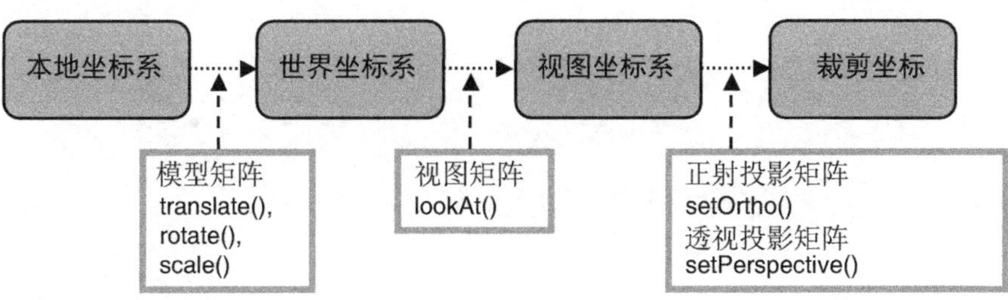

图 G.5 变换与坐标系

附录H

WebGL的浏览器设置

本节附录解释了如何使用浏览器的高级设置，来确保浏览器能够正确运行 WebGL 程序。

如果你的图形卡不支持 WebGL，你可能会看到如图 H.1 所示的信息。

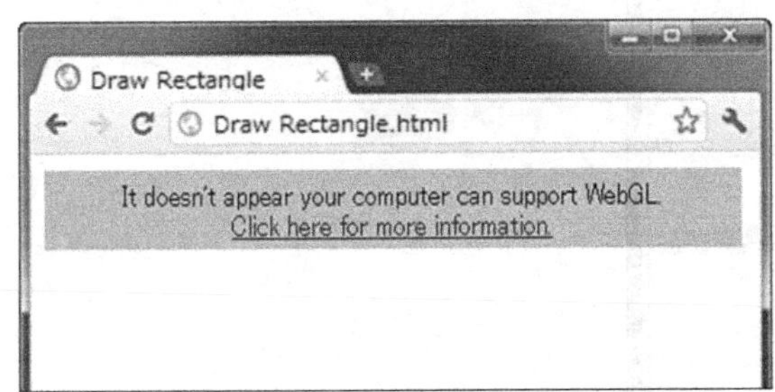

图 H.1 加载 WebGL 程序产生的错误信息

如果看到上述信息，你仍然可以在浏览器中使用 WebGL，只需要对浏览器稍作调整：

1. 如果你使用的是 Chrome 浏览器，可以开启 `--ignore-gpi-black-list` 选项。右击 Chrome 浏览器的快捷方式并在弹出菜单中选择“属性”选项，就弹出了一个窗口，如图 H.2 所示。将上述选项字符串添加到“目标”栏的命令字符串后面。这样，Chrome 就会总是以上述方式启动了。如果这样做解决了问题，就保持该选项开启。

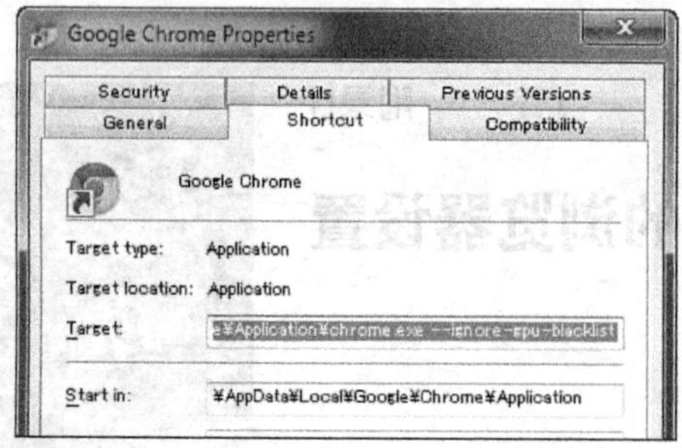

图 H.2 在 Google Chrome 的属性窗口中设置选项

2. 如果你使用的是 Firefox 浏览器，那就在地址栏键入 `about:config`。之后 Firefox 就会显示 “This might void your warranty!” 警告。点击 “I' ll be careful, I promise!” 按钮，然后在搜索框中键入 `webgl`，Firefox 就会显示与 WebGL 有关的属性名称，如图 H.3 所示。双击列表中的 `webgl.force-enabled` 选项并将它的值从 `false` 改为 `true`。同样，如果这样做解决了问题，就保持该选项开启。

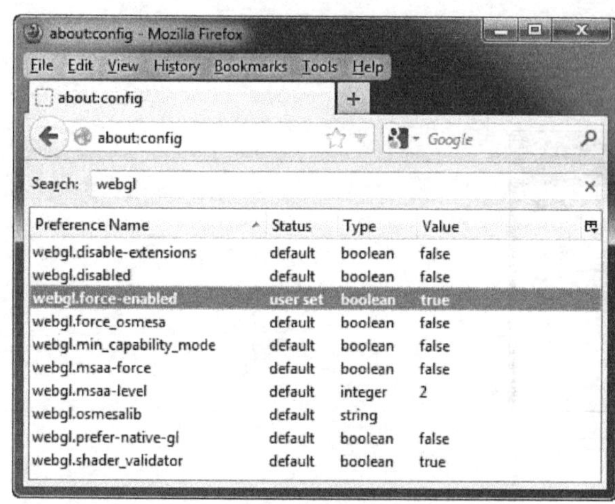

图 H.3 Firefox 下与 WebGL 相关的设置

如果上述方法没有解决问题，那么恐怕你不得不换一台支持 WebGL 的计算机了。想要了解更多，可以关注 Khronos 的 wiki：www.khronos.org/webgl/wiki。

术语表

A

α 混合 (alpha blending)：使用 α 值（RGBA 中的“A”）混合两个以上物体的颜色的过程。

α 值 (alpha value)：用来表示物体透明度（0.0 表示完全透明，1.0 表示完全不透明）的值。α 混合需要使用 α 值。

环境光 (ambient light)：无方向的光，以相同的强度从所有的方向照射在物体上。

连接 (attach)：在两个已存在的对象间建立联系的过程，注意与**绑定**比较。

attribute 变量 (attribute variable)：向顶点着色器传入数据的变量。

B

绑定 (bind)：创建一个新对象，并将该对象联系（绑定）到渲染上下文的过程，注意与**连接**比较。

缓冲区 (buffer)：为了专门存储某种特定数据（如颜色和深度值）而划分出的内存区域。

缓冲区对象 (buffer object)：WebGL 中用于存储多条顶点信息的对象。

C

画布 (canvas)：HTML5 元素，用以在网页上绘制图形。

裁剪 (clipping)：在三维场景中确定将被绘制出来的区域的过程。不在裁剪区域中的物体不会被绘制出来。

颜色缓冲区 (color buffer)：WebGL 绘制操作的目标内存区域。一旦绘制完成，其中的内容就会被显示在屏幕上。

列主序 (column major)：矩阵存储在数组中的一种惯例形式，即矩阵的元素按列依次存储在数组中。

完整性 (completeness)：在帧缓冲区上下文中使用，表示帧缓冲区是否满足所有条件以供绘图。

上下文 (context)：实现了在 canvas 绘图的方法的 JavaScript 对象。

D

深度值 (depth value)：从视点处沿着视线观察时，片元与视点的距离（z 值）。

深度缓冲区 (depth buffer)：存储所有片元深度值的内存区域，用于隐藏面消除功能。

平行光 (directional light)：具有方向，平行入射的光线。

F

远裁剪面 (far clipping plane)：组成可视空间的，距离视点较远的裁剪面。

雾化 (fog)：根据物体与观察者的距离将颜色向背景色消退的效果。雾化通常可以提供深度感。

片元 (fragment)：光栅化过程产生的像素，具有颜色、深度值、纹理坐标等等。

片元着色器 (fragment shader)：处理片元信息的着色器。

帧缓冲区 (framebuffer object)：离屏绘制用到的 WebGL 对象。

G

GLSL ES：OpenGL ES 着色器语言，ES 表示嵌入式系统 (Embedded System)。

H

隐藏面消除 (hidden surface removal)：从特定视点，隐藏（放弃绘制）被遮挡的表面或表面的一部分的过程。

I

图像 (image)：由像素组成的矩形数组。

索引 (index)：参考**顶点索引** (vertex index)。

L

本地坐标 (local coordinates)：定义在本地坐标系（对应与当前物体的坐标系）中的顶点坐标，参见**世界坐标** (world coordinates)。

M

模型矩阵 (model matrix)：用以平移、旋转和缩放物体的矩阵，也称建模矩阵 (modeling matrix)。

模型视图矩阵 (model view matrix)：视图矩阵乘以模型矩阵得到的矩阵。

模型视图投影矩阵 (model view projection matrix)：投影矩阵乘以模型视图矩阵得到的矩阵。

N

近裁剪面 (near clipping plane)：组成可视空间的，距离视点较远的裁剪面。

法线 (normal)：垂直于多边形平面的假想的线，用三维矢量表示，也称**法向量** (normal vector)。

O

正射投影矩阵 (orthographic projection matrix)：定义盒状可视空间的矩阵。盒装可视空间由左、右、上、下、远、近六个裁剪面确定，盒装可视空间中物体的尺寸不会因物体与视点远近而变化。

P

透视投影矩阵 (perspective projection matrix)：定义金字塔状可视空间的矩阵。金字塔状可视空间中的物体尺寸会根据与视点的距离进行缩放，以产生透视效果。

像素 (pixel)：图像单元，具有 RGB 值或 RGBA 值。

点光源光 (point light)：由一个点向各个方向发出的光。

程序对象 (program object)：管理着色器对象的 WebGL 对象。

投影矩阵 (projection matrix)：正射投影矩阵和透视投影矩阵的统称。

R

光栅化过程 (rasterization process)：将矢量格式的图形转化为片元（像素或点，供屏幕显示）的过程。

渲染缓冲区对象 (renderbuffer object)：提供二维绘图区的 WebGL 对象。

RGBA：一种颜色格式，R 为红色分量，G 为绿色分量，B 为蓝色分量，A 为透明度分量。

S

取样器 (sampler)：在片元着色器中，用来访问纹理图像的数据类型。

着色器 (shader)：实现基本绘图功能的计算机程序。WebGL 支持顶点着色器和片元着色器。

着色器对象 (shader object)：用来管理着色器的 WebGL 对象。

着色 (shading)：为物体的每个表面确定最终显示出的颜色的过程。

产生阴影 (shadowing)：确定并绘制物体投下的影子的过程。

纹素 (texel)：组成纹理的基本单元，即纹理元素，具有 RGB 值或 RGBA 值。

纹理坐标 (texture coordinates)：用来访问纹理图像并取色的二维坐标。

纹理图像 (texture image)：用以纹理映射的图像，也可简称纹理 (texture)。

纹理映射 (texture mapping)：将纹理图像贴（映射）到物体表面的上的过程。

纹理对象 (texture object)：用来管理纹理图像的 WebGL 对象。

纹理单元 (texture unit)：管理多个纹理对象的机制。

变换 (transformation)：将物体的顶点坐标转化为物体变换（平移、缩放、旋转）后的新坐标的过程。

U

uniform 变量 (uniform variable)：向顶点着色器或片元着色器传入数据的变量。

V

varying 变量 (varying variable)：用以从顶点着色器向片元着色器传递数据的变量。

顶点索引 (vertex index)：顶点数据元素存储在缓冲区中的位置，第 1 个顶点的索引是 0，后一个顶点的索引在前一个之上增加 1。

顶点着色器 (vertex shader)：处理顶点信息的着色器程序。

视图坐标系 (view coordinate system)：以视点为原点，视线为 Z 轴负半轴，上方向为 Y 轴正半轴的坐标系。

视图矩阵 (view matrix)：将顶点在世界坐标系中的坐标转化为在视图坐标系下坐标的矩阵。

视图投影矩阵 (view projection matrix)：投影矩阵乘以视图矩阵获得的矩阵。

可视空间 (viewing volume)：三维空间中能被显示到屏幕上的子空间。在可视空间外的物体不会被显示。

世界坐标 (world coordinates)：模型矩阵乘以三维模型顶点的本地坐标获得的坐标。